"十二五"普通高等教育本科国家级规划教材

弹性力学

Tanxing Lixue

Elasticity

第 5 版

上 册

徐芝纶

高等教育出版社·北京

内容提要

　　本书是"十二五"普通高等教育本科国家级规划教材，是在第4版的基础上修订而成的。 第1版获"1977—1981年度全国优秀科技图书"奖，第2版获1987年"全国优秀教材特等奖"。

　　全书分上、下两册。 上册为数学弹性力学部分，内容包括：绪论、平面问题的基本理论及其直角坐标解答、极坐标解答、复变函数解答、温度应力的平面问题、平面问题的差分解；空间问题的基本理论及其解答，等截面直杆的扭转、能量原理与变分法、弹性波的传播。 下册为应用弹性力学部分，内容包括：薄板的小挠度弯曲问题及其经典解法、差分解法、变分解法及薄板的振动、稳定、各向异性、大挠度问题；壳体的一般理论以及柱壳、旋转壳、扁壳。

　　本书可作为高等学校工程力学、土建、水利、机械、航空航天等专业弹性力学课程的教材，也可供工程技术人员参考和应用。

图书在版编目(ＣＩＰ)数据

　　弹性力学.上册／徐芝纶编著.--5版.--北京：高等教育出版社,2016.3(2024.1重印)
　　ISBN 978－7－04－044689－0

　　Ⅰ.①弹… Ⅱ.①徐… Ⅲ.①弹性力学-高等学校-教材 Ⅳ.①O343

　　中国版本图书馆CIP数据核字(2016)第021497号

| 策划编辑 | 周　婷 | 责任编辑 | 赵向东 | 封面设计 | 张　楠 | 版式设计 | 马　云 |
| 插图绘制 | 杜晓丹 | 责任校对 | 张小镝 | 责任印制 | 高　峰 | | |

出版发行	高等教育出版社	网　　址	http://www.hep.edu.cn
社　　址	北京市西城区德外大街4号		http://www.hep.com.cn
邮政编码	100120	网上订购	http://www.hepmall.com.cn
印　　刷	固安县铭成印刷有限公司		http://www.hepmall.com
开　　本	787mm×960mm　1/16		http://www.hepmall.cn
印　　张	24.25	版　　次	1978年1月第1版
			2016年3月第5版
字　　数	430千字	印　　次	2024年1月第11次印刷
购书热线	010-58581118	定　　价	37.70元
咨询电话	400-810-0598		

第五版前言

徐芝纶院士编著的《弹性力学》(上、下册)在国内具有广泛的影响,是一部经典的力学教材。第四版自 2006 年出版以来,已有近十年的时间了。为了适应科学技术的发展,反映教学实践中的经验,现修订出版第五版。

第五版的修订工作是在高等教育出版社的支持下进行的,河海大学工程力学系曾专门组织召开座谈会,并广泛征求国内有关高校从事弹性力学教学的教师意见,经多次讨论研究,形成了本次的修订大纲。

本次修订的主要内容如下:

(1) 对弹性力学基本理论和方法进行了强调和说明,特别是对弹性力学的基本概念、基本假定、基本方程、边界条件、圣维南原理的应用、能量原理与变分法等都做了进一步的阐述。

(2) 增加了"弹性力学的发展简史"和"叠加原理"。

(3) 考虑到原书缺乏变分法专门知识的介绍,增加了"变分法初步";基于许多专业书刊上已普遍使用张量记号的实际情况,增加了"笛卡儿张量简介"。为了不影响原书的体系编排,这两部分内容均作为补充材料附在正文后面,供教师讲授或学生参考之用。

(4) 为了加强实践性教学环节,补充了一些习题。

(5) 将"解的唯一性定理"移到第八章,改写了个别章节,对全书的文句进行了完善和修订。

在修订过程中,得到了河海大学两任校长姜弘道教授和王乘教授的关心,王润富教授提出了许多宝贵意见,余天堂教授认真审阅了修订稿,许多院校的教师也以不同方式提出了重要的建议,谨向他们表示深切的谢意。并希望广大教师和学生在今后的使用过程中,对修订版提出意见,以使徐芝纶院士编著的教材得到进一步完善。

本书由河海大学章青具体执笔修订。

章 青

2015 年 12 月

第四版前言

《弹性力学》是徐芝纶教授(1911—1999)为工程力学专业、工科研究生等编著的一部教材,1990年出版了第三版,至今已有16年,为满足教学要求,现修订出版第四版。

第四版在保持第三版的内容、编排和写作风格不变的前提下,进行以下几方面的修订:

(1) 为方便读者阅读,在正文之前增加了"主要符号表"。

(2) 按1993年发布的GB 3100～3102—93《量和单位》系列国家标准及有关规定,规范使用量和单位的名称、符号及书写规则。

(3) 重新绘制了全部插图,少数图示有所改进,图注均用宋体字。

(4) 在反复斟酌的基础上,对个别字、词及表述作了修订,在"能量原理及变分法"一章中增加了余能概念。

第四版的修订工作由王润富(河海大学)、徐慰祖(北京工业大学)、张元直(高等教育出版社)共同完成。

修订不当之处敬请读者指正。

修订者
2006年7月

第三版前言

在安排本书第三版的内容时,对总的体系未加更改,对次序的先后也只作了很小的变动。

由于国内的大专院校和设计单位都已普遍使用电子计算机(至少已普遍使用微型机),用手工进行的松弛计算已经失去了实用价值,所以第三版中取消了这方面的内容。

平面问题的位移差分解,与应力函数差分解相比,具有较广泛的适用性,但是,对同样的精度要求说来,方程较多是其缺点。由于电子计算机的使用,这一缺点已无关紧要,因此,第三版中增加了位移差分解的内容。

兄弟院校的几位同志建议,增加"解答的唯一性"和"功的互等定理"。还有同志认为,既然空间轴对称问题的应力函数等同于勒夫位移函数,前者就不必介绍了。编者采纳了这两方面的建议。

为了便于教学,第三版中对文句和插图作了不少的修改,对例题和习题也作了一些调整。

徐芝纶

1987 年 5 月

第二版前言

本书在 1979 年出版以后，曾蒙若干兄弟院校的教师作为教材试用，并先后提出不少宝贵的意见和建议。现在已经按照这些意见和建议进行了修改，择要说明如下。

原书中关于楔形坝体温度应力的一般分析，数学运算较繁，在有限单元法广泛应用于坝体应力分析以后，已经失去了应用价值。原书中关于等截面直杆弯曲问题的解答，虽然属于古典弹性力学上的重大成就，但在工程上很少有人应用。因此，在修订版中删去了这两方面的内容。

修订版在平面问题的基本理论中增加了"斜方向的应变"这一节，是为了适应结构实验分析方面的需要；在薄板小挠度弯曲问题的边界条件中，增加了弹性支承边的边界条件，因为弹性支承是板壳理论中的一个重要概念，而且在很多的板壳结构中，支承构件的弹性也是必须加以考虑的。

原书中关于平面问题应力函数以及应力和位移的复变函数表示，沿用过去文献中的传统推导方法，引用了几个人为的调和函数，显得曲折而不自然。在修订版中，放弃了这些调和函数而用共轭复变数进行推导，比较直观，容易为学生接受。

等曲率扁壳的简化计算，是我国的力学工作者们在 50 年代末期和 60 年代初期的重大贡献，至今还不失为国际上的先进成果。因此，在修订版中稍许增多了这方面的内容。

此外，在很多的章节中，文字叙述和数学推导作了某些修改，习题也有些调整。

恳切希望兄弟院校的教师继续对本书进行严格的审查，把发现的缺点和错误及时通知本人，以便再度加以修改或更正，使本书成为比较合用的一部教材。

徐芝纶

1982 年 4 月

第一版前言

　　本书是为高等学校工科力学专业编写的弹性力学教材。

　　全书分上下两册,上册先讲平面问题,再讲空间问题,下册先讲薄板问题,再讲薄壳问题。这样安排,大致符合由浅入深、由易到难、循序渐进的原则。

　　为了训练学生理论推导和实际运算的能力,每章之后都附有难易程度不同的习题,任课教师可按照专业教学计划的要求和学生课外学时的多少,适当布置。

　　在大多数章的最后,列出了参考教材的目录,以使学生在阅读了这些教材以后,能够更全面、深入地掌握该章的内容。

　　内容索引和人名对照表,附在下册的书后。

　　本书承主审人北京航空学院王德荣同志和武汉建筑材料工业学院王龙甫同志,以及同济大学、大连工学院、太原工学院、华北水利水电学院、西南交通大学、天津大学参加审稿的同志提出了宝贵的意见,特此表示衷心的感谢。

徐芝纶

1978 年 10 月

主要符号表

弹性力学

坐标　直角坐标 x,y,z；圆柱坐标 ρ,φ,z；极坐标 ρ,φ；球坐标 r,θ,φ。

体力分量　f_x,f_y,f_z（直角坐标系）；f_ρ,f_φ,f_z（圆柱坐标系）；f_ρ,f_φ（极坐标系）。

面力分量　$\bar{f}_x,\bar{f}_y,\bar{f}_z$（直角坐标系）；$\bar{f}_\rho,\bar{f}_\varphi,\bar{f}_z$（圆柱坐标系）；$\bar{f}_\rho,\bar{f}_\varphi$（极坐标系）。

位移分量　u,v,w（直角坐标系）；u_ρ,u_φ,w（圆柱坐标系）；u_ρ,u_φ（极坐标系）。

边界约束分量　$\bar{u},\bar{v},\bar{w}$（直角坐标系）。

方向余弦　l,m,n（直角坐标系）。

应力分量　正应力 σ，切应力 τ；全应力 $\boldsymbol{p}$；斜面应力分量 p_x,p_y,p_z（直角坐标系）；σ_N,τ_N；体积应力 Θ。

应变分量　正应变 ε，切应变 γ；体应变 θ。

势能和功　应变能 V_ε，外力势能 V，总势能 E_p，功 W，动能 E_k，应变余能 V_c。

艾里应力函数 Φ，扭转应力函数 Φ。

弹性模量 E，切变模量 G，体积模量 K，泊松比 μ。

质量 m，密度 ρ，重力加速度 g。

温度场和温度应力

温度 T，绝热温升 θ。

热量 Q，热流密度 q。

比热容 c，线胀系数 α。

导热系数（热导率）λ，导温系数（热扩散率）a，运流放热系数（表面传热系数）β。

薄板力学

挠度 w，振型函数 W，振动频率 ω，抗弯刚度 D。

中面内力(薄膜内力) 拉压力,平错力(纵向剪力)F_{Tx},F_{Ty},$F_{Txy}=F_{Tyx}$(直角坐标系);$F_{T\rho}$,$F_{T\varphi}$,$F_{T\rho\varphi}=F_{T\varphi\rho}$(极坐标系)。

平板内力 弯矩,扭矩 M_x,M_y,$M_{xy}=M_{yx}$(直角坐标系);M_ρ,M_φ,$M_{\rho\varphi}=M_{\varphi\rho}$(极坐标系)。

横向剪力,总剪力 F_{Sx},F_{Sy};F_{Sx}^t,F_{Sy}^t(直角坐标系)。$F_{S\rho}$,$F_{S\varphi}$;$F_{S\rho}^t$,$F_{S\varphi}^t$(极坐标系)。

薄壳力学

正交曲线坐标 α,β,γ。坐标线上微分线段 ds_1,ds_2,ds_3。

位移 u_1,u_2,u_3;中面位移 u,v,w。

正应变 e_1,e_2,e_3;切应变 e_{23},e_{31},e_{12}。

中面正应变 ε_1,ε_2。中面切应变 ε_{12}。中面主曲率 k_1,k_2。中面主曲率改变 χ_1,χ_2。中面扭率改变 χ_{12}。壳体的中面荷载 q_1,q_2,q_3。

中面内力(薄膜内力) 拉压力 F_{T1},F_{T2};平错力 F_{T12},F_{T21}。总平错力 F_{T12}^t,F_{T21}^t。

平板内力 弯矩 M_1,M_2;扭矩 M_{12},M_{21}。

横向剪力 F_{S1},F_{S2}。总剪力 F_{S1}^t,F_{S2}^t。

量纲

国际单位制(SI)采用的基本量为,长度(L),质量(M),时间(T),电流(I),热力学温度(Θ),物质的量(N),发光强度(J)。

目 录

（上　　册）

第一章 绪 论

§1-1 弹性力学的内容

弹性是指外力或其他作用消失后,物体恢复原状的特性,是固体材料的基本属性之一。弹性体是仅考虑弹性性质的一种理想物体。

弹性体力学,通常简称为弹性力学,又称为弹性理论,是固体力学的一个分支。弹性力学研究弹性体由于受外力作用、边界约束或温度改变等原因而发生的应力、应变和位移。

弹性力学的任务与材料力学、结构力学的任务一样,是分析各种结构物或其构件在弹性阶段的应力和位移,校核它们是否具有所需的强度、刚度和稳定性,并寻求或改进它们的计算方法。然而,这三门学科在研究对象上有所分工,在研究方法上也有所不同。

在材料力学里,基本上只研究所谓杆状构件,也就是长度远大于高度和宽度的构件,如柱体、梁和轴等。这种构件在拉压、剪切、弯曲、扭转作用下的应力和位移,是材料力学的主要研究内容。在结构力学里,主要是在材料力学的基础上研究杆状构件所组成的结构,也就是所谓杆件系统,如桁架、刚架等。至于非杆状的结构,如板和壳,以及挡土墙、堤坝、地基等实体结构,则在弹性力学里加以研究。对于杆状构件作进一步的、较精确的分析,也须用到弹性力学。

虽然在材料力学和弹性力学里都研究杆状构件,然而研究的方法却不完全相同。在材料力学里研究杆状构件,除了从静力学、几何学、物理学三方面进行分析以外,大都还引用一些关于构件的变形状态或应力分布的假定,这就大大简化了数学推演,但是,得出的解答有时只是近似的。在弹性力学里研究杆状构件,一般都不必引用那些假定,因而得出的结果就比较精确,并且可以用来校核材料力学里得出的近似解答。

例如,在材料力学里研究直梁在横向荷载作用下的弯曲,就引用了平面截面的假定,得出的结果是:横截面上的正应力(弯应力)按直线分布。在弹性力学里研究这同一问题,就无须引用平面截面的假定。相反地,还可以用弹性力学里的分析结果来校核这个假定是否正确,并且由此判明:如果梁的高度并不远小于梁的跨度,而是同等大小的,那么,横截面上的正应力并不按直线分布,而是按曲线变化的,材料力学里给出的最大正应力将具有很大的误差。

又例如,在材料力学里计算有孔的拉伸构件,通常就假定拉应力在净截面上均匀分布。弹性力学里的计算结果表明:净截面上的拉应力远不是均匀分布,而在孔的附近发生应力集中,孔边的最大拉应力比平均拉应力大得多。

弹性力学可以分为数学弹性力学和实用弹性力学两部分。在数学弹性力学里,只用精确的数学推演而不引用关于变形状态或应力分布的假定。本书上册的内容属于数学弹性力学。在实用弹性力学里,和在材料力学里一样,也引用一些关于变形状态或应力分布的假定来简化数学推演,得出具有一定近似性的解答。这样,按照分析的方法和解答的精度说来,实用弹性力学是接近材料力学的;但是,由于其中所研究的问题比较复杂,同时还要用到数学弹性力学中的结果,所以这些研究内容归入弹性力学。本书下册的内容就属于实用弹性力学。

虽然在弹性力学里通常并不研究杆件系统,然而近几十年来,许多力学工作者致力于弹性力学和结构力学的综合应用,使得这两门学科越来越密切结合。弹性力学吸收了结构力学中的超静定结构分析法以后,大大扩展了它的应用范围,使得一些比较复杂的本来是无法求解的问题,得到了解答。这些解答虽然在理论上具有一定的近似性,但应用在工程上,通常却是足够精确的。在近几十年间快速发展起来的有限单元法,把连续弹性体划分成有限大小的单元构件,然后用结构力学里的位移法、力法或混合法求解,更加显示了弹性力学与结构力学综合应用的良好效果。

此外,对同一结构的各个构件,甚至对同一构件的不同部分,分别用弹性力学和结构力学或材料力学进行计算,常常可以节省很多的工作量,而仍然能得到令人满意的结果。

弹性力学在土木、水利、机械、交通、能源和航空航天等工程学科中具有重要的地位。随着社会的进步和发展,出现了许多大型、复杂的工程结构,这些结构的安全性和经济性的矛盾十分突出,必须对结构进行严密和精确的力学分析,这就需要应用弹性力学、其他固体力学的理论和相应的数值计算方法及实验技术。弹性力学作为其他固体力学最重要的基础,是进行工程结构力学分析必不可少的一门学科。

§1-2 弹性力学中的几个基本概念

弹性力学中经常用到的基本概念有外力、应力、应变和位移。这些概念,虽然在材料力学和结构力学里都已经用到过,但在这里仍有再加以详细说明的必要。

外力是指其他物体对研究对象的作用力,可以分为体积力和表面力,两者也分别简称为体力和面力。

所谓体力,是分布在物体体积内的力,如重力和惯性力。物体内各点受体力的情况,一般是不相同的。为了表明该物体在某一点 P 所受体力的大小和方向,在这一点取物体的一小部分,它包含着 P 点而它的体积为 ΔV,如图 1-1a 所示。设作用于 ΔV 的体力为 ΔF,则体力的平均集度为 $\Delta F/\Delta V$。如果把所取的那一小部分物体不断减小,即 ΔV 不断减小,则 ΔF 和 $\Delta F/\Delta V$ 都将不断地改变大小、方向和作用点。现在,命 ΔV 无限减小而趋于 P 点,假定体力为连续分布,则 $\Delta F/\Delta V$ 将趋于一定的极限 f,即

$$\lim_{\Delta V \to 0} \frac{\Delta F}{\Delta V} = f。$$

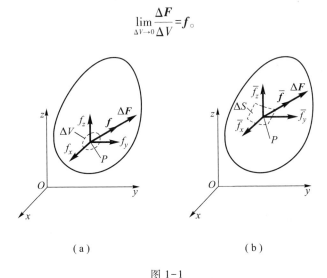

（a）　　　　　　　　　　（b）

图 1-1

这个极限矢量 f 就是该物体在 P 点所受体力的集度。因为 ΔV 是标量,所以 f 的方向就是 ΔF 的极限方向。矢量 f 在坐标轴 x、y、z 上的投影 f_x、f_y、f_z,称为该物体在 P 点的体力分量,以沿坐标轴正方向时为正,沿坐标轴负方向时为负。它

们的量纲是 $L^{-2}MT^{-2}$。

所谓面力,是分布在物体表面上的力,如流体压力和接触力。物体在其表面上各点受面力的情况,一般也是不相同的。为了表明该物体在其表面上某一点 P 所受面力的大小和方向,在这一点取该物体表面的一小部分,它包含着 P 点而它的面积为 ΔS,如图 1-1b 所示。设作用于 ΔS 的面力为 $\Delta \boldsymbol{F}$,则面力的平均集度为 $\Delta \boldsymbol{F}/\Delta S$。与上相似,命 ΔS 无限减小而趋于 P 点,假定面力为连续分布,则 $\Delta \boldsymbol{F}/\Delta S$ 将趋于一定的极限 $\overline{\boldsymbol{f}}$,即

$$\lim_{\Delta S \to 0} \frac{\Delta \boldsymbol{F}}{\Delta S} = \overline{\boldsymbol{f}} \,。$$

这个极限矢量 $\overline{\boldsymbol{f}}$ 就是该物体在 P 点所受面力的集度。因为 ΔS 是标量,所以 $\overline{\boldsymbol{f}}$ 的方向就是 $\Delta \boldsymbol{F}$ 的极限方向。矢量 $\overline{\boldsymbol{f}}$ 在坐标轴 x、y、z 上的投影 $\overline{f}_x$、$\overline{f}_y$、$\overline{f}_z$,称为该物体在 P 点的面力分量,以沿坐标轴正方向时为正,沿坐标轴负方向时为负,它们的量纲是 $L^{-1}MT^{-2}$。

物体受到外力或其他因素的作用以后,其内部将产生内力。为了研究物体在其某一点 P 处的内力,假想用经过 P 点的一个截面 mn 将该物体分为 A 和 B 两部分,而将 B 部分撇开,如图 1-2 所示。撇开的部分 B 将在截面 mn 上对留下的部分 A 作用一定的内力。取这一截面的一小部分,它包含着 P 点而它的面积为 ΔA。设作用于 ΔA 上的内力为 $\Delta \boldsymbol{F}$,则内力的平均集度,即平均应力,为 $\Delta \boldsymbol{F}/\Delta A$。现在,命 ΔA 无限减小而趋于 P 点,假定内力为连续分布,则 $\Delta \boldsymbol{F}/\Delta A$ 将趋于一定的极限 $\boldsymbol{p}$,即

$$\lim_{\Delta A \to 0} \frac{\Delta \boldsymbol{F}}{\Delta A} = \boldsymbol{p} \,。$$

这个极限矢量 $\boldsymbol{p}$ 就是物体在截面 mn 上 P 点的应力。因为 ΔA 是标量,所以应力 $\boldsymbol{p}$ 的方向就是 $\Delta \boldsymbol{F}$ 的极限方向。

任一截面的全应力 $\boldsymbol{p}$,可以分解为沿坐标方向的分量 p_x、p_y 和 p_z,也可以分解为沿截面的法线方向及切线方向的分量,也就是正应力 σ 和切应力 τ,如图 1-2 所示。后者是与物体的应变及材料强度直接相关的。应力及其分量的量纲也是 $L^{-1}MT^{-2}$。

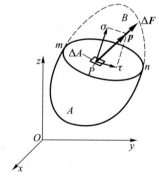

图 1-2

显然可见,在物体内的同一点 P,不同截面上的应力是不同的。为了分析这一点的应力状态,即各个截面上应力的大小和方向,在这一点从物体内

取出一个微小的正平行六面体,它的棱边分别平行于坐标轴,长度分别为 $PA = \Delta x$、$PB = \Delta y$、$PC = \Delta z$,如图 1-3 所示。将每一面上的应力分解为一个正应力和两个切应力,分别与三个坐标轴平行。为了表明正应力的作用面和作用方向,加上一个坐标角码。例如,正应力 σ_x 是作用在垂直于 x 轴的面上,同时也是沿着 x 轴的方向作用的。对于切应力,加上两个坐标角码,前一个角码表明作用面垂直于哪一个坐标轴,后一个角码表明作用方向沿着哪一个坐标轴。例如,切应力 τ_{xy} 是作用在垂直于 x 轴的面上而沿着 y 轴方向作用的。

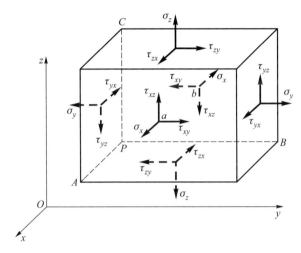

图 1-3

由于应力作为内力的一种度量,是成对出现的,因此,在弹性力学中应力分量的正负号是这样规定的:如果某一个截面上的外法线是沿着坐标轴的正方向,这个截面就称为坐标面的正面,该截面上的应力分量以沿坐标轴正方向为正,沿坐标轴负方向为负。相反,如果某一个截面上的外法线是沿着坐标轴的负方向,这个截面就称为坐标面的负面,该截面上的应力分量以沿坐标轴负方向为正,沿坐标轴正方向为负。图 1-3 所示的应力分量全都是正的。注意,虽然上述正负号规定,对于正应力来说,结果是和材料力学中的规定相同(拉应力为正,而压应力为负),但是,对于切应力来说,结果却和材料力学中的规定不完全相同。

六个切应力之间具有一定的互等关系。例如,以连接正平行六面体前后两面中心的直线 ab 为矩轴,列出力矩的平衡方程,得到

$$2\tau_{yz}\Delta z\Delta x\,\frac{\Delta y}{2}-2\tau_{zy}\Delta y\Delta x\,\frac{\Delta z}{2}=0。$$

同样可以列出其余两个相似的方程。简化以后,得出

$$\tau_{yz} = \tau_{zy}, \qquad \tau_{zx} = \tau_{xz}, \qquad \tau_{xy} = \tau_{yx}。 \qquad (1-1)$$

这就证明了切应力的互等关系:作用在两个互相垂直的面上并且垂直于该两面交线的切应力是互等的(大小相等,正负号也相同)。因此,切应力记号的两个角码可以对调。

在这里,没有考虑应力分量由于位置不同而有的改变,也就是把六面体中的应力分量当做均匀的,而且也没有考虑体力的作用。以后可见,即使考虑到应力分量随位置不同而有的改变,并考虑到体力的作用,仍然可以推导出切应力的互等关系。

顺便指出,如果采用材料力学中的正负号规定,则切应力的互等关系将成为

$$\tau_{yz} = -\tau_{zy}, \qquad \tau_{zx} = -\tau_{xz}, \qquad \tau_{xy} = -\tau_{yx},$$

显然不如采用上述规定时来得简单。但也应当指出,在利用莫尔圆(即应力圆)时,就必须采用材料力学中的规定。

以后将证明,在物体的任意一点,如果已知 σ_x、σ_y、σ_z、τ_{yz}、τ_{zx}、τ_{xy} 这六个应力分量,就可以求得经过该点的任意截面上的正应力和切应力,还可以求得该点最大和最小的应力及其对应的截面方位,等等。因此,上述六个应力分量可以完全确定该点的应力状态。

所谓应变,是用来描述物体各部分线段的长度和两线段夹角的改变。

为了分析物体在其某一点 P 的应变状态,在这一点沿着坐标轴 x、y、z 的正方向取三个微小的线段 PA、PB、PC,如图 1-3 所示。物体变形以后,这三个线段的长度以及它们之间的直角一般都将有所改变。各线段的每单位长度的伸缩,即单位伸缩或相对伸缩,称为正应变或线应变;各线段之间的直角的改变,称为切应变,用 rad(弧度)表示。正应变用字母 ε 表示,如 ε_x 表示 x 方向的线段 PA 的正应变,余类推。正应变以伸长时为正,缩短时为负,与正应力的正负号规定相适应。切应变用字母 γ 表示,如 γ_{yz} 表示沿 y 与 z 两正方向的线段(即 PB 与 PC)之间的直角的改变,余类推。切应变以直角变小时为正,变大时为负,与切应力的正负号规定相适应。正应变和切应变都是量纲为一的量。

可以证明,在物体的任意一点,如果已知 ε_x、ε_y、ε_z、γ_{yz}、γ_{zx}、γ_{xy} 这六个应变分量,就可以求得经过该点的任一线段的正应变,也可以求得经过该点的任意两个线段之间的角度的改变。因此,这六个应变分量,就可以完全确定该点的应变状态。

所谓位移,就是位置的移动。物体内任意一点的位移,用它在 x、y、z 三轴上的投影 u、v、w 来表示,以沿坐标轴正方向时为正,沿坐标轴负方向时为负。这三个投影称为该点的位移分量。位移及其分量的量纲是 L。

一般而论,弹性体内任意一点的体力分量、面力分量、应力分量、应变分量和位移分量,都是随着该点的位置而变的,因而都是位置坐标的函数。

在弹性力学的问题里,通常是已知物体的形状和大小(即已知物体的边界),已知物体的弹性常数,物体所受的体力,物体边界上的位移或面力,需要求解应力分量、应变分量和位移分量。

§1-3 弹性力学中的基本假定

为了由弹性力学问题中的已知量求出未知量,必须建立这些已知量与未知量之间的关系,以及各个未知量之间的关系,从而导出一套求解的方程。在导出方程时,可以从三个方面来进行分析。一方面是静力学方面,由此建立应力、体力、面力之间的关系。另一方面是几何学方面,由此建立应变、位移和边界位移之间的关系。再一个方面是物理学方面,由此建立应变与应力之间的关系。

在导出方程时,如果精确考虑所有各方面的因素,则导出的方程非常复杂,实际上不可能求解。因此,在任何学科的研究中,通常必须按照研究对象的性质和求解问题的范围,作出若干基本假定,从而略去一些暂不考虑的因素,使得方程的求解成为可能。在本教程中,除了个别的章节以外,都采用如下的基本假定。

(1)连续性假定:假定整个物体的体积都被组成这个物体的介质所填满,不留下任何空隙。这样,物体内的一些物理量,如应力、应变、位移等,才可能是连续的,因而才可能用坐标的连续函数来表示它们的变化规律。实际上,一切物体都是由微粒组成的,都不能符合上述假定。但是,可以想见,只要微粒的尺寸,以及相邻微粒之间的距离,都比物体的尺寸小得多,那么,关于物体连续性的假定,就不会引起显著的误差。

(2)完全弹性假定:假定物体在引起变形的外界因素被消去以后,能完全恢复原状而没有任何剩余变形,并且完全服从胡克定律——应变与引起该应变的应力成比例,即两者之间呈现线性关系。反映这种比例关系的常数,即所谓弹性常数,并不随应力或应变的大小和符号而变。具体地说,当应力增大到若干倍时,应变也增大到同一倍数;当应力减小到若干分之一时,应变也减小到同一分数;当应力减小为零时,应变也减小为零(没有任何剩余应变);当应力反其符号时,应变也反其符号,而且两者仍然保持其同样的比例关系。由材料力学已知:脆性材料的物体,在应力未超过比例极限以前,可以作为近似的完全弹性体;塑性材料的物体,在应力未达到屈服极限以前,也可以作为近似的完全弹性体。

(3)均匀性假定:假定整个物体是由同一材料组成的。这样,整个物体的所有各部分才具有相同的弹性,因而物体的弹性常数才不随位置坐标而变,可以取出该物体的任意一小部分来加以分析,然后把分析的结果应用于整个物体。如果物体是由两种或两种以上的材料组成的,那么,也只要每一种材料的颗粒远远小于物体,而且在物体内均匀分布,这个物体也就可以当做是均匀的。

（4）各向同性假定:假定物体内一点的弹性在所有各个方向都相同。这样,物体的弹性常数才不随方向而变。显然,木材和竹材做成的构件都不能当做各向同性体。至于钢材做成的构件,虽然它含有各向异性的晶体,但由于晶体很微小,而且是随机排列的,所以钢材构件的弹性（包含无数多微小晶体随机排列时的统观弹性）,大致是各向相同的。

凡是符合以上四个假定的物体,就称为理想弹性体。

（5）假定位移和应变是微小的。这就是说,假定物体受力以后,整个物体所有各点的位移都远远小于物体原来的尺寸,因而应变和转角都远小于1。这样,在建立物体变形以后的平衡方程时,就可以用变形以前的尺寸来代替变形以后的尺寸,而不致引起显著的误差,并且,在考察物体的应变及位移时,转角和应变的二次幂或乘积都可以略去不计。这才可能使得弹性力学中的代数方程和微分方程简化为线性方程。

在上述假定中,连续性假定和完全弹性假定,加上牛顿定律,构成了弹性力学的理论基础,以这三者为支柱形成的弹性力学理论架构,成为连续介质力学众多分支的基本模式。其他一些假定,包括有些弹性力学教材中提及的无初始应力假定,可以用来简化问题的处理,但不对弹性力学的基本架构产生本质影响。

本教程中所讨论的问题,绝大多数都是理想弹性体的小变形问题。

§1-4 弹性力学的发展简史

人类认识和利用材料弹性的历史可以追溯到非常久远的时代,但系统和定量地研究弹性力学源于 17 世纪。1678 年,胡克通过试验,发现了弹性体的变形与受力之间成比例的规律;1680 年,马略特也独立提出这个规律,后来被称为胡克定律。1687 年,牛顿的经典著作《自然哲学的数学原理》得以出版,确立了运动三大定律,也标志着经典力学的诞生,加上这个时期数学的迅速发展,共同为弹性力学的建立奠定了基础。在这个时期,一些数学家和力学家还致力解决简单构件的问题,例如 1704 年,约翰·伯努利建立了弦的振动方程,提出了张力和伸长量的关系。18 世纪中期,丹尼尔·伯努利和欧拉研究了梁的弯曲问题,并建立了受压柱体的微分方程及其失稳的临界值公式。

弹性力学比较完整的理论体系是在 19 世纪 20 年代至 50 年代之间建立的，主要由法国桥梁道路学院的三个人所架构，即曾在该校求学的柯西、在该校任教的纳维和纳维的学生圣维南。前两位被公认为是弹性力学一般理论的奠基人，后者则提供了大量经典弹性力学问题的解答，有力地促进了弹性力学理论研究与实际的结合。1821 年 5 月 14 日，纳维向法国科学院提交了《弹性固体的平衡和运动法则》研究报告，同年，他还提交了《关于流体运动法则》研究报告，这两篇报告都是从分子结构理论出发，分别建立了各向同性弹性体和黏性流体的运动方程，是连续介质力学奠基性的工作。但纳维的工作还不完整，如他所建立的以位移为未知量的各向同性弹性体运动方程只含一个弹性常数，也没有准确的应力和应变的概念。纳维的研究引起了柯西的重视，从 1822 年起，柯西发表了一系列研究弹性力学的论文，给出了应力和应变的严格定义，导出了六面体微元的平衡微分方程，建立了应变和位移的关系，推论了各向同性和各向异性材料的广义胡克定律，并证明对于各向同性弹性体，主应变和主应力方向应当重合，有两个独立的弹性常数。1838 年，格林基于能量守恒定律证明了各向异性材料有21 个独立的弹性常数。稍后，汤姆孙采用热力学定律证明了同样的结论，并再次肯定了各向同性体有两个独立的弹性常数。上述工作奠定了弹性力学的理论基础。

随着弹性力学理论体系的建立，弹性力学便广泛用于解决工程实际问题，得到了一些典型解答，同时在理论方面建立了许多重要的定理或原理，提出了有效的计算方法。1850 年，基尔霍夫解决了平板的平衡和振动问题。1855 年和1856 年，圣维南在其 1847 年关于扭转的第一篇论文基础上，发表了两篇著名的论文，系统地阐述了柱体的扭转和弯曲问题，提出了求解弹性力学的半逆解法和局部性原理（即圣维南原理），他得到的理论解与实验结果密切吻合，为弹性力学的正确性提出了有力的证据。1862 年，艾里在弹性力学平面问题中引入了应力函数，扩大了求解范围。1881 年，赫兹求出了两弹性体局部接触时弹性体内的应力分布。1898 年，基尔斯解决了小圆孔附近的应力集中问题。这个时期，在理论方面的主要成果是建立了弹性力学的各种能量原理，并提出了基于这些原理的近似求解方法。在弹性力学基本方程建立后不久，就建立了弹性体的虚功原理和最小势能原理。1872 年，贝蒂给出了功的互等定理的普遍证明。1873—1879 年间，卡斯蒂利亚诺建立了最小余能原理。瑞利和里茨分别于 1877年和 1908 年，从弹性体的虚功原理和最小势能原理出发，提出了著名的瑞利-里茨法。1915 年，伽辽金也提出了弹性力学问题的近似计算方法。这一时期，弹性力学的发展还应提及两个人。一位是勒夫，他在 1892 年和 1893 年分两卷出版了《弹性的数学理论教程》,系统地总结 20 世纪以前弹性力学的全部成果,认为弹性力学对于认识物质结构和光的本性,推动解析数学、地质学和宇宙物理学的发展起了非常重要的作用,该书是经典弹性理论中影响最大的一本专著。勒夫还奠定了薄壳理论的基础,也是系统地将弹性力学应用于地球物理学的第一人。另一位是穆斯赫利什维利,他终身致力于用复变函数求解弹性力学问题,并建立了一套完整的理论和求解体系,是有限元方法普遍使用之前解决工程问题的首选方法。他还在奇异积分方程的研究方面取得了一系列重要成果,有力地推进了弹性力学的深入发展。他的主要成就集中反映在他的《数学弹性力学的几个基本问题》和《奇异积分方程》两本专著中。

进入 20 世纪后,在经典弹性力学继续得到发展的同时,许多复杂问题也得到了深入研究。继 1907 年卡门提出了薄板的大挠度问题后,他又和钱学森提出了薄壳的非线性稳定问题。1937—1939 年间,莫纳汉和毕奥提出了大应变问题。他们的这些工作为非线性弹性力学的发展做出了重要贡献。同时,弹性力学也与其他学科相结合,形成了如非线性弹性力学,非线性板壳理论、热弹性力学、各向异性和非均匀体的弹性力学,黏弹性理论、水弹性理论和气动弹性力学等新的分支。这个时期,弹性力学的近似解法也有很大发展。1932 年,迈可斯提出了弹性力学微分方程的差分解法,并得到广泛应用。之后,相继提出了加权残值法、有限单元法、边界单元法、半解析半数值法,为弹性力学解决工程实际问题提供了强有力的工具。另外值得一提的是,在赫林格和赖斯纳分别于 1914 年和 1950 年建立的两类变量的广义变分原理的基础上,1954 年,胡海昌建立了三类变量的广义势能原理和广义余能原理,1955年,鹫津久一郎也独立地导出这一原理,为有限单元法和其他数值方法的进一步发展奠定了坚实的基础。

可以预计,随着科学技术的进步,弹性力学将会得到进一步的发展,也将会对现代工业技术和自然科学发挥更大的作用。

习　　题

1-1　试举例说明,什么是均匀的各向异性体,什么是非均匀的各向同性体,什么是非均匀的各向异性体。

1-2　一般的混凝土构件和钢筋混凝土构件能否作为理想弹性体? 一般的岩质地基和土质地基能否作为理想弹性体?

1-3　试回忆,在学习材料力学时,曾经遇到过哪些非线性问题。它们的解答和线性问题的解答有什么重大的差别?

参 考 教 材

［1］　钱伟长,叶开沅.弹性力学［M］.北京:科学出版社,1956:第一章.

［2］　别茹霍夫 Н И.弹性与塑性理论［M］.杜庆华,庞家驹,黄克智,等,译.北京:高等教育出版社,1956:§1,§2,§11.

［3］　王敏中,王炜,武际可.弹性力学教程［M］.北京:北京大学出版社,2002:绪论,附录 A.

［4］　吴家龙.弹性力学［M］.北京:高等教育出版社,2001:第一章.

第二章　平面问题的基本理论

§2-1　平面应力问题与平面应变问题

任何一个弹性体都是空间物体,一般的外力都是空间力系,因此,严格地说来,任何一个实际的弹性力学问题都是空间问题。但是,如果所考察的弹性体具有某种特殊的形状,并且承受的是某种特殊的外力和约束,就可以把空间问题简化为近似的平面问题。这样处理,分析和计算的工作量将大大地减少,而所得的成果却仍然能满足工程上对精度的要求。

第一种平面问题是平面应力问题。设有很薄的等厚度薄板,如图 2-1 所示,只在板边上受有平行于板面并且不沿厚度变化的面力或约束,同时,体力也平行于板面并且不沿厚度变化。例如,图中所示的深梁,以及平板坝的平板支墩,就属于此类。

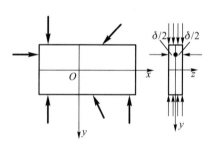

图 2-1

设薄板的厚度为 δ,以薄板的中面(平分板厚 δ 的平面)为 xy 面,以垂直于中面的任一直线为 z 轴。因为板面上 $\left(z=\pm\dfrac{\delta}{2}\right)$ 不受力,所以有

$$(\sigma_z)_{z=\pm\frac{\delta}{2}}=0, \qquad (\tau_{zx})_{z=\pm\frac{\delta}{2}}=0, \qquad (\tau_{zy})_{z=\pm\frac{\delta}{2}}=0。$$

因为板很薄,外力又不沿厚度变化,且应力是连续分布的,所以,可以认为在整个薄板的所有各点都有

$$\sigma_z=0, \qquad \tau_{zx}=0, \qquad \tau_{zy}=0。$$

注意到切应力的互等关系,又可见 $\tau_{xz}=0,\tau_{yz}=0$。这样,只剩下平行于 xy 面的三个应力分量,即 σ_x、σ_y、$\tau_{xy}=\tau_{yx}$,所以这种问题称为平面应力问题。同时,也因为板很薄,这三个应力分量,以及分析问题时需要考虑的应变分量和位移分量,都可以认为是不沿厚度变化的。这就是说,它们只是 x 和 y 的函数,不随 z 而变化。

第二种平面问题是平面应变问题。设有很长的柱形体,它的横截面不沿长度变化,如图2-2所示,在柱面上受有平行于横截面而且不沿长度变化的面力或约束,同时,体力也平行于横截面而且不沿长度变化(内在因素和外来作用都不沿长度变化)。

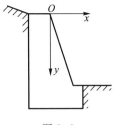

图 2-2

假想该柱形体为无限长,以任一横截面为 xy 面,任一纵线为 z 轴,则所有一切应力分量、应变分量和位移分量都不沿 z 方向变化,而只是 x 和 y 的函数。此外,在这一情况下,由于对称(任一横截面都可以看作是对称面),所有各点都只会沿 x 和 y 方向移动,而不会有 z 方向的位移,也就是 $w=0$,这样,沿 z 方向的正应变 $\varepsilon_z=0$。又由对称条件可知, $\tau_{zx}=0,\tau_{zy}=0$。根据切应力的互等关系,又可以断定 $\tau_{xz}=0,\tau_{yz}=0$。根据胡克定律,相应的切应变 $\gamma_{zx}=\gamma_{zy}=0$。由于 z 方向的伸缩被阻止,所以 σ_z 一般并不等于零。

因为这种问题所有各点的位移矢量都平行 xy 面,所以应当称为平面位移问题,但在习惯上常称为平面应变问题。这也是因为这种问题只剩下平行于 xy 面的三个平面应变分量 ε_x、ε_y 和 γ_{xy} 之缘故。

有些问题,如挡土墙和很长的管道、地下隧洞等问题,是很接近于平面应变问题的。虽然由于这些结构不是无限长的,而且靠近两端的横截面,其情况也与中间截面往往不同,并不符合无限长柱形体的条件,但是实践证明,对于离开两端较远之处,按平面应变问题进行分析计算,得出的结果却是工程上可用的。

§2-2　平衡微分方程

在弹性力学里分析问题,要从三方面来考虑:静力学方面、几何学方面和物理学方面。现在,考虑平面问题的静力学方面,而首先根据平衡条件来导出应力分量与体力分量之间的关系式,也就是平面问题的平衡微分方程。

从图2-1所示的薄板,或图2-2所示的柱形体,取出一个微小的正平行六面体 $PACB$(图2-3),它在 x 和 y 方向的尺寸分别

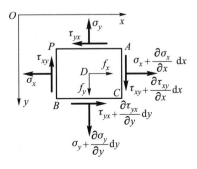

图 2-3

为 dx 和 dy。为了计算简便，它在 z 方向的尺寸取为一个单位长度。

一般而论，应力分量是位置坐标 x 和 y 的函数，因此，作用于左右两对面或上下两对面的应力分量不完全相同，而具有微小的差量。例如，设作用于左面 PB 的正应力是 σ_x，则作用于右面 AC 的正应力，由于 x 坐标的改变，按照连续性假定，可用泰勒级数表示为

$$\sigma_x + \frac{\partial \sigma_x}{\partial x}dx + \frac{1}{2!}\frac{\partial^2 \sigma_x}{\partial x^2}dx^2 + \cdots,$$

在略去二阶及更高阶的微量以后简化为

$$\sigma_x + \frac{\partial \sigma_x}{\partial x}dx。$$

设 σ_x 为常量，则 $\dfrac{\partial \sigma_x}{\partial x}=0$，而左右两面的正应力都是 σ_x，这就是 §1-2 中所说的均匀应力的情况。同样，设左面的切应力是 τ_{xy}，则右面的切应力将是 $\tau_{xy}+\dfrac{\partial \tau_{xy}}{\partial x}dx$；设上面的正应力及切应力分别为 σ_y 及 τ_{yx}，则下面的正应力及切应力分别为 $\sigma_y+\dfrac{\partial \sigma_y}{\partial y}dy$ 及 $\tau_{yx}+\dfrac{\partial \tau_{yx}}{\partial y}dy$。因为六面体是微小的，所以它在各面上所受的应力可以认为是均匀分布的，其合力作用在对应面的中心。同理，六面体所受的体力，也可以认为是均匀分布的，其合力作用在它的体积的中心。

首先以通过微分体中心 D 并平行于 z 轴的直线为矩轴，列出力矩的平衡方程 $\sum M_D = 0$：

$$\left(\tau_{xy}+\frac{\partial \tau_{xy}}{\partial x}dx\right)dy \times 1 \times \frac{dx}{2} + \tau_{xy}dy \times 1 \times \frac{dx}{2} -$$

$$\left(\tau_{yx}+\frac{\partial \tau_{yx}}{\partial y}dy\right)dx \times 1 \times \frac{dy}{2} - \tau_{yx}dx \times 1 \times \frac{dy}{2} = 0。$$

在建立这一方程时，按照小变形假定，用了微分体变形以前的尺寸，而没有用平衡状态下的、变形以后的尺寸。在以后建立任何平衡方程时，都将同样地处理，不再加以说明。将上式的两边除以 $dxdy$，并合并相同的项，得到

$$\tau_{xy}+\frac{1}{2}\frac{\partial \tau_{xy}}{\partial x}dx = \tau_{yx}+\frac{1}{2}\frac{\partial \tau_{yx}}{\partial y}dy。$$

命 dx 及 dy 趋于零，则 A、B、C 三点都趋于 P 点，而各面上的平均切应力都趋于在 P 点的切应力，从而有在 P 点的关系式

$$\tau_{xy} = \tau_{yx}。 \tag{2-1}$$

这不过是再一次证明了切应力的互等关系。

其次,以 x 轴为投影轴,列出力的平衡方程 $\sum F_x = 0$:

$$\left(\sigma_x + \frac{\partial \sigma_x}{\partial x}\mathrm{d}x\right)\mathrm{d}y \times 1 - \sigma_x\mathrm{d}y \times 1 + \left(\tau_{yx} + \frac{\partial \tau_{yx}}{\partial y}\mathrm{d}y\right)\mathrm{d}x \times 1 - \tau_{yx}\mathrm{d}x \times 1 + f_x\mathrm{d}x\mathrm{d}y \times 1 = 0_{\circ}$$

约简以后,两边除以 $\mathrm{d}x\mathrm{d}y$,得

$$\frac{\partial \sigma_x}{\partial x} + \frac{\partial \tau_{yx}}{\partial y} + f_x = 0_{\circ}$$

同样,由平衡方程 $\sum F_y = 0$ 可得一个相似的微分方程。于是,得出平面问题中应力分量与体力分量之间的关系式,即平面问题中的平衡微分方程

$$\left.\begin{aligned}\frac{\partial \sigma_x}{\partial x} + \frac{\partial \tau_{yx}}{\partial y} + f_x = 0, \\ \frac{\partial \sigma_y}{\partial y} + \frac{\partial \tau_{xy}}{\partial x} + f_y = 0_{\circ}\end{aligned}\right\} \tag{2-2}$$

这两个微分方程中包含着三个未知函数 σ_x、σ_y、$\tau_{xy} = \tau_{yx}$,因此,决定应力分量的问题是超静定的,还必须考虑几何学和物理学方面的条件,才能解决问题。

对于平面应变问题来说,在图 2-3 所示的六面体上,一般还有作用于前后两面的正应力 σ_z,但由于它们自成平衡,完全不影响方程(2-1)及(2-2)的建立,所以上述方程对于两种平面问题都同样适用。

§2-3　平面问题中一点的应力状态

下面分析平面问题中一点的应力状态。

首先考虑,若已知任一点 P 处的应力分量 σ_x、σ_y、$\tau_{xy} = \tau_{yx}$,如图 2-4 所示,试求出经过该点的、平行于 z 轴而倾斜于 x 轴和 y 轴的任何斜面上的应力。为此,在 P 点附近取一个平面 AB,它平行于上述斜面,并与经过 P 点而垂直于 x 轴和 y 轴的两个平面划出一个微小的三角板或三棱柱 PAB。当平面 AB 与 P 点无限接近时,平面 AB 上的应力就成为上述斜面上的应力。

用 N 代表斜面 AB 的外法线方向,其方向余弦为

$$\cos(N,x) = l, \qquad \cos(N,y) = m_{\circ}$$

用 p_x 和 p_y 表示该斜面上的应力 $\boldsymbol{p}$ 在 x 轴和 y 轴上

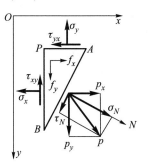

图 2-4

的投影。设斜面 AB 的长度为 ds，则截面 PB 及 PA 的长度分别为 lds 及 mds，z 方向的尺寸仍然取一个单位长度。于是由 PAB 的平衡条件 $\sum F_x = 0$ 可得

$$p_x ds - \sigma_x lds - \tau_{yx} mds + f_x \frac{1}{2} ldsmds = 0。$$

其中的 f_x 为 x 方向的体力分量。将上式除以 ds，并命 ds 趋于零（相当于斜面 AB 趋于 P 点），即得

$$p_x = l\sigma_x + m\tau_{yx}。 \tag{2-3}$$

同样可以由平衡条件 $\sum F_y = 0$ 得出

$$p_y = m\sigma_y + l\tau_{xy}。 \tag{2-4}$$

还可以求出斜面上的正应力和切应力。命斜面 AB 上的正应力为 σ_N，并规定其沿外法线 N 的正方向为正，反之为负（拉应力为正而压应力为负），则由投影可得

$$\sigma_N = lp_x + mp_y。$$

将式（2-3）及式（2-4）代入，并将 τ_{yx} 代以 τ_{xy}，即得

$$\sigma_N = l^2 \sigma_x + m^2 \sigma_y + 2lm\tau_{xy}。 \tag{2-5}$$

命斜面 AB 上的切应力为 τ_N，并这样规定其正负号：如果把 N 转动 $90°$ 而达到 τ_N 的方向是顺时针的（就像把 x 轴转动 $90°$ 而达到 y 轴那样），这个 τ_N 就作为正的，相反地，τ_N 就作为负的。则由投影可得

$$\tau_N = lp_y - mp_x。 \tag{a}$$

将式（2-3）及式（2-4）代入式（a），并将 τ_{yx} 代以 τ_{xy}，即得

$$\tau_N = lm(\sigma_y - \sigma_x) + (l^2 - m^2)\tau_{xy}。 \tag{2-6}$$

由式（2-5）及式（2-6）可见，如果已知 P 点处的应力分量，就可以求得经过 P 点的任一斜面上的正应力及切应力。

如果经过 P 点的某一斜面上的切应力等于零，则该斜面上的正应力称为 P 点的一个主应力，而该斜面称为 P 点的一个应力主面，该斜面的法线方向（即主应力的方向）称为 P 点的一个应力主向。

现在考虑如何由 P 点的应力分量求出 P 点的主应力。

在应力主面上，切应力等于零，该面上的全应力 $\boldsymbol{p}$ 就等于该面上的正应力，也就等于主应力 $\boldsymbol{\sigma}$。于是该面上的全应力 $\boldsymbol{p}$ 在坐标轴上的投影成为

$$p_x = l\sigma，\qquad p_y = m\sigma。$$

将式（2-3）及式（2-4）代入，并以 τ_{xy} 代替 τ_{yx}，即得

$$l\sigma_x + m\tau_{xy} = l\sigma，\qquad m\sigma_y + l\tau_{xy} = m\sigma。$$

由二式分别解出 m/l，得到

$$\frac{m}{l} = \frac{\sigma - \sigma_x}{\tau_{xy}}, \qquad \frac{m}{l} = \frac{\tau_{xy}}{\sigma - \sigma_y}。 \tag{b}$$

命二者相等,即得 σ 的二次方程

$$\sigma^2 - (\sigma_x + \sigma_y)\sigma + (\sigma_x \sigma_y - \tau_{xy}^2) = 0,$$

从而求得两个主应力为

$$\left.\begin{array}{c}\sigma_1 \\ \sigma_2\end{array}\right\} = \frac{\sigma_x + \sigma_y}{2} \pm \sqrt{\left(\frac{\sigma_x - \sigma_y}{2}\right)^2 + \tau_{xy}^2}。 \tag{2-7}$$

由于根号内的数值(两个数的平方之和)总是正的,所以 σ_1 和 σ_2 这两个根都将是实根。此外,由上式极易看出有关系式

$$\sigma_1 + \sigma_2 = \sigma_x + \sigma_y。 \tag{c}$$

下面来求出主应力的方向,即应力主向。设 σ_1 与 x 轴的夹角为 α_1,则

$$\tan \alpha_1 = \frac{\sin \alpha_1}{\cos \alpha_1} = \frac{\cos(90° - \alpha_1)}{\cos \alpha_1} = \frac{m_1}{l_1}。$$

利用式(b)中的第一式,可得

$$\tan \alpha_1 = \frac{\sigma_1 - \sigma_x}{\tau_{xy}}。 \tag{2-8}$$

设 σ_2 与 x 轴的夹角为 α_2,则

$$\tan \alpha_2 = \frac{\sin \alpha_2}{\cos \alpha_2} = \frac{\cos(90° - \alpha_2)}{\cos \alpha_2} = \frac{m_2}{l_2}。$$

利用式(b)中的第二式,可得

$$\tan \alpha_2 = \frac{\tau_{xy}}{\sigma_2 - \sigma_y}。$$

再利用由式(c)得来的 $\sigma_2 - \sigma_y = -(\sigma_1 - \sigma_x)$,即得

$$\tan \alpha_2 = -\frac{\tau_{xy}}{\sigma_1 - \sigma_x}。$$

结合式(2-8),可见 $\tan \alpha_1 \tan \alpha_2 = -1$,表示 σ_1 与 σ_2 互相垂直。这就证明:在任一点 P,一定存在两个互相垂直的主应力。

如果已经求得任一点的两个主应力 σ_1 和 σ_2,以及与之对应的应力主向,就极易求得这一点的最大应力与最小应力。为了便于分析,将 x 轴和 y 轴分别放在 σ_1 和 σ_2 的方向,于是就有

$$\tau_{xy} = 0, \qquad \sigma_x = \sigma_1, \qquad \sigma_y = \sigma_2。 \tag{d}$$

先来求出最大与最小的正应力。按照式(2-5)及式(d),任一斜面上的正应力现在可以表示成

$$\sigma_N = l^2\sigma_1 + m^2\sigma_2 。$$

用关系式 $l^2 + m^2 = 1$ 消去 m^2，得到

$$\sigma_N = l^2\sigma_1 + (1-l^2)\sigma_2 = l^2(\sigma_1 - \sigma_2) + \sigma_2 。$$

因为 l^2 的最大值为 1 而最小值为零，可见 σ_N 的最大值为 σ_1 而最小值为 σ_2。这就是说，两个主应力包含了最大与最小的正应力。

再来求出最大与最小的切应力。按照式（2-6）及式（d），任一斜面上的切应力现在可以表示为

$$\tau_N = lm(\sigma_2 - \sigma_1) 。$$

由关系式 $l^2 + m^2 = 1$ 得 $m = \pm\sqrt{1-l^2}$。代入上式，得

$$\tau_N = \pm l\sqrt{1-l^2}(\sigma_2 - \sigma_1) = \pm\sqrt{l^2 - l^4}(\sigma_2 - \sigma_1)$$

$$= \pm\sqrt{\frac{1}{4} - \left(\frac{1}{2} - l^2\right)^2}(\sigma_2 - \sigma_1) 。$$

由此可见，当 $\frac{1}{2} - l^2 = 0$ 时，τ_N 为最大或最小。于是得 $l = \pm\sqrt{\dfrac{1}{2}}$ 而最大与最小的切应力为 $\pm\dfrac{\sigma_1 - \sigma_2}{2}$，发生在与 x 轴及 y 轴（即应力主向）成 45°的斜面上。

§2-4 几何方程 刚体位移

现在来考虑平面问题的几何学方面，导出应变分量与位移分量之间的关系式，也就是平面问题的几何方程。

经过弹性体内的任意一点 P，沿 x 轴和 y 轴的正方向取两个微小长度的线段 $PA = \mathrm{d}x$ 和 $PB = \mathrm{d}y$，如图 2-5 所示。假定弹性体受力以后，P、A、B 三点分别移动到 P'、A'、B'。

首先来求出线段 PA 和 PB 的正应变，即把 ε_x 和 ε_y 用位移分量来表示。设 P 点在 x 方向的位移分量是 u，则 A 点在 x 方向的位移分量，由于 x 坐标的改变，可用泰勒级数表示为

$$u + \frac{\partial u}{\partial x}\mathrm{d}x + \frac{1}{2!}\frac{\partial^2 u}{\partial x^2}\mathrm{d}x^2 + \cdots,$$

在略去二阶及更高阶的微量以后简化为 $u + \dfrac{\partial u}{\partial x}\mathrm{d}x$。可见，线段 PA 的正应变是

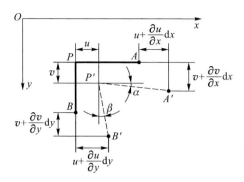

图 2-5

$$\varepsilon_x = \frac{\left(u+\dfrac{\partial u}{\partial x}dx\right)-u}{dx} = \frac{\partial u}{\partial x}\text{。} \qquad (a)$$

在这里,由于位移是微小的,y 方向的位移 v 所引起的线段 PA 的伸缩,是更高一阶微小的,因此略去不计。同样可见,线段 PB 的正应变是

$$\varepsilon_y = \frac{\partial v}{\partial y}\text{。} \qquad (b)$$

现在来求出线段 PA 与 PB 之间的直角的改变量,也就是把切应变 γ_{xy} 用位移分量来表示。由图可见,这个切应变是由两部分组成的:一部分是由 y 方向的位移 v 引起的,即 x 方向的线段 PA 的转角 α;另一部分是由 x 方向的位移 u 引起的,即 y 方向的线段 PB 的转角 β。

设 P 点在 y 方向的位移分量是 v,则 A 点在 y 方向的位移分量将是 $v+\dfrac{\partial v}{\partial x}dx$。因此,线段 PA 的转角是

$$\alpha = \frac{\left(v+\dfrac{\partial v}{\partial x}dx\right)-v}{dx} = \frac{\partial v}{\partial x}\text{。}$$

同样可得线段 PB 的转角是

$$\beta = \frac{\partial u}{\partial y}\text{。}$$

于是可见,PA 与 PB 之间的直角的改变量(以减小时为正),也就是切应变 γ_{xy},为

$$\gamma_{xy} = \alpha+\beta = \frac{\partial v}{\partial x}+\frac{\partial u}{\partial y}\text{。} \qquad (c)$$

综合(a)、(b)、(c)三式,得出平面问题中应变分量与位移分量之间的关系式,即平面问题中的几何方程:

$$\left.\begin{array}{l} \varepsilon_x = \dfrac{\partial u}{\partial x}, \\[2mm] \varepsilon_y = \dfrac{\partial v}{\partial y}, \\[2mm] \gamma_{xy} = \dfrac{\partial v}{\partial x} + \dfrac{\partial u}{\partial y}. \end{array}\right\} \tag{2-9}$$

显然,上述几何方程对两种平面问题都是适用的,并且可见,当物体的位移分量完全确定时(表示成为 x 和 y 的确定函数时),应变分量即完全确定。反之,当应变分量完全确定时,位移分量却不能完全确定。为了说明这后一点,试命应变分量等于零,即

$$\varepsilon_x = \varepsilon_y = \gamma_{xy} = 0, \tag{d}$$

而求出相应的位移分量。

将式(d)代入几何方程(2-9),得

$$\frac{\partial u}{\partial x} = 0, \qquad \frac{\partial v}{\partial y} = 0, \qquad \frac{\partial v}{\partial x} + \frac{\partial u}{\partial y} = 0。 \tag{e}$$

将前两式分别对 x 及 y 积分,得

$$u = f_1(y), \qquad v = f_2(x), \tag{f}$$

其中 f_1 及 f_2 为任意函数。代入式(e)中的第三式,得

$$-\frac{\mathrm{d}f_1(y)}{\mathrm{d}y} = \frac{\mathrm{d}f_2(x)}{\mathrm{d}x}。$$

这一方程的左边是 y 的函数,而右边是 x 的函数。因此,只可能两边都等于同一常数 ω。于是得

$$\frac{\mathrm{d}f_1(y)}{\mathrm{d}y} = -\omega, \qquad \frac{\mathrm{d}f_2(x)}{\mathrm{d}x} = \omega。$$

积分以后,得

$$f_1(y) = u_0 - \omega y, \qquad f_2(x) = v_0 + \omega x, \tag{g}$$

其中的 u_0 及 v_0 为任意常数。将式(g)代入式(f),得位移分量

$$u = u_0 - \omega y, \qquad v = v_0 + \omega x。 \tag{2-10}$$

式(2-10)所示的位移,是"应变为零"时的位移,也就是所谓"与变形无关的位移",因而必然是刚体位移。实际上,u_0 及 v_0 分别为物体沿 x 轴及 y 轴方向的刚体平移,而 ω 为物体绕 z 轴的刚体转动。下面根据平面运动的原理加以证明。

当三个常数中只有 u_0 不等于零时,由式(2-10)可见,物体中任意一点的位移分量是 $u = u_0, v = 0$。这就是说,物体的所有各点只沿 x 方向移动同样的距离 u_0。

由此可见,u_0 代表物体沿 x 方向的刚体平移。同样可见,v_0 代表物体沿 y 方向的刚体平移。当只有 ω 不等于零时,由式(2-10)可见,物体中任意一点的位移分量是 $u=-\omega y$, $v=\omega x$。据此,坐标为(x,y)的任意一点 P 沿着 y 方向移动 ωx,并沿着负 x 方向移动 ωy,如图 2-6 所示,而合成位移为

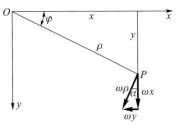

图 2-6

$$\sqrt{u^2+v^2}=\sqrt{(-\omega y)^2+(\omega x)^2}$$
$$=\omega\sqrt{x^2+y^2}=\omega\rho,$$

其中 ρ 为 P 点至 z 轴的距离。命合成位移的方向与 y 轴的夹角为 α,则由图可见

$$\tan\alpha=\frac{\omega y}{\omega x}=\frac{y}{x}=\tan\varphi。$$

可见,合成位移的方向与径向线 OP 垂直,也就是沿着切向。既然物体的所有各点移动的方向都是沿着切向,而且移动的距离等于径向距离 ρ 乘以 ω,可见(注意位移是微小的)ω 代表物体绕 z 轴的刚体转动。

既然物体在应变为零时可以有任意的刚体位移,可见,当物体发生一定的应变时,其位移是由两部分组成的,一部分是与应变有关的位移,另一部分是与应变无关的刚体位移。因而当一点的应变确定时,该点的位移并不是完全确定的。在平面问题中,常数 u_0、v_0、ω 的任意性就反映位移的不确定性,而为了完全确定位移,就必须有三个适当的刚体约束条件来确定这三个常数。

§2-5　平面问题中一点的应变状态　斜方向的位移

下面分析平面问题中一点的应变状态。若已知弹性体中任一点 P 处的三个应变分量 ε_x、ε_y、γ_{xy},试求出:

（1）经过该点平行于 xy 面的任何斜向微小线段 PN 的正应变。

（2）经过该点平行于 xy 面的任何两个斜向微小线段 PN 与 PN' 之间的夹角的改变。

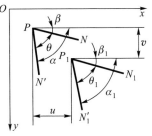

图 2-7

如图 2-7 所示,命 P 点的坐标为(x,y),N 点的坐标为$(x+\mathrm{d}x,y+\mathrm{d}y)$,$PN$ 的长度为 $\mathrm{d}r$,PN 的方向余弦为

$$\cos(PN, x) = l, \qquad \cos(PN, y) = m,$$

于是 PN 在坐标轴上的投影为

$$dx = l\,dr, \qquad dy = m\,dr。 \qquad (a)$$

设 P 点的位移分量为 u、v，则 N 点的位移分量为

$$\left.\begin{array}{l} u_N = u + du = u + \dfrac{\partial u}{\partial x}dx + \dfrac{\partial u}{\partial y}dy, \\[3mm] v_N = v + dv = v + \dfrac{\partial v}{\partial x}dx + \dfrac{\partial v}{\partial y}dy。 \end{array}\right\} \qquad (b)$$

在变形之后，线段 PN 移动到 P_1N_1，它在坐标轴上的投影成为

$$\left.\begin{array}{l} dx + u_N - u = dx + \dfrac{\partial u}{\partial x}dx + \dfrac{\partial u}{\partial y}dy, \\[3mm] dy + v_N - v = dy + \dfrac{\partial v}{\partial x}dx + \dfrac{\partial v}{\partial y}dy。 \end{array}\right\} \qquad (c)$$

命线段 PN 的正应变为 ε_N，则该线段在变形之后的长度为 $dr + \varepsilon_N dr$，而这一长度的平方就等于式（c）中的两个投影的平方之和

$$(dr + \varepsilon_N dr)^2 = \left(dx + \frac{\partial u}{\partial x}dx + \frac{\partial u}{\partial y}dy\right)^2 + \left(dy + \frac{\partial v}{\partial x}dx + \frac{\partial v}{\partial y}dy\right)^2。$$

除以 $(dr)^2$ 并应用式（a），得

$$(1 + \varepsilon_N)^2 = \left[l\left(1 + \frac{\partial u}{\partial x}\right) + m\frac{\partial u}{\partial y}\right]^2 + \left[l\frac{\partial v}{\partial x} + m\left(1 + \frac{\partial v}{\partial y}\right)\right]^2。$$

因为 ε_N 和 $\dfrac{\partial u}{\partial x}$、$\dfrac{\partial u}{\partial y}$、$\dfrac{\partial v}{\partial x}$、$\dfrac{\partial v}{\partial y}$ 都是微小的，它们的乘方或乘积都可以不计，所以上式可以简化为

$$1 + 2\varepsilon_N = l^2\left(1 + 2\frac{\partial u}{\partial x}\right) + 2lm\frac{\partial u}{\partial y} + m^2\left(1 + 2\frac{\partial v}{\partial y}\right) + 2lm\frac{\partial v}{\partial x}。$$

注意到 $l^2 + m^2 = 1$，可以由上式得出

$$\varepsilon_N = l^2\frac{\partial u}{\partial x} + m^2\frac{\partial v}{\partial y} + lm\left(\frac{\partial u}{\partial y} + \frac{\partial v}{\partial x}\right)。 \qquad (d)$$

再应用几何方程（2-9），即得

$$\varepsilon_N = l^2\varepsilon_x + m^2\varepsilon_y + lm\gamma_{xy}。 \qquad (2\text{-}11)$$

现在来求线段 PN 和 PN' 的夹角的改变。在变形之后，线段 PN 成为 P_1N_1，而它的方向余弦成为

$$l_1 = \frac{dx + \dfrac{\partial u}{\partial x}dx + \dfrac{\partial u}{\partial y}dy}{dr(1 + \varepsilon_N)},$$

$$m_1 = \frac{\mathrm{d}y + \dfrac{\partial v}{\partial x}\mathrm{d}x + \dfrac{\partial v}{\partial y}\mathrm{d}y}{\mathrm{d}r(1+\varepsilon_N)}\text{。}$$

应用式(a),并注意 ε_N 是微量,可以取 $\dfrac{1}{1+\varepsilon_N}=1-\varepsilon_N$,则由以上两式可得

$$\left.\begin{aligned}l_1 &= l\left(1+\frac{\partial u}{\partial x}-\varepsilon_N\right)+m\,\frac{\partial u}{\partial y}\,\text{,}\\[2mm] m_1 &= m\left(1+\frac{\partial v}{\partial y}-\varepsilon_N\right)+l\,\frac{\partial v}{\partial x}\text{。}\end{aligned}\right\} \tag{e}$$

同样,设线段 PN' 在变形之前的方向余弦是 l'、m',在变形之后,线段 PN' 成为 P_1N_1',而它的方向余弦成为

$$\left.\begin{aligned}l_1' &= l'\left(1+\frac{\partial u}{\partial x}-\varepsilon_{N'}\right)+m'\frac{\partial u}{\partial y}\,\text{,}\\[2mm] m_1' &= m'\left(1+\frac{\partial v}{\partial y}-\varepsilon_{N'}\right)+l'\frac{\partial v}{\partial x}\,\text{,}\end{aligned}\right\} \tag{f}$$

其中 $\varepsilon_{N'}$ 是线段 PN' 的正应变。

命线段 PN 和 PN' 在变形前后的夹角分别为 θ 及 θ_1,则由图 2-7 可见

$$\left.\begin{aligned}\cos\theta &= \cos(\alpha-\beta)=\cos\alpha\cos\beta+\sin\alpha\sin\beta=l'l+m'm\,\text{,}\\[2mm] \cos\theta_1 &= \cos(\alpha_1-\beta_1)=\cos\alpha_1\cos\beta_1+\sin\alpha_1\sin\beta_1=l_1'l_1+m_1'm_1\text{。}\end{aligned}\right\} \tag{g}$$

将式(e)和式(f)代入(g)中的第二式,并略去高阶微量,即得

$$\cos\theta_1 = (ll'+mm')(1-\varepsilon_N-\varepsilon_{N'})+2\left(ll'\frac{\partial u}{\partial x}+mm'\frac{\partial v}{\partial y}\right)+(lm'+l'm)\left(\frac{\partial u}{\partial y}+\frac{\partial v}{\partial x}\right)\text{。}$$

应用几何方程(2-9)及式(g)中的第一式,则上式成为

$$\cos\theta_1 = \cos\theta(1-\varepsilon_N-\varepsilon_{N'})+2(ll'\varepsilon_x+mm'\varepsilon_y)+(lm'+l'm)\gamma_{xy}\text{。} \tag{2-12}$$

由此求出 θ_1 以后,即可求得 PN 和 PN' 之间的夹角的改变 $\theta_1-\theta$。

式(2-11)可以用来由一点的应变分量计算该点任何斜向的正应变。反之,如果已知一点任何三个斜向的正应变,也可利用式(2-11)来计算该点的应变分量。命该三个斜向的方向余弦分别为 l_1、m_1,l_2、m_2,l_3、m_3,三个斜向的正应变分别为 ε_{N_1}、ε_{N_2} 和 ε_{N_3},则由式(2-11)可建立下列三式:

$$\left.\begin{aligned}\varepsilon_{N_1} &= l_1^2\varepsilon_x+m_1^2\varepsilon_y+l_1m_1\gamma_{xy}\,\text{,}\\[2mm] \varepsilon_{N_2} &= l_2^2\varepsilon_x+m_2^2\varepsilon_y+l_2m_2\gamma_{xy}\,\text{,}\\[2mm] \varepsilon_{N_3} &= l_3^2\varepsilon_x+m_3^2\varepsilon_y+l_3m_3\gamma_{xy}\text{。}\end{aligned}\right\} \tag{h}$$

由此可以求解 ε_x、ε_y 和 γ_{xy}。

在实验应力分析中,经常用量测的办法得出 x 轴方向、y 轴方向以及与该二

轴成 45°方向的正应变,这时,

$$l_1 = 1, \qquad m_1 = 0; \qquad l_2 = 0, \qquad m_2 = 1; \qquad l_3 = m_3 = 1/\sqrt{2}\,\text{。}$$

代入式(h),即可解得

$$\varepsilon_x = \varepsilon_{N_1}, \qquad \varepsilon_y = \varepsilon_{N_2}, \qquad \gamma_{xy} = 2\varepsilon_{N_3} - \varepsilon_{N_1} - \varepsilon_{N_2},$$

从而用物理方程求得应力分量。

为了由 P 点的位移分量 u 和 v 求得该点的沿任一斜方向的位移,只须利用简单的投影关系:仍用 l 及 m 代表 PN 的方向余弦,如图 2-7 所示,则 P 点的沿 PN 方向的位移为

$$u_N = lu + mv\,\text{。}$$

该点的最大位移显然就是 u 及 v 的合成,即

$$(u_N)_{\max} = \sqrt{u^2 + v^2}\,\text{。}$$

§2-6   物 理 方 程

现在来考虑平面问题的物理学方面,导出应变分量与应力分量之间的关系式,也就是平面问题中的物理方程。

在完全弹性的各向同性体内,应变分量与应力分量之间的关系极其简单,可根据胡克定律建立如下:

$$\left.\begin{array}{l}
\varepsilon_x = \dfrac{1}{E}\left[\sigma_x - \mu(\sigma_y + \sigma_z)\right], \\[2ex]
\varepsilon_y = \dfrac{1}{E}\left[\sigma_y - \mu(\sigma_z + \sigma_x)\right], \\[2ex]
\varepsilon_z = \dfrac{1}{E}\left[\sigma_z - \mu(\sigma_x + \sigma_y)\right], \\[2ex]
\gamma_{yz} = \dfrac{1}{G}\tau_{yz}, \\[2ex]
\gamma_{zx} = \dfrac{1}{G}\tau_{zx}, \\[2ex]
\gamma_{xy} = \dfrac{1}{G}\tau_{xy}\,\text{。}
\end{array}\right\} \qquad (2\text{-}13)$$

式中的 E 是拉压弹性模量,又简称为弹性模量;G 是切变模量,又称为刚度模量;

μ 是侧向收缩系数,又称为泊松比。这三个弹性常数之间有如下关系:

$$G = \frac{E}{2(1+\mu)}。 \tag{2-14}$$

这些弹性常数不随应力或应变的大小而变,不随位置坐标而变,也不随方向而变,因为已经假定考虑的物体是完全弹性的,均匀的,而且是各向同性的。

在平面应力问题中,$\sigma_z = 0$。在式(2-13)的第一式及第二式中删去 σ_z,并将式(2-14)代入式(2-13)中的第六式,得

$$\left.\begin{array}{l} \varepsilon_x = \dfrac{1}{E}(\sigma_x - \mu\sigma_y), \\[2mm] \varepsilon_y = \dfrac{1}{E}(\sigma_y - \mu\sigma_x), \\[2mm] \gamma_{xy} = \dfrac{2(1+\mu)}{E}\tau_{xy}。 \end{array}\right\} \tag{2-15}$$

这就是平面应力问题中的物理方程。此外,式(2-13)中的第三式成为

$$\varepsilon_z = -\frac{\mu}{E}(\sigma_x + \sigma_y),$$

表明,ε_z 可直接由 σ_x 和 σ_y 得出,因而不作为独立的未知函数。又由式(2-13)中的第四式及第五式可见,因为在平面应力问题中有 $\tau_{yz} = 0$ 和 $\tau_{zx} = 0$,所以有 $\gamma_{yz} = 0$ 和 $\gamma_{zx} = 0$。

在平面应变问题中,因为物体的所有各点都不沿 z 方向移动,即 $w = 0$,所以 z 方向的线段都没有伸缩,即 $\varepsilon_z = 0$。于是,由式(2-13)中的第三式得

$$\sigma_z = \mu(\sigma_x + \sigma_y)$$

代入式(2-13)中的第一式及第二式,并注意式(2-15)中的第三式仍然适用,得

$$\left.\begin{array}{l} \varepsilon_x = \dfrac{1-\mu^2}{E}\left(\sigma_x - \dfrac{\mu}{1-\mu}\sigma_y\right), \\[2mm] \varepsilon_y = \dfrac{1-\mu^2}{E}\left(\sigma_y - \dfrac{\mu}{1-\mu}\sigma_x\right), \\[2mm] \gamma_{xy} = \dfrac{2(1+\mu)}{E}\tau_{xy}。 \end{array}\right\} \tag{2-16}$$

这就是平面应变问题中的物理方程。此外,因为在平面应变问题中也有 $\tau_{yz} = 0$ 和 $\tau_{zx} = 0$,所以也有 $\gamma_{yz} = 0$ 和 $\gamma_{zx} = 0$。

可以看出,如果在平面应力问题的物理方程(2-15)中,将 E 换为 $\dfrac{E}{1-\mu^2}$,μ 换为

$\dfrac{\mu}{1-\mu}$,就得到平面应变问题的物理方程(2-16),其中的第三式也并不例外,因为

$$\frac{2\left(1+\dfrac{\mu}{1-\mu}\right)}{\dfrac{E}{1-\mu^2}}=\frac{2(1+\mu)}{E}。$$

还可以看出,如果在平面应变问题的物理方程(2-16)中,将 E 换为 $\dfrac{E(1+2\mu)}{(1+\mu)^2}$,$\mu$ 换

为 $\dfrac{\mu}{1+\mu}$,就得到平面应力问题的物理方程(2-15),其中的第三式也并不例外,因为

$$\frac{2\left(1+\dfrac{\mu}{1+\mu}\right)}{\dfrac{E(1+2\mu)}{(1+\mu)^2}}=\frac{2(1+\mu)}{E}。$$

§2-7 边 界 条 件

在 §2-2、§2-4 及 §2-6 三节所导出的方程中,下列 8 个方程是弹性力学平面问题的基本方程:2 个平衡微分方程(2-2),3 个几何方程(2-9),3 个物理方程(2-15)或(2-16)。这 8 个基本方程中包含 8 个未知函数(坐标的未知函数):3 个应力分量 $\sigma_x,\sigma_y,\tau_{xy}=\tau_{yx}$;3 个应变分量 $\varepsilon_x,\varepsilon_y,\gamma_{xy}$;2 个位移分量 u,v。基本方程的数目恰好等于未知函数的数目,因此,在适当的边界条件下,从基本方程求解未知函数是可能的。

按照边界条件的不同,弹性力学问题分为位移边界问题、应力边界问题和混合边界问题。

在位移边界问题中,物体在全部边界上的位移分量都是已知的,也就是:在边界上,有

$$u_s=\bar{u}, \qquad v_s=\bar{v}, \tag{2-17}$$

其中 u_s 和 v_s 表示边界上的位移分量,而 $\bar{u}$ 和 $\bar{v}$ 在边界上是坐标的已知函数。这就是平面问题的位移边界条件。

在应力边界问题中,弹性体在全部边界上所受的面力都是已知的,也就是说,面力分量 $\bar{f}_x$ 和 $\bar{f}_y$ 在边界上是坐标的已知函数,可以把面力已知的条件变换成为应力方面的条件。为此,只须把图 2-4 中的斜面 AB 取在弹性体的边界上,使得 N 成为边界面的外法线方向。这样,当斜面 AB 与 P 点无限接近时,p_x

及 p_y 将分别成为面力分量 $\bar{f}_x$ 及 $\bar{f}_y$,而 σ_x、σ_y、τ_{xy}、τ_{yx} 将成为应力分量的边界值 $(\sigma_x)_s$、$(\sigma_y)_s$、$(\tau_{xy})_s$、$(\tau_{yx})_s$。于是,可由式(2-3)及式(2-4)得出

$$\left.\begin{array}{l} l(\sigma_x)_s + m(\tau_{yx})_s = \bar{f}_x, \\ m(\sigma_y)_s + l(\tau_{xy})_s = \bar{f}_y。 \end{array}\right\} \tag{2-18}$$

这两个方程表明应力分量的边界值与已知面力分量之间的关系,这就是平面问题的应力边界条件。

当边界面垂直于某一坐标轴时,应力边界条件将大为简化:在垂直于 x 轴的边界上,$l = \pm 1, m = 0$,应力边界条件(2-18)简化为

$$(\sigma_x)_s = \pm \bar{f}_x, \qquad (\tau_{xy})_s = \pm \bar{f}_y;$$

在垂直于 y 轴的边界上,$l = 0, m = \pm 1$,应力边界条件(2-18)简化为

$$(\sigma_y)_s = \pm \bar{f}_y, \qquad (\tau_{yx})_s = \pm \bar{f}_x。$$

可见,在这种边界上,应力分量的边界值就等于对应的面力分量(当边界的外法线沿坐标轴正方向时,两者的正负号相同;当边界的外法线沿坐标轴负方向时,两者的正负号相反)。

注意:在垂直于 x 轴的边界上,应力边界条件中并没有 $(\sigma_y)_s$;在垂直于 y 轴的边界上,应力边界条件中并没有 $(\sigma_x)_s$。这就是说,平行于边界方向的正应力,它的边界值与面力分量并不直接相关。

在混合边界问题中,物体的一部分边界具有已知位移,因而具有位移边界条件,如式(2-17)所示;另一部分边界则具有已知面力,因而具有应力边界条件,如式(2-18)所示。此外,在同一部分边界上还可能出现混合边界条件,即,两个边界条件中的一个是位移边界条件,而另一个则是应力边界条件。例如,设垂直于 x 轴的某一个边界是连杆支承边,如图 2-8a 所示,则在 x 方向有位移边界条件

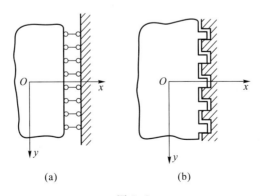

(a)   (b)

图 2-8

$u_s = \bar{u} = 0$，而在 y 方向有应力边界条件 $(\tau_{xy})_s = \bar{f}_y = 0$。又例如，设垂直于 x 轴的某一个边界是齿槽边，如图 2-8b 所示，则在 x 方向有应力边界条件 $(\sigma_x)_s = 0$，而在 y 方向有位移边界条件 $v_s = \bar{v} = 0$。在垂直于 y 轴的边界上，以及与坐标轴斜交的边界上，都可能有与此相似的混合边界条件。

§2-8　圣维南原理

在求解弹性力学问题时，使应力分量、应变分量、位移分量完全满足基本方程，并不困难；但是，要使得边界条件也得到完全满足，却往往发生很大的困难（因此，弹性力学问题在数学上被称为边值问题）。

另一方面，在很多的工程结构计算中，都会遇到这样的情况：在物体的一小部分边界上，仅仅知道物体所受的面力的合成，而这个面力的分布方式并不明确，因而无从考虑这部分边界上的应力边界条件。

在上述两种情况下，圣维南原理有时可以提供很大的帮助。

圣维南原理可以这样来陈述：如果把物体的一小部分边界上的面力，变换为分布不同但静力等效的面力（主矢量相同，对于同一点的主矩也相同），那么，近处的应力分布将有显著的改变，但是远处所受的影响可以忽略不计。

例如，设有柱形构件，在两端截面的形心受到大小相等而方向相反的拉力 F，如图 2-9a 所示。如果把一端或两端的拉力变换为静力等效的力，如图 2-9b 或图 2-9c 所示，则只有虚线画出的部分的应力分布有显著的改变，而其余部分所受的影响是可以不计的。如果再将两端的拉力变换为均匀分布的拉力，集度等于 F/A，其中 A 为构件的横截面面积，如图 2-9d 所示，仍然只有靠近两端部分的应力受到显著的影响。这就是说，在上述四种情况下，离开两端较远的部分的应力分布，并没有显著的差别。

以后可见，在图 2-9d 所示的情况下，由于面力连续均匀分布，边界条件简单，应力很容易求得，而且解答是很简单的。但是，在其余三种情况下，由于面力不是连续分布，甚至只知其合成为 F 而不知其分布方式，应力是难以求解的。根据圣维南原理，将图 2-9d 所示情况下的应力解答应用到其余三种情况，虽然不能完全满足两端的应力边界条件，但仍然可以表明离杆端较远处的应力状态，而并没有显著的误差。这是已经为理论分析和实验量测所证实了的。

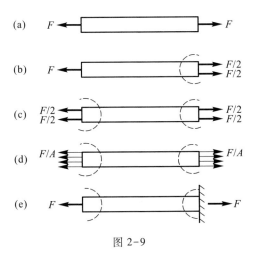

图 2-9

必须注意：应用圣维南原理，绝不能离开"静力等效"的条件。例如，在图 2-9a 所示的构件上，如果两端面力的合力 F 不是作用于截面的形心，而具有一定的偏心距离，那么，作用在每一端的面力，不管它的分布方式如何，与作用于截面形心的力 F 总归不是静力等效的。这时的应力，与图示四种情况下的应力相比，就不仅是在靠近两端处有差异，而且在整个构件中都是不相同的。

还须注意：圣维南原理只能应用于物体的一小部分边界上（又称为局部边界、小边界或次要边界），因为如果应用于大边界上（又称为主要边界），则必然使整个物体的应力状态都发生显著的改变。

当物体一小部分边界上的位移边界条件不能精确满足时，也可以应用圣维南原理而得到有用的解答。例如，设图 2-9 所示构件的右端是固定端（图 2-9e），这就是说，在该构件的右端，有位移边界条件 $u = u_s = 0$ 和 $v = v_s = 0$。把图 2-9d 所示情况下的简单解答应用于这一情况时，这个位移边界条件是不能满足的。但是，显然可见，右端的面力，一定是合成为经过截面形心的力 F，它和左端的面力相平衡。这就是说，右端（固定端）的面力，静力等效于经过右端截面形心的力 F。因此，根据圣维南原理，把上述简单解答应用于这一情况时，仍然只是在靠近两端处有显著的误差，而在离两端较远之处，误差是可以不计的。

圣维南原理也可以这样来陈述：如果物体一小部分边界上的面力是一个平衡力系（主矢量及主矩都等于零），那么，这个面力就只会使得近处产生显著的应力，远处的应力可以不计。这样的陈述和上面的陈述完全等效，因为静力等效的两组面力，它们的差异是一个平衡力系。

在小边界上，与物体原来所受到的力系"静力等效"的面力并不是唯一的，例如,与图 2-9a 所示端部所受的集中力"静力等效"的面力,除图 2-9b、c、d 所示的端部的力系以外,还存在其他的形式(包括非均匀分布的面力),只要端部的力系与原来力系符合"静力等效"的要求即可。这样,在具体应用圣维南原理时,存在采用哪一个"静力等效"力系的问题,需要有一个统一的格式。

以图 2-10 所示的悬臂梁为例。悬臂梁在自由端受到集中力 P、Q 和集中力偶 M 的作用。在该问题中,如果梁的长度远大于高度,那么左右端边界是次要边界。由于在右端受的外力是集中荷载,无法列出如式(2-18)所示的精确的应力边界条件,只能应用圣维南原理列出等效的边界条件。

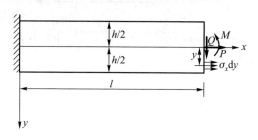

图 2-10

假设在自由端存在一组面力系 $\overline{f}_x$、$\overline{f}_y$,它们与悬臂梁在自由端原来受到的集中力 P、Q 和集中力偶 M"静力等效",根据两个力系"静力等效"的含义,要求

$$
\left.
\begin{aligned}
\int_{-h/2}^{h/2} \overline{f}_x \mathrm{d}y &= P, \\
\int_{-h/2}^{h/2} \overline{f}_y \mathrm{d}y &= Q, \\
\int_{-h/2}^{h/2} y \overline{f}_x \mathrm{d}y &= M,
\end{aligned}
\right\}
\tag{a}
$$

上式左端的积分中,z 方向的尺寸取一个单位长度。

另一方面,假设的面力系 $\overline{f}_x$、$\overline{f}_y$ 在悬臂梁自由端,与对应的应力分量存在如下的关系式

$$
(\sigma_x)_{x=l} = \overline{f}_x, \quad (\tau_{xy})_{x=l} = \overline{f}_y,
\tag{b}
$$

将式(b)代入式(a),得出

$$
\left.
\begin{aligned}
\int_{-h/2}^{h/2} (\sigma_x)_{x=l} \mathrm{d}y &= P, \\
\int_{-h/2}^{h/2} (\tau_{xy})_{x=l} \mathrm{d}y &= Q, \\
\int_{-h/2}^{h/2} y (\sigma_x)_{x=l} \mathrm{d}y &= M。
\end{aligned}
\right\}
\tag{c}
$$

上式表明,在悬臂梁自由端的边界上,待求应力在该边界的主矢量和主矩与外力的合力和合力矩相等。更一般情况下,集中力 P、Q 和集中力偶 M 可以看作是面力的主矢量和主矩,因此,在小边界上应用圣维南原理,也可以表述为:在同一小边界上,应力的主矢量和主矩,应分别等于面力的主矢量和主矩,不仅数值要相等,两者的方向也要一致。

应用圣维南原理得到的等效边界条件(c)与精确的应力边界条件式(2-18)相比,前者是三个积分形式的条件,最后可以化为代数方程;后者是两个条件,一般为函数方程;前者容易满足,后者不易满足。因此,在求解平面问题时,常常在小边界上用近似的三个积分条件代替精确的边界条件,这样可使问题的求解大为简化,而得出的应力结果只在小边界附近有显著的误差。

圣维南原理是法国力学家圣维南于 1855 年在解决等截面直杆的扭转问题时提出的,最初称为局部效应原理,后来称为圣维南原理。100 多年来,无数的实际计算和实验量测都证实了它的正确性,许多学者对此原理从多方面作过综合性研究,获得了一些研究成果,但至今尚无完整的严格的理论证明。

§2-9　按位移求解平面问题

在结构力学里进行超静定结构的分析有三种基本方法,即位移法、力法和混合法。在位移法中,以某些位移为基本未知量;在力法中,以某些反力或内力为基本未知量;在混合法中,同时以某些位移和某些反力或内力为基本未知量。解出基本未知量以后,再求其他的未知量。

与此相似,在弹性力学里求解问题,也有三种基本方法,就是按位移求解、按应力求解和混合求解。按位移求解时,以位移分量为基本未知函数,由一些只包含位移分量的微分方程和边界条件求出位移分量以后,再用几何方程求出应变分量,从而用物理方程求出应力分量。按应力求解时,以应力分量为基本未知函数,由一些只包含应力分量的微分方程和边界条件求出应力分量以后,再用物理方程求出应变分量,从而用几何方程求出位移分量。在混合求解时,同时以某些位移分量和应力分量为基本未知函数,由一些只包含这些基本未知函数的微分方程和边界条件求出这些基本未知函数以后,再用适当的方程求出其他的未知函数。

现在来导出按位移求解平面问题时所需用的微分方程和边界条件。

在平面应力问题中,物理方程是(2-15),即

$$\varepsilon_x = \frac{1}{E}(\sigma_x - \mu\sigma_y), \qquad \varepsilon_y = \frac{1}{E}(\sigma_y - \mu\sigma_x), \qquad \gamma_{xy} = \frac{2(1+\mu)}{E}\tau_{xy}.$$

由上述三式求解应力分量,得

$$\left.\begin{aligned}
\sigma_x &= \frac{E}{1-\mu^2}(\varepsilon_x + \mu\varepsilon_y), \\
\sigma_y &= \frac{E}{1-\mu^2}(\varepsilon_y + \mu\varepsilon_x), \\
\tau_{xy} &= \frac{E}{2(1+\mu)}\gamma_{xy}.
\end{aligned}\right\} \tag{2-19}$$

这是应力分量用应变分量表示的形式,也是物理方程的另一种关系式。将几何方程(2-9)代入,得到用位移分量表示应力分量的表达式

$$\left.\begin{aligned}
\sigma_x &= \frac{E}{1-\mu^2}\left(\frac{\partial u}{\partial x} + \mu\frac{\partial v}{\partial y}\right), \\
\sigma_y &= \frac{E}{1-\mu^2}\left(\frac{\partial v}{\partial y} + \mu\frac{\partial u}{\partial x}\right), \\
\tau_{xy} &= \frac{E}{2(1+\mu)}\left(\frac{\partial v}{\partial x} + \frac{\partial u}{\partial y}\right).
\end{aligned}\right\} \tag{a}$$

上式也称为弹性方程。再将式(a)代入平衡微分方程(2-2),简化以后,即得

$$\left.\begin{aligned}
\frac{E}{1-\mu^2}\left(\frac{\partial^2 u}{\partial x^2} + \frac{1-\mu}{2}\frac{\partial^2 u}{\partial y^2} + \frac{1+\mu}{2}\frac{\partial^2 v}{\partial x \partial y}\right) + f_x &= 0, \\
\frac{E}{1-\mu^2}\left(\frac{\partial^2 v}{\partial y^2} + \frac{1-\mu}{2}\frac{\partial^2 v}{\partial x^2} + \frac{1+\mu}{2}\frac{\partial^2 u}{\partial x \partial y}\right) + f_y &= 0.
\end{aligned}\right\} \tag{2-20}$$

这是用位移表示的平衡微分方程,也就是按位移求解平面应力问题时所需用的基本微分方程。

另一方面,将式(a)代入应力边界条件(2-18),简化以后,得

$$\left.\begin{aligned}
\frac{E}{1-\mu^2}\left[l\left(\frac{\partial u}{\partial x} + \mu\frac{\partial v}{\partial y}\right)_s + m\frac{1-\mu}{2}\left(\frac{\partial u}{\partial y} + \frac{\partial v}{\partial x}\right)_s\right] &= \bar{f}_x, \\
\frac{E}{1-\mu^2}\left[m\left(\frac{\partial v}{\partial y} + \mu\frac{\partial u}{\partial x}\right)_s + l\frac{1-\mu}{2}\left(\frac{\partial v}{\partial x} + \frac{\partial u}{\partial y}\right)_s\right] &= \bar{f}_y.
\end{aligned}\right\} \tag{2-21}$$

这是用位移表示的应力边界条件,也就是按位移求解平面应力问题时所用的应力边界条件。位移边界条件仍然如式(2-17)所示。

总结起来,按位移求解平面应力问题时,要使得位移分量满足微分方程(2-20),并在边界上满足边界条件式(2-17)或式(2-21)。求出位移分量以后,即可用几何方程(2-9)求得应变分量,从而用式(2-19)求得应力分量。

对于平面应变问题,须在上面的各个方程中将 E 换为 $\dfrac{E}{1-\mu^2}$,将 μ 换为 $\dfrac{\mu}{1-\mu}$。

由以上所述可见,在一般情况下,按位移求解平面问题,最后还须处理联立的两个二阶偏微分方程,而不能再简化为处理一个单独微分方程的问题(像体力为常量时,按应力函数求解全部是应力边界的平面问题那样)。这是按位移求解的缺点,也是按位移求解并未能得出很多函数式解答的原因。但是,在原则上,按位移求解可以适用于任何平面问题——不论体力是不是常量,也不论问题是位移边界问题还是应力边界问题或混合边界问题。因此,如果并不拘泥于追求函数式解答,而着眼于为一些工程实际问题求得数值解答,则按位移求解的优越性将是十分明显的。此外,基于按位移求解进行理论分析,还可以得出一些普遍的重要结论。

§ 2-10　按应力求解平面问题　相容方程

现在来导出按应力求解平面问题时所需用的微分方程。平衡微分方程(2-2)本来就不包含应变分量和位移分量,应当保留。但由于平衡微分方程只有两个,不足以求出三个应力分量。于是,须由三个几何方程消去位移分量,得出三个应变分量之间的一个关系式,再将三个物理方程代入这个关系式,使它只包含应力分量。具体推演如下:

平面问题的几何方程是式(2-9),也就是

$$\varepsilon_x = \frac{\partial u}{\partial x}, \qquad \varepsilon_y = \frac{\partial v}{\partial y}, \qquad \gamma_{xy} = \frac{\partial v}{\partial x} + \frac{\partial u}{\partial y}。 \tag{a}$$

将 ε_x 对 y 的二阶导数和 ε_y 对 x 的二阶导数相加,得

$$\frac{\partial^2 \varepsilon_x}{\partial y^2} + \frac{\partial^2 \varepsilon_y}{\partial x^2} = \frac{\partial^3 u}{\partial x \partial y^2} + \frac{\partial^3 v}{\partial y \partial x^2} = \frac{\partial^2}{\partial x \partial y}\left(\frac{\partial u}{\partial y} + \frac{\partial v}{\partial x}\right)。$$

但这个等式右边括号中的表达式就等于 γ_{xy},因此得

$$\frac{\partial^2 \varepsilon_x}{\partial y^2} + \frac{\partial^2 \varepsilon_y}{\partial x^2} = \frac{\partial^2 \gamma_{xy}}{\partial x \partial y}。 \tag{2-22}$$

这个关系式称为变形协调方程或相容方程。应变分量 ε_x、ε_y、γ_{xy} 必须满足这个方程,才能保证位移分量 u 和 v 的存在。如果任意选取函数 ε_x、ε_y 和 γ_{xy},而不能满足这个方程,那么,由三个几何方程中的任何两个求出的位移分量,将与第三个几何方程不能相容,这时就不可能求得位移。

例如,试取不能满足相容方程(2-22)的应变分量

$$\varepsilon_x = 0, \qquad \varepsilon_y = 0, \qquad \gamma_{xy} = Cxy, \tag{b}$$

其中的常数 C 不等于零。由几何方程(a)中的前二式得

$$\frac{\partial u}{\partial x} = 0, \qquad \frac{\partial v}{\partial y} = 0,$$

从而得

$$u = f_1(y), \qquad v = f_2(x)。 \tag{c}$$

另一方面,将式(b)中的第三式代入式(a)中的第三式,又得

$$\frac{\partial v}{\partial x} + \frac{\partial u}{\partial y} = Cxy。 \tag{d}$$

显然,式(c)与式(d)不能相容,也就是互相矛盾,于是就不可能求得满足几何方程(a)的位移。

现在,利用物理方程将相容方程中的应变分量消去,使相容方程中只包含应力分量(基本未知函数)。

对于平面应力问题,将物理方程(2-15)代入式(2-22),得

$$\frac{\partial^2}{\partial y^2}(\sigma_x - \mu\sigma_y) + \frac{\partial^2}{\partial x^2}(\sigma_y - \mu\sigma_x) = 2(1+\mu)\frac{\partial^2 \tau_{xy}}{\partial x \partial y}。 \tag{e}$$

利用平衡微分方程,可以简化式(e),使它只包含正应力而不包含切应力。为此,将平衡微分方程(2-2)写成

$$\frac{\partial \tau_{yx}}{\partial y} = -\frac{\partial \sigma_x}{\partial x} - f_x, \qquad \frac{\partial \tau_{xy}}{\partial x} = -\frac{\partial \sigma_y}{\partial y} - f_y。$$

将前一方程对 x 求导,后一方程对 y 求导,然后相加,并注意 $\tau_{yx} = \tau_{xy}$,得

$$2\frac{\partial^2 \tau_{xy}}{\partial x \partial y} = -\frac{\partial^2 \sigma_x}{\partial x^2} - \frac{\partial^2 \sigma_y}{\partial y^2} - \frac{\partial f_x}{\partial x} - \frac{\partial f_y}{\partial y}。$$

代入式(e),简化以后,得

$$\left(\frac{\partial^2}{\partial x^2} + \frac{\partial^2}{\partial y^2}\right)(\sigma_x + \sigma_y) = -(1+\mu)\left(\frac{\partial f_x}{\partial x} + \frac{\partial f_y}{\partial y}\right)。 \tag{2-23}$$

对于平面应变问题,进行同样的推演,可以导出一个与此相似的方程

$$\left(\frac{\partial^2}{\partial x^2} + \frac{\partial^2}{\partial y^2}\right)(\sigma_x + \sigma_y) = -\frac{1}{1-\mu}\left(\frac{\partial f_x}{\partial x} + \frac{\partial f_y}{\partial y}\right)。 \tag{2-24}$$

但是,也可以不必进行推演,只要如 §2-6 中所述,把方程(2-23)中的 μ 换为 $\frac{\mu}{1-\mu}$,就得到这一方程。

这样,按应力求解平面问题时,在平面应力问题中,应力分量应当满足平衡

微分方程(2-2)和相容方程(2-23);在平面应变问题中,应力分量应当满足平衡微分方程(2-2)和相容方程(2-24)。此外,应力分量在边界上还应当满足应力边界条件(2-18)。

位移边界条件(2-17)一般是无法改用应力分量及其导数来表示的。因此,对于位移边界问题和混合边界问题,一般都不宜按应力求解。

对于应力边界问题,是否满足了平衡微分方程、相容方程和应力边界条件,就能完全确定应力分量,还要看所考察的物体是单连体还是多连体。所谓单连体,就是具有这样几何性质的物体:对于在物体内所作的任何一根闭合曲线,都可以使它在物体内不断收缩而趋于一点。例如,一般的实体和空心圆球,就是单连体。所谓多连体,就是不具有上述几何性质的物体,如圆环或圆筒,就是多连体。在平面问题中也可以这样简单地说:单连体就是只具有单个连续边界的物体,多连体则是具有多个连续边界的物体,也就是有孔口的物体。

对于平面问题,可以证明:如果满足了平衡微分方程和相容方程,也满足了应力边界条件,那么,在单连体的情况下,应力分量就完全确定了。但是,在多连体的情况下,应力分量的表达式中可能还留有待定函数或待定常数;在由这些应力分量求出的位移分量表达式中,由于通过了积分运算,可能出现多值项,表示弹性体的同一点具有不同的位移,而在连续体中这是不可能的。根据"位移必须为单值"这样的所谓位移单值条件,命这种多值项等于零,就可以完全确定应力分量。具体的实例见§4-6。

§2-11　常体力情况下的简化

在很多的工程问题中,体力是常量,也就是说,体力分量 f_x 和 f_y 在整个弹性体内是常量,不随坐标而变(如重力和平行移动时的惯性力,就是常量的体力)。在这种情况下,相容方程(2-23)、(2-24)的右边都成为零,而两种平面问题的相容方程都简化为

$$\left(\frac{\partial^2}{\partial x^2}+\frac{\partial^2}{\partial y^2}\right)(\sigma_x+\sigma_y)=0。 \tag{2-25}$$

可见,在常体力的情况下,$\sigma_x+\sigma_y$ 应当满足拉普拉斯微分方程,即调和方程,也就是说,$\sigma_x+\sigma_y$ 应当是调和函数。为了书写简便,下面用记号 ∇^2 代表 $\frac{\partial^2}{\partial x^2}+\frac{\partial^2}{\partial y^2}$,把方程(2-25)简写为

$$\nabla^2(\sigma_x+\sigma_y)=0。$$

注意,在常体力的情况下,平衡微分方程(2-2)、相容方程(2-25)和应力边界条件(2-18)中都不包含弹性常数,而且对于两种平面问题都是相同的。因此,在常体力的情况下,对于单连体的应力边界问题,如果两个弹性体具有相同的边界形状,并受到同样分布的外力,那么,不管这两个弹性体的材料是否相同,也不管它们是在平面应力情况下或是在平面应变情况下,应力分量 σ_x、σ_y、τ_{xy} 的分布是相同的(两种平面问题中的应力分量 σ_z 及应变分量和位移分量,却不一定相同)。

根据上述结论,针对任一物体而求出的应力分量 σ_x、σ_y、τ_{xy},也适用于具有同样边界并受有同样外力的其他材料的物体;针对平面应力问题而求出的这些应力分量,也适用于边界相同、外力相同的平面应变情况下的物体。这对于弹性力学解答在工程上的应用,提供了极大的方便。

另一方面,根据上述结论,在用实验方法量测结构或构件的上述应力分量时,可以用便于量测的材料来制造模型,以代替原来不便于量测的结构或构件材料;还可以用平面应力情况下的薄板模型,来代替平面应变情况下的长柱形的结构或构件。这对于实验应力分析,也提供了极大的方便。

在常体力的情况下,对于单连体的应力边界问题,还可以把体力的作用改换为面力的作用,以便于解答问题和实验量测,说明如下。

设原问题中的应力分量为 σ_x、σ_y、τ_{xy}。确定这些应力分量的微分方程是

$$\left.\begin{aligned}
&\frac{\partial \sigma_x}{\partial x}+\frac{\partial \tau_{xy}}{\partial y}+f_x=0,\\[2mm]
&\frac{\partial \sigma_y}{\partial y}+\frac{\partial \tau_{xy}}{\partial x}+f_y=0,\\[2mm]
&\left(\frac{\partial^2}{\partial x^2}+\frac{\partial^2}{\partial y^2}\right)(\sigma_x+\sigma_y)=0,
\end{aligned}\right\} \tag{a}$$

而边界条件是

$$\left.\begin{aligned}
&l(\sigma_x)_s+m(\tau_{xy})_s=\overline{f}_x\\[2mm]
&m(\sigma_y)_s+l(\tau_{xy})_s=\overline{f}_y。
\end{aligned}\right\} \tag{b}$$

在上列各式中,已经用 τ_{xy} 代替了 τ_{yx}。

现在,命

$$\sigma_x=\sigma'_x-f_x x, \qquad \sigma_y=\sigma'_y-f_y y, \qquad \tau_{xy}=\tau'_{xy}, \tag{c}$$

而来导出 σ'_x、σ'_y、τ'_{xy} 所应当满足的微分方程和边界条件。为此,将式(c)代入式(a),得

$$\frac{\partial \sigma'_x}{\partial x} + \frac{\partial \tau'_{xy}}{\partial y} = 0,$$

$$\frac{\partial \sigma'_y}{\partial y} + \frac{\partial \tau'_{xy}}{\partial x} = 0, \qquad\qquad (d)$$

$$\left(\frac{\partial^2}{\partial x^2} + \frac{\partial^2}{\partial y^2}\right)(\sigma'_x + \sigma'_y) = 0。$$

另一方面,将式(c)代入式(b),得

$$l(\sigma'_x)_s + m(\tau'_{xy})_s = \overline{f}_x + lf_x x,$$

$$m(\sigma'_y)_s + l(\tau'_{xy})_s = \overline{f}_y + mf_y y。 \qquad\qquad (e)$$

将式(d)及式(e)分别与式(a)及式(b)对比,可见,σ'_x、σ'_y、τ'_{xy}所应满足的微分方程及边界条件和这样的情况下相同:体力等于零而面力分量 $\overline{f}_x$ 及 $\overline{f}_y$ 分别增加了 $lf_x x$ 及 $mf_y y$。

于是得出求解原问题的一个办法:先不计体力,而对弹性体施以代替体力的面力分量 $\overline{f}_x^* = lf_x x$ 及 $\overline{f}_y^* = mf_y y$。这样求出应力分量 σ'_x、σ'_y、τ'_{xy} 以后,再按照式(c),在 σ'_x 及 σ'_y 上分别叠加 $-f_x x$ 及 $-f_y y$,即得原问题的应力分量。

例如,对于图 2-11a 所示简支深梁在重力作用下的应力分析,如果用数值法(如差分法)计算,将比面力作用下的计算要复杂得多;如果用实验方法量测应力,施加模拟的重力荷载也比施加面力荷载麻烦得多。采用上述办法,则计算或量测都比较简单一些。

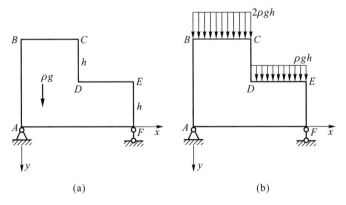

图 2-11

按照上述办法,先不计体力,而施以代替体力的面力。取坐标轴如图 2-11 所示,则 $f_x = 0$ 而 $f_y = \rho g$,其中 ρ 是深梁的密度,g 是重力加速度。代替体力的面力分量是

$$\overline{f}_x^* = lf_xx = 0, \qquad \overline{f}_y^* = mf_yy = m\rho gy。$$

在边界 AF 上，$y=0$，因而 $m\rho gy = 0$，无须施加面力。在边界 AB、CD 及 EF 上，$m=0$，因而 $m\rho gy = 0$，也无须施加面力。在边界 DE 及 BC 上，$m=-1$，而 y 分别等于 $-h$ 及 $-2h$，因此，应分别施加面力 $\overline{f}_y^* = \rho gh$ 及 $\overline{f}_y^* = 2\rho gh$（正的面力应当沿着正标向，即向下），如图 2-11b 所示。

用数值计算方法或量测方法，求出图 2-11b 所示情况下的应力分量 σ_x'、σ_y'、τ_{xy}' 以后，即可求得原问题中重力所引起的应力分量：

$$\sigma_x = \sigma_x' - f_xx = \sigma_x',$$

$$\sigma_y = \sigma_y' - f_yy = \sigma_y' - \rho gy,$$

$$\tau_{xy} = \tau_{xy}'。$$

当然，所取的坐标系不同，则代替体力的面力也将不同，应力分量 σ_x'、σ_y'、τ_{xy}' 也就不同。但是，最后得出的 σ_x、σ_y、τ_{xy} 总是一样的。

§2-12 应力函数 逆解法与半逆解法

前一节中已经指出，按应力求解应力边界问题时，在体力为常量的情况下，应力分量 σ_x、σ_y、τ_{xy} 应当满足平衡微分方程

$$\left.\begin{array}{l} \dfrac{\partial \sigma_x}{\partial x} + \dfrac{\partial \tau_{xy}}{\partial y} + f_x = 0, \\[3mm] \dfrac{\partial \sigma_y}{\partial y} + \dfrac{\partial \tau_{xy}}{\partial x} + f_y = 0, \end{array}\right\} \tag{a}$$

以及相容方程

$$\left(\frac{\partial^2}{\partial x^2} + \frac{\partial^2}{\partial y^2}\right)(\sigma_x + \sigma_y) = 0, \tag{b}$$

并在边界上满足应力边界条件。当然，对于多连体，上述应力分量还应当满足位移单值条件。

首先来考察平衡微分方程（a）。这是一个非齐次微分方程组，它的解答包含两个部分，即，任意一个特解及下列齐次微分方程的通解：

$$\left.\begin{array}{l} \dfrac{\partial \sigma_x}{\partial x} + \dfrac{\partial \tau_{xy}}{\partial y} = 0, \\[3mm] \dfrac{\partial \sigma_y}{\partial y} + \dfrac{\partial \tau_{xy}}{\partial x} = 0。 \end{array}\right\} \tag{c}$$

特解可以取为

$$\sigma_x = -f_x x, \qquad \sigma_y = -f_y y, \qquad \tau_{xy} = 0,\qquad (\mathrm{d})$$

也可以取为

$$\sigma_x = 0, \qquad \sigma_y = 0, \qquad \tau_{xy} = -f_x y - f_y x,$$

以及

$$\sigma_x = -f_x x - f_y y, \qquad \sigma_y = -f_x x - f_y y, \qquad \tau_{xy} = 0,$$

等的形式,因为它们都能满足微分方程(a)。

为了求得齐次微分方程(c)的通解,将其中第一个方程改写为

$$\frac{\partial \sigma_x}{\partial x} = \frac{\partial}{\partial y}(-\tau_{xy})_\circ$$

根据微分方程理论,这就一定存在某一个函数 $A(x,y)$,使得

$$\sigma_x = \frac{\partial A}{\partial y},\qquad (\mathrm{e})$$

$$-\tau_{xy} = \frac{\partial A}{\partial x}_\circ \qquad (\mathrm{f})$$

同样,将式(c)中的第二个方程改写为

$$\frac{\partial \sigma_y}{\partial y} = \frac{\partial}{\partial x}(-\tau_{xy}),$$

可见,也一定存在某一个函数 $B(x,y)$,使得

$$\sigma_y = \frac{\partial B}{\partial x},\qquad (\mathrm{g})$$

$$-\tau_{xy} = \frac{\partial B}{\partial y}_\circ \qquad (\mathrm{h})$$

由式(f)及式(h)得

$$\frac{\partial A}{\partial x} = \frac{\partial B}{\partial y},$$

因而,又一定存在某一个函数 $\varPhi(x,y)$,使得

$$A = \frac{\partial \varPhi}{\partial y},\qquad (\mathrm{i})$$

$$B = \frac{\partial \varPhi}{\partial x}_\circ \qquad (\mathrm{j})$$

将式(i)代入式(e),式(j)代入式(g),并将式(i)代入式(f),即得通解

$$\sigma_x = \frac{\partial^2 \Phi}{\partial y^2}, \qquad \sigma_y = \frac{\partial^2 \Phi}{\partial x^2}, \qquad \tau_{xy} = -\frac{\partial^2 \Phi}{\partial x \partial y}。 \tag{k}$$

将通解(k)与任一组特解叠加,如与特解(d)叠加,即得微分方程(a)的全解

$$\sigma_x = \frac{\partial^2 \Phi}{\partial y^2} - f_x x, \qquad \sigma_y = \frac{\partial^2 \Phi}{\partial x^2} - f_y y, \qquad \tau_{xy} = -\frac{\partial^2 \Phi}{\partial x \partial y}。 \tag{2-26}$$

不论 Φ 是什么样的函数,应力分量(2-26)总能满足平衡微分方程(a)。函数 Φ 称为平面问题的应力函数,也称为艾里应力函数。

虽然 Φ 还是一个待定的未知函数,但是用 Φ 表示三个应力分量后,待求的未知函数从 3 个缩减为 1 个,且在推求式(2-26)的过程中,还证明了应力函数的存在性,使问题的求解得到了很大简化。

下面来分析应力函数应满足的条件。

应力分量(2-26)同时也必须满足相容方程(b),即方程(2-25)。因此,应力函数 Φ 必须满足相应的方程。将式(2-26)代入式(b),即得这一方程:

$$\left(\frac{\partial^2}{\partial x^2} + \frac{\partial^2}{\partial y^2} \right) \left(\frac{\partial^2 \Phi}{\partial y^2} - f_x x + \frac{\partial^2 \Phi}{\partial x^2} - f_y y \right) = 0。$$

注意,f_x 及 f_y 为常量,可见,上式后一括号中的 $f_x x$ 及 $f_y y$ 并不起作用,可以删去,于是上式简化为

$$\left(\frac{\partial^2}{\partial x^2} + \frac{\partial^2}{\partial y^2} \right) \left(\frac{\partial^2 \Phi}{\partial x^2} + \frac{\partial^2 \Phi}{\partial y^2} \right) = 0,$$

或者展开而成为

$$\frac{\partial^4 \Phi}{\partial x^4} + 2 \frac{\partial^4 \Phi}{\partial x^2 \partial y^2} + \frac{\partial^4 \Phi}{\partial y^4} = 0。 \tag{2-27}$$

这就是用应力函数表示的相容方程。由此可见,应力函数应当是重调和函数。方程(2-27)可以简写为 $\nabla^2 \nabla^2 \Phi = 0$,或者进一步简写为

$$\nabla^4 \Phi = 0。$$

如果体力可以不计,则 $f_x = f_y = 0$,式(2-26)简化为

$$\sigma_x = \frac{\partial^2 \Phi}{\partial y^2}, \qquad \sigma_y = \frac{\partial^2 \Phi}{\partial x^2}, \qquad \tau_{xy} = -\frac{\partial^2 \Phi}{\partial x \partial y}。 \tag{2-28}$$

于是,按应力求解应力边界问题时,如果体力是常量,就只须由微分方程(2-27)求解应力函数 Φ,然后用式(2-26)或式(2-28)求出应力分量,但这些应力分量在边界上应当满足应力边界条件;在多连体的情况下,有时还须考虑位移单值条件。

方程(2-27)是偏微分方程,它的解答一般都不可能直接求出,因此,在具体

求解问题时,只能采用逆解法或半逆解法。

　　所谓逆解法,就是先设定各种形式的、满足相容方程(2-27)的应力函数 Φ,用式(2-26)或式(2-28)求出应力分量,然后根据应力边界条件来考察,在各种形状的弹性体上,这些应力分量对应于什么样的面力,从而得知所设定的应力函数可以解决什么问题。

　　所谓半逆解法,就是针对所要求解的问题,根据弹性体的边界形状和受力情况,假设部分或全部应力分量为某种形式的函数,从而推出应力函数 Φ;然后来考察,这个应力函数是否满足相容方程,以及原来所假设的应力分量和由这个应力函数求出的其余应力分量,是否满足应力边界条件(对于多连体,还要满足位移单值条件)。如果相容方程和各方面的条件都能满足,自然也就得出正确的解答;如果某一方面不能满足,就要另作假设,重新考察。

习　　题

　　2-1　简述平面应力问题与平面应变问题的应力状态特点,以及它们分别是从什么工程问题引出来的。

　　2-2　平面应变问题的无限长柱形体,以任一横截面为 xy 面,任一纵向为 z 轴,试分析横截面上的应力情况及原因。

　　2-3　已知弹性体内一点处的应力分量为 $\sigma_x = 60, \sigma_y = 30, \tau_{xy} = -40$,试求过该点垂直于直线 $-\dfrac{x}{3} + \dfrac{y}{4} = 1$ 的斜面上的正应力和切应力分量。

　　2-4　试证明:在发生最大与最小切应力的面上,正应力的数值都等于两个主应力的平均值。

　　2-5　试列出图 2-12 中的边界条件(在次要边界上,应用圣维南原理写出等效的积分条件)。

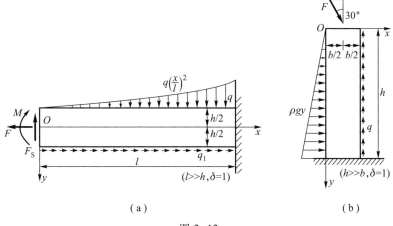

(a)　　　　　　　　　　　　　　(b)

图 2-12

2-6　试列出图 2-13 所示问题的全部边界条件(在次要边界上,应用圣维南原理写出等效的积分条件)。

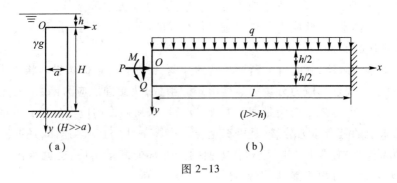

图 2-13

2-7　半空间体,容重为 ρg,在表面上受均布压力 q 作用,试按位移求解方法求出半空间体的应力分量。

2-8　在什么条件下平面应力问题和平面应变问题的 3 个应力分量 σ_x、σ_y 和 τ_{xy} 与材料特性无关?并简述原因。

2-9　体力为零的单连体平面应力边界问题,设下列应力分量已满足边界条件,试考察它们是否为正确解答,并说明理由。

(1) $\sigma_x = qy^2, \sigma_y = qx^2, \tau_{xy} = 0$。

(2) $\sigma_x = q\dfrac{x}{a}, \sigma_y = q\dfrac{y}{b}, \tau_{xy} = -q\left(\dfrac{x}{b} + \dfrac{y}{a}\right)$。

2-10　设有任意形状的等厚度薄板,体力可以不计,在全部边界上(包括孔口边界上)受有均匀压力 q。试证 $\sigma_x = \sigma_y = -q$ 及 $\tau_{xy} = 0$ 能满足平衡微分方程、相容方程和边界条件,同时也满足位移单值条件,因而就是正确的解答。

2-11　设有矩形截面的悬臂梁,在自由端受有集中荷载 F,体力可以不计。试根据材料力学公式写出正应力 σ_x 和切应力 τ_{xy} 的表达式,并取挤压应力 $\sigma_y = 0$,然后证明,这些表达式满足平衡微分方程和相容方程。这些表达式是否就表示正确的解答?

2-12　试证明,如果体力虽然不是常量,但却是有势的力,即

$$f_x = -\frac{\partial V}{\partial x}, \quad f_y = -\frac{\partial V}{\partial y},$$

其中 V 是势函数,则应力分量亦可用应力函数 Φ 表示成为

$$\sigma_x = \frac{\partial^2 \Phi}{\partial y^2} + V, \quad \sigma_y = \frac{\partial^2 \Phi}{\partial x^2} + V, \quad \tau_{xy} = -\frac{\partial^2 \Phi}{\partial x \partial y}。$$

试导出相应的相容方程。

答案:　平面应力情况下的相容方程为

$$\nabla^4 \Phi = -(1-\mu)\,\nabla^2 V,$$

平面应变情况下的相容方程为

$$\nabla^4 \Phi = -\frac{1-2\mu}{1-\mu} \nabla^2 V_\circ$$

参 考 教 材

[1] 铁木辛柯,古迪尔.弹性理论[M].徐芝纶,译.北京:高等教育出版社,1990:第二章.

第三章 平面问题的直角坐标解答

§3-1 多项式解答

本节中将用逆解法求出几个简单平面问题的多项式解答。假定体力可以不计，也就是 $f_x = f_y = 0$。

首先，取应力函数为一次式

$$\Phi = a + bx + cy。$$

不论各系数取任何值，相容方程(2-27)总能满足。由式(2-28)得应力分量 $\sigma_x = 0, \sigma_y = 0, \tau_{xy} = \tau_{yx} = 0$。不论弹性体为任何形状，也不论坐标系如何选择，由应力边界条件总是得出 $\bar{f}_x = \bar{f}_y = 0$。由此可见：(1) 线性应力函数对应于无面力、无应力的状态。(2) 把任何平面问题的应力函数加上一个线性函数，并不影响应力。

其次，取应力函数为二次式

$$\Phi = ax^2 + bxy + cy^2。$$

不论各系数取任何值，相容方程(2-27)也总能满足。为明了起见，试分别考察该式中每一项所能解决的问题。

对应于 $\Phi = ax^2$，由式(2-28)得应力分量 $\sigma_x = 0, \sigma_y = 2a, \tau_{xy} = \tau_{yx} = 0$。对于图 3-1a 所示的矩形板和坐标方向，当板内发生上述应力时，左右两边没有面力，而上下两边分别有向上和向下的均布面力 $2a$。可见，应力函数 $\Phi = ax^2$ 能解决矩形板在 y 方向受均布拉力（设 $a>0$）或均布压力（设 $a<0$）的问题。

对应于 $\Phi = bxy$，应力分量是 $\sigma_x = 0, \sigma_y = 0, \tau_{xy} = \tau_{yx} = -b$。对于图 3-1b 所示的矩形板和坐标方向，当板内发生上述应力时，在左右两边分别有向下和向上的均布面力 b，而在上下两边分别有向右和向左的均布面力 b。可见，应力函数 $\Phi = bxy$ 能解决矩形板受均布剪力的问题。

极易看出，应力函数 $\Phi = cy^2$ 能解决矩形板在 x 方向受均布拉力（设 $c>0$）或均布压力（设 $c<0$）的问题，如图 3-1c 所示。

再其次，取应力函数为三次式

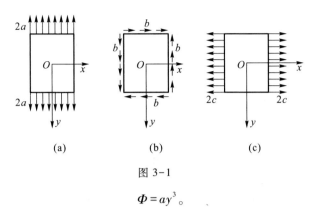

图 3-1

$$\Phi = ay^3 \text{。}$$

不论系数 a 取任何值,相容方程(2-27)也总能满足。

对应的应力分量是 $\sigma_x = 6ay$, $\sigma_y = 0$, $\tau_{xy} = \tau_{yx} = 0$。对于图 3-2 所示的矩形梁和坐标系,当梁内发生上述应力时,上下两边没有面力;在左右两边,没有铅直面力,但有按直线变化的水平面力,而每一边上的水平面力合成为一个力偶。可见,应力函数能解决矩形梁受纯弯曲的问题,详细的讨论见下节。

如果取应力函数为四次或四次以上的多项式,则其中的系数必须满足一定的条件,才能满足相容方程。所涉及的问题也较复杂,这里就不进行讨论了。

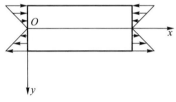

图 3-2

§ 3-2 矩形梁的纯弯曲

设有矩形截面的长梁(长度远大于高度),它的宽度远小于高度和长度(近似的平面应力情况),或者远大于高度和长度(近似的平面应变情况),在两端受相反的力偶作用而弯曲,体力可以不计。为了方便,取单位宽度的梁来考察,如图 3-3 所示,并命单位宽度上力偶的矩为 M。注意 M 的量纲为 MLT^{-2},与力的量纲相同。

取坐标轴如图 3-3 所示。由前一节已知,满足相容方程的应力函数

$$\Phi = ay^3 \text{,}$$

能解决纯弯曲的问题,而相应的应力分量为

$$\sigma_x = 6ay, \quad \sigma_y = 0, \quad \tau_{xy} = \tau_{yx} = 0 \text{。} \tag{a}$$

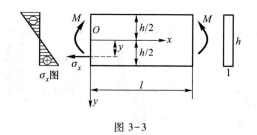

图 3-3

下面来考察这些应力分量是否能满足边界条件,如果能满足,系数 a 应该取什么值。

由于梁的长度远大于梁的高度,梁的上下两个边界占全部边界的绝大部分,因而是主要的边界。在主要边界上,边界条件必须精确满足。在次要边界上(很小部分的边界上),如果边界条件不能精确满足,就可以引用圣维南原理,使边界条件得到近似满足,仍然可以得出有用的解答。

首先,考察上边和下边两个主要边界的条件。在上边和下边,没有面力,要求

$$(\sigma_y)_{y=\pm\frac{h}{2}}=0, \quad (\tau_{yx})_{y=\pm\frac{h}{2}}=0,$$

这是能满足的,因为在所有各点都有 $\sigma_y=0,\tau_{yx}=0$。

其次,考察左右两端的次要边界条件。在左端和右端,没有铅直方向的面力,分别要求

$$(\tau_{xy})_{x=0}=0, \quad (\tau_{xy})_{x=l}=0,$$

这也是能满足的,因为在所有各点都有 $\tau_{xy}=0$。

此外,在左端或右端,受到水平方向面力的作用,虽然水平面力的具体形式并不知道,但水平面力合成的主矢量(合力)为零,水平面力合成的力偶矩为 M。应用圣维南原理写出等效的应力边界条件,要求

$$\int_{-\frac{h}{2}}^{\frac{h}{2}} \sigma_x \mathrm{d}y=0, \quad \int_{-\frac{h}{2}}^{\frac{h}{2}} \sigma_x y \mathrm{d}y=M。$$

将式(a)中的 σ_x 代入,上列两式成为

$$6a\int_{-\frac{h}{2}}^{\frac{h}{2}} y\mathrm{d}y=0, \quad 6a\int_{-\frac{h}{2}}^{\frac{h}{2}} y^2\mathrm{d}y=M,$$

前一式总能满足,而后一式要求

$$a=\frac{2M}{h^3}。$$

代入式(a),得

$$\sigma_x = \frac{12M}{h^3}y, \qquad \sigma_y = 0, \qquad \tau_{xy} = \tau_{yx} = 0。 \qquad (b)$$

注意到梁截面的惯矩是 $I = \dfrac{1 \times h^3}{12}$，上式又可以改写成为

$$\sigma_x = \frac{M}{I}y, \qquad \sigma_y = 0, \qquad \tau_{xy} = \tau_{yx} = 0。 \qquad (3-1)$$

这就是矩形梁受纯弯曲时的应力分量，结果与材料力学中完全相同。

应当指出，组成梁端力偶的面力必须按如图 3-3 所示的直线分布，而且在梁截面的中心处为零，解答(3-1)才是完全精确的。如果梁端的面力按其他方式分布，解答(3-1)是有误差的。但是，按照圣维南原理，只在梁的两端附近有显著的误差；在离开梁端较远之处，误差是可以不计的。由此可见，对于长度 l 远大于深度 h 的梁，解答(3-1)是有实用价值的；对于长度 l 与深度 h 同等大小的所谓深梁，这个解答是没有什么实用意义的。

§ 3-3　位移分量的求出

本节中以矩形梁的纯弯曲问题为例，说明如何由应力分量求出位移分量。

假定这里是平面应力的情况。将应力分量式(3-1)代入物理方程(2-15)，得应变分量

$$\varepsilon_x = \frac{M}{EI}y, \qquad \varepsilon_y = -\frac{\mu M}{EI}y, \qquad \gamma_{xy} = 0。 \qquad (a)$$

再将式(a)代入几何方程(2-9)，得

$$\frac{\partial u}{\partial x} = \frac{M}{EI}y, \qquad \frac{\partial v}{\partial y} = -\frac{\mu M}{EI}y, \qquad \frac{\partial v}{\partial x} + \frac{\partial u}{\partial y} = 0。 \qquad (b)$$

前两式的积分给出

$$u = \frac{M}{EI}xy + f_1(y), \qquad v = -\frac{\mu M}{2EI}y^2 + f_2(x), \qquad (c)$$

其中的 f_1 和 f_2 是任意函数。将式(c)代入式(b)中的第三式，得

$$\frac{\mathrm{d}f_2(x)}{\mathrm{d}x} + \frac{M}{EI}x + \frac{\mathrm{d}f_1(y)}{\mathrm{d}y} = 0,$$

或者移项而得

$$-\frac{\mathrm{d}f_1(y)}{\mathrm{d}y} = \frac{\mathrm{d}f_2(x)}{\mathrm{d}x} + \frac{M}{EI}x。$$

等式左边只是 y 的函数,而等式右边只是 x 的函数。因此,只可能两边都等于同一常数 ω。于是有

$$\frac{\mathrm{d}f_1(y)}{\mathrm{d}y} = -\omega, \qquad \frac{\mathrm{d}f_2(x)}{\mathrm{d}x} = -\frac{M}{EI}x + \omega。$$

积分以后得

$$f_1(y) = -\omega y + u_0, \qquad f_2(x) = -\frac{M}{2EI}x^2 + \omega x + v_0。$$

代入式(c),得位移分量

$$\left.\begin{aligned}
u &= \frac{M}{EI}xy - \omega y + u_0, \\
v &= -\frac{\mu M}{2EI}y^2 - \frac{M}{2EI}x^2 + \omega x + v_0,
\end{aligned}\right\} \tag{d}$$

其中的任意常数 ω、u_0、v_0 为刚体位移,须由约束条件求得。

由式(d)中的第一式可见,不论约束情况如何(也就是不论 ω、u_0、v_0 取任何值),铅直线段的转角为(见 §2-4)

$$\beta = \frac{\partial u}{\partial y} = \frac{M}{EI}x - \omega。$$

在同一个横截面上,x 是常量,因而 β 也是常量。可见,同一横截面上的各铅直线段的转角相同。这就是说,横截面保持为平面。

又由式(d)中的第二式可见,不论约束情况如何,只要位移是微小的,梁的各纵向纤维的曲率都是

$$\frac{1}{\rho} = \frac{\partial^2 v}{\partial x^2} = -\frac{M}{EI}。 \tag{3-2}$$

这是材料力学中求梁的挠度时所用的基本公式。

如果梁是简支梁,如图 3-4a 所示,则在铰支座 O 处既没有水平位移,也没有铅直位移;在连杆支座 A,没有铅直位移。因此,约束条件是

$$(u)_{\substack{x=0\\y=0}} = 0, \qquad (v)_{\substack{x=0\\y=0}} = 0, \qquad (v)_{\substack{x=l\\y=0}} = 0。$$

于是由式(d)得出

$$u_0 = 0, \qquad v_0 = 0, \qquad -\frac{Ml^2}{2EI} + \omega l + v_0 = 0,$$

也就是

$$u_0 = 0, \qquad v_0 = 0, \qquad \omega = \frac{Ml}{2EI}\text{。}$$

代入式(d),就得到该简支梁的位移分量

$$u = \frac{M}{EI}\left(x - \frac{l}{2}\right)y, \qquad v = \frac{M}{2EI}(l-x)x - \frac{\mu M}{2EI}y^2\text{。} \qquad (3-3)$$

梁轴的挠度方程是

$$(v)_{y=0} = \frac{M}{2EI}(l-x)x,$$

和材料力学中的结果相同。

如果梁是悬臂梁,左端自由而右端完全固定,如图 3-4b 所示,则在梁的右端$(x=l)$,对于 y 的任何值$\left(-\dfrac{h}{2} \leqslant y \leqslant \dfrac{h}{2}\right)$,都要求 $u=0$ 和 $v=0$。由式(d)显然可见,这个条件无法满足。在工程实际中,这种完全固定的约束条件也是不大可能实现的。现在,和材料力学中一样,假定右端截面的中点不移动,该点的水平线段不转动。这样,约束条件是

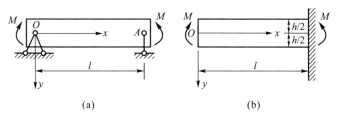

图 3-4

$$(u)_{\substack{x=l \\ y=0}} = 0, \qquad (v)_{\substack{x=l \\ y=0}} = 0, \qquad \left(\frac{\partial v}{\partial x}\right)_{\substack{x=l \\ y=0}} = 0\text{。}$$

于是由式(d)得出下列三个方程来决定 ω、u_0、v_0:

$$u_0 = 0, \qquad -\frac{Ml^2}{2EI} + \omega l + v_0 = 0, \qquad -\frac{Ml}{EI} + \omega = 0\text{。}$$

求解以后,得

$$u_0 = 0, \qquad v_0 = -\frac{Ml^2}{2EI}, \qquad \omega = \frac{Ml}{EI},$$

代入式(d),得出该悬臂梁的位移分量

$$u = -\frac{M}{EI}(l-x)y, \qquad v = -\frac{M}{2EI}(l-x)^2 - \frac{\mu M}{2EI}y^2\text{。} \qquad (3-4)$$

梁轴的挠度方程是

$$(v)_{y=0} = -\frac{M}{2EI}(l-x)^2,$$

也和材料力学中的解答相同。

对于平面应变情况下的梁,需在以上的应变公式和位移公式中,把 E 换为 $\frac{E}{1-\mu^2}$,把 μ 换为 $\frac{\mu}{1-\mu}$。例如,梁的纵向纤维的曲率公式(3-2),应该变换为

$$\frac{1}{\rho} = -\frac{(1-\mu^2)M}{EI}。 \tag{3-5}$$

§3-4 简支梁受均布荷载

设有矩形截面的简支梁,深度为 h,长度为 $2l$,体力可以不计,在上面受有均布荷载 q,由两端的反力 ql 维持平衡,如图 3-5 所示。为了方便,仍然取单位宽度的梁来考虑。

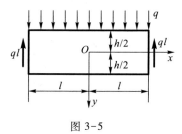

图 3-5

用半逆解法。由材料力学已知:弯应力 σ_x 主要是由弯矩引起的,切应力 τ_{xy} 主要是由剪力引起的,挤压应力 σ_y 主要是由直接荷载 q 引起的。现在,q 是不随 x 而变的常量,因此可以假设 σ_y 不随 x 而变,也就是假设 σ_y 只是 y 的函数:

$$\sigma_y = f(y)。$$

于是由式(2-28)有

$$\frac{\partial^2 \Phi}{\partial x^2} = f(y)。$$

对 x 积分,得

$$\frac{\partial \Phi}{\partial x} = xf(y) + f_1(y), \tag{a}$$

$$\Phi = \frac{x^2}{2}f(y) + xf_1(y) + f_2(y), \tag{b}$$

其中 $f(y)$、$f_1(y)$ 和 $f_2(y)$ 都是任意函数,即待定函数。

现在来考察,式(b)所示的应力函数是否满足相容方程。为此,求出式(b)的四阶导数

$$\frac{\partial^4 \Phi}{\partial x^4} = 0, \qquad \frac{\partial^4 \Phi}{\partial x^2 \partial y^2} = \frac{d^2 f(y)}{dy^2}, \qquad \frac{\partial^4 \Phi}{\partial y^4} = \frac{x^2}{2}\frac{d^4 f(y)}{dy^4} + x\frac{d^4 f_1(y)}{dy^4} + \frac{d^4 f_2(y)}{dy^4}。$$

代入相容方程(2-27),可见,各个待定函数应当满足方程

$$\frac{1}{2}\frac{\mathrm{d}^4 f(y)}{\mathrm{d}y^4}x^2 + \frac{\mathrm{d}^4 f_1(y)}{\mathrm{d}y^4}x + \frac{\mathrm{d}^4 f_2(y)}{\mathrm{d}y^4} + 2\frac{\mathrm{d}^2 f(y)}{\mathrm{d}y^2} = 0。$$

这是 x 的二次方程,但相容条件要求它有无数多的根(全梁内的 x 值都应该满足它),因此,这个二次方程的系数和自由项都必须等于零,即

$$\frac{\mathrm{d}^4 f(y)}{\mathrm{d}y^4} = 0, \qquad \frac{\mathrm{d}^4 f_1(y)}{\mathrm{d}y^4} = 0, \qquad \frac{\mathrm{d}^4 f_2(y)}{\mathrm{d}y^4} + 2\frac{\mathrm{d}^2 f(y)}{\mathrm{d}y^2} = 0。$$

前面两个方程要求

$$f(y) = Ay^3 + By^2 + Cy + D, \qquad f_1(y) = Ey^3 + Fy^2 + Gy。 \qquad (c)$$

在这里,$f_1(y)$ 中的常数项已被略去,因为这一项在 Φ 的表达式中成为 x 的一次项,不影响应力分量(见§3-1)。第三个方程则要求

$$\frac{\mathrm{d}^4 f_2(y)}{\mathrm{d}y^4} = -2\frac{\mathrm{d}^2 f(y)}{\mathrm{d}y^2} = -12Ay - 4B,$$

也就是要求

$$f_2(y) = -\frac{A}{10}y^5 - \frac{B}{6}y^4 + Hy^3 + Ky^2, \qquad (d)$$

其中的一次项及常数项都被略去,因为它们不影响应力分量。将式(c)及式(d)代入式(b),得应力函数

$$\Phi = \frac{x^2}{2}(Ay^3 + By^2 + Cy + D) + x(Ey^3 + Fy^2 + Gy) - \frac{A}{10}y^5 - \frac{B}{6}y^4 + Hy^3 + Ky^2。 \qquad (e)$$

将式(e)代入式(2-28),得应力分量

$$\sigma_x = \frac{x^2}{2}(6Ay + 2B) + x(6Ey + 2F) - 2Ay^3 - 2By^2 + 6Hy + 2K, \qquad (f)$$

$$\sigma_y = Ay^3 + By^2 + Cy + D, \qquad (g)$$

$$\tau_{xy} = -x(3Ay^2 + 2By + C) - (3Ey^2 + 2Fy + G)。 \qquad (h)$$

这些应力分量是满足平衡微分方程和相容方程的。因此,如果能够适当选择常数 $A, B, \cdots, K$,使所有的边界条件都被满足,则应力分量(f)、(g)、(h)就是正确的解答。

在考虑边界条件以前,先考虑一下问题的对称性(如果这个问题有对称性的话),往往可以减少一些运算工作。在这里,因为 yz 面是梁和荷载的对称面,所以应力分布应当对称于 yz 面。这样,σ_x 和 σ_y 应当是 x 的偶函数,而 τ_{xy} 应当是 x 的奇函数。于是,由式(f)和式(h)可见

$$E = F = G = 0。$$

如果不考虑问题的对称性,那么,在考虑过全部边界条件以后,也可以得出同样

的结果,但运算工作要比较多些。

首先来考虑上下两边(主要边界)的边界条件

$$(\sigma_y)_{y=\frac{h}{2}}=0, \qquad (\sigma_y)_{y=-\frac{h}{2}}=-q, \qquad (\tau_{xy})_{y=\pm\frac{h}{2}}=0。$$

将应力分量(g)、(h)代入,并注意已经得出的 $E=F=G=0$,可见,这些边界条件要求

$$\frac{h^3}{8}A+\frac{h^2}{4}B+\frac{h}{2}C+D=0,$$

$$-\frac{h^3}{8}A+\frac{h^2}{4}B-\frac{h}{2}C+D=-q,$$

$$-x\left(\frac{3}{4}h^2A+hB+C\right)=0 \text{ 即 } \frac{3}{4}h^2A+hB+C=0,$$

$$-x\left(\frac{3}{4}h^2A-hB+C\right)=0 \text{ 即 } \frac{3}{4}h^2A-hB+C=0。$$

由于上述四个方程是互不依赖的,也是不相矛盾的,而且只包含四个未知数,因此,可以联立求解而得出

$$A=-\frac{2q}{h^3}, \qquad B=0, \qquad C=\frac{3q}{2h}, \qquad D=-\frac{q}{2}。$$

将以上已确定的常数代入(f)、(g)、(h)三式,得

$$\sigma_x=-\frac{6q}{h^3}x^2y+\frac{4q}{h^3}y^3+6Hy+2K, \tag{i}$$

$$\sigma_y=-\frac{2q}{h^3}y^3+\frac{3q}{2h}y-\frac{q}{2}, \tag{j}$$

$$\tau_{xy}=\frac{6q}{h^3}xy^2-\frac{3q}{2h}x。 \tag{k}$$

现在来考虑左右两边(次要边界)的边界条件。由于问题的对称性,只须考虑其中的一边,如右边。如果右边的边界条件能满足,左边的边界条件自然也能满足。

在梁的右边,没有水平面力,这就要求当 $x=l$ 时,不论 y 取任何值 $\left(-\frac{h}{2}\leqslant y\leqslant\frac{h}{2}\right)$,都有 $\sigma_x=0$。由式(i)可见,这是不可能满足的,除非是 $q=0$。因此,用多项式求解,只能要求 σ_x 在这部分边界上合成为平衡力系,也就是要求

$$\int_{-\frac{h}{2}}^{\frac{h}{2}}(\sigma_x)_{x=l}\mathrm{d}y=0, \tag{1}$$

$$\int_{-\frac{h}{2}}^{\frac{h}{2}} (\sigma_x)_{x=l} y \, \mathrm{d}y = 0。 \tag{m}$$

将式(i)代入式(l),得

$$\int_{-\frac{h}{2}}^{\frac{h}{2}} \left(-6 \frac{ql^2}{h^3} y + \frac{4q}{h^3} y^3 + 6Hy + 2K \right) \mathrm{d}y = 0,$$

积分以后得

$$K = 0。$$

将式(i)代入式(m),并命 $K=0$,得

$$\int_{-\frac{h}{2}}^{\frac{h}{2}} \left(-\frac{6ql^2}{h^3} y + \frac{4q}{h^3} y^3 + 6Hy \right) y \, \mathrm{d}y = 0,$$

积分以后得

$$H = \frac{ql^2}{h^3} - \frac{q}{10h}。$$

将 H 和 K 的已知值代入式(i),得

$$\sigma_x = -\frac{6q}{h^3} x^2 y + \frac{4q}{h^3} y^3 + \frac{6ql^2}{h^3} y - \frac{3q}{5h} y。 \tag{n}$$

另一方面,在梁的右边,切应力 τ_{xy} 应当合成为向上的反力 ql,这就要求

$$\int_{-\frac{h}{2}}^{\frac{h}{2}} (\tau_{xy})_{x=l} \mathrm{d}y = -ql,$$

这里在 ql 前面加了负号,是因为右边的切应力 τ_{xy} 以向下为正,而 ql 是向上的。将式(k)代入,上式成为

$$\int_{-\frac{h}{2}}^{\frac{h}{2}} \left(\frac{6ql}{h^3} y^2 - \frac{3ql}{2h} \right) \mathrm{d}y = -ql。$$

积分以后,可见这一条件是满足的。

将(n)、(j)、(k)三式略加整理,得应力分量的最后解答

$$\left. \begin{array}{l} \sigma_x = \dfrac{6q}{h^3} (l^2 - x^2) y + q \dfrac{y}{h} \left(4 \dfrac{y^2}{h^2} - \dfrac{3}{5} \right), \\[3mm] \sigma_y = -\dfrac{q}{2} \left(1 + \dfrac{y}{h} \right) \left(1 - \dfrac{2y}{h} \right)^2, \\[3mm] \tau_{xy} = -\dfrac{6q}{h^3} x \left(\dfrac{h^2}{4} - y^2 \right)。 \end{array} \right\} \tag{o}$$

各应力分量沿铅直方向的变化大致如图 3-6 所示。

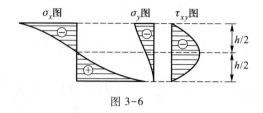

图 3-6

因为梁截面的宽度是 $b=1$，惯性矩是 $I=\dfrac{1}{12}h^3$，静矩是 $S=\dfrac{h^2}{8}-\dfrac{y^2}{2}$，而梁的任一横截面上的弯矩和剪力分别为

$$M=ql(l-x)-\frac{q}{2}(l-x)^2=\frac{q}{2}(l^2-x^2)\,,$$

$$F_{\mathrm{S}}=-ql+q(l-x)=-qx\,,$$

所以式（o）可以改写为

$$\left.\begin{aligned}
&\sigma_x=\frac{M}{I}y+q\,\frac{y}{h}\left(4\,\frac{y^2}{h^2}-\frac{3}{5}\right),\\[2mm]
&\sigma_y=-\frac{q}{2}\left(1+\frac{y}{h}\right)\left(1-\frac{2y}{h}\right)^2,\\[2mm]
&\tau_{xy}=\frac{F_{\mathrm{S}}S}{bI}\,_\circ
\end{aligned}\right\} \tag{3-6}$$

在应力分量 σ_x 的表达式中，第一项是主要项，其量级与 $q\dfrac{l^2}{h^2}$ 同阶，和材料力学中的解答相同，第二项则是弹性力学提出的修正项，其量级与 q 同阶。对于通常的浅梁（l 远大于 h），修正项所占的比例很小，可以不计。对于较深的梁，则须注意修正项。

应力分量 σ_y 乃是梁的各纤维之间的挤压应力，它的量级也是与 q 同阶，最大绝对值是 q，发生在梁顶。在材料力学中，一般不考虑这个应力分量。

切应力 τ_{xy} 的量级与 $q\dfrac{l}{h}$ 同阶，其表达式和材料力学里完全一样。

注意：按照式（o），在梁的右边和左边，有水平面力

$$\bar{f}_x=\pm(\sigma_x)_{x=\pm l}=\pm q\,\frac{y}{h}\left(4\,\frac{y^2}{h^2}-\frac{3}{5}\right)_\circ$$

但是，由式（l）及式（m）可见，每一边的水平面力是一个平衡力系，因此，根据圣维南原理，不管这些面力是否存在，离两边较远处的应力都和式（3-6）所示的一样。

§3-5 楔形体受重力和液体压力

设有楔形体,如图 3-7a 所示,左面铅直,右面与铅直面成角 α,下端作为无限长,承受重力及液体压力,楔形体的密度为 ρ_1,液体的密度为 ρ_2,试求应力分量。

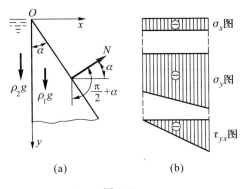

图 3-7

仍然采用半逆解法。首先采用量纲分析的方法来假设应力分量的形式。取坐标轴如图所示,在楔形体的任意一点,每一个应力分量都将由两部分组成:第一部分由重力引起,应当和楔形体的 $\rho_1 g$ 成正比;第二部分由液体压力引起,应当和液体的 $\rho_2 g$ 成正比。当然,上述每一部分的应力分量还和 α、x、y 有关。由于应力分量的量纲是 $L^{-1}MT^{-2}$,$\rho_1 g$ 和 $\rho_2 g$ 的量纲是 $L^{-2}MT^{-2}$,α 是量纲为一的量,而 x 和 y 的量纲是 L,因此,如果应力分量具有多项式的解答,那么,它们的表达式只可能是 $A\rho_1 gx$、$B\rho_1 gy$、$C\rho_2 gx$、$D\rho_2 gy$ 四种项的组合,而其中的 A、B、C、D 是量纲为一的量,只和 α 有关。这就是说,各个应力分量的表达式只可能是 x 和 y 的纯一次式,而应力函数(它对 x 和 y 的二阶导数给出应力分量)应当是 x 和 y 的纯三次式。因此,可假设应力函数为

$$\Phi = ax^3 + bx^2 y + cxy^2 + ey^3 \text{。}$$

不论上式中的系数取何值,上式给出的应力函数总能满足相容方程式 (2-27)。并且注意到体力分量 $f_x = 0$,而 $f_y = \rho_1 g$,于是,由式(2-26)可求得应力分量的表达式

$$\left.\begin{aligned}
\sigma_x &= \frac{\partial^2 \varPhi}{\partial y^2} - f_x x = 2cx + 6ey, \\
\sigma_y &= \frac{\partial^2 \varPhi}{\partial x^2} - f_y y = 6ax + 2by - \rho_1 gy, \\
\tau_{xy} &= -\frac{\partial^2 \varPhi}{\partial x \partial y} = -2bx - 2cy_{\circ}
\end{aligned}\right\} \tag{a}$$

这些应力分量已经满足了平衡微分方程和相容方程,现在来考察,如果适当选择各个系数,是否也能满足应力边界条件。

在左面 $(x=0)$,应力边界条件是

$$(\sigma_x)_{x=0} = -\rho_2 gy, \qquad (\tau_{xy})_{x=0} = 0_{\circ}$$

将式(a)代入,得

$$6ey = -\rho_2 gy, \qquad -2cy = 0_{\circ}$$

于是,应当取 $e = -\rho_2 g/6$,$c=0$,而式(a)成为

$$\left.\begin{aligned}
\sigma_x &= -\rho_2 gy, \\
\sigma_y &= 6ax + 2by - \rho_1 gy, \\
\tau_{xy} &= \tau_{yx} = -2bx_{\circ}
\end{aligned}\right\} \tag{b}$$

在右面 $(x = y\tan\alpha)$,面力分量 $\bar{f}_x = \bar{f}_y = 0$,应力边界条件是

$$l(\sigma_x)_{x=y\tan\alpha} + m(\tau_{xy})_{x=y\tan\alpha} = 0,$$
$$m(\sigma_y)_{x=y\tan\alpha} + l(\tau_{xy})_{x=y\tan\alpha} = 0_{\circ}$$

将式(b)代入,简化以后,得

$$\left.\begin{aligned}
2bm\tan\alpha + l\rho_2 g &= 0, \\
6am\tan\alpha + 2b(m - l\tan\alpha) - m\rho_1 g &= 0_{\circ}
\end{aligned}\right\} \tag{c}$$

但由图可见

$$l = \cos(N, x) = \cos\alpha, \qquad m = \cos(N, y) = \cos(90° + \alpha) = -\sin\alpha_{\circ}$$

代入式(c),求解 b 和 a,得

$$b = \frac{\rho_2 g}{2}\cot^2\alpha, \qquad a = \frac{\rho_1 g}{6}\cot\alpha - \frac{\rho_2 g}{3}\cot^3\alpha_{\circ}$$

将这些系数代入式(b),即得莱维解答

$$\left.\begin{aligned}
\sigma_x &= -\rho_2 gy, \\
\sigma_y &= (\rho_1 g\cot\alpha - 2\rho_2 g\cot^3\alpha)x + (\rho_2 g\cot^2\alpha - \rho_1 g)y, \\
\tau_{xy} &= \tau_{yx} = -\rho_2 gx\cot^2\alpha_{\circ}
\end{aligned}\right\} \tag{3-7}$$

各应力分量沿水平方向的变化大致如图 3-7b 所示。

应力分量 σ_x 沿水平方向没有变化,这个结果是不可能由材料力学公式求得

的。应力分量 σ_y 沿水平方向按直线变化,在左右两面,它分别为

$$(\sigma_y)_{x=0} = -(\rho_1 g - \rho_2 g \cot^2 \alpha)y,$$

$$(\sigma_y)_{x=y\tan\alpha} = -\rho_2 gy\cot^2 \alpha,$$

与用材料力学中偏心受压公式算得的结果相同。应力分量 τ_{yx} 也按直线变化,在左右两面,它分别为

$$(\tau_{yx})_{x=0} = 0,$$

$$(\tau_{yx})_{x=y\tan\alpha} = -\rho_2 gy\cot\alpha。$$

这个结果,不同于材料力学中关于等截面矩形梁的切应力分布(按抛物线变化)。

以上所得的解答,一向被当作是三角形重力坝中应力的基本解答。但是,必须指出下列三点:

(1)沿着坝轴,坝身往往具有不同的截面,而且坝身也不是无限长的。因此,严格地说来,这里不是一个平面问题。但是,如果沿着坝轴,有一些伸缩缝把坝身分成若干段,在每一段范围内,坝身的截面可以当作没有变化,而且 τ_{zx} 和 τ_{zy} 可以当作等于零,那么,在计算时,是可以把这个问题近似地当作平面问题的。

(2)这里假定楔形体在下端是无限长,可以自由地变形。但是,实际上坝身是有限高的,底部与地基相连,坝身底部的变形受到地基的约束,因此,对于底部说来,以上所得的解答是不精确的。

(3)坝顶总具有一定的宽度,而不会是一个尖顶,而且顶部通常还受有其他的荷载,因此,在靠近坝顶处,以上所得的解答也不适用。

关于重力坝的较精确的应力分析,目前大都采用有限单元法来进行。

§3-6 级数式解答

如果梁或板所受的面力比较复杂,或者甚至是不连续的,就不可能用多项式求得解答。在这种情况下,可以试用三角级数求解。

为此,用逆解法,首先假设应力函数取如下的形式:

$$\Phi = \sin \alpha x \cdot f(y), \tag{a}$$

其中 α 是任意常数,它的量纲是 L^{-1},而 $f(y)$ 是 y 的任意函数。

将式(a)代入相容方程(2-27),即得

$$\sin \alpha x \left[\frac{\mathrm{d}^4 f(y)}{\mathrm{d}y^4} - 2\alpha^2 \frac{\mathrm{d}^2 f(y)}{\mathrm{d}y^2} + \alpha^4 f(y) \right] = 0 。 \tag{b}$$

删去因子 $\sin \alpha x$，然后求解这个常微分方程，得

$$f(y) = A\sinh \alpha y + B\cosh \alpha y + Cy\sinh \alpha y + Dy\cosh \alpha y ,$$

其中的 A、B、C、D 都是任意常数。于是，得到应力函数的一个解答

$$\Phi = \sin \alpha x (A\sinh \alpha y + B\cosh \alpha y + Cy\sinh \alpha y + Dy\cosh \alpha y) 。 \tag{c}$$

然后，再假设应力函数取如下的形式：

$$\Phi = \cos \alpha' x \cdot f_1(y) 。$$

同样，可以得出应力函数的另一个解答

$$\Phi = \cos \alpha' x (A'\sinh \alpha' y + B'\cosh \alpha' y + C'y\sinh \alpha' y + D'y\cosh \alpha' y) , \tag{d}$$

其中的 A'、B'、C'、D' 也是任意常数。

现在，将解答（c）与（d）叠加，得

$$\Phi = \sin \alpha x (A\sinh \alpha y + B\cosh \alpha y + Cy\sinh \alpha y + Dy\cosh \alpha y) +$$
$$\cos \alpha' x (A'\sinh \alpha' y + B'\cosh \alpha' y + C'y\sinh \alpha' y + D'y\cosh \alpha' y) 。 \tag{e}$$

又因为当 α 取任何值 α_m 时，或者当 α' 取任意值 α'_m 时，表达式（e）都是微分方程（b）的解答，所以这些解答的叠加仍然是该微分方程的解答。于是，得三角级数式的应力函数

$$\Phi = \sum_{m=1}^{\infty} \sin \alpha_m x (A_m \sinh \alpha_m y + B_m \cosh \alpha_m y + C_m y\sinh \alpha_m y +$$
$$D_m y\cosh \alpha_m y) + \sum_{m=1}^{\infty} \cos \alpha'_m x (A'_m \sinh \alpha'_m y +$$
$$B'_m \cosh \alpha'_m y + C'_m y\sinh \alpha'_m y + D'_m y\cosh \alpha'_m y) 。 \tag{3-8}$$

当然，还可以再叠加满足相容条件的、其他形式的应力函数。

与式（3-8）相应的应力分量是

$$\sigma_x = \frac{\partial^2 \Phi}{\partial y^2} = \sum_{m=1}^{\infty} \alpha_m^2 \sin \alpha_m x \left[\left(A_m + \frac{2D_m}{\alpha_m} \right) \sinh \alpha_m y + \right.$$
$$\left(B_m + \frac{2C_m}{\alpha_m} \right) \cosh \alpha_m y + C_m y\sinh \alpha_m y + D_m y\cosh \alpha_m y \right] +$$
$$\sum_{m=1}^{\infty} \alpha'^2_m \cos \alpha'_m x \left[\left(A'_m + \frac{2D'_m}{\alpha'_m} \right) \sinh \alpha'_m y + \right.$$
$$\left. \left(B'_m + \frac{2C'_m}{\alpha'_m} \right) \cosh \alpha'_m y + C'_m y\sinh \alpha'_m y + D'_m y\cosh \alpha'_m y \right] ,$$

$$\sigma_y = \frac{\partial^2 \Phi}{\partial x^2} = -\sum_{m=1}^{\infty} \alpha_m^2 \sin \alpha_m x [A_m \sinh \alpha_m y + B_m \cosh \alpha_m y +$$

$$C_m y \sinh \alpha_m y + D_m y \cosh \alpha_m y] -$$

$$\sum_{m=1}^{\infty} \alpha_m'^2 \cos \alpha_m' x [A_m' \sinh \alpha_m' y + B_m' \cosh \alpha_m' y + C_m' y \sinh \alpha_m' y +$$

$$D_m' y \cosh \alpha_m' y],$$

$$\tau_{xy} = -\frac{\partial^2 \Phi}{\partial x \partial y} = -\sum_{m=1}^{\infty} \alpha_m^2 \cos \alpha_m x \left[\left(B_m + \frac{C_m}{\alpha_m} \right) \sinh \alpha_m y + \right.$$

$$\left. \left(A_m + \frac{D_m}{\alpha_m} \right) \cosh \alpha_m y + D_m y \sinh \alpha_m y + C_m y \cosh \alpha_m y \right] +$$

$$\sum_{m=1}^{\infty} \alpha_m'^2 \sin \alpha_m' x \left[\left(B_m' + \frac{C_m'}{\alpha_m'} \right) \sinh \alpha_m' y + \right.$$

$$\left. \left(A_m' + \frac{D_m'}{\alpha_m'} \right) \cosh \alpha_m' y + D_m' y \sinh \alpha_m' y + C_m' y \cosh \alpha_m' y \right]_{\circ}$$

$$(3-9)$$

这些应力分量是满足平衡微分方程和相容方程的。如果能够选择其中的待定常数 α_m、A_m、B_m、C_m、D_m、α_m'、A_m'、B_m'、C_m'、D_m'，或再叠加满足平衡微分方程和相容方程的其他应力分量表达式，使其满足某个问题的边界条件，就得出该问题的解答。

§3-7　简支梁受任意横向荷载

本节中将以简支梁受任意横向荷载的问题为例，说明三角级数式解答的应用。设简支梁的跨度为 l，高度为 h，坐标轴如图 3-8 所示，上下两边的横向荷载分别为 $q(x)$ 及 $q_1(x)$，左右两端的反力分别为 F 及 F_1。

在上下两边，正应力的边界条件是

$$\left.\begin{array}{r} (\sigma_y)_{y=0} = -q(x), \\ (\sigma_y)_{y=h} = -q_1(x); \end{array}\right\} \qquad (a)$$

切应力的边界条件是

$$(\tau_{xy})_{y=0} = 0, \qquad (\tau_{xy})_{y=h} = 0_{\circ} \qquad (b)$$

在左右两端，正应力的边界条件是

$$(\sigma_x)_{x=0} = 0, \qquad (\sigma_x)_{x=l} = 0; \qquad (c)$$

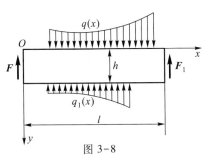

图 3-8

切应力应当合成为反力,即

$$\int_0^h (\tau_{xy})_{x=0} \mathrm{d}y = F, \qquad \int_0^h (\tau_{xy})_{x=l} \mathrm{d}y = -F_1。 \tag{d}$$

应用表达式(3-9)时,为了满足边界条件(c),可以取

$$A'_m = B'_m = C'_m = D'_m = 0, \qquad \alpha_m = \frac{m\pi}{l} \quad (m = 1,2,3,\cdots)。$$

于是,表达式(3-9)简化为

$$
\begin{aligned}
\sigma_x &= \sum_{m=1}^{\infty} \frac{m^2\pi^2}{l^2} \sin\frac{m\pi x}{l}\left[\left(A_m + \frac{2l}{m\pi}D_m\right)\sinh\frac{m\pi y}{l} +\right.\\
&\quad \left(B_m + \frac{2l}{m\pi}C_m\right)\cosh\frac{m\pi y}{l} +\\
&\quad \left. C_m y\sinh\frac{m\pi y}{l} + D_m y\cosh\frac{m\pi y}{l}\right],\\
\sigma_y &= -\sum_{m=1}^{\infty} \frac{m^2\pi^2}{l^2}\sin\frac{m\pi x}{l}\left(A_m\sinh\frac{m\pi y}{l} +\right.\\
&\quad B_m\cosh\frac{m\pi y}{l} + C_m y\sinh\frac{m\pi y}{l} +\\
&\quad \left. D_m y\cosh\frac{m\pi y}{l}\right),\\
\tau_{xy} &= -\sum_{m=1}^{\infty} \frac{m^2\pi^2}{l^2}\cos\frac{m\pi x}{l}\left[\left(B_m + \frac{l}{m\pi}C_m\right)\sinh\frac{m\pi y}{l} +\right.\\
&\quad \left(A_m + \frac{l}{m\pi}D_m\right)\cosh\frac{m\pi y}{l} +\\
&\quad \left. D_m y\sinh\frac{m\pi y}{l} + C_m y\cosh\frac{m\pi y}{l}\right]。
\end{aligned}
\tag{3-10}
$$

代入边界条件(b)及(a),得到

$$\sum_{m=1}^{\infty} m^2\cos\frac{m\pi x}{l}\left(A_m + \frac{l}{m\pi}D_m\right) = 0, \tag{e}$$

$$\sum_{m=1}^{\infty} m^2\cos\frac{m\pi x}{l}\left[\left(B_m + \frac{l}{m\pi}C_m\right)\sinh\frac{m\pi h}{l} +\right.$$
$$\left.\left(A_m + \frac{l}{m\pi}D_m\right)\cosh\frac{m\pi h}{l} + D_m h\sinh\frac{m\pi h}{l} + C_m h\cosh\frac{m\pi h}{l}\right] = 0, \tag{f}$$

$$\frac{\pi^2}{l^2}\sum_{m=1}^{\infty} m^2\sin\frac{m\pi x}{l}\cdot B_m = q(x), \tag{g}$$

$$\frac{\pi^2}{l^2}\sum_{m=1}^{\infty} m^2 \sin\frac{m\pi x}{l}\left(A_m\sinh\frac{m\pi h}{l}+B_m\cosh\frac{m\pi h}{l}+\right.$$

$$\left. C_m h\sinh\frac{m\pi h}{l}+D_m h\cosh\frac{m\pi h}{l}\right)=q_1(x)。 \tag{h}$$

由此,可以得出求解系数 A_m、B_m、C_m、D_m 的方程,说明如下。

式(e)和式(f)表示它们左边的三角级数恒等于零,因此,级数的系数都应当等于零,于是得

$$A_m+\frac{l}{m\pi}D_m=0, \tag{i}$$

$$A_m\cosh\frac{m\pi h}{l}+B_m\sinh\frac{m\pi h}{l}+C_m\left(\frac{l}{m\pi}\sinh\frac{m\pi h}{l}+h\cosh\frac{m\pi h}{l}\right)+$$

$$D_m\left(\frac{l}{m\pi}\cosh\frac{m\pi h}{l}+h\sinh\frac{m\pi h}{l}\right)=0。 \tag{j}$$

为了从式(g)得出所需的方程,须将该式右边的 $q(x)$ 在 $x=0$ 至 $x=l$ 的区间展为和左边相同的级数,即 $\sin\frac{m\pi x}{l}$ 的级数。按照傅里叶级数的展开法则,有

$$q(x)=\sum_{m=1}^{\infty}\left[\frac{2}{l}\int_0^l q(x)\sin\frac{m\pi x}{l}\mathrm{d}x\right]\sin\frac{m\pi x}{l}。 \tag{3-11}$$

与式(g)对比,即得

$$\frac{\pi^2}{l^2}m^2 B_m=\frac{2}{l}\int_0^l q(x)\sin\frac{m\pi x}{l}\mathrm{d}x,$$

从而得出

$$B_m=\frac{2l}{m^2\pi^2}\int_0^l q(x)\sin\frac{m\pi x}{l}\mathrm{d}x。 \tag{k}$$

同样可由式(h)得出

$$A_m\sinh\frac{m\pi h}{l}+B_m\cosh\frac{m\pi h}{l}+C_m h\sinh\frac{m\pi h}{l}+D_m h\cosh\frac{m\pi h}{l}$$

$$=\frac{2l}{m^2\pi^2}\int_0^l q_1(x)\sin\frac{m\pi x}{l}\mathrm{d}x。 \tag{l}$$

求出式(k)及式(l)右边的积分以后,即可由(i)、(j)、(k)、(l)四式求得系数 A_m、B_m、C_m、D_m,从而由式(3-10)求得应力分量。

因为如此求得的应力分量已经满足式(d)以外的所有一切条件,包括平衡条件在内,而式(d)中的 F 及 F_1 又可以完全决定于平衡条件,所以式(d)自然满足,不必考虑。在求出应力分量以后,可以由式(d)求得反力 F 及 F_1,并利用这两个反力与荷载的平衡作为校核之用。

由本节中所讨论的简支梁问题已经看出,用级数求解平面问题时,单是为了求出应力表达式中的系数,计算工作量就已经很大了;再加上由于级数收敛不快,得出应力分量的表达式以后,在计算某些点的应力数值时,还要花费很大的计算工作量。更应当着重指出,由于梁的两端的应力边界条件并不能精确满足,因而应力的解答只适用于距两端较远之处;对于跨度与高度同等大小的梁,这种解答显然是没有用处的(可以用差分法、变分法或有限单元法求得有用的解答)。但是,目前还有文献继续介绍平面问题的级数式解答。为了帮助读者正确使用这些解答,本教程中作了如上的简单介绍。

习　　题

3-1　如果在某一应力边界问题中,区域内的平衡微分方程已经满足,且除了最后一个小边界外,其余的应力边界条件也都分别满足,则可以推论出,最后一个小边界上的三个积分的应力边界条件(即主矢量、主矩的条件)必然是满足的,因此可以不必进行校核。试对此结论加以说明。

3-2　设图 3-9 所示的矩形长梁,$l \gg h$,试考察应力函数 $\varPhi = \dfrac{F}{2h^3} xy(3h^2 - 4y^2)$ 能解决什么样的受力问题。

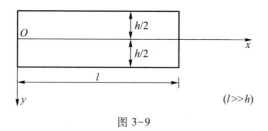

图 3-9

3-3　图 3-10 所示三角形薄板,在两直边受法向连杆约束,在斜边受法向荷载 q 作用,体力不计。试验证:$\sigma_x = \sigma_y = -q$,$\tau_{xy} = 0$ 是该问题的解,并求出位移分量。

3-4　设图 3-5 中的简支梁只受重力的作用,而梁的密度为 ρ,试用 §3-4 中的应力函数(e)求解应力分量。

答案：　$\sigma_x = \dfrac{M}{I} y + \rho g y\left(\dfrac{4y^2}{h^2} - \dfrac{3}{5}\right)$,　　$\sigma_y = \dfrac{\rho g y}{2}\left(1 - \dfrac{4y^2}{h^2}\right)$。

3-5　设有矩形截面的竖柱,其密度为 ρ,在一边侧面上受均布剪力 q,如图 3-11 所示,试求应力分量。

提示：　可假设 $\sigma_x = 0$,或假设 $\tau_{xy} = f(x)$,或假设 σ_y 如材料力学中偏心受压公式所示。上端的边界条件如不能精确满足,可应用圣维南原理,求出近似的解答。

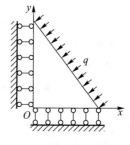

图 3-10

答案：$\sigma_y = 2q \dfrac{y}{h} \left(1 - \dfrac{3x}{h} \right) - \rho g y$，　　$\tau_{xy} = q \dfrac{x}{h} \left(3 \dfrac{x}{h} - 2 \right)$。

3-6　挡水墙的密度为 ρ，厚度为 h，如图 3-12 所示，而水的密度为 ρ_1，试求应力分量。

提示：可假设 $\sigma_y = x f(y)$。上端的边界条件如不能精确满足，可应用圣维南原理，求出近似的解答。

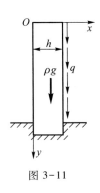
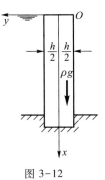

图 3-11　　　　　　　　　　　　图 3-12

答案：$\sigma_x = \dfrac{2\rho_1 g}{h^3} x^3 y + \dfrac{3\rho_1 g}{5h} xy - \dfrac{4\rho_1 g}{h^3} xy^3 - \rho g x$，　　$\sigma_y = \rho_1 g x \left(2 \dfrac{y^3}{h^3} - \dfrac{3y}{2h} - \dfrac{1}{2} \right)$。

3-7　设图 3-13 中的三角形悬臂梁只受重力的作用，而梁的密度为 ρ，试用纯三次式的应力函数求解。

答案：$\sigma_x = \rho g x \cot \alpha - 2\rho g y \cot^2 \alpha$。

3-8　如图 3-14 所示悬臂梁，长度为 l，高度为 h，$l \gg h$，在上边界受匀布荷载 q 作用，试用应力函数 $\varphi = Ay^5 + Bx^2 y^3 + Cy^3 + Dx^2 + Ex^2 y$ 求解应力分量。

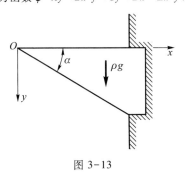
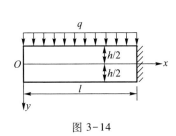

图 3-13　　　　　　　　　　　　图 3-14

3-9　图 3-15 所示的矩形截面柱体，在顶部受有集中力 F 和力矩 $M = \dfrac{Fb}{2}$ 的作用，体力不计。试用应力函数 $\varPhi = Ax^3 + Bx^2$ 求解图示问题的应力及位移（设在 A 点的位移和转角均为零）。

3-10　矩形截面的柱体受到顶部的集中力 $\sqrt{2} F$ 和力矩 M 的作用，如图 3-16 所示。不计体力，试用应力函数 $\varPhi = Ay^2 + Bxy + Cxy^3 + Dy^3$ 求解其应力分量。

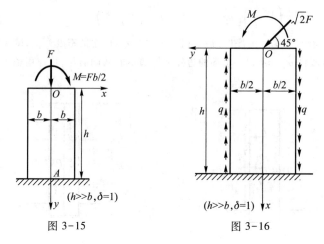

图 3-15   图 3-16

参 考 教 材

［1］ 铁木辛柯,古迪尔.弹性理论［M］.徐芝纶,译.北京:高等教育出版社,1990:第三章.

第四章　平面问题的极坐标解答

§4-1　极坐标中的平衡微分方程

在求解平面问题时,对于圆形、楔形、扇形等物体,用极坐标求解往往比用直角坐标方便得多。在极坐标中,平面内任一点 P 的位置,用径向坐标 ρ 及环向坐标 φ 来表示,如图 4-1 所示。

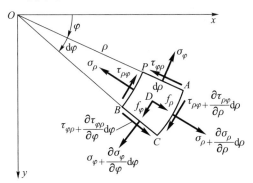

图 4-1

为了表明极坐标中的应力分量,从所考察的薄板或长柱形体取出微分体 $PACB$,如图 4-1 所示。沿 ρ 方向的正应力称为径向正应力,用 σ_ρ 代表;沿 φ 方向的正应力称为环向正应力或切向正应力,用 σ_φ 代表;切应力用 $\tau_{\rho\varphi}$ 及 $\tau_{\varphi\rho}$ 代表(根据切应力的互等关系,$\tau_{\rho\varphi}=\tau_{\varphi\rho}$)。各应力分量的正负号规定和直角坐标中一样,只是 ρ 方向代替了 x 方向,φ 方向代替了 y 方向。图中所示的应力分量都是正的。径向及环向的体力分量分别用 f_ρ 及 f_φ 代表,以沿正坐标方向为正,反之为负。

与直角坐标中相似,由于应力随坐标 ρ 的变化,设 PB 面上的径向正应力为 σ_ρ,则 AC 面上的径向正应力将为 $\sigma_\rho+\dfrac{\partial\sigma_\rho}{\partial\rho}\mathrm{d}\rho$;同样,这两个面上的切应力分别为 $\tau_{\rho\varphi}$ 及 $\tau_{\rho\varphi}+\dfrac{\partial\tau_{\rho\varphi}}{\partial\rho}\mathrm{d}\rho$。$PA$ 及 BC 两个面上的环向正应力分别为 σ_φ 及 $\sigma_\varphi+\dfrac{\partial\sigma_\varphi}{\partial\varphi}\mathrm{d}\varphi$;这

两个面上的切应力分别为 $\tau_{\varphi\rho}$ 及 $\tau_{\varphi\rho}+\dfrac{\partial\tau_{\varphi\rho}}{\partial\varphi}\mathrm{d}\varphi$。

取微分体的厚度等于 1,于是,PB 及 AC 两面的面积分别等于 $\rho\mathrm{d}\varphi$ 及 $(\rho+\mathrm{d}\rho)\mathrm{d}\varphi$,$PA$ 及 BC 两面的面积等于 $\mathrm{d}\rho$,微分体的体积等于 $\rho\mathrm{d}\varphi\mathrm{d}\rho$。由于 $\mathrm{d}\varphi$ 是微小的,可以把 $\sin\dfrac{\mathrm{d}\varphi}{2}$ 取为 $\dfrac{\mathrm{d}\varphi}{2}$,把 $\cos\dfrac{\mathrm{d}\varphi}{2}$ 取为 1。

将微分体所受各力投影到微分体中心的径向轴上,列出径向的平衡方程,得

$$\left(\sigma_\rho+\frac{\partial\sigma_\rho}{\partial\rho}\mathrm{d}\rho\right)(\rho+\mathrm{d}\rho)\,\mathrm{d}\varphi-\sigma_\rho\rho\mathrm{d}\varphi-\left(\sigma_\varphi+\frac{\partial\sigma_\varphi}{\partial\varphi}\mathrm{d}\varphi\right)\mathrm{d}\rho\,\frac{\mathrm{d}\varphi}{2}-\sigma_\varphi\mathrm{d}\rho\,\frac{\mathrm{d}\varphi}{2}+$$

$$\left(\tau_{\varphi\rho}+\frac{\partial\tau_{\varphi\rho}}{\partial\varphi}\mathrm{d}\varphi\right)\mathrm{d}\rho-\tau_{\varphi\rho}\mathrm{d}\rho+f_\rho\rho\mathrm{d}\varphi\mathrm{d}\rho=0。$$

用 $\tau_{\rho\varphi}$ 代替 $\tau_{\varphi\rho}$,简化以后,除以 $\rho\mathrm{d}\varphi\mathrm{d}\rho$,再略去微量,得

$$\frac{\partial\sigma_\rho}{\partial\rho}+\frac{1}{\rho}\,\frac{\partial\tau_{\rho\varphi}}{\partial\varphi}+\frac{\sigma_\rho-\sigma_\varphi}{\rho}+f_\rho=0。$$

将所有各力投影到微分体中心的切向轴上,列出切向的平衡方程,得

$$\left(\sigma_\varphi+\frac{\partial\sigma_\varphi}{\partial\varphi}\mathrm{d}\varphi\right)\mathrm{d}\rho-\sigma_\varphi\mathrm{d}\rho+\left(\tau_{\rho\varphi}+\frac{\partial\tau_{\rho\varphi}}{\partial\rho}\mathrm{d}\rho\right)(\rho+\mathrm{d}\rho)\,\mathrm{d}\varphi-$$

$$\tau_{\rho\varphi}\rho\mathrm{d}\varphi+\left(\tau_{\varphi\rho}+\frac{\partial\tau_{\varphi\rho}}{\partial\varphi}\mathrm{d}\varphi\right)\mathrm{d}\rho\,\frac{\mathrm{d}\varphi}{2}+\tau_{\varphi\rho}\mathrm{d}\rho\,\frac{\mathrm{d}\varphi}{2}+f_\varphi\rho\mathrm{d}\varphi\mathrm{d}\rho=0。$$

用 $\tau_{\rho\varphi}$ 代替 $\tau_{\varphi\rho}$,简化以后,除以 $\rho\mathrm{d}\varphi\mathrm{d}\rho$,再略去微量,得

$$\frac{1}{\rho}\,\frac{\partial\sigma_\varphi}{\partial\varphi}+\frac{\partial\tau_{\rho\varphi}}{\partial\rho}+\frac{2\tau_{\rho\varphi}}{\rho}+f_\varphi=0。$$

如果列出该微分体的力矩平衡方程,将得出 $\tau_{\rho\varphi}=\tau_{\varphi\rho}$,只是又一次证明切应力的互等关系。

这样,极坐标中的平衡微分方程就是

$$\left.\begin{aligned}&\frac{\partial\sigma_\rho}{\partial\rho}+\frac{1}{\rho}\,\frac{\partial\tau_{\rho\varphi}}{\partial\varphi}+\frac{\sigma_\rho-\sigma_\varphi}{\rho}+f_\rho=0,\\[2mm]&\frac{1}{\rho}\,\frac{\partial\sigma_\varphi}{\partial\varphi}+\frac{\partial\tau_{\rho\varphi}}{\partial\rho}+\frac{2\tau_{\rho\varphi}}{\rho}+f_\varphi=0。\end{aligned}\right\}\qquad(4-1)$$

这两个平衡微分方程中包含着三个未知函数 σ_ρ、σ_φ 和 $\tau_{\rho\varphi}=\tau_{\varphi\rho}$。为了求解问题,还必须考虑几何学和物理学方面的条件。

§4-2 极坐标中的几何方程及物理方程

在极坐标中,用 ε_ρ 代表径向正应变(径向线段的正应变),用 ε_φ 代表环向正应变(环向线段的正应变),用 $\gamma_{\rho\varphi}$ 代表切应变(径向与环向两线段之间的直角的改变);用 u_ρ 代表径向位移,用 u_φ 代表环向位移。

下面先导出极坐标中的几何方程。考虑弹性体中的任意一点 $P(\rho,\varphi)$,分别沿坐标正方向作径向和环向的微分线段 $PA=\mathrm{d}\rho$,$PB=\rho\mathrm{d}\varphi$,如图 4-2 所示。现在来分析应变分量和位移分量之间的关系,在此过程中,由于位移是微小的,都略去了高阶微量。

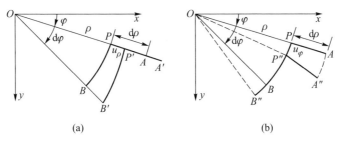

(a)   (b)

图 4-2

首先,假定只有径向位移而没有环向位移,如图 4-2a 所示。由于这个径向位移,径向线段 PA 移到 $P'A'$,环向线段 PB 移到 $P'B'$,而 P、A、B 三点的位移分别为

$$PP'=u_\rho,\qquad AA'=u_\rho+\frac{\partial u_\rho}{\partial\rho}\mathrm{d}\rho,\qquad BB'=u_\rho+\frac{\partial u_\rho}{\partial\varphi}\mathrm{d}\varphi。$$

可见,径向线段 PA 的正应变为

$$\varepsilon_\rho=\frac{P'A'-PA}{PA}=\frac{AA'-PP'}{PA}=\frac{\left(u_\rho+\dfrac{\partial u_\rho}{\partial\rho}\mathrm{d}\rho\right)-u_\rho}{\mathrm{d}\rho}=\frac{\partial u_\rho}{\partial\rho},\qquad (\text{a})$$

环向线段 PB 的正应变为

$$\varepsilon_\varphi=\frac{P'B'-PB}{PB}=\frac{(\rho+u_\rho)\,\mathrm{d}\varphi-\rho\mathrm{d}\varphi}{\rho\mathrm{d}\varphi}=\frac{u_\rho}{\rho},\qquad (\text{b})$$

径向线段 PA 的转角为

$$\alpha=0,\qquad (\text{c})$$

环向线段 PB 的转角为

$$\beta = \frac{BB'-PP'}{PB} = \frac{\left(u_\rho + \dfrac{\partial u_\rho}{\partial \varphi}\mathrm{d}\varphi\right)-u_\rho}{\rho\mathrm{d}\varphi} = \frac{1}{\rho}\frac{\partial u_\rho}{\partial \varphi}, \tag{d}$$

可见,切应变为

$$\gamma_{\rho\varphi} = \alpha+\beta = \frac{1}{\rho}\frac{\partial u_\rho}{\partial \varphi}\text{。} \tag{e}$$

其次,假定只有环向位移而没有径向位移,如图 4-2b 所示。由于这个环向位移,径向线段 PA 移到 P''A'',环向线段 PB 移到 P''B'',而 P、A、B 三点的位移分别为

$$PP'' = u_\varphi, \qquad AA'' = u_\varphi + \frac{\partial u_\varphi}{\partial \rho}\mathrm{d}\rho, \qquad BB'' = u_\varphi + \frac{\partial u_\varphi}{\partial \varphi}\mathrm{d}\varphi\text{。}$$

可见,径向线段 PA 的正应变为

$$\varepsilon_\rho = 0, \tag{f}$$

环向线段 PB 的正应变为

$$\varepsilon_\varphi = \frac{P''B''-PB}{PB} = \frac{BB''-PP''}{PB} = \frac{\left(u_\varphi + \dfrac{\partial u_\varphi}{\partial \varphi}\mathrm{d}\varphi\right)-u_\varphi}{\rho\mathrm{d}\varphi} = \frac{1}{\rho}\frac{\partial u_\varphi}{\partial \varphi}\text{。} \tag{g}$$

径向线段 PA 的转角为

$$\alpha = \frac{AA''-PP''}{PA} = \frac{\left(u_\varphi + \dfrac{\partial u_\varphi}{\partial \rho}\mathrm{d}\rho\right)-u_\varphi}{\mathrm{d}\rho} = \frac{\partial u_\varphi}{\partial \rho}, \tag{h}$$

环向线段 PB 的转角为

$$\beta = -\angle POP'' = -\frac{PP''}{OP} = -\frac{u_\varphi}{\rho}, \tag{i}$$

可见,切应变为

$$\gamma_{\rho\varphi} = \alpha+\beta = \frac{\partial u_\varphi}{\partial \rho} - \frac{u_\varphi}{\rho}, \tag{j}$$

因此,如果沿径向和环向都有位移,则由(a)、(b)、(e)三式与(f)、(g)、(j)三式分别叠加而得

$$\left.\begin{array}{l} \varepsilon_\rho = \dfrac{\partial u_\rho}{\partial \rho}, \\[3mm] \varepsilon_\varphi = \dfrac{u_\rho}{\rho} + \dfrac{1}{\rho}\dfrac{\partial u_\varphi}{\partial \varphi}, \\[3mm] \gamma_{\rho\varphi} = \dfrac{1}{\rho}\dfrac{\partial u_\rho}{\partial \varphi} + \dfrac{\partial u_\varphi}{\partial \rho} - \dfrac{u_\varphi}{\rho}\text{。} \end{array}\right\} \tag{4-2}$$

这就是极坐标中的几何方程。

由于物理方程是代数方程,并且极坐标也和直角坐标同样是正交坐标,所以极坐标物理方程与直角坐标物理方程具有同样的形式,只是角码 x 和 y 分别改换为 ρ 和 φ。据此,在平面应力的情况下,物理方程是

$$\left.\begin{aligned} \varepsilon_{\rho} &= \frac{1}{E}(\sigma_{\rho}-\mu\sigma_{\varphi}), \\ \varepsilon_{\varphi} &= \frac{1}{E}(\sigma_{\varphi}-\mu\sigma_{\rho}), \\ \gamma_{\rho\varphi} &= \frac{1}{G}\tau_{\rho\varphi}=\frac{2(1+\mu)}{E}\tau_{\rho\varphi} \circ \end{aligned}\right\} \tag{4-3}$$

在平面应变的情况下,需将上式中的 E 换为 $\dfrac{E}{1-\mu^2}$,μ 换为 $\dfrac{\mu}{1-\mu}$,而物理方程成为

$$\left.\begin{aligned} \varepsilon_{\rho} &= \frac{1-\mu^2}{E}\left(\sigma_{\rho}-\frac{\mu}{1-\mu}\sigma_{\varphi}\right), \\ \varepsilon_{\varphi} &= \frac{1-\mu^2}{E}\left(\sigma_{\varphi}-\frac{\mu}{1-\mu}\sigma_{\rho}\right), \\ \gamma_{\rho\varphi} &= \frac{2(1+\mu)}{E}\tau_{\rho\varphi} \circ \end{aligned}\right\} \tag{4-4}$$

§4-3　应力分量的坐标变换式

在一定的应力状态下,如果已知极坐标中的应力分量,就可以利用简单的关系式求得直角坐标中的应力分量。反之,如果已知直角坐标中的应力分量,也可以利用简单的关系式求得极坐标中的应力分量。表示两个坐标系中应力分量的关系式,就称为应力分量的坐标变换式。

现在,设已知极坐标中的应力分量 σ_{ρ}、σ_{φ}、$\tau_{\rho\varphi}$,试求直角坐标中的应力分量 σ_x、σ_y、τ_{xy}。为此,在弹性体中取微小三角板 A,如图 4-3a 所示,它的 ab 边及 ac 边分别沿 ρ 及 φ 方向,bc 沿 y 方向,各边上的应力如图所示。命 bc 边的长度为 ds,则 ab 边及 ac 边的长度分别为 $ds\sin\varphi$ 及 $ds\cos\varphi$。三角板的厚度取为一个单位。

根据三角板 A 的平衡条件 $\sum F_x=0$,可以写出平衡方程

$$\sigma_x ds-\sigma_{\rho}ds\cos^2\varphi-\sigma_{\varphi}ds\sin^2\varphi+\tau_{\rho\varphi}ds\cos\varphi\sin\varphi+\tau_{\varphi\rho}ds\sin\varphi\cos\varphi=0 \circ$$

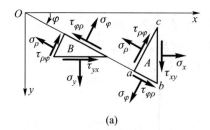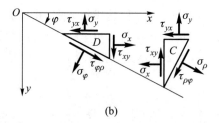

(a)   (b)

图 4-3

用 $\tau_{\rho\varphi}$ 代替 $\tau_{\varphi\rho}$，进行简化，就得到

$$\sigma_x = \sigma_\rho \cos^2 \varphi + \sigma_\varphi \sin^2 \varphi - 2\tau_{\rho\varphi} \sin \varphi \cos \varphi 。 \qquad (a)$$

同样，可由三角板 A 的平衡条件 $\sum F_y = 0$ 得到

$$\tau_{xy} = (\sigma_\rho - \sigma_\varphi) \sin \varphi \cos \varphi + \tau_{\rho\varphi} (\cos^2 \varphi - \sin^2 \varphi) 。 \qquad (b)$$

另取微小三角板 B，如图 4-3a 所示，根据它的平衡条件 $\sum F_y = 0$，可以与上相似地得到

$$\sigma_y = \sigma_\rho \sin^2 \varphi + \sigma_\varphi \cos^2 \varphi + 2\tau_{\rho\varphi} \sin \varphi \cos \varphi 。 \qquad (c)$$

综合以上所得的结果，就得出应力分量由极坐标向直角坐标的变换式

$$\left.\begin{array}{l} \sigma_x = \sigma_\rho \cos^2 \varphi + \sigma_\varphi \sin^2 \varphi - 2\tau_{\rho\varphi} \sin \varphi \cos \varphi , \\[2mm] \sigma_y = \sigma_\rho \sin^2 \varphi + \sigma_\varphi \cos^2 \varphi + 2\tau_{\rho\varphi} \sin \varphi \cos \varphi , \\[2mm] \tau_{xy} = (\sigma_\rho - \sigma_\varphi) \sin \varphi \cos \varphi + \tau_{\rho\varphi} (\cos^2 \varphi - \sin^2 \varphi) 。 \end{array}\right\} \qquad (4-5)$$

利用简单的三角公式，也可以将上式改写为

$$\left.\begin{array}{l} \sigma_x = \dfrac{\sigma_\rho + \sigma_\varphi}{2} + \dfrac{\sigma_\rho - \sigma_\varphi}{2} \cos 2\varphi - \tau_{\rho\varphi} \sin 2\varphi , \\[4mm] \sigma_y = \dfrac{\sigma_\rho + \sigma_\varphi}{2} - \dfrac{\sigma_\rho - \sigma_\varphi}{2} \cos 2\varphi + \tau_{\rho\varphi} \sin 2\varphi , \\[4mm] \tau_{xy} = \dfrac{\sigma_\rho - \sigma_\varphi}{2} \sin 2\varphi + \tau_{\rho\varphi} \cos 2\varphi 。 \end{array}\right\} \qquad (4-6)$$

读者试取微小三角板 C 及 D，如图 4-3b 所示，由它们的平衡条件导出应力分量由直角坐标向极坐标的变换式

$$\sigma_\rho = \sigma_x \cos^2 \varphi + \sigma_y \sin^2 \varphi + 2\tau_{xy} \sin \varphi \cos \varphi ,$$
$$\sigma_\varphi = \sigma_x \sin^2 \varphi + \sigma_y \cos^2 \varphi - 2\tau_{xy} \sin \varphi \cos \varphi ,$$
$$\tau_{\rho\varphi} = (\sigma_y - \sigma_x) \sin \varphi \cos \varphi + \tau_{xy} (\cos^2 \varphi - \sin^2 \varphi) ,$$

也就是

$$\sigma_{\rho} = \frac{\sigma_x + \sigma_y}{2} + \frac{\sigma_x - \sigma_y}{2}\cos 2\varphi + \tau_{xy}\sin 2\varphi,$$

$$\sigma_{\varphi} = \frac{\sigma_x + \sigma_y}{2} - \frac{\sigma_x - \sigma_y}{2}\cos 2\varphi - \tau_{xy}\sin 2\varphi, \qquad (4-7)$$

$$\tau_{\rho\varphi} = \frac{\sigma_y - \sigma_x}{2}\sin 2\varphi + \tau_{xy}\cos 2\varphi_{\circ}$$

§4-4　极坐标中的应力函数与相容方程

为了把极坐标中的应力分量用应力函数 Φ 来表示,需要利用极坐标与直角坐标之间的关系式

$$\rho^2 = x^2 + y^2, \qquad \varphi = \arctan\frac{y}{x};$$

$$x = \rho\cos\varphi, \qquad y = \rho\sin\varphi_{\circ}$$

由此得

$$\frac{\partial\rho}{\partial x} = \frac{x}{\rho} = \cos\varphi, \qquad \frac{\partial\rho}{\partial y} = \frac{y}{\rho} = \sin\varphi;$$

$$\frac{\partial\varphi}{\partial x} = -\frac{y}{\rho^2} = -\frac{\sin\varphi}{\rho}, \qquad \frac{\partial\varphi}{\partial y} = \frac{x}{\rho^2} = \frac{\cos\varphi}{\rho}_{\circ}$$

注意 Φ 是 x 和 y 的函数,同时也是 ρ 和 φ 的函数,依据复合函数求导法则,可得

$$\frac{\partial\Phi}{\partial x} = \frac{\partial\Phi}{\partial\rho}\frac{\partial\rho}{\partial x} + \frac{\partial\Phi}{\partial\varphi}\frac{\partial\varphi}{\partial x} = \cos\varphi\frac{\partial\Phi}{\partial\rho} - \frac{\sin\varphi}{\rho}\frac{\partial\Phi}{\partial\varphi},$$

$$\frac{\partial\Phi}{\partial y} = \frac{\partial\Phi}{\partial\rho}\frac{\partial\rho}{\partial y} + \frac{\partial\Phi}{\partial\varphi}\frac{\partial\varphi}{\partial y} = \sin\varphi\frac{\partial\Phi}{\partial\rho} + \frac{\cos\varphi}{\rho}\frac{\partial\Phi}{\partial\varphi}_{\circ}$$

重复以上的运算,得到

$$\frac{\partial^2\Phi}{\partial x^2} = \left(\cos\varphi\frac{\partial}{\partial\rho} - \frac{\sin\varphi}{\rho}\frac{\partial}{\partial\varphi}\right)\left(\cos\varphi\frac{\partial\Phi}{\partial\rho} - \frac{\sin\varphi}{\rho}\frac{\partial\Phi}{\partial\varphi}\right)$$

$$= \cos^2\varphi\frac{\partial^2\Phi}{\partial\rho^2} - \frac{2\sin\varphi\cos\varphi}{\rho}\frac{\partial^2\Phi}{\partial\rho\partial\varphi} + \frac{\sin^2\varphi}{\rho}\frac{\partial\Phi}{\partial\rho} +$$

$$\frac{2\sin\varphi\cos\varphi}{\rho^2}\frac{\partial\Phi}{\partial\varphi} + \frac{\sin^2\varphi}{\rho^2}\frac{\partial^2\Phi}{\partial\varphi^2}, \qquad (a)$$

$$\frac{\partial^2\Phi}{\partial y^2} = \left(\sin\varphi\frac{\partial}{\partial\rho} + \frac{\cos\varphi}{\rho}\frac{\partial}{\partial\varphi}\right)\left(\sin\varphi\frac{\partial\Phi}{\partial\rho} + \frac{\cos\varphi}{\rho}\frac{\partial\Phi}{\partial\varphi}\right)$$

$$= \sin^2\varphi \frac{\partial^2\Phi}{\partial\rho^2} + \frac{2\sin\varphi\cos\varphi}{\rho} \frac{\partial^2\Phi}{\partial\rho\partial\varphi} + \frac{\cos^2\varphi}{\rho} \frac{\partial\Phi}{\partial\rho} -$$

$$\frac{2\sin\varphi\cos\varphi}{\rho^2} \frac{\partial\Phi}{\partial\varphi} + \frac{\cos^2\varphi}{\rho^2} \frac{\partial^2\Phi}{\partial\varphi^2}, \tag{b}$$

$$\frac{\partial^2\Phi}{\partial x\partial y} = \left(\cos\varphi \frac{\partial}{\partial\rho} - \frac{\sin\varphi}{\rho} \frac{\partial}{\partial\varphi}\right)\left(\sin\varphi \frac{\partial\Phi}{\partial\rho} + \frac{\cos\varphi}{\rho} \frac{\partial\Phi}{\partial\varphi}\right)$$

$$= \sin\varphi\cos\varphi \frac{\partial^2\Phi}{\partial\rho^2} + \frac{\cos^2\varphi - \sin^2\varphi}{\rho} \frac{\partial^2\Phi}{\partial\rho\partial\varphi} -$$

$$\frac{\sin\varphi\cos\varphi}{\rho} \frac{\partial\Phi}{\partial\rho} - \frac{\cos^2\varphi - \sin^2\varphi}{\rho^2} \frac{\partial\Phi}{\partial\varphi} - \frac{\sin\varphi\cos\varphi}{\rho^2} \frac{\partial^2\Phi}{\partial\varphi^2} \, \text{。} \tag{c}$$

由图 4-1 可见,如果把 x 轴和 y 轴分别转到 ρ 和 φ 的方向,使 φ 成为零,则 σ_x、σ_y、τ_{xy} 分别成为 σ_ρ、σ_φ、$\tau_{\rho\varphi}$。于是,当不计体力时,即可由式(a)至式(c)得到

$$\left.\begin{aligned}
\sigma_\rho &= (\sigma_x)_{\varphi=0} = \left(\frac{\partial^2\Phi}{\partial y^2}\right)_{\varphi=0} = \frac{1}{\rho} \frac{\partial\Phi}{\partial\rho} + \frac{1}{\rho^2} \frac{\partial^2\Phi}{\partial\varphi^2}, \\[2mm]
\sigma_\varphi &= (\sigma_y)_{\varphi=0} = \left(\frac{\partial^2\Phi}{\partial x^2}\right)_{\varphi=0} = \frac{\partial^2\Phi}{\partial\rho^2}, \\[2mm]
\tau_{\rho\varphi} &= (\tau_{xy})_{\varphi=0} = \left(-\frac{\partial^2\Phi}{\partial x\partial y}\right)_{\varphi=0} \\[2mm]
&= -\frac{1}{\rho} \frac{\partial^2\Phi}{\partial\rho\partial\varphi} + \frac{1}{\rho^2} \frac{\partial\Phi}{\partial\varphi} \\[2mm]
&= -\frac{\partial}{\partial\rho}\left(\frac{1}{\rho} \frac{\partial\Phi}{\partial\varphi}\right) \text{。}
\end{aligned}\right\} \tag{4-8}$$

极易证明,当 $f_\rho = f_\varphi = 0$ 时,这些应力分量确实能满足平衡微分方程(4-1)。

另一方面,将式(a)与式(b)相加,得到

$$\frac{\partial^2\Phi}{\partial x^2} + \frac{\partial^2\Phi}{\partial y^2} = \frac{\partial^2\Phi}{\partial\rho^2} + \frac{1}{\rho} \frac{\partial\Phi}{\partial\rho} + \frac{1}{\rho^2} \frac{\partial^2\Phi}{\partial\varphi^2} \text{。}$$

于是,由直角坐标中的相容方程

$$\left(\frac{\partial^2}{\partial x^2} + \frac{\partial^2}{\partial y^2}\right)^2\Phi = 0,$$

得到极坐标中的相容方程

$$\left(\frac{\partial^2}{\partial\rho^2} + \frac{1}{\rho} \frac{\partial}{\partial\rho} + \frac{1}{\rho^2} \frac{\partial^2}{\partial\varphi^2}\right)^2\Phi = 0 \text{。} \tag{4-9}$$

用极坐标求解平面问题时(假定体力可以不计),就只须从微分方程(4-9)求解应力函数 $\Phi(\rho,\varphi)$,然后按照式(4-8)求出应力分量。当然,这些应力分量

在边界上应当满足应力边界条件,对于多连体,还须满足位移单值条件。

§4-5 轴对称应力和相应的位移

现在,用逆解法,假设应力函数 Φ 只是径向坐标 ρ 的函数,即

$$\Phi = \Phi(\rho)。$$

在这一特殊情况下,式(4-8)简化为

$$\sigma_\rho = \frac{1}{\rho} \frac{\mathrm{d}\Phi}{\mathrm{d}\rho}, \qquad \sigma_\varphi = \frac{\mathrm{d}^2\Phi}{\mathrm{d}\rho^2}, \qquad \tau_{\rho\varphi} = \tau_{\varphi\rho} = 0。 \qquad (4-10)$$

相容方程(4-9)简化为

$$\left(\frac{\mathrm{d}^2}{\mathrm{d}\rho^2} + \frac{1}{\rho} \frac{\mathrm{d}}{\mathrm{d}\rho} \right)^2 \Phi = 0。$$

这是一个四阶的常微分方程,它的通解是

$$\Phi = A\ln \rho + B\rho^2 \ln \rho + C\rho^2 + D, \qquad (4-11)$$

其中的 A、B、C、D 是任意常数。

将式(4-11)代入式(4-10),得应力分量

$$\left.\begin{array}{l} \sigma_\rho = \dfrac{A}{\rho^2} + B(1+2\ln \rho) + 2C, \\[3mm] \sigma_\varphi = -\dfrac{A}{\rho^2} + B(3+2\ln \rho) + 2C, \\[3mm] \tau_{\rho\varphi} = \tau_{\varphi\rho} = 0。 \end{array}\right\} \qquad (4-12)$$

因为正应力分量只是 ρ 的函数,不随 φ 而变,而切应力分量又不存在,所以应力状态是对称于通过 z 轴的任一平面的,也就是所谓绕 z 轴对称的。因此,这种应力称为轴对称应力。

现在来考察与轴对称应力相对应的应变和位移。

对于平面应力的情况,将应力分量(4-12)代入物理方程(4-3),得应变分量

$$\varepsilon_\rho = \frac{1}{E}\left[(1+\mu)\frac{A}{\rho^2} + (1-3\mu)B + 2(1-\mu)B\ln \rho + 2(1-\mu)C \right],$$

$$\varepsilon_\varphi = \frac{1}{E}\left[-(1+\mu)\frac{A}{\rho^2} + (3-\mu)B + 2(1-\mu)B\ln \rho + 2(1-\mu)C \right],$$

$$\gamma_{\rho\varphi} = 0。$$

可见,应变也是绕 z 轴对称的。

将上面应变分量的表达式代入几何方程(4-2),得

$$
\left.\begin{aligned}
&\frac{\partial u_\rho}{\partial \rho}=\frac{1}{E}\left[(1+\mu)\frac{A}{\rho^2}+(1-3\mu)B+2(1-\mu)B\ln\rho+2(1-\mu)C\right], \\
&\frac{u_\rho}{\rho}+\frac{1}{\rho}\frac{\partial u_\varphi}{\partial\varphi}=\frac{1}{E}\left[-(1+\mu)\frac{A}{\rho^2}+(3-\mu)B+2(1-\mu)B\ln\rho+2(1-\mu)C\right], \\
&\frac{1}{\rho}\frac{\partial u_\rho}{\partial\varphi}+\frac{\partial u_\varphi}{\partial\rho}-\frac{u_\varphi}{\rho}=0。
\end{aligned}\right\}\qquad(a)
$$

由式(a)中第一式的积分得

$$
u_\rho=\frac{1}{E}\left[-(1+\mu)\frac{A}{\rho}+2(1-\mu)B\rho(\ln\rho-1)+(1-3\mu)B\rho+2(1-\mu)C\rho\right]+f(\varphi), \qquad(b)
$$

其中 $f(\varphi)$ 是 φ 的任意函数。

其次,由式(a)中的第二式有

$$
\frac{\partial u_\varphi}{\partial\varphi}=\frac{\rho}{E}\left[-(1+\mu)\frac{A}{\rho^2}+2(1-\mu)B\ln\rho+(3-\mu)B+2(1-\mu)C\right]-u_\rho。
$$

将式(b)代入,得

$$
\frac{\partial u_\varphi}{\partial\varphi}=\frac{4B\rho}{E}-f(\varphi),
$$

积分以后,得

$$
u_\varphi=\frac{4B\rho\varphi}{E}-\int f(\varphi)\,\mathrm{d}\varphi+f_1(\rho), \qquad(c)
$$

其中 $f_1(\rho)$ 是 ρ 的任意函数。

再将式(b)及式(c)代入式(a)中的第三式,得

$$
\frac{1}{\rho}\frac{\mathrm{d}f(\varphi)}{\mathrm{d}\varphi}+\frac{\mathrm{d}f_1(\rho)}{\mathrm{d}\rho}+\frac{1}{\rho}\int f(\varphi)\,\mathrm{d}\varphi-\frac{f_1(\rho)}{\rho}=0,
$$

将上式改写为

$$
f_1(\rho)-\rho\frac{\mathrm{d}f_1(\rho)}{\mathrm{d}\rho}=\frac{\mathrm{d}f(\varphi)}{\mathrm{d}\varphi}+\int f(\varphi)\,\mathrm{d}\varphi。
$$

此方程的左边只是 ρ 的函数,而右边只是 φ 的函数,因此,只可能两边都等于同一常数 F。于是有

$$
f_1(\rho)-\rho\frac{\mathrm{d}f_1(\rho)}{\mathrm{d}\rho}=F, \qquad(d)
$$

$$
\frac{\mathrm{d}f(\varphi)}{\mathrm{d}\varphi}+\int f(\varphi)\,\mathrm{d}\varphi=F。 \qquad(e)
$$

式(d)的解答是

$$f_1(\rho) = H\rho + F, \tag{f}$$

其中 H 是任意常数。式（e）可以通过求导变换为微分方程

$$\frac{\mathrm{d}^2 f(\varphi)}{\mathrm{d}\varphi^2} + f(\varphi) = 0,$$

而它的解答是

$$f(\varphi) = I\cos\varphi + K\sin\varphi。 \tag{g}$$

此外，可由式（e）得

$$\int f(\varphi)\,\mathrm{d}\varphi = F - \frac{\mathrm{d}f(\varphi)}{\mathrm{d}\varphi} = F + I\sin\varphi - K\cos\varphi。 \tag{h}$$

将式（g）代入式（b），并将式（h）及式（f）代入式（c），得轴对称应力状态下的位移分量

$$\left.\begin{aligned}
u_\rho &= \frac{1}{E}\bigg[-(1+\mu)\frac{A}{\rho} + 2(1-\mu)B\rho(\ln\rho - 1) + \\
&\quad (1-3\mu)B\rho + 2(1-\mu)C\rho\bigg] + I\cos\varphi + K\sin\varphi, \\
u_\varphi &= \frac{4B\rho\varphi}{E} + H\rho - I\sin\varphi + K\cos\varphi。
\end{aligned}\right\} \tag{4-13}$$

式中的 A、B、C、H、I、K 都是任意常数，其中的 H、I、K 和 §2-4 中的 ω、u_0、v_0 含义一样，代表刚体位移分量。

以上关于应变和位移的公式，也可以应用于平面应变问题，但须将 E 换为 $\dfrac{E}{1-\mu^2}$，μ 换为 $\dfrac{\mu}{1-\mu}$。

§4-6 圆环或圆筒受均布压力 压力隧洞

设有圆环或圆筒，内半径为 a，外半径为 b，受内压力 q_a 及外压力 q_b，如图 4-4a 所示。显然，应力分布应当是轴对称的。因此，取应力分量表达式（4-12），这些应力分量已经满足了相容方程和平衡微分方程。

边界条件要求

$$\left.\begin{aligned}
(\tau_{\rho\varphi})_{\rho=a} &= 0, & (\tau_{\rho\varphi})_{\rho=b} &= 0; \\
(\sigma_\rho)_{\rho=a} &= -q_a, & (\sigma_\rho)_{\rho=b} &= -q_b。
\end{aligned}\right\} \tag{a}$$

由表达式（4-12）可见，前两个条件是满足的，而后两个条件要求

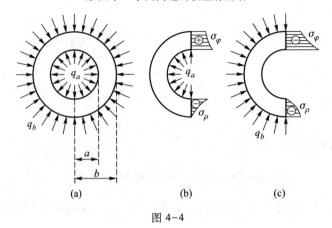

图 4-4

$$\left.\begin{aligned}
\frac{A}{a^2}+B(1+2\ln a)+2C &=-q_a, \\
\frac{A}{b^2}+B(1+2\ln b)+2C &=-q_b.
\end{aligned}\right\} \tag{b}$$

现在,边界条件都已经满足,但是两个方程不能决定三个常数 A、B、C。因为这里讨论的是多连体,所以还要考察位移单值条件。

由式(4-13)中的第二式可见,在环向位移 u_φ 的表达式中,$\dfrac{4B\rho\varphi}{E}$ 一项是多值的:对于同一个 ρ 值,如 $\rho=\rho_1$,在 $\varphi=\varphi_1$ 时与 $\varphi=\varphi_1+2\pi$ 时,环向位移相差 $\dfrac{8\pi B\rho_1}{E}$。在圆环或圆筒中,这是不可能的,因为 (ρ_1,φ_1) 与 $(\rho_1,\varphi_1+2\pi)$ 是同一点,不可能有不同的位移。于是,根据位移单值条件,必须 $B=0$。

命 $B=0$,即可由式(b)求得 A 和 $2C$:

$$A=\frac{a^2b^2(q_b-q_a)}{b^2-a^2}, \qquad 2C=\frac{q_a a^2-q_b b^2}{b^2-a^2}.$$

代入式(4-12),稍加整理,即得拉梅的解答如下:

$$\left.\begin{aligned}
\sigma_\rho &=-\frac{\dfrac{b^2}{\rho^2}-1}{\dfrac{b^2}{a^2}-1}q_a-\frac{1-\dfrac{a^2}{\rho^2}}{1-\dfrac{a^2}{b^2}}q_b, \\[2em]
\sigma_\varphi &=\frac{\dfrac{b^2}{\rho^2}+1}{\dfrac{b^2}{a^2}-1}q_a-\frac{1+\dfrac{a^2}{\rho^2}}{1-\dfrac{a^2}{b^2}}q_b.
\end{aligned}\right\} \tag{4-14}$$

下面分别考察内压力或外压力单独作用时的情况。

如果只有内压力 q_a 作用,则 $q_b=0$,解答(4-14)简化为

$$\sigma_\rho=-\frac{\dfrac{b^2}{\rho^2}-1}{\dfrac{b^2}{a^2}-1}q_a, \qquad \sigma_\varphi=\frac{\dfrac{b^2}{\rho^2}+1}{\dfrac{b^2}{a^2}-1}q_a。$$

显然,σ_ρ 总是压应力,σ_φ 总是拉应力。应力分布大致如图 4-4b 所示。当圆环或圆筒的外半径趋于无限大时($b\to\infty$),它成为具有圆孔的无限大薄板,或具有圆形孔道的无限大弹性体,而上述解答成为

$$\sigma_\rho=-\frac{a^2}{\rho^2}q_a, \qquad \sigma_\varphi=\frac{a^2}{\rho^2}q_a。$$

可见,应力和 $\dfrac{a^2}{\rho^2}$ 成正比。在 ρ 远大于 a 之处(即距圆孔或圆形孔道较远之处),应力是很小的,可以不计。这个实例也证实了圣维南原理,因为圆孔或圆形孔道中的内压力是平衡力系。

如果只有外压力 q_b 作用,则 $q_a=0$,解答(4-14)简化为

$$\sigma_\rho=-\frac{1-\dfrac{a^2}{\rho^2}}{1-\dfrac{a^2}{b^2}}q_b, \qquad \sigma_\varphi=-\frac{1+\dfrac{a^2}{\rho^2}}{1-\dfrac{a^2}{b^2}}q_b。 \qquad (4-15)$$

显然,σ_ρ 和 σ_φ 都总是压应力。应力分布大致如图 4-4c 所示。

如果圆筒是埋在无限大弹性体中,受有均布压力 q,如压力隧洞(图 4-5),则表达式(4-12)仍然适用,因为应力分布仍然是轴对称的,而且,系数 B 仍然等于零,因为位移仍然应当是单值的。不过,因为圆筒和无限大弹性体不一定具有相同的弹性常数,所以两者的应力表达式中的系数 A 和 C 不一定相同。现在,取圆筒的应力表达式为

$$\sigma_\rho=\frac{A}{\rho^2}+2C, \qquad \sigma_\varphi=-\frac{A}{\rho^2}+2C; \qquad (c)$$

取无限大弹性体的应力表达式为

$$\sigma_\rho'=\frac{A'}{\rho^2}+2C', \qquad \sigma_\varphi'=-\frac{A'}{\rho^2}+2C', \qquad (d)$$

这两组应力分量均满足相容方程和平衡微分方程,也满足位移单值条件,现在考虑边界条件等来求解常数 A、C、A'、C'。

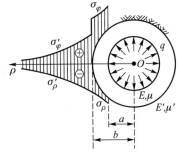

图 4-5

首先，在圆筒的内面，有边界条件 $(\sigma_\rho)_{\rho=a}=-q$，由此得

$$\frac{A}{a^2}+2C=-q_。 \tag{e}$$

其次，在距离圆筒很远之处，按照圣维南原理，应当几乎没有应力，于是有

$$(\sigma'_\rho)_{\rho\to\infty}=0,\qquad (\sigma'_\varphi)_{\rho\to\infty}=0,$$

由此得

$$2C'=0_。 \tag{f}$$

再其次，在圆筒和无限大弹性体的接触面上，应当有

$$(\sigma_\rho)_{\rho=b}=(\sigma'_\rho)_{\rho=b}。$$

于是，由式（c）及式（d）得

$$\frac{A}{b^2}+2C=\frac{A'}{b^2}+2C'_。 \tag{g}$$

上述条件仍然不足以确定四个常数，下面来考虑位移。

应用式（4-13）中的第一式，并注意这里是平面应变问题，而且 $B=0$，可以写出圆筒和无限大弹性体的径向位移的表达式

$$u_\rho=\frac{1-\mu^2}{E}\left[-\left(1+\frac{\mu}{1-\mu}\right)\frac{A}{\rho}+2\left(1-\frac{\mu}{1-\mu}\right)C\rho\right]+I\cos\varphi+K\sin\varphi,$$

$$u'_\rho=\frac{1-u'^2}{E'}\left[-\left(1+\frac{\mu'}{1-\mu'}\right)\frac{A'}{\rho}+2\left(1-\frac{\mu'}{1-\mu'}\right)C'\rho\right]+I'\cos\varphi+K'\sin\varphi,$$

其中 E 和 μ 是圆筒的弹性常数，E' 和 μ' 是无限大弹性体的弹性常数。将上列两式稍加简化，得

$$\left.\begin{aligned}u_\rho&=\frac{1+\mu}{E}\left[2(1-2\mu)C\rho-\frac{A}{\rho}\right]+I\cos\varphi+K\sin\varphi,\\u'_\rho&=\frac{1+\mu'}{E'}\left[2(1-2\mu')C'\rho-\frac{A'}{\rho}\right]+I'\cos\varphi+K'\sin\varphi_。\end{aligned}\right\} \tag{h}$$

在接触面上，圆筒和无限大弹性体应当具有相同的位移，因此有

$$(u_\rho)_{\rho=b}=(u'_\rho)_{\rho=b}。$$

将式（h）代入，得

$$\frac{1+\mu}{E}\left[2(1-2\mu)Cb-\frac{A}{b}\right]+I\cos\varphi+K\sin\varphi$$

$$=\frac{1+\mu'}{E'}\left[2(1-2\mu')C'b-\frac{A'}{b}\right]+I'\cos\varphi+K'\sin\varphi_。$$

因为这一方程在接触面上的任意一点都应当成立，也就是在 φ 取任何数值时都应当成立，所以方程两边的自由项必须相等（当然，两边 $\cos\varphi$ 的系数及 $\sin\varphi$ 的

系数也必须相等)。于是得

$$\frac{1+\mu}{E}\left[2(1-2\mu)Cb-\frac{A}{b}\right]=\frac{1+\mu'}{E'}\left[2(1-2\mu')C'b-\frac{A'}{b}\right].$$

经过简化并利用式(f),得

$$n\left[2C(1-2\mu)-\frac{A}{b^2}\right]+\frac{A'}{b^2}=0,\tag{i}$$

其中

$$n=\frac{E'(1+\mu)}{E(1+\mu')}.$$

由方程(e)、(f)、(g)、(i)求出 A、C、A'、C',然后代入式(c)及式(d),得圆筒及无限大弹性体的应力分量表达式

$$\left.\begin{array}{l}\sigma_\rho=-q\dfrac{\left[1+(1-2\mu)n\right]\dfrac{b^2}{\rho^2}-(1-n)}{\left[1+(1-2\mu)n\right]\dfrac{b^2}{a^2}-(1-n)},\\[4mm]\sigma_\varphi=q\dfrac{\left[1+(1-2\mu)n\right]\dfrac{b^2}{\rho^2}+(1-n)}{\left[1+(1-2\mu)n\right]\dfrac{b^2}{a^2}-(1-n)},\\[4mm]\sigma_\rho'=-\sigma_\varphi'=-q\dfrac{2(1-\mu)n\dfrac{b^2}{\rho^2}}{\left[1+(1-2\mu)n\right]\dfrac{b^2}{a^2}-(1-n)}.\end{array}\right\}\tag{4-16}$$

当 $n<1$ 时,应力分布大致如图4-5所示。

这个问题是最简单的一个所谓接触问题,即两个或两个以上不同弹性体互相接触的问题。在接触问题中,通常都假定各弹性体在接触面上保持"完全接触",即,既不互相脱离也不互相滑动。这样,在接触面上就有应力和位移两方面的接触条件。应力方面的接触条件是:两弹性体在接触面上的正应力相等,切应力也相等。位移方面的接触条件是:两弹性体在接触面上的法向位移相等,切向位移也相等。以前已经看到,对平面问题说来,在通常的边界面上,有两个边界条件。现在看到,在接触面上,有四个接触条件,条件并没有增多或减少,因为接触面是两个弹性体的同样形状的边界。

光滑接触是"非完全接触"。在光滑接触面上,也有四个接触条件:两个弹性体的切应力都等于零(这是两个条件),两个弹性体的正应力相等,法向位移

也相等(由于有滑动,切向位移并不相等)。

§4-7 曲梁的纯弯曲

设有狭矩形截面的圆轴曲梁,内半径为 a,外半径为 b,在两端受有大小相等而方向相反的弯矩,如图 4-6 所示。取单位宽度的梁来考虑,并命单位宽度内的弯矩为 M。取曲率中心 O 为坐标原点,从梁的一端量角 φ。由于梁的所有各径向截面上的弯矩相同,因而可以假设各截面上的应力分布相同,也就是应力绕 z 轴对称。现在来考察,在轴对称应力的表达式(4-11)中,适当选择常数 A、B、C,是否可以满足边界条件。

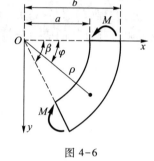

图 4-6

梁的全部边界上都没有剪力,这就要求

$$(\tau_{\rho\varphi})_{\rho=a}=0, \qquad (\tau_{\rho\varphi})_{\rho=b}=0;$$
$$(\tau_{\varphi\rho})_{\varphi=0}=0, \qquad (\tau_{\varphi\rho})_{\varphi=\beta}=0。$$

由式(4-12)中的第三式可见,这些条件都能满足。在梁的内外两面,边界条件要求

$$(\sigma_\rho)_{\rho=a}=0, \qquad (\sigma_\rho)_{\rho=b}=0。$$

将式(4-12)中的第一式代入,得

$$\frac{A}{a^2}+B(1+2\ln a)+2C=0, \tag{a}$$

$$\frac{A}{b^2}+B(1+2\ln b)+2C=0。 \tag{b}$$

在梁的任一端,根据圣维南原理,环向正应力 σ_φ 的主矢量应当为零,并合成为弯矩 M,因此要求

$$\int_a^b \sigma_\varphi \,\mathrm{d}\rho = 0, \tag{c}$$

$$\int_a^b \sigma_\varphi \rho \,\mathrm{d}\rho = M。 \tag{d}$$

根据式(4-10)中的前两式,式(c)的左边可以写成为

$$\int_a^b \sigma_\varphi \,\mathrm{d}\rho = \int_a^b \frac{\mathrm{d}^2 \Phi}{\mathrm{d}\rho^2}\,\mathrm{d}\rho = \left(\frac{\mathrm{d}\Phi}{\mathrm{d}\rho}\right)_a^b = (\rho\sigma_\rho)_a^b = b(\sigma_\rho)_{\rho=b} - a(\sigma_\rho)_{\rho=a}。$$

由此可见,如果条件(a)和(b)都能满足,保证了

$$(\sigma_\rho)_{\rho=a}=0, \qquad (\sigma_\rho)_{\rho=b}=0,$$

式(c)自然也就能够满足,下面不必再加以考虑。

根据式(4-10)中的前两式,式(d)的左边可以写为

$$\int_a^b \sigma_\varphi \rho \mathrm{d}\rho = \int_a^b \frac{\mathrm{d}^2\Phi}{\mathrm{d}\rho^2}\rho\mathrm{d}\rho = \int_a^b \rho\mathrm{d}\left(\frac{\mathrm{d}\Phi}{\mathrm{d}\rho}\right) = \left(\rho\frac{\mathrm{d}\Phi}{\mathrm{d}\rho}\right)_a^b - \int_a^b \frac{\mathrm{d}\Phi}{\mathrm{d}\rho}\mathrm{d}\rho$$

$$= (\rho^2\sigma_\rho)_a^b - (\Phi)_a^b = b^2(\sigma_\rho)_{\rho=b} - a^2(\sigma_\rho)_{\rho=a} - (\Phi)_a^b。$$

由此可见,如果条件(a)和(b)都能满足,保证了

$$(\sigma_\rho)_{\rho=a}=0, \qquad (\sigma_\rho)_{\rho=b}=0,$$

条件(d)就成为

$$-(\Phi)_a^b = M。$$

将 Φ 的表达式(4-11)代入,得

$$-(A\ln b + Bb^2\ln b + Cb^2 + D) + (A\ln a + Ba^2\ln a + Ca^2 + D) = M,$$

也就是

$$A\ln\frac{b}{a} + B(b^2\ln b - a^2\ln a) + C(b^2-a^2) = -M。 \tag{e}$$

由(a)、(b)、(e)三式解得 A、B、C,然后代入式(4-12),即得郭洛文的解答

$$\left.\begin{aligned}
\sigma_\rho &= -\frac{4M}{Na^2}\left(\frac{b^2}{a^2}\ln\frac{b}{\rho} + \ln\frac{\rho}{a} - \frac{b^2}{\rho^2}\ln\frac{b}{a}\right), \\
\sigma_\varphi &= \frac{4M}{Na^2}\left(\frac{b^2}{a^2} - 1 - \frac{b^2}{a^2}\ln\frac{b}{\rho} - \ln\frac{\rho}{a} - \frac{b^2}{\rho^2}\ln\frac{b}{a}\right), \\
\tau_{\rho\varphi} &= \tau_{\varphi\rho} = 0,
\end{aligned}\right\} \tag{f}$$

其中

$$N = \left(\frac{b^2}{a^2}-1\right)^2 - 4\frac{b^2}{a^2}\left(\ln\frac{b}{a}\right)^2。$$

应力的分布大致如图4-7所示。在 $\rho=a$ 处,弯应力 σ_φ 的绝对值为最大。中性轴($\sigma_\varphi=0$ 的所在处)距离内纤维较近而距离外纤维较远。挤压应力 σ_ρ 的最大绝对值的所在处,比中性轴更接近内纤维。

应当指出:必须梁端面力的分布和式(f)中 σ_φ 的分布相同,应力分量(f)才完全满足边界条件,因而才是精确解答。如果弯矩 M 是由其他分布方式的面力所合成,则靠近梁端处的应力分布将和式(f)有显著的差别。但是,根据圣维南原

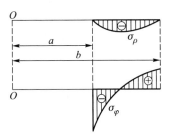

图 4-7

理,在离开梁端较远之处,这个差别是无关重要的。

为了求得曲梁的位移,可将已求得的常数 A、B、C 代入式(4-13)。常数 H、I、K 则须由曲梁的约束条件来决定。这里不进行这些繁复的运算,而只是证明一下平面截面的假定。

曲梁截面上任一径向线段 $d\rho$ 的转角是

$$\alpha = \frac{\partial u_\varphi}{\partial \rho}。$$

将式(4-13)中的第二式代入,得

$$\alpha = \frac{4B\varphi}{E} + H。$$

在曲梁的任一截面上,φ 是常数,因而转角 α 是常数。这就是说,任一截面上的所有各个径向线段的转角都相同,因而这也就表示,曲梁的截面保持为平面。

材料力学里假定截面保持为平面,又假定 $\sigma_\rho = 0$ 和 $\tau_{\rho\varphi} = 0$(各纤维只受简单的环向拉压),由此得出弯应力 σ_φ 的近似解答。这个 σ_φ 在截面上按双曲线分布,与本节中所得的 σ_φ 有差别。显然,这个差别完全是由于不正确地假定 $\sigma_\rho = 0$ 而引起的,因为其他的假定是完全正确的。对于曲率不很大的曲梁,这个差别并不显著。

§4-8 圆盘在匀速转动中的应力及位移

作为轴对称问题的最后一个实例,设有等厚度圆盘,绕其回转轴以均匀角速度 ω 旋转。以回转轴为 z 轴,则圆盘的任意一点都只有向心加速度,大小为 $\omega^2\rho$。因此,在圆盘的每单位体积上施以离心惯性力 $\rho_1\omega^2\rho$,其中 ρ_1 是圆盘的密度,则该圆盘可以认为是在如下的体力作用下处于平衡状态:

$$f_\rho = \rho_1\omega^2\rho, \qquad f_\varphi = 0。$$

由于这里是轴对称的物体受轴对称的体力,所以,应力分布必然是轴对称的,即,应力分量 σ_ρ 及 σ_φ 都只是 ρ 的函数而 $\tau_{\rho\varphi} = \tau_{\varphi\rho} = 0$。于是,平衡微分方程(4-1)中的第二式自然满足,而第一式成为

$$\frac{d\sigma_\rho}{d\rho} + \frac{\sigma_\rho - \sigma_\varphi}{\rho} + \rho_1\omega^2\rho = 0, \tag{a}$$

上式两边乘以 ρ,可得

$$\frac{d}{d\rho}(\rho\sigma_\rho) - \sigma_\varphi + \rho_1\omega^2\rho^2 = 0。$$

引用应力函数 $\Phi(\rho)$,并命

$$\rho\sigma_\rho = \Phi, \qquad \sigma_\varphi = \frac{\mathrm{d}\Phi}{\mathrm{d}\rho} + \rho_1\omega^2\rho^2, \qquad (\mathrm{b})$$

则上式总能满足。

为了导出应力函数 Φ 所应满足的微分方程,必须考虑应变分量及位移分量。在这里,由于圆盘只受有回转轴的约束,而这种约束是轴对称的,所以它的弹性位移也将是轴对称的,即,径向位移 $u_\rho = u_\rho(\rho)$,而环向位移 $u_\varphi = 0$(注意,这里只考虑弹性位移而不计刚体位移)。于是,几何方程(4-2)简化为

$$\varepsilon_\rho = \frac{\mathrm{d}u_\rho}{\mathrm{d}\rho}, \qquad \varepsilon_\varphi = \frac{u_\rho}{\rho}, \qquad \gamma_{\rho\varphi} = 0 \text{。} \qquad (\mathrm{c})$$

由前两式中消去 u_ρ,得到相容方程

$$\varepsilon_\rho = \frac{\mathrm{d}}{\mathrm{d}\rho}(\rho\varepsilon_\varphi) \text{。}$$

将物理方程(4-3)中的前两式代入,再利用式(b),即得以应力函数 Φ 表示的相容方程

$$\rho^2\frac{\mathrm{d}^2\Phi}{\mathrm{d}\rho^2} + \rho\frac{\mathrm{d}\Phi}{\mathrm{d}\rho} - \Phi = -(3+\mu)\rho_1\omega^2\rho^3, \qquad (\mathrm{d})$$

或

$$\frac{\mathrm{d}}{\mathrm{d}\rho}\left[\frac{1}{\rho}\frac{\mathrm{d}}{\mathrm{d}\rho}(\rho\Phi)\right] = -(3+\mu)\rho_1\omega^2\rho \text{。}$$

对 ρ 积分,乘以 ρ,再对 ρ 积分,除以 ρ,得到

$$\Phi = -\frac{3+\mu}{8}\rho_1\omega^2\rho^3 + \frac{A\rho}{2} + \frac{B}{\rho},$$

从而由式(b)得出

$$\left.\begin{aligned}
\sigma_\rho &= -\frac{3+\mu}{8}\rho_1\omega^2\rho^2 + \frac{A}{2} + \frac{B}{\rho^2}, \\
\sigma_\varphi &= -\frac{1+3\mu}{8}\rho_1\omega^2\rho^2 + \frac{A}{2} - \frac{B}{\rho^2},
\end{aligned}\right\} \qquad (\mathrm{e})$$

其中的 A 和 B 是任意常数。

为了在圆盘中心($\rho=0$)处的应力不致成为无限大,必须取 $B=0$。然后,常数 A 即可决定于盘边的边界条件

$$(\sigma_\rho)_{\rho=a} = 0,$$

其中 a 是圆盘的半径。这样就由式(e)中的第一式得出

$$A = \frac{3+\mu}{4}\rho_1\omega^2 a^2,$$

从而由式(e)得出应力分量的表达式

$$\left.\begin{array}{l} \sigma_\rho = \dfrac{3+\mu}{8}\rho_1\omega^2 a^2\left(1-\dfrac{\rho^2}{a^2}\right), \\[3mm] \sigma_\varphi = \dfrac{3+\mu}{8}\rho_1\omega^2 a^2\left(1-\dfrac{1+3\mu}{3+\mu}\dfrac{\rho^2}{a^2}\right)。 \end{array}\right\} \tag{f}$$

最大应力是在圆盘的中心：

$$\sigma_{\max} = (\sigma_\rho)_{\rho=0} = (\sigma_\varphi)_{\rho=0} = \frac{3+\mu}{8}\rho_1\omega^2 a^2。$$

径向位移 u_ρ 可由式（c）中的第二式及式（f）求得：

$$u_\rho = \rho\varepsilon_\varphi = \frac{\rho}{E}(\sigma_\varphi - \mu\sigma_\rho) = \frac{\rho_1\omega^2 a^3(1-\mu)}{8E}\left[(3+\mu)\frac{\rho}{a} - (1+\mu)\frac{\rho^3}{a^3}\right]。 \tag{g}$$

在圆盘的中心（$\rho=0$），$u_\rho=0$。由于式（g）中的 u_ρ 是 ρ 的函数，令 $\dfrac{\mathrm{d}u_\rho}{\mathrm{d}\rho}=0$，可以求

出 u_ρ 的极值点 $\rho_j = \sqrt{\dfrac{3+\mu}{3(1+\mu)}}\,a$。容易看出，$0<\rho_j\ll a$，且 $\left(\dfrac{\mathrm{d}^2 u_\rho}{\mathrm{d}\rho^2}\right)_{\rho=\rho_j}<0$，表明这个极

值点位于圆盘内，u_ρ 在 ρ_j 处达到最大值。

值得注意的是，当圆盘匀速转动时，虽然惯性力从中心到边缘逐渐增大，但径向位移的最大值却并不出现在圆盘的边缘。

上述关于等厚度圆盘的分析方法，也可以推广应用于变厚度圆盘。假定圆盘的厚度为 $\delta=\delta(\rho)$，而应力不沿厚度变化，则微分方程（a）可以近似地应用于每单位厚度的圆盘。于是，全厚度内的平衡微分方程为

$$\frac{\mathrm{d}}{\mathrm{d}\rho}(\delta\sigma_\rho) + \frac{\delta\sigma_\rho - \delta\sigma_\varphi}{\rho} + \rho_1\omega^2\rho\delta = 0,$$

上式两边乘以 ρ 而成为

$$\frac{\mathrm{d}}{\mathrm{d}\rho}(\rho\delta\sigma_\rho) - \delta\sigma_\varphi + \rho_1\omega^2\delta\rho^2 = 0。$$

仍然取应力函数 $\Phi=\Phi(\rho)$，并命

$$\rho\delta\sigma_\rho = \Phi, \qquad \delta\sigma_\varphi = \frac{\mathrm{d}\Phi}{\mathrm{d}\rho} + \rho_1\omega^2\delta\rho^2, \tag{h}$$

可以由上式得出与式（d）相似的微分方程

$$\rho^2\frac{\mathrm{d}^2\Phi}{\mathrm{d}\rho^2} + \left(1-\frac{\rho}{\delta}\frac{\mathrm{d}\delta}{\mathrm{d}\rho}\right)\rho\frac{\mathrm{d}\Phi}{\mathrm{d}\rho} - \left(1-\frac{\mu\rho}{\delta}\frac{\mathrm{d}\delta}{\mathrm{d}\rho}\right)\Phi = -(3+\mu)\rho_1\omega^2\delta\rho^3。 \tag{i}$$

为了实用目的及便于求解，通常把厚度的变化规律取为

$$\delta = C\rho^{-\lambda},$$

其中 C 是常数，而 λ 为任意正数。这样，式（i）将成为

$$\rho^2 \frac{d^2\Phi}{d\rho^2} + (1+\lambda)\rho \frac{d\Phi}{d\rho} - (1+\mu\lambda)\Phi = -(3+\mu)\rho_1\omega^2 C\rho^{3-\lambda} \text{。}$$

读者试证,这一微分方程的解答是

$$\Phi = A\rho^m + B\rho^n - \frac{3+\mu}{8-(3+\mu)\lambda}C\rho_1\omega^2\rho^{3-\lambda} \text{,}$$

其中 A 和 B 是任意常数,而

$$\left.\begin{matrix} m \\ n \end{matrix}\right\} = -\frac{\lambda}{2} \pm \sqrt{\left(\frac{\lambda}{2}\right)^2 + (1+\mu\lambda)} \text{。} \tag{j}$$

于是,可由式(h)得出应力分量

$$\sigma_\rho = \frac{\Phi}{\delta\rho} = \frac{A}{C}\rho^{m+\lambda-1} + \frac{B}{C}\rho^{n+\lambda-1} - \frac{3+\mu}{8-(3+\mu)\lambda}\rho_1\omega^2\rho^2 \text{,}$$

$$\sigma_\varphi = \frac{1}{\delta}\frac{d\Phi}{d\rho} + \rho_1\omega^2\rho^2 = \frac{A}{C}m\rho^{m+\lambda-1} + \frac{B}{C}n\rho^{n+\lambda-1} - \frac{1+3\mu}{8-(3+\mu)\lambda}\rho_1\omega^2\rho^2 \text{。}$$

由式(j)可见,$n+\lambda<0$,从而有 $n+\lambda-1<-1$。因此,为了应力在圆盘的中心($\rho=0$)处不致成为无限大,必须取 $B=0$。然后即可利用边界条件$(\sigma_\rho)_{\rho=a}=0$求得

$$\frac{A}{C} = \frac{3+\mu}{8-(3+\mu)\lambda}\rho_1\omega^2 a^{3-m-\lambda} \text{,}$$

从而得应力分量

$$\left.\begin{aligned} \sigma_\rho &= \frac{3+\mu}{8-(3+\mu)\lambda}\rho_1\omega^2 a^2 \left[\left(\frac{\rho}{a}\right)^{m+\lambda-1} - \left(\frac{\rho}{a}\right)^2\right] \text{,} \\ \sigma_\varphi &= \frac{3+\mu}{8-(3+\mu)\lambda}\rho_1\omega^2 a^2 \left[m\left(\frac{\rho}{a}\right)^{m+\lambda-1} - \frac{1+3\mu}{3+\mu}\left(\frac{\rho}{a}\right)^2\right] \text{。} \end{aligned}\right\} \tag{k}$$

此外,可由式(c)中的第二式及式(h)求得

$$u_\rho = \rho\varepsilon_\varphi = \frac{\rho}{E}(\sigma_\varphi - \mu\sigma_\rho)$$

$$= \frac{\rho_1\omega^2 a^3}{E[8-(3+\mu)\lambda]}\left[(3+\mu)(m-\mu)\left(\frac{\rho}{a}\right)^{m+\lambda} - (1-\mu^2)\left(\frac{\rho}{a}\right)^3\right] \text{。} \tag{l}$$

对于等厚度圆盘,$\lambda=0$,从而由式(j)有 $m=1$。这时,式(k)将简化为式(f),而式(l)简化为式(g)。

§4-9　圆孔的孔边应力集中

在许多工程结构中,常常根据需要设置一些孔口。由于开孔,孔边的应力将

远大于无孔时的应力，也远大于距孔稍远处的应力。这种现象称为孔边应力集中。

孔边的应力集中，绝不是什么由于截面面积减小了一些而应力有所增大。即使截面面积比无孔时只减小了百分之几或千分之几，应力也会集中到若干倍。而且，对于同样形状的孔说来，集中的倍数几乎与孔的大小无关。实际上是，由于孔的存在，孔附近的应力状态与应变状态完全改观。

孔边应力集中是局部现象。在几倍孔径以外，应力几乎不受孔的影响，应力的分布情况以及数值的大小都几乎与无孔时相同。一般来说，集中的程度越高，集中的现象越是局部性的，也就是，应力随着距孔的距离增大而越快地趋近于无孔时的应力。

应力集中的程度，与孔的形状有关。圆孔孔边的集中程度最低。因此，如果有必要在构件中挖孔或留孔，应当尽可能地用圆孔代替其他形状的孔。如果不可能采用圆孔，也应当采用近似于圆形的孔（如椭圆孔），以代替具有尖角的孔。

因为只有圆孔孔边的应力可以用较简单的数学工具进行分析，所以这里只以圆孔为例，简略讨论孔边应力集中的问题，并限定是所谓的"小孔口问题"，即孔的尺寸远小于弹性体的尺寸，并且孔的位置远离弹性体的边界。较复杂的孔边应力集中问题见第五章。

下面介绍圆孔口问题的一些解答。

首先，设有矩形薄板（或长柱），在离开边界较远处有半径为 a 的小圆孔，在四边受均布拉力，集度为 q，如图 4-8a 所示。坐标原点取在圆孔的中心，坐标轴平行于边界。

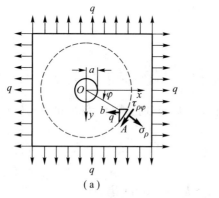 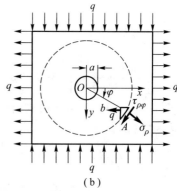

图 4-8

就直边的边界条件而论，宜用直角坐标；就圆孔的边界条件而论，宜用极坐标。因为这里主要是考察圆孔附近的应力，所以用极坐标求解，而首先将直边变换为圆边。为此,以远大于 a 的某一长度 b 为半径,以坐标原点为圆心,作一个大圆,由于是小孔口问题,可以保证这个大圆全部在弹性体内,如图中虚线所示。根据圣维南原理,在远离小孔的大圆的圆周处,如在 A 点,应力情况与无孔时相同,也就是

$$\sigma_x = q, \quad \sigma_y = q, \quad \tau_{xy} = 0。$$

代入坐标变换式(4-7),得到该处的极坐标应力分量为 $\sigma_\rho = q, \tau_{\rho\varphi} = 0$。于是,原来的问题变换为这样一个新问题:内半径为 a,而外半径为 b 的圆环或圆筒,在外边界上受均布拉力 q。

为了得出这个新问题的解答,只须在圆环(或圆筒)受外压力时的解答式(4-15)中命 $q_b = -q$。于是得

$$\sigma_\rho = q \frac{1 - \dfrac{a^2}{\rho^2}}{1 - \dfrac{a^2}{b^2}}, \quad \sigma_\varphi = q \frac{1 + \dfrac{a^2}{\rho^2}}{1 - \dfrac{a^2}{b^2}}, \quad \tau_{\rho\varphi} = \tau_{\varphi\rho} = 0。$$

既然 b 远大于 a,可以近似地取 $\dfrac{a}{b} = 0$,从而得到解答

$$\sigma_\rho = q\left(1 - \frac{a^2}{\rho^2}\right), \quad \sigma_\varphi = q\left(1 + \frac{a^2}{\rho^2}\right), \quad \tau_{\rho\varphi} = \tau_{\varphi\rho} = 0。 \tag{4-17}$$

由上式可见,沿着孔边,$\rho = a$,环向正应力是 $2q$,是无孔时的 2 倍。

其次,设该矩形薄板(或长柱)在左右两边受有均布拉力 q,而在上下两边受有均布压力 q,如图 4-8b 所示。进行与上相同的处理和分析,可见在大圆周边,如在 A 点,应力情况与无孔时相同,也就是 $\sigma_x = q, \sigma_y = -q, \tau_{xy} = 0$。利用坐标变换式(4-7),可得

$$\left.\begin{array}{l} (\sigma_\rho)_{\rho=b} = q\cos^2\varphi - q\sin^2\varphi = q\cos 2\varphi, \\ (\tau_{\rho\varphi})_{\rho=b} = -2q\sin\varphi\cos\varphi = -q\sin 2\varphi。 \end{array}\right\} \tag{a}$$

而这也就是圆环(或圆筒)的外边界上的边界条件。在孔边,边界条件是

$$(\sigma_\rho)_{\rho=a} = 0, \quad (\tau_{\rho\varphi})_{\rho=a} = 0。 \tag{b}$$

由边界条件(a)和(b)可见,用半逆解法时,可以假设 σ_ρ 为 ρ 的某一函数乘以 $\cos 2\varphi$,而 $\tau_{\rho\varphi}$ 为 ρ 的另一函数乘以 $\sin 2\varphi$。但由式(4-8),有

$$\sigma_\rho = \frac{1}{\rho}\frac{\partial\Phi}{\partial\rho} + \frac{1}{\rho^2}\frac{\partial^2\Phi}{\partial\varphi^2}, \quad \tau_{\rho\varphi} = -\frac{\partial}{\partial\rho}\left(\frac{1}{\rho}\frac{\partial\Phi}{\partial\varphi}\right),$$

因此可以假设

$$\Phi = f(\rho)\cos 2\varphi。 \tag{c}$$

将式(c)代入相容方程(4-9),得

$$\left[\frac{\mathrm{d}^4 f(\rho)}{\mathrm{d}\rho^4}+\frac{2}{\rho}\frac{\mathrm{d}^3 f(\rho)}{\mathrm{d}\rho^3}-\frac{9}{\rho^2}\frac{\mathrm{d}^2 f(\rho)}{\mathrm{d}\rho^2}+\frac{9}{\rho^3}\frac{\mathrm{d}f(\rho)}{\mathrm{d}\rho}\right]\cos 2\varphi=0,$$

删去因子 $\cos 2\varphi$ 以后,求解这个常微分方程,得

$$f(\rho)=A\rho^4+B\rho^2+C+\frac{D}{\rho^2},$$

其中,A、B、C、D 为任意常数。代入式(c),得应力函数

$$\varPhi=\left(A\rho^4+B\rho^2+C+\frac{D}{\rho^2}\right)\cos 2\varphi,$$

从而由式(4-8)得应力分量

$$\left.\begin{aligned}\sigma_\rho&=-\left(2B+\frac{4C}{\rho^2}+\frac{6D}{\rho^4}\right)\cos 2\varphi,\\[2mm]\sigma_\varphi&=\left(12A\rho^2+2B+\frac{6D}{\rho^4}\right)\cos 2\varphi,\\[2mm]\tau_{\rho\varphi}&=\left(6A\rho^2+2B-\frac{2C}{\rho^2}-\frac{6D}{\rho^4}\right)\sin 2\varphi。\end{aligned}\right\}\qquad(\mathrm{d})$$

将式(d)代入边界条件式(a)和式(b),得

$$2B+\frac{4C}{b^2}+\frac{6D}{b^4}=-q,\quad 6Ab^2+2B-\frac{2C}{b^2}-\frac{6D}{b^4}=-q;$$

$$2B+\frac{4C}{a^2}+\frac{6D}{a^4}=0,\quad 6Aa^2+2B-\frac{2C}{a^2}-\frac{6D}{a^4}=0。$$

求解 A、B、C、D,然后命 $\dfrac{a}{b}\to 0$,得

$$A=0,\quad B=-\frac{q}{2},\quad C=qa^2,\quad D=-\frac{qa^4}{2}。$$

再将各已知值代入式(d),得应力分量的最后表达式

$$\left.\begin{aligned}\sigma_\rho&=q\left(1-\frac{a^2}{\rho^2}\right)\left(1-3\frac{a^2}{\rho^2}\right)\cos 2\varphi,\\[2mm]\sigma_\varphi&=-q\left(1+3\frac{a^4}{\rho^4}\right)\cos 2\varphi,\\[2mm]\tau_{\rho\varphi}&=-q\left(1-\frac{a^2}{\rho^2}\right)\left(1+3\frac{a^2}{\rho^2}\right)\sin 2\varphi。\end{aligned}\right\}\qquad(4-18)$$

由上式可见,沿着孔边,$\rho=a$,环向正应力是 $\sigma_\varphi=-4q\cos 2\varphi$。其最大值为 $4q$,发生在 $\varphi=\pm\dfrac{\pi}{2}$ 的孔边;最小值为 $-4q$,发生在 $\varphi=0,\pi$ 的孔边。它们均是无孔

时的 4 倍。

如果该矩形薄板(或长柱)在左右两边受均布拉力 q_1,在上下两边受有均布拉力 q_2。如图 4-9a 所示,可以将荷载分解为两部分:第一部分是四边的均布拉力 $\dfrac{q_1+q_2}{2}$,如图 4-9b 所示;第二部分是左右两边的均布拉力 $\dfrac{q_1-q_2}{2}$ 和上下两边的均布压力 $\dfrac{q_1-q_2}{2}$,如图 4-9c 所示。对于第一部分荷载,可应用解答式(4-17),而命 $q=\dfrac{q_1+q_2}{2}$;对于第二部分荷载,可应用解答式(4-18),而命 $q=\dfrac{q_1-q_2}{2}$。将两部分解答叠加,即得原荷载作用下的应力分量

$$\left.\begin{aligned}
\sigma_\rho &= \frac{q_1+q_2}{2}\left(1-\frac{a^2}{\rho^2}\right)+\frac{q_1-q_2}{2}\left(1-\frac{a^2}{\rho^2}\right)\left(1-3\frac{a^2}{\rho^2}\right)\cos 2\varphi, \\
\sigma_\varphi &= \frac{q_1+q_2}{2}\left(1+\frac{a^2}{\rho^2}\right)-\frac{q_1-q_2}{2}\left(1+3\frac{a^4}{\rho^4}\right)\cos 2\varphi, \\
\tau_{\rho\varphi} &= \tau_{\varphi\rho} = -\frac{q_1-q_2}{2}\left(1-\frac{a^2}{\rho^2}\right)\left(1+3\frac{a^2}{\rho^2}\right)\sin 2\varphi。
\end{aligned}\right\} \tag{4-19}$$

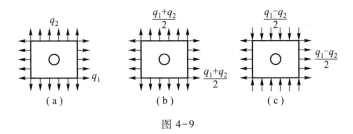

图 4-9

例如,设该矩形薄板(或长柱)只在左右两边受有均布拉力 q,如图 4-10 所示,则由上述叠加法得出基尔斯的解答

$$\left.\begin{aligned}
\sigma_\rho &= \frac{q}{2}\left(1-\frac{a^2}{\rho^2}\right)+\frac{q}{2}\left(1-\frac{a^2}{\rho^2}\right)\left(1-3\frac{a^2}{\rho^2}\right)\cos 2\varphi, \\
\sigma_\varphi &= \frac{q}{2}\left(1+\frac{a^2}{\rho^2}\right)-\frac{q}{2}\left(1+3\frac{a^4}{\rho^4}\right)\cos 2\varphi, \\
\tau_{\rho\varphi} &= \tau_{\varphi\rho} = -\frac{q}{2}\left(1-\frac{a^2}{\rho^2}\right)\left(1+3\frac{a^2}{\rho^2}\right)\sin 2\varphi。
\end{aligned}\right\} \tag{4-20}$$

沿着孔边,$\rho=a$,环向正应力是

$$\sigma_\varphi = q(1-2\cos 2\varphi),$$

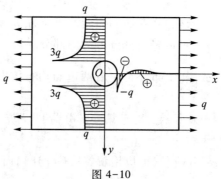

图 4-10

它的几个重要数值如下表所示。

φ	0°	30°	45°	60°	90°
σ_φ	$-q$	0	q	$2q$	$3q$

沿着 y 轴，$\varphi = 90°$，环向正应力是

$$\sigma_\varphi = q\left(1 + \frac{1}{2}\frac{a^2}{\rho^2} + \frac{3}{2}\frac{a^4}{\rho^4}\right),$$

它的几个重要数值如下表所示。

ρ	a	$2a$	$3a$	$4a$
σ_φ	$3q$	$1.22q$	$1.07q$	$1.04q$

可见，应力在孔边是无孔时的 3 倍，但随着远离孔边而急剧趋近于 q，如图 4-10 所示。

沿着 x 轴，$\varphi = 0$，环向正应力是

$$\sigma_\varphi = -\frac{q}{2}\frac{a^2}{\rho^2}\left(3\frac{a^2}{\rho^2} - 1\right),$$

在 $\rho = a$ 处，$\sigma_\varphi = -q$；在 $\rho = \sqrt{3}\,a$ 处，$\sigma_\varphi = 0$，如图 4-10 所示。

对于任意形状的薄板（或长柱），受有任意面力，而在距离边界较远处有一个小圆孔。只要有了无孔时的应力解答，也就可以计算孔边的应力。为此，可以先求出相应于圆孔中心处的应力分量，然后求出相应的两个应力主向以及主应力 σ_1 和 σ_2。如果圆孔确是很小，圆孔的附近部分就可以当做是沿两个主向分别受均布拉力 $q_1 = \sigma_1$ 及 $q_2 = \sigma_2$，也就可以应用上面所说的叠加法。这样求得的孔边应力，当然会有一定的误差，但在实际工程中却很有参考价值。关于孔边应

力的较精确的分析,目前大都采用有限单元法。

§4-10 楔形体在楔顶或楔面受力

本节中将采用半逆解法导出有关楔形体的几个有实用价值的解答,设楔形体的中心角为 α,下端仍作为无限长,如图 4-11 所示。

首先,设楔形体在楔顶受有集中力,与楔形体的中心线成角 β。取单位宽度的部分来考虑,并命单位宽度上所受的力为 F。取坐标轴如图所示。

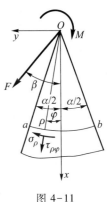

图 4-11

在这里,楔形体内任意一点的应力分量决定于 α、β、F、ρ、φ,因而各应力分量的表达式中只会包含这几个量。但是,应力分量的量纲是 $L^{-1}MT^{-2}$,F 的量纲是 MLT^{-2},而 α、β、φ 是量纲为一的量。因此,各应力分量的表达式只可能取 $\dfrac{F}{\rho}N$ 的形式,其中 N 是 α、β、φ 组成的量纲为一的量。这就是说,在各应力分量的表达式中,ρ 只可能以负一次幂出现。由式(4-8)又可以看出,应力函数 Φ 中的 ρ 的幂次应当比各应力分量中的 ρ 的幂次高出两次。因此,可以假设应力函数 Φ 是 φ 的某一函数乘以 ρ 的一次幂,即

$$\Phi = \rho f(\varphi)。 \tag{a}$$

将式(a)代入相容方程(4-9),得

$$\frac{1}{\rho^3}\left[\frac{\mathrm{d}^4 f(\varphi)}{\mathrm{d}\varphi^4} + 2\frac{\mathrm{d}^2 f(\varphi)}{\mathrm{d}\varphi^2} + f(\varphi)\right] = 0。$$

删去因子 $\dfrac{1}{\rho^3}$,并求解这一常微分方程,得

$$f(\varphi) = A\cos\varphi + B\sin\varphi + \varphi(C\cos\varphi + D\sin\varphi),$$

其中 A、B、C、D 是任意常数。代入式(a),得

$$\Phi = A\rho\cos\varphi + B\rho\sin\varphi + \rho\varphi(C\cos\varphi + D\sin\varphi)。$$

由于式中的前两项 $A\rho\cos\varphi + B\rho\sin\varphi = Ax + By$,不影响应力,可以删去(见§3-1),因此,只须取

$$\Phi = \rho\varphi(C\cos\varphi + D\sin\varphi), \tag{4-21}$$

从而由式(4-8)得

$$\sigma_\rho = \frac{1}{\rho}\frac{\partial \Phi}{\partial \rho} + \frac{1}{\rho^2}\frac{\partial^2 \Phi}{\partial \varphi^2} = \frac{2}{\rho}(D\cos\varphi - C\sin\varphi),$$

$$\sigma_\varphi = \frac{\partial^2 \Phi}{\partial \rho^2} = 0,$$

$$\tau_{\rho\varphi} = \tau_{\varphi\rho} = -\frac{\partial}{\partial \rho}\left(\frac{1}{\rho}\frac{\partial \Phi}{\partial \varphi}\right) = 0 。$$

（b）

下面来考察应力边界条件。除楔顶之外，在楔形体左右两面的边界上，没有面力作用，因而要求

$$(\sigma_\varphi)_{\varphi = \pm\frac{\alpha}{2}, \rho \neq 0} = 0, \qquad (\tau_{\varphi\rho})_{\varphi = \pm\frac{\alpha}{2}, \rho \neq 0} = 0,$$

由式（b）可见，这是满足的。

此外，还须考虑在楔顶有集中力 F 的作用。集中力 F 可以这样来理解：在楔顶附近的一小部分边界上有一组面力，它的分布没有给出，但已知它在单位宽度上合成为 F。如果取任意一个截面，如圆柱面 ab，则该截面上的应力必然和上述面力合成平衡力系，因而也就必然和力 F 合成平衡力系。于是，得出由应力边界条件转换而来的平衡条件

$$\sum F_x = 0: \int_{-\frac{\alpha}{2}}^{\frac{\alpha}{2}} \sigma_\rho \rho \mathrm{d}\varphi \cos\varphi + F\cos\beta = 0,$$

$$\sum F_y = 0: \int_{-\frac{\alpha}{2}}^{\frac{\alpha}{2}} \sigma_\rho \rho \mathrm{d}\varphi \sin\varphi + F\sin\beta = 0,$$

（c）

$$\sum M_O = 0: \int_{-\frac{\alpha}{2}}^{\frac{\alpha}{2}} \tau_{\rho\varphi} \rho \mathrm{d}\varphi \cdot \rho = 0 。$$

将应力分量式（b）代入，由于 $\tau_{\rho\varphi} = 0$，式（c）中的第三式自然满足，而第一、二式要求

$$2\int_{-\frac{\alpha}{2}}^{\frac{\alpha}{2}} (D\cos^2\varphi - C\sin\varphi\cos\varphi)\mathrm{d}\varphi + F\cos\beta = 0,$$

$$2\int_{-\frac{\alpha}{2}}^{\frac{\alpha}{2}} (D\sin\varphi\cos\varphi - C\sin^2\varphi)\mathrm{d}\varphi + F\sin\beta = 0 。$$

积分以后得

$$D(\sin\alpha + \alpha) + F\cos\beta = 0,$$

$$C(\sin\alpha - \alpha) + F\sin\beta = 0,$$

由此得

$$C = \frac{F\sin\beta}{\alpha - \sin\alpha}, \qquad D = -\frac{F\cos\beta}{\alpha + \sin\alpha} 。$$

代入式（b），即得密切尔的解答

$$\left.\begin{array}{l} \sigma_{\rho} = -\dfrac{2F}{\rho}\left(\dfrac{\cos\beta\cos\varphi}{\alpha+\sin\alpha}+\dfrac{\sin\beta\sin\varphi}{\alpha-\sin\alpha}\right), \\[3mm] \sigma_{\varphi} = 0, \\[2mm] \tau_{\rho\varphi} = \tau_{\varphi\rho} = 0 \, . \end{array}\right\} \qquad (4\text{-}22)$$

其次,设楔形体在楔顶受有力偶,而每单位宽度内的力偶矩为 M,如图 4-11 所示。根据和前面相似的量纲分析,可见,在各应力分量的表达式中,ρ 只可能以负二次幂出现,而应力函数的表达式应当与 ρ 无关,也就是

$$\Phi = \Phi(\varphi) \, . \qquad\qquad (d)$$

将式(d)代入相容方程(4-9),得

$$\frac{1}{\rho^4}\left(\frac{\mathrm{d}^4\Phi}{\mathrm{d}\varphi^4}+4\,\frac{\mathrm{d}^2\Phi}{\mathrm{d}\varphi^2}\right)=0,$$

删去因子 $1/\rho^4$,求解这一常微分方程,得

$$\Phi = A\cos 2\varphi + B\sin 2\varphi + C\varphi + D \, . \qquad (4\text{-}23)$$

由于对称性(这里是反对称),σ_{ρ} 和 σ_{φ} 应当是 φ 的奇函数,而 $\tau_{\rho\varphi}=\tau_{\varphi\rho}$ 应当是 φ 的偶函数。于是,由式(4-8)可见,Φ 应当是 φ 的奇函数,从而可见,$A=D=0$,而应力函数简化为

$$\Phi = B\sin 2\varphi + C\varphi \, ,$$

并由式(4-8)得

$$\left.\begin{array}{l} \sigma_{\rho} = \dfrac{1}{\rho}\,\dfrac{\partial\Phi}{\partial\rho}+\dfrac{1}{\rho^2}\,\dfrac{\partial^2\Phi}{\partial\varphi^2}=-\dfrac{4B\sin 2\varphi}{\rho^2}, \\[3mm] \sigma_{\varphi} = \dfrac{\partial^2\Phi}{\partial\rho^2}=0, \\[3mm] \tau_{\rho\varphi} = \tau_{\varphi\rho}=-\dfrac{\partial}{\partial\rho}\left(\dfrac{1}{\rho}\,\dfrac{\partial\Phi}{\partial\varphi}\right)=\dfrac{2B\cos 2\varphi+C}{\rho^2} \, . \end{array}\right\} \qquad (e)$$

在楔形体的左右两面,边界条件要求

$$(\sigma_{\varphi})_{\varphi=\pm\frac{\alpha}{2},\rho\neq 0}=0, \qquad (\tau_{\rho\varphi})_{\varphi=\pm\frac{\alpha}{2},\rho\neq 0}=0 \, .$$

由式(e)可见,前一条件总能满足,而后一条件要求

$$\frac{2B\cos\alpha+C}{\rho^2}=0, \qquad 即\ C=-2B\cos\alpha \, .$$

代入式(e),得

$$\left.\begin{array}{l} \sigma_{\rho} = -\dfrac{4B\sin 2\varphi}{\rho^2}, \\[3mm] \sigma_{\varphi} = 0, \\[3mm] \tau_{\rho\varphi} = \tau_{\varphi\rho}=\dfrac{2B(\cos 2\varphi-\cos\alpha)}{\rho^2} \, . \end{array}\right\} \qquad (f)$$

为了求出常数 B，仍然考虑 ab 以上部分的平衡条件。由平衡条件 $\sum M_o = 0$ 有

$$\int_{-\frac{\alpha}{2}}^{\frac{\alpha}{2}} (\tau_{\rho\varphi}\rho\,\mathrm{d}\varphi)\rho + M = 0。$$

将式（f）中的第三式代入，积分以后得出

$$2B = -\frac{M}{\sin\alpha - \alpha\cos\alpha}。$$

代回式（f），即得英格立斯的解答

$$\left.\begin{array}{l}\sigma_\rho = \dfrac{2M\sin 2\varphi}{(\sin\alpha - \alpha\cos\alpha)\rho^2},\\[3mm]\sigma_\varphi = 0,\\[2mm]\tau_{\rho\varphi} = \tau_{\varphi\rho} = -\dfrac{M(\cos 2\varphi - \cos\alpha)}{(\sin\alpha - \alpha\cos\alpha)\rho^2}。\end{array}\right\} \qquad (4-24)$$

读者试证明：应力分量（4-24）也能满足 ab 以上部分的另外两个平衡条件，即 $\sum F_x = 0$ 及 $\sum F_y = 0$。

在以上两个问题中，曾假定楔形体在楔顶所受的力或力偶是集中作用的，因此，在楔顶（$\rho = 0$），应力成为无限大。实际上，集中在一点的力或力偶是不存在的，因此也就不会发生无限大的应力。而且，只要面力的集度超过楔形体材料的比例极限，弹性力学的基本方程就不再适用，以上的解答也就不适用。因此，应当这样来理解：楔形体在楔顶附近受有一定的面力，这面力的最大集度不超过比例极限，而面力的合成是图中所示的 F 或 M。当然，面力分布的方式不同，应力分布也就不同。但是，按照圣维南原理，不论这个面力如何分布，在离开楔顶稍远之处，应力分布都相同，也就和以上各公式所示的分布相同。

最后，设楔形体在一面受有均布压力 q，如图 4-12 所示。在这里，楔形体内任意一点的各应力分量决定于 α、q、ρ 和 φ。根据量纲分析，各应力分量的表达式只可能取 Nq 的形式，其中 N 是 α 和 φ 组成的量纲为一的量。这就是说，在各应力分量的表达式中，ρ 不可能出现。于是由式（4-8）可见，应力函数 Φ 应该是 φ 的某一函数乘以 ρ^2，即

$$\Phi = \rho^2 f(\varphi)。 \qquad (\mathrm{g})$$

将式（g）代入相容方程（4-9），得

$$\frac{1}{\rho^2}\left[\frac{\mathrm{d}^4 f(\varphi)}{\mathrm{d}\varphi^4} + 4\frac{\mathrm{d}^2 f(\varphi)}{\mathrm{d}\varphi^2}\right] = 0。$$

解出 $f(\varphi)$ 以后，代入式（g），得

$$\Phi = \rho^2(A\cos 2\varphi + B\sin 2\varphi + C\varphi + D), \qquad (4-25)$$

并由式（4-8）得

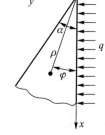

图 4-12

$$\left.\begin{array}{l} \sigma_\rho = -2A\cos 2\varphi - 2B\sin 2\varphi + 2C\varphi + 2D, \\ \sigma_\varphi = 2A\cos 2\varphi + 2B\sin 2\varphi + 2C\varphi + 2D, \\ \tau_{\rho\varphi} = \tau_{\varphi\rho} = 2A\sin 2\varphi - 2B\cos 2\varphi - C_\circ \end{array}\right\} \quad (\text{h})$$

边界条件要求

$$(\sigma_\varphi)_{\varphi=0} = -q, \qquad (\sigma_\varphi)_{\varphi=\alpha} = 0, \qquad (\tau_{\varphi\rho})_{\varphi=0} = 0, \qquad (\tau_{\varphi\rho})_{\varphi=\alpha} = 0,$$

将式(h)代入,得出以 A、B、C、D 四个任意常数为未知数的四个线性方程。求出这四个任意常数,再代入式(h),得应力分量的莱维解答

$$\left.\begin{array}{l} \sigma_\rho = -q + \dfrac{\tan \alpha(1+\cos 2\varphi) - (2\varphi + \sin 2\varphi)}{2(\tan \alpha - \alpha)}q, \\[3mm] \sigma_\varphi = -q + \dfrac{\tan \alpha(1-\cos 2\varphi) - (2\varphi - \sin 2\varphi)}{2(\tan \alpha - \alpha)}q, \\[3mm] \tau_{\rho\varphi} = \tau_{\varphi\rho} = \dfrac{(1-\cos 2\varphi) - \tan \alpha \sin 2\varphi}{2(\tan \alpha - \alpha)}q_\circ \end{array}\right\} \quad (4-26)$$

§4-11　半平面体在边界上受法向集中力

命楔形体的中心角等于一个平角,这楔形体的两个侧边就连成一个直边,而楔形体就成为一个所谓半平面体,如图 4-13 所示。因此,当这个半平面体在边界上受有垂直于边界的力 F 时,为了得出应力分量,只须在式(4-22)中命 $\alpha = \pi, \beta = 0$。于是得

$$\left.\begin{array}{l} \sigma_\rho = -\dfrac{2F}{\pi}\dfrac{\cos \varphi}{\rho}, \\[3mm] \sigma_\varphi = 0, \\[2mm] \tau_{\rho\varphi} = \tau_{\varphi\rho} = 0_\circ \end{array}\right\} \quad (4-27)$$

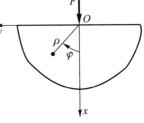

图 4-13

利用坐标变换式(4-5),可由上式得出直角坐标中的应力分量

$$\left.\begin{array}{l} \sigma_x = -\dfrac{2F}{\pi}\dfrac{\cos^3 \varphi}{\rho}, \\[3mm] \sigma_y = -\dfrac{2F}{\pi}\dfrac{\sin^2 \varphi\cos \varphi}{\rho}, \\[3mm] \tau_{xy} = -\dfrac{2F}{\pi}\dfrac{\sin \varphi\cos^2 \varphi}{\rho}_\circ \end{array}\right\} \quad (4-28)$$

或将其中的极坐标改为直角坐标而得

$$\left.\begin{aligned}
\sigma_x &= -\frac{2F}{\pi}\frac{x^3}{(x^2+y^2)^2}, \\
\sigma_y &= -\frac{2F}{\pi}\frac{xy^2}{(x^2+y^2)^2}, \\
\tau_{xy} &= -\frac{2F}{\pi}\frac{x^2 y}{(x^2+y^2)^2}。
\end{aligned}\right\}\qquad(4-29)$$

现在来求出位移。先假定这里是平面应力情况,将应力分量(4-27)代入物理方程(4-3),得应变分量

$$\varepsilon_\rho = -\frac{2F}{\pi E}\frac{\cos\varphi}{\rho}, \qquad \varepsilon_\varphi = \frac{2\mu F}{\pi E}\frac{\cos\varphi}{\rho}, \qquad \gamma_{\rho\varphi}=0。\qquad(4-30)$$

再将这应变分量代入几何方程(4-2),得

$$\frac{\partial u_\rho}{\partial \rho} = -\frac{2F}{\pi E}\frac{\cos\varphi}{\rho}, \qquad \frac{u_\rho}{\rho}+\frac{1}{\rho}\frac{\partial u_\varphi}{\partial\varphi}=\frac{2\mu F}{\pi E}\frac{\cos\varphi}{\rho}, \qquad \frac{1}{\rho}\frac{\partial u_\rho}{\partial\varphi}+\frac{\partial u_\varphi}{\partial\rho}-\frac{u_\varphi}{\rho}=0。$$

进行和§4-5中相同的运算,可以得出位移分量

$$\left.\begin{aligned}
u_\rho &= -\frac{2F}{\pi E}\cos\varphi\ln\rho-\frac{(1-\mu)F}{\pi E}\varphi\sin\varphi+I\cos\varphi+K\sin\varphi, \\
u_\varphi &= \frac{2F}{\pi E}\sin\varphi\ln\rho+\frac{(1+\mu)F}{\pi E}\sin\varphi-\frac{(1-\mu)F}{\pi E}\varphi\cos\varphi+H\rho-I\sin\varphi+K\cos\varphi,
\end{aligned}\right\}\quad(\text{a})$$

其中的 H、I、K 都是任意常数。

由问题的对称条件有

$$(u_\varphi)_{\varphi=0}=0。$$

将式(a)代入,得

$$H=0, \qquad K=0。$$

于是式(a)成为

$$\left.\begin{aligned}
u_\rho &= -\frac{2F}{\pi E}\cos\varphi\ln\rho-\frac{(1-\mu)F}{\pi E}\varphi\sin\varphi+I\cos\varphi, \\
u_\varphi &= \frac{2F}{\pi E}\sin\varphi\ln\rho-\frac{(1-\mu)F}{\pi E}\varphi\cos\varphi+\frac{(1+\mu)F}{\pi E}\sin\varphi-I\sin\varphi。
\end{aligned}\right\}\quad(\text{b})$$

如果半平面体不受铅直方向的约束,则常数 I 不能确定,因为 I 取决于铅直方向(x 方向)的刚体平移。如果半平面体受有铅直方向的约束,就可以根据这个约束条件来确定常数 I。

为了求得边界上任意一点 M 向下的铅直位移,即所谓沉陷,可应用式(b)中的第二式。注意,位移 u_φ 是以沿 φ 正方向时为正,因此,M 点的沉陷是

$$-(u_\varphi)_{\varphi=\frac{\pi}{2}} = -\frac{2F}{\pi E}\ln \rho - \frac{(1+\mu)F}{\pi E} + I。 \tag{c}$$

如果常数 I 未能确定(由于半平面体不受铅直方向的约束),则沉陷式(c)也不能确定。这时,只能求得相对沉陷。试在边界上取定一个基点 B,它距荷载作用点的水平距离为 s,如图4-14所示。边界上一点 M 对于基点 B 的相对沉陷,等于 M 点的沉陷减去 B 点的沉陷,即

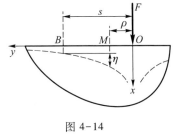

图 4-14

$$\eta = \left[-\frac{2F}{\pi E}\ln \rho - \frac{(1+\mu)F}{\pi E} + I\right] - \left[-\frac{2F}{\pi E}\ln s - \frac{(1+\mu)F}{\pi E} + I\right]。$$

简化以后得

$$\eta = \frac{2F}{\pi E}\ln \frac{s}{\rho}。 \tag{4-31}$$

对于平面应变情况,在以上关于应变或位移的公式中,须将 E 换为 $\dfrac{E}{1-\mu^2}$,将 μ 换为 $\dfrac{\mu}{1-\mu}$。

本节中的解答,是符拉芒首先得出的。

§4-12 半平面体在边界上受法向分布力

有了上一节中关于半平面体在边界上受法向集中力作用时的应力公式和沉陷公式,即可通过叠加而得出法向分布力作用时的应力和沉陷。

设半平面体在其边界的 AB 一段上受有分布力,它在各点的集度为 q,如图4-15所示。为了求出半平面体内某一点 M 处的应力,取坐标轴如图所示,命 M 点的坐标为 (x,y)。在 AB 一段上距坐标原点 O 为 ξ 处,取微小长度 $\mathrm{d}\xi$,将其上所受的力 $\mathrm{d}F = q\mathrm{d}\xi$ 看做一个微小集中力。对于这个微小集中力引起的应力,可以应用式(4-29)。注意,在式(4-29)中,x 和 y 分别为欲求应力之点与集中力作用点的铅直和水平距离,而在图4-15中,M 点与微小集中力 $\mathrm{d}F$ 的铅直和水平距离分别为 x 和 $y-\xi$。因此,$\mathrm{d}F = q\mathrm{d}\xi$ 在 M 点引起的应力为

$$\mathrm{d}\sigma_x = -\frac{2q\mathrm{d}\xi}{\pi}\frac{x^3}{\left[x^2 + (y-\xi)^2\right]^2},$$

$$\mathrm{d}\sigma_y = -\frac{2q\mathrm{d}\xi}{\pi}\frac{x(y-\xi)^2}{[x^2+(y-\xi)^2]^2},$$

$$\mathrm{d}\tau_{xy} = -\frac{2q\mathrm{d}\xi}{\pi}\frac{x^2(y-\xi)}{[x^2+(y-\xi)^2]^2}。$$

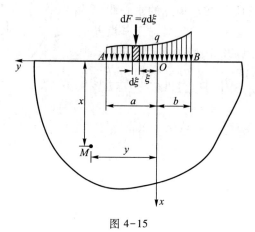

图 4-15

　　为了求出全部分布力所引起的应力,只须将所有各个微小集中力所引起的应力相叠加,也就是求出上述三式的积分

$$\left.\begin{array}{l}\sigma_x = -\dfrac{2}{\pi}\displaystyle\int_{-b}^{a}\dfrac{qx^3\mathrm{d}\xi}{[x^2+(y-\xi)^2]^2},\\[3mm]\sigma_y = -\dfrac{2}{\pi}\displaystyle\int_{-b}^{a}\dfrac{qx(y-\xi)^2\mathrm{d}\xi}{[x^2+(y-\xi)^2]^2},\\[3mm]\tau_{xy} = -\dfrac{2}{\pi}\displaystyle\int_{-b}^{a}\dfrac{qx^2(y-\xi)\mathrm{d}\xi}{[x^2+(y-\xi)^2]^2}。\end{array}\right\} \qquad (4\text{-}32)$$

在应用这些公式时,须将集度 q 表示成为 ξ 的函数,然后再进行积分。

　　在用连杆法计算基础梁的平面问题时,需要用到半平面体在边界上受有均布单位力时的沉陷公式,现在来导出这个公式。

　　设有单位力均匀分布在半平面体边界的长度 c 上面,因而分布力的集度为 $1/c$,如图 4-16 所示。为了求得距均布力中点 I 为 x 的一点 K 的沉陷 η_{ki},将这个均布力分为无数多个微分力 $\mathrm{d}F=\dfrac{1}{c}\mathrm{d}\rho$,其中 ρ 为该微分力至 K 点的距离。应用沉陷公式(4-31),得出 K 点由于 $\mathrm{d}F$ 作用而引起的微分沉陷

$$\mathrm{d}\eta_{ki} = \frac{2\mathrm{d}F}{\pi E}\ln\frac{s}{\rho} = \frac{2}{\pi Ec}\ln\frac{s}{\rho}\mathrm{d}\rho。\qquad (\mathrm{a})$$

对 ρ 进行积分,即可求得沉陷 η_{ki}。

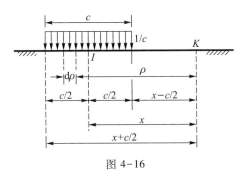

图 4-16

如果 K 点在均布力之外,则沉陷为

$$\eta_{ki} = \frac{2}{\pi E c} \int_{x-c/2}^{x+c/2} \ln \frac{s}{\rho} d\rho 。$$

为简单起见,假定沉陷的基点取得很远,即 s 远大于 ρ,积分时可以把 s 当作常数。积分的结果是

$$\eta_{ki} = \frac{1}{\pi E} (C + F_{ki}) , \tag{4-33}$$

其中

$$C = 2 \left(\ln \frac{s}{c} + 1 + \ln 2 \right) , \tag{b}$$

$$F_{ki} = -2 \frac{x}{c} \ln \left(\frac{2 \dfrac{x}{c} + 1}{2 \dfrac{x}{c} - 1} \right) - \ln \left(4 \frac{x^2}{c^2} - 1 \right) 。 \tag{c}$$

如果 K 点在均布力的中点 $I(x=0)$,则沉陷为

$$\eta_{ki} = \frac{2}{\pi E c} 2 \int_{0}^{c/2} \ln \frac{s}{\rho} d\rho 。$$

积分的结果仍然可以写成 (4-33) 的形式,而且其中的常数 C 仍然如式 (b) 所示,但 $F_{ki} = 0$。

对于平面应变情况下的半平面体,沉陷公式 (4-33) 中的 E 应当换为 $\dfrac{E}{1-\mu^2}$。

习　　题

4-1　试用数学变换的方法导出极坐标系的平衡微分方程和几何方程。

4-2　试导出极坐标和直角坐标中位移分量的坐标变换式

$$u_\rho = u\cos\varphi + v\sin\varphi, \qquad u_\varphi = -u\sin\varphi + v\cos\varphi;$$

$$u = u_\rho\cos\varphi - u_\varphi\sin\varphi, \qquad v = u_\rho\sin\varphi + u_\varphi\cos\varphi。$$

4-3　轴对称应力条件下的通解,可以应用于各种应力和位移边界条件的情形。试考虑下列圆环或圆筒的问题应如何求解。

（1）内边界受均匀压力 q,而外边界为固定边;

（2）外边界受均匀压力 q,而内边界为固定边;

（3）外边界受到强迫均匀位移 $u_\rho = -\Delta$,而内边界为自由;

（4）内边界受到强迫均匀位移 $u_\rho = \Delta$,而外边界为自由。

4-4　试考虑有两套筒或三套筒互相接触时,如何求解?

4-5　设有内半径为 a 而外半径为 b 的圆筒受内压力 q,试求内半径及外半径的改变,并求圆筒厚度的改变。

答案:　$\dfrac{qa(1-\mu^2)}{E}\left(\dfrac{b^2+a^2}{b^2-a^2}+\dfrac{\mu}{1-\mu}\right)$, 　$\dfrac{qa(1-\mu^2)}{E}\dfrac{2ab}{b^2-a^2}$, 　$-\dfrac{qa(1-\mu^2)}{E}\left(\dfrac{b-a}{b+a}+\dfrac{\mu}{1-\mu}\right)$。

4-6　设有一刚体,具有半径为 b 的圆柱形孔道,孔道内放置外半径为 b 而内半径为 a 的圆筒,受内压力 q,试求筒壁的应力。

答案:　$\sigma_\varphi = \dfrac{\dfrac{1-2\mu}{\rho^2}-\dfrac{1}{b^2}}{\dfrac{1-2\mu}{a^2}+\dfrac{1}{b^2}}q$, 　$\sigma_\rho = -\dfrac{\dfrac{1-2\mu}{\rho^2}+\dfrac{1}{b^2}}{\dfrac{1-2\mu}{a^2}+\dfrac{1}{b^2}}q$。

4-7　矩形薄板受纯剪切,剪力的集度为 q,如图 4-17 所示。如果离板边较远处有一小圆孔,试求孔边的最大和最小的正应力。

答案:　最大 $4q$,最小 $-4q$。

4-8　在距表面为 h 的弹性半空间地基中,开挖一直径为 d 的水平小圆形孔道,设 h 远大于 d,地基的密度为 ρ,试求孔边的最大和最小应力。

4-9　设有无限大的薄板,在板内的小孔中受集中力 F,如图 4-18 所示。试用如下的应力函数求解:

$$\Phi = A\rho\ln\rho\cos\varphi + B\rho\varphi\sin\varphi。$$

提示:　需要考虑位移的单值条件。

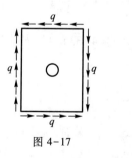

图 4-17

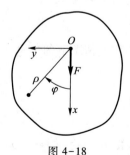

图 4-18

答案：$\sigma_\rho = -\dfrac{(3+\mu)F}{4\pi}\dfrac{\cos\varphi}{\rho}$，　　　$\sigma_\varphi = \dfrac{(1-\mu)F}{4\pi}\dfrac{\cos\varphi}{\rho}$，　　　$\tau_{\rho\varphi} = \tau_{\varphi\rho} = \dfrac{(1-\mu)F}{4\pi}\dfrac{\sin\varphi}{\rho}$。

4-10　楔形体在两侧面上受有均布剪力 q，如图 4-19 所示，试求应力分量。

提示：　用表达式(4-25)，并注意问题的对称性。

答案：$\sigma_\rho = -q\left(\dfrac{\cos 2\varphi}{\sin\alpha}+\cot\alpha\right)$，　　$\sigma_\varphi = q\left(\dfrac{\cos 2\varphi}{\sin\alpha}-\cot\alpha\right)$，　　$\tau_{\rho\varphi} = \tau_{\varphi\rho} = q\dfrac{\sin 2\varphi}{\sin\alpha}$。

4-11　三角形悬臂梁在自由端受集中荷载 F，如图 4-20 所示，试由式(4-22)求任一铅直截面上的正应力和切应力，并与材料力学中的结果对比。

答案：$\sigma_x = -\dfrac{2F}{\alpha-\sin\alpha}\dfrac{x^2 y}{(x^2+y^2)^2}$，　　　$\tau_{xy} = -\dfrac{2F}{\alpha-\sin\alpha}\dfrac{xy^2}{(x^2+y^2)^2}$。

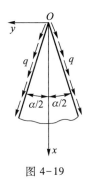
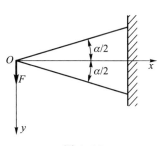

图 4-19　　　　　　　　　　　　　　　图 4-20

4-12　曲梁在两端受相反的两个力 F，如图 4-21 所示，试求应力分量。

提示：　试假设弯应力 σ_φ 与 $\sin\varphi$ 成正比，而切应力 $\tau_{\rho\varphi}$ 与 $\cos\varphi$ 成正比（因为径向截面上的弯矩与 $\sin\varphi$ 成正比，而剪力与 $\cos\varphi$ 成正比）。

答案：$\sigma_\varphi = F\sin\varphi\,\dfrac{3\rho-\dfrac{a^2+b^2}{\rho}-\dfrac{a^2 b^2}{\rho^3}}{(a^2+b^2)\ln\dfrac{b}{a}+a^2-b^2}$。

4-13　半平面体在其一段边界上受均布法向荷载 q_0，如图 4-22 所示，试证半平面体中的直角坐标应力分量为

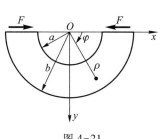
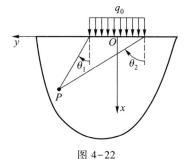

图 4-21　　　　　　　　　　　　　　　图 4-22

$$\sigma_x = -\frac{q_0}{2\pi}\big[\,2(\theta_2-\theta_1)+(\sin 2\theta_2-\sin 2\theta_1)\,\big],$$

$$\sigma_y = -\frac{q_0}{2\pi}\big[\,2(\theta_2-\theta_1)-(\sin 2\theta_2-\sin 2\theta_1)\,\big],$$

$$\tau_{xy}=\tau_{yx}=-\frac{q_0}{2\pi}(\cos 2\theta_1-\cos 2\theta_2)。$$

4-14　半平面体表面受有均布水平力 q，如图 4-23 所示，试用应力函数 $\Phi=\rho^2(B\sin 2\varphi+C\varphi)$ 求解应力分量。

4-15　半平面体，在 $x\leqslant 0$ 的表面受到均布水平力 q 的作用，如图 4-24 所示，试用应力函数 $\Phi(\rho,\varphi)=\dfrac{q}{\pi}\rho^2\big[\,(\ln\rho-1)\sin\varphi+\varphi\sin\varphi\cos\varphi\,\big]$ 求其应力分量。

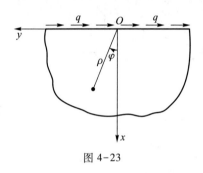

图 4-23

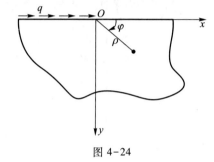

图 4-24

参 考 教 材

[1]　铁木辛柯,古迪尔.弹性理论[M].徐芝纶,译.北京:高等教育出版社,1990:第四章.

第五章　平面问题的复变函数解答

§5-1　应力函数的复变函数表示

在第二章中已经证明,在平面问题里,如果体力是常量,就一定存在一个应力函数 U,它是位置坐标的重调和函数,即 $\nabla^4 U = 0$(在本章中,应力函数改用字母 U 表示,因为字母 $\varPhi$ 另有别用)。

现在,引用复变数及其共轭复变数 $z = x + \mathrm{i}y$ 和 $\bar{z} = x - \mathrm{i}y$ 以代替实变数 x 和 y。注意

$$\frac{\partial z}{\partial x} = 1, \qquad \frac{\partial z}{\partial y} = \mathrm{i}, \qquad \frac{\partial \bar{z}}{\partial x} = 1, \qquad \frac{\partial \bar{z}}{\partial y} = -\mathrm{i},$$

可以得到变换式

$$\left.\begin{aligned}
\frac{\partial U}{\partial x} &= \frac{\partial U}{\partial z}\frac{\partial z}{\partial x} + \frac{\partial U}{\partial \bar{z}}\frac{\partial \bar{z}}{\partial x} = \left(\frac{\partial}{\partial z} + \frac{\partial}{\partial \bar{z}}\right) U, \\
\frac{\partial U}{\partial y} &= \frac{\partial U}{\partial z}\frac{\partial z}{\partial y} + \frac{\partial U}{\partial \bar{z}}\frac{\partial \bar{z}}{\partial y} = \mathrm{i}\left(\frac{\partial}{\partial z} - \frac{\partial}{\partial \bar{z}}\right) U,
\end{aligned}\right\} \tag{5-1}$$

$$\frac{\partial U}{\partial x} + \mathrm{i}\frac{\partial U}{\partial y} = 2\frac{\partial U}{\partial \bar{z}}, \qquad \frac{\partial U}{\partial x} - \mathrm{i}\frac{\partial U}{\partial y} = 2\frac{\partial U}{\partial z}。 \tag{5-2}$$

由式(5-1),又可以进而得到变换式

$$\frac{\partial^2 U}{\partial x^2} = \left(\frac{\partial}{\partial z} + \frac{\partial}{\partial \bar{z}}\right)^2 U, \qquad \frac{\partial^2 U}{\partial y^2} = -\left(\frac{\partial}{\partial z} - \frac{\partial}{\partial \bar{z}}\right)^2 U, \tag{5-3}$$

$$\nabla^2 U = \frac{\partial^2 U}{\partial x^2} + \frac{\partial^2 U}{\partial y^2} = 4\frac{\partial^2 U}{\partial z \partial \bar{z}}。 \tag{5-4}$$

于是可将相容方程 $\nabla^4 U = 0$ 变换为 $16\dfrac{\partial^4 U}{\partial z^2 \partial \bar{z}^2} = 0$,即

$$\frac{\partial^4 U}{\partial z^2 \partial \bar{z}^2} = 0。 \tag{a}$$

将式(a)对 z 及 $\bar{z}$ 各积分两次,得到

$$U = f_1(z) + \bar{z} f_2(z) + f_3(\bar{z}) + z f_4(\bar{z}) , \tag{b}$$

其中 f_1、f_2、f_3、f_4 均表示任意函数。注意式（b）左边的重调和函数 U 是实函数，可见，该式右边的四项一定是两两共轭，即

$$f_3(\bar{z}) = \overline{f_1(z)} , \qquad f_4(\bar{z}) = \overline{f_2(z)} 。$$

于是，式（b）可以只用 f_1 及 f_2 表示如下：

$$U = f_1(z) + \bar{z} f_2(z) + \overline{f_1(z)} + z \overline{f_2(z)} 。$$

将任意函数 $f_1(z)$ 及 $f_2(z)$ 分别改写为 $\dfrac{1}{2}\theta_1(z)$ 及 $\dfrac{1}{2}\varphi_1(z)$，即得著名的古尔萨公式

$$U = \frac{1}{2}\left[\bar{z}\varphi_1(z) + z\,\overline{\varphi_1(z)} + \theta_1(z) + \overline{\theta_1(z)} \right] 。 \tag{5-5}$$

它也可以再改写为

$$U = \mathrm{Re}\left[\bar{z}\varphi_1(z) + \theta_1(z) \right] 。 \tag{5-6}$$

其中 Re 表示取复变函数的实部。

于是可见，在常量体力的平面问题中，应力函数 U 总可以用复变数 z 的两个解析函数 $\varphi_1(z)$ 和 $\theta_1(z)$ 来表示。

§5-2　应力和位移的复变函数表示

首先把应力分量用复变函数 $\varphi_1(z)$ 和 $\theta_1(z)$ 来表示。

假定不计体力，于是有

$$\sigma_x = \frac{\partial^2 U}{\partial y^2} , \qquad \sigma_y = \frac{\partial^2 U}{\partial x^2} , \qquad \tau_{xy} = -\frac{\partial^2 U}{\partial x \partial y} 。 \tag{5-7}$$

因为由式（5-4）可得

$$\sigma_y + \sigma_x = \frac{\partial^2 U}{\partial x^2} + \frac{\partial^2 U}{\partial y^2} = 4\frac{\partial^2 U}{\partial z \partial \bar{z}}$$

所以由式（5-5）可得

$$\sigma_y + \sigma_x = 2\left[\varphi_1'(z) + \overline{\varphi_1'(z)} \right] = 4\mathrm{Re}\varphi_1'(z) 。 \tag{5-8}$$

又因为

$$\sigma_y - \sigma_x + 2\mathrm{i}\tau_{xy} = \frac{\partial^2 U}{\partial x^2} - \frac{\partial^2 U}{\partial y^2} - 2\mathrm{i}\frac{\partial^2 U}{\partial x \partial y} = \left(\frac{\partial}{\partial x} - \mathrm{i}\frac{\partial}{\partial y} \right)^2 U ,$$

并由式（5-2）可得

$$\left(\frac{\partial}{\partial x}-\mathrm{i}\,\frac{\partial}{\partial y}\right)^2 U = 4\,\frac{\partial^2 U}{\partial z^2},$$

所以由式(5-5)可得

$$\sigma_y-\sigma_x+2\mathrm{i}\tau_{xy}=2\left[\,\bar{z}\varphi_1''(z)+\theta_1''(z)\,\right]_{\circ} \tag{a}$$

在以后,函数 $\theta_1(z)$ 本身并无用处,有用的只是它的导数,因此,引用另一个解析函数 $\psi_1(z)=\theta_1'(z)$,而将式(a)改写为

$$\sigma_y-\sigma_x+2\mathrm{i}\tau_{xy}=2\left[\,\bar{z}\varphi_1''(z)+\psi_1'(z)\,\right]_{\circ} \tag{5-9}$$

显然,$\varphi_1(z)$ 及 $\psi_1(z)$ 具有同样的量纲 MT^{-2}。

式(5-8)及式(5-9)就是应力分量的复变函数表示。只要已知 $\varphi_1(z)$ 及 $\psi_1(z)$,就可以把式(5-9)右边的虚部和实部分开,由虚部得出 τ_{xy},由实部得出 $\sigma_y-\sigma_x$。根据这样得来的 $\sigma_y-\sigma_x$ 和式(5-8)给出的 $\sigma_y+\sigma_x$,极易求得 σ_y 和 σ_x。当然也可以建立公式,把 σ_x、σ_y、τ_{xy} 三者分开用 $\varphi_1(z)$ 和 $\psi_1(z)$ 来表示,但那些公式将比较冗长,用起来很不方便。

现在把位移分量用复变函数 $\varphi_1(z)$ 和 $\psi_1(z)$ 来表示。假定这里讨论的是平面应力问题。由几何方程(2-9)及物理方程(2-15)有

$$E\,\frac{\partial u}{\partial x}=\sigma_x-\mu\sigma_y=(\sigma_x+\sigma_y)-(1+\mu)\sigma_y, \tag{b}$$

$$E\,\frac{\partial v}{\partial y}=\sigma_y-\mu\sigma_x=(\sigma_x+\sigma_y)-(1+\mu)\sigma_x, \tag{c}$$

$$\frac{E}{2(1+\mu)}\left(\frac{\partial v}{\partial x}+\frac{\partial u}{\partial y}\right)=\tau_{xy\circ} \tag{d}$$

在式(b)中应用式(5-8),并应用式(5-7)中的第二式,然后再应用式(5-1)中的第一式,得到

$$E\,\frac{\partial u}{\partial x}=2\left[\,\varphi_1'(z)+\overline{\varphi_1'(z)}\,\right]-(1+\mu)\frac{\partial^2 U}{\partial x^2}$$

$$=2\,\frac{\partial}{\partial x}\left[\,\varphi_1(z)+\overline{\varphi_1(z)}\,\right]-(1+\mu)\frac{\partial^2 U}{\partial x^2}_{\circ} \tag{e}$$

在式(c)中应用式(5-8),并应用式(5-7)中的第一式,然后再应用式(5-1)中的第二式,得到

$$E\,\frac{\partial v}{\partial y}=2\left[\,\varphi_1'(z)+\overline{\varphi_1'(z)}\,\right]-(1+\mu)\frac{\partial^2 U}{\partial y^2}$$

$$=-2\mathrm{i}\,\frac{\partial}{\partial y}\left[\,\varphi_1(z)-\overline{\varphi_1(z)}\,\right]-(1+\mu)\frac{\partial^2 U}{\partial y^2}_{\circ} \tag{f}$$

将式(e)及式(f)分别对 x 及 y 积分,得

$$Eu = 2\left[\varphi_1(z) + \overline{\varphi_1(z)}\right] - (1+\mu)\frac{\partial U}{\partial x} + f_1(y) ,$$

$$Ev = -2i\left[\varphi_1(z) - \overline{\varphi_1(z)}\right] - (1+\mu)\frac{\partial U}{\partial y} + f_2(x) ,$$

$$\left.\right\} \tag{g}$$

其中的 f_1 及 f_2 为任意函数。将式（g）代入式（d），应用式（5-7）中的第三式，再应用式（5-1），将得到

$$-\frac{\mathrm{d}f_1(y)}{\mathrm{d}y} = \frac{\mathrm{d}f_2(x)}{\mathrm{d}x} 。$$

于是，可以和 §2-4 中同样地得到刚体位移

$$f_1(y) = u_0 - \omega y , \qquad f_2(x) = v_0 + \omega x 。$$

不计刚体位移，即由式（g）得到

$$E(u+iv) = 4\varphi_1(z) - (1+\mu)\left(\frac{\partial U}{\partial x} + i\frac{\partial U}{\partial y}\right) 。 \tag{h}$$

但由式（5-2）中的第一式及式（5-5）有

$$\frac{\partial U}{\partial x} + i\frac{\partial U}{\partial y} = 2\frac{\partial U}{\partial \bar{z}} = \varphi_1(z) + z\overline{\varphi_1'(z)} + \overline{\theta_1'(z)}$$

$$= \varphi_1(z) + z\overline{\varphi_1'(z)} + \overline{\psi_1(z)} 。 \tag{i}$$

代入式（h），即得

$$E(u+iv) = (3-\mu)\varphi_1(z) - (1+\mu)\left[z\overline{\varphi_1'(z)} + \overline{\psi_1(z)}\right] ,$$

将上式两边除以 $1+\mu$，得到

$$\frac{E}{1+\mu}(u+iv) = \frac{3-\mu}{1+\mu}\varphi_1(z) - z\overline{\varphi_1'(z)} - \overline{\psi_1(z)} 。 \tag{5-10}$$

这就是位移分量的复变函数表示。如果已知 $\varphi_1(z)$ 及 $\psi_1(z)$，就可以将该式右边的实部和虚部分开，从而得出 u 和 v。

式（5-10）是针对平面应力情况导出的。对于平面应变情况，须将该式中的 E 改换为 $\dfrac{E}{1-\mu^2}$，μ 改换为 $\dfrac{\mu}{1-\mu}$。

式（5-8）、（5-9）及式（5-10）是克洛索夫首先导出的。

§5-3　各个复变函数确定的程度

现在来考察，当弹性体中的应力或位移已经确定时，各个复变函数是否完全确定，或者还具有任意性，任意的程度如何。

当应力确定时,按照式(5-8)和式(5-9),函数 $\varphi_1(z)$ 及 $\psi_1(z)$ 应当满足下列条件:

$$4\mathrm{Re}\varphi'_1(z)=\sigma_y+\sigma_x,\qquad\qquad(\mathrm{a})$$

$$2\left[\,\bar z\varphi''_1(z)+\psi'_1(z)\,\right]=\sigma_y-\sigma_x+2\mathrm{i}\tau_{xy}\,\circ\qquad(\mathrm{b})$$

假定另外两个复变函数 $\varphi_2(z)$ 和 $\psi_2(z)$ 也给出同样的应力,那么,它们也应当满足同样的条件,也就是

$$4\mathrm{Re}\varphi'_2(z)=\sigma_y+\sigma_x,\qquad\qquad(\mathrm{c})$$

$$2\left[\,\bar z\varphi''_2(z)+\psi'_2(z)\,\right]=\sigma_y-\sigma_x+2\mathrm{i}\tau_{xy}\,\circ\qquad(\mathrm{d})$$

现在来考察,函数 φ_2 及 ψ_2 分别与 φ_1 及 ψ_1 有什么差别。

将式(c)与式(a)对比,可见 $\varphi'_2(z)$ 与 $\varphi'_1(z)$ 具有相同的实部,所以它们之间只可能相差一个任意虚常数,也就是

$$\varphi'_2(z)=\varphi'_1(z)+\mathrm{i}C,\qquad\qquad(\mathrm{e})$$

其中 C 为任意实常数。将式(e)两边对 z 积分后,得

$$\varphi_2(z)=\varphi_1(z)+\mathrm{i}Cz+\gamma,\qquad\qquad(\mathrm{f})$$

其中 $\gamma=A+\mathrm{i}B$ 为任意复常数(以后凡大写字母均表示实常数,小写字母表示复常数)。

另一方面,因为由式(e)有 $\varphi''_2(z)=\varphi''_1(z)$,所以,将式(b)与式(d)对比,可见

$$\psi'_2(z)=\psi'_1(z)\,\circ\qquad\qquad(\mathrm{g})$$

积分以后,得

$$\psi_2(z)=\psi_1(z)+\gamma'\,\circ\qquad\qquad(\mathrm{h})$$

其中 $\gamma'=A'+\mathrm{i}B'$ 为任意复常数。

于是可见,将

$$\left.\begin{array}{l}\varphi_1(z)\text{代以}\ \varphi_1(z)+\mathrm{i}Cz+\gamma,\\[4pt]\psi_1(z)\text{代以}\ \psi_1(z)+\gamma',\end{array}\right\}\qquad(\mathrm{i})$$

应力保持不变。因此,在不改变应力状态的条件下,可以任意选择 C、γ、γ' 。

当位移确定时,应力是完全确定的,而当应力有所改变时,位移必然有改变。因此,为了位移保持不变,决不容许有(i)型以外的代换。现在来进一步考察,(i)型的代换如何才不致改变位移。在平面应力情况下,位移分量的复变函数表示式是式(5-10),即

$$\frac{E}{1+\mu}(u+\mathrm{i}v)=\frac{3-\mu}{1+\mu}\varphi_1(z)-z\,\overline{\varphi'_1(z)}-\overline{\psi_1(z)}\,\circ$$

在这一公式中进行(i)型的代换以后,该公式成为

$$\frac{E}{1+\mu}(u+\mathrm{i}v)=\frac{3-\mu}{1+\mu}\varphi_1(z)-z\overline{\varphi_1'(z)}-\overline{\psi_1(z)}+\frac{4}{1+\mu}\mathrm{i}Cz+\left(\frac{3-\mu}{1+\mu}\gamma-\overline{\gamma}'\right)。 \tag{j}$$

这就说明,必须

$$C=0,\qquad \frac{3-\mu}{1+\mu}\gamma-\overline{\gamma}'=0, \tag{k}$$

(i)型的代换才不致改变位移。这也就是说,在不改变位移的条件下,只能将

$$\left.\begin{array}{l}\varphi_1(z)\text{代以}\varphi_1(z)+\gamma,\\[2mm]\psi_1(z)\text{代以}\psi_1(z)+\dfrac{3-\mu}{1+\mu}\overline{\gamma},\end{array}\right\} \tag{1}$$

其中 γ 是可以任意选取的复常数。对于平面应变问题,式(1)中的 μ 须改为 $\dfrac{\mu}{1-\mu}$。

§5-4　边界条件的复变函数表示

在§2-5中,已经导出平面问题的应力边界条件

$$l(\sigma_x)_s+m(\tau_{xy})_s=\overline{f}_x,\qquad m(\sigma_y)_s+l(\tau_{xy})_s=\overline{f}_y。$$

将式(5-7)代入,得到

$$\left.\begin{array}{l}l\left(\dfrac{\partial^2 U}{\partial y^2}\right)_s-m\left(\dfrac{\partial^2 U}{\partial x\partial y}\right)_s=\overline{f}_x,\\[4mm]m\left(\dfrac{\partial^2 U}{\partial x^2}\right)_s-l\left(\dfrac{\partial^2 U}{\partial x\partial y}\right)_s=\overline{f}_y。\end{array}\right\} \tag{a}$$

设图5-1中的曲线 AB 代表任一段边界,而 s 是从边界上 A 点沿边界量取到 B 点的弧长(量取时使边界的外法线 N 指向右方),则由几何关系有

$$l=\cos(N,x)=\cos\alpha=\frac{\mathrm{d}y}{\mathrm{d}s},$$

$$m=\cos(N,y)=\sin\alpha=-\frac{\mathrm{d}x}{\mathrm{d}s}。$$

因此,式(a)可以改写为

$$\frac{\mathrm{d}y}{\mathrm{d}s}\left(\frac{\partial^2 U}{\partial y^2}\right)_s+\frac{\mathrm{d}x}{\mathrm{d}s}\left(\frac{\partial^2 U}{\partial x\partial y}\right)_s=\overline{f}_x,$$

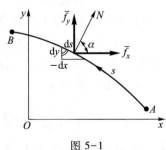

图 5-1

$$-\frac{\mathrm{d}x}{\mathrm{d}s}\left(\frac{\partial^2 U}{\partial x^2}\right)_s - \frac{\mathrm{d}y}{\mathrm{d}s}\left(\frac{\partial^2 U}{\partial x \partial y}\right)_s = \overline{f}_y \, .$$

也就是

$$\frac{\mathrm{d}}{\mathrm{d}s}\left(\frac{\partial U}{\partial y}\right)_s = \overline{f}_x \, , \qquad -\frac{\mathrm{d}}{\mathrm{d}s}\left(\frac{\partial U}{\partial x}\right)_s = \overline{f}_y \, .$$

于是,得面力矢量的复数表达式

$$\overline{f}_x + \mathrm{i}\,\overline{f}_y = \frac{\mathrm{d}}{\mathrm{d}s}\left(\frac{\partial U}{\partial y}\right)_s - \mathrm{i}\frac{\mathrm{d}}{\mathrm{d}s}\left(\frac{\partial U}{\partial x}\right)_s = -\mathrm{i}\frac{\mathrm{d}}{\mathrm{d}s}\left(\frac{\partial U}{\partial x} + \mathrm{i}\frac{\partial U}{\partial y}\right)_s \, .$$

将§5-2中曾经得出的式(i)代入,即得

$$-\mathrm{i}\frac{\mathrm{d}}{\mathrm{d}s}\left[\varphi_1(z) + z\,\overline{\varphi_1'(z)} + \overline{\psi_1(z)}\right] = \overline{f}_x + \mathrm{i}\,\overline{f}_y \, .$$

再将左右两边同乘以 $\mathrm{i}\mathrm{d}s$,进行积分,从 A 点到 B 点,即得

$$\left[\varphi_1(z) + z\,\overline{\varphi_1'(z)} + \overline{\psi_1(z)}\right]_A^B = \mathrm{i}\int_A^B (\overline{f}_x + \mathrm{i}\,\overline{f}_y)\,\mathrm{d}s \, . \tag{5-11}$$

也就是

$$\left[\varphi_1(z_B) + z_B\,\overline{\varphi_1'(z_B)} + \overline{\psi_1(z_B)}\right] - \left[\varphi_1(z_A) + z_A\,\overline{\varphi_1'(z_A)} + \overline{\psi_1(z_A)}\right]$$

$$= \mathrm{i}\int_A^B (\overline{f}_x + \mathrm{i}\,\overline{f}_y)\,\mathrm{d}s \, . \tag{b}$$

现在,把 A 点当作边界上选定的基点,B 点当作边界上的任意一点,将 z_B 简写为 z,并引用记号

$$k = \varphi_1(z_A) + z_A\,\overline{\varphi_1'(z_A)} + \overline{\psi_1(z_A)} \, ,$$

则式(b)可以简写为

$$\left[\varphi_1(z) + z\,\overline{\varphi_1'(z)} + \overline{\psi_1(z)}\right]_s - k = \mathrm{i}\int_A^B (\overline{f}_x + \mathrm{i}\,\overline{f}_y)\,\mathrm{d}s \, . \tag{c}$$

在§5-3中已经说明,在函数 $\varphi_1(z)$ 中,可以任意增加一个复常数 γ 而不致影响应力或位移。现在,假想在函数 $\varphi_1(z)$ 中增加一个复常数 γ,使 $\varphi_1(z)$ 成为 $\varphi_1(z) + \gamma$。这时,$\varphi_1'(z)$ 保持不变,而 $\psi_1(z)$ 则成为 $\psi_1(z) + \dfrac{3-\mu}{1+\mu}\overline{\gamma}$。于是总可以选择 γ,使式(c)中的复常数 k 被抵消,而式(c)就可以进一步简写为

$$\left[\varphi_1(z) + z\,\overline{\varphi_1'(z)} + \overline{\psi_1(z)}\right]_s = \mathrm{i}\int (\overline{f}_x + \mathrm{i}\,\overline{f}_y)\,\mathrm{d}s \, . \tag{5-12}$$

这就是应力边界条件的复变函数表示,它表明:复变函数 $\varphi_1(z) + z\,\overline{\varphi_1'(z)} + \overline{\psi_1(z)}$ 在边界 s 上任意一点 z 的值,就等于基点与该点之间的面力主矢量乘以 i。

位移边界条件如式(2-17)所示,即

$$u_s = \overline{u}, \qquad v_s = \overline{v}, \tag{d}$$

其中 $\overline{u}$ 及 $\overline{v}$ 为边界上的已知位移分量。代入式(5-10)，即得平面应力情况下位移边界条件的复变函数表示

$$\left[\frac{3-\mu}{1+\mu}\varphi_1(z) - z\,\overline{\varphi'_1(z)} - \overline{\psi_1(z)}\right]_s = \frac{E}{1+\mu}(\overline{u} + \mathrm{i}\,\overline{v})。 \tag{5-13}$$

对于平面应变的情况，须将式中的 E 换为 $\dfrac{E}{1-\mu^2}$，μ 换为 $\dfrac{\mu}{1-\mu}$。

§5-5　多连体中应力和位移的单值条件

在多连体中，解析函数 $\varphi_1(z)$ 和 $\psi_1(z)$ 可能表现为多值的(尽管它们在单连体中是单值的)。现在来考察，如何选择这些复变函数，才能保证应力和位移的单值条件。

在一般情况下，多连体可能具有 m 个内边界 s_1、s_2、$\cdots$、s_k、$\cdots$、s_m 和一个外边界 s_{m+1}，如图 5-2 所示。但是，为简单起见，先来考虑仅有一个内边界 s_k 和一个外边界 s_{m+1} 的情形。

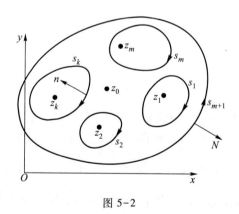

图 5-2

因为应力分量必须是单值的，而应力分量与复变函数 $\varphi_1(z)$ 之间有关系式(5-8)，即

$$\sigma_y + \sigma_x = 4\mathrm{Re}\varphi'_1(z)， \tag{a}$$

所以 $\varphi'_1(z)$ 的实部，即 $\mathrm{Re}\varphi'_1(z)$，必须是单值的。但是，它的虚部却可以是多值的。因此，在环绕内边界 s_k 绕行一周后，$\varphi'_1(z)$ 可能有一个虚常数增量。为了方

便,命这个虚常数增量为 $2\pi A_k\mathrm{i}$,其中 A_k 是实常数。

在通常用到的复变函数中间,环绕 s_k 一周而具有一个虚常数增量的最简单的函数是 $\ln(z-z_k)$,其中 z_k 是边界 s_k 之外的任意一点,如图 5-2 所示。注意

$$A_k\ln(z-z_k) = A_k\ln(\mid z-z_k\mid\mathrm{e}^{\mathrm{i}\theta}) = A_k\ln\mid z-z_k\mid + A_k\mathrm{i}\theta,$$

可见,环绕 s_k 一周后,式中右边的第二项将有增量 $2\pi\mathrm{i}A_k$。因此,命

$$\varphi_1'(z) = A_k\ln(z-z_k) + \varphi_{1*}'(z),\tag{b}$$

则 $\varphi_{1*}'(z)$ 是在多连体中为单值的解析函数。

将式(b)对 z 积分,得

$$\varphi_1(z) = A_k\big[(z-z_k)\ln(z-z_k)-(z-z_k)\big] + \int_{z_0}^{z}\varphi_{1*}'(z)\mathrm{d}z + 常数,\tag{c}$$

其中 z_0 为弹性体之内的任意选定点。积分式 $\displaystyle\int_{z_0}^{z}\varphi_{1*}'(z)\mathrm{d}z$ 也是复变数 z 的解析函数,但当绕行 s_k 一周后,它可能有一个增量 $2\pi\mathrm{i}c_k$,其中 c_k 一般为复数,因子 $2\pi\mathrm{i}$ 是为了方便而引用的。于是,与上相似,可以写出

$$\int_{z_0}^{z}\varphi_{1*}'(z)\mathrm{d}z = c_k\ln(z-z_k) + 单值解析函数。$$

代入式(c),并将 $-A_kz_k\ln(z-z_k)$ 与 $c_k\ln(z-z_k)$ 合并而写成 $\gamma_k\ln(z-z_k)$,并注意 $A_k(z-z_k)$ 是单值解析函数,即得

$$\varphi_1(z) = A_kz\ln(z-z_k) + \gamma_k\ln(z-z_k) + \varphi_{1*}(z),\tag{d}$$

其中 $\varphi_{1*}(z)$ 是在多连体中为单值的解析函数,而 γ_k 为常数(一般为复数)。

根据式(5-9),即

$$\sigma_y - \sigma_x + 2\mathrm{i}\tau_{xy} = 2\big[\bar{z}\varphi_1''(z) + \psi_1'(z)\big],$$

可以对函数 $\psi_1(z)$ 分析如下:因为式(b)中的 $\varphi_{1*}'(z)$ 是在多连体中为单值解析的,所以它对 z 的导数也必然是单值解析的;因为 $\ln(z-z_k)$ 对 z 的导数,即 $\dfrac{1}{z-z_k}$,也是在多连体中为单值解析的(z_k 不在弹性体之内),所以 $\varphi_1'(z)$ 对 z 的导数,即 $\varphi_1''(z)$,也必然是单值解析的。于是由上式可见,函数 $\psi_1'(z)$ 也是在多连体中为单值解析的。现在,对于 $\psi_1(z)$,和上面对于 $\varphi_{1*}(z)$ 一样,可以得出

$$\psi_1(z) = \gamma_k'\ln(z-z_k) + \psi_{1*}(z),\tag{e}$$

其中 γ_k' 为常数(一般为复数),而 $\psi_{1*}(z)$ 是在多连体中为单值的解析函数。

现在来进一步考察位移单值条件对 $\varphi_1(z)$ 及 $\psi_1(z)$ 的要求。在平面应力的情况下,位移分量的复变函数表示如式(5-10)所示,即

$$\frac{E}{1+\mu}(u+\mathrm{i}v) = \frac{3-\mu}{1+\mu}\varphi_1(z) - z\overline{\varphi_1'(z)} - \overline{\psi_1(z)}。$$

将(b)、(d)、(e)三式代入,可以看出,在绕行 s_k 一周后,表达式 $\dfrac{E}{1+\mu}(u+iv)$ 将得到增量

$$2\pi i\left[\left(\dfrac{3-\mu}{1+\mu}+1\right)A_k z+\dfrac{3-\mu}{1+\mu}\gamma_k+\overline{\gamma'_k}\right]。$$

可见,位移的单值条件要求

$$A_k=0,\qquad \dfrac{3-\mu}{1+\mu}\gamma_k+\overline{\gamma'_k}=0。\tag{f}$$

现在来说明,常数 γ_k 及 γ'_k 可以用内边界 s_k 上的面力来表示。为此,把式(5-11)应用于绕整个内边界 s_k 一周(B 点与 A 点重合)。这样得到

$$\left[\varphi_1(z)+z\,\overline{\varphi'_1(z)}+\overline{\psi_1(z)}\right]_{s_k}=i(\overline{F}_{xk}+i\,\overline{F}_{yk}),\tag{g}$$

其中 $\overline{F}_{xk}+i\,\overline{F}_{yk}$ 是整个内边界 s_k 上的面力主矢量。注意,绕行的方向必须是顺时针转向,因为,按照图5-2所示,绕行时必须使向外法线 N 指向右方。将(d)、(b)、(e)三式代入式(g),注意式(f)中的 $A_k=0$,得

$$-2\pi i(\gamma_k-\overline{\gamma'_k})=i(\overline{F}_{xk}+i\,\overline{F}_{yk})。\tag{h}$$

由式(f)及式(h)求解各个常数,即得

$$A_k=0,\qquad \gamma_k=-\dfrac{1+\mu}{8\pi}(\overline{F}_{xk}+i\,\overline{F}_{yk}),\qquad \gamma'_k=\dfrac{3-\mu}{8\pi}(\overline{F}_{xk}-i\,\overline{F}_{yk})。$$

代入式(d)及式(e),得到

$$\left.\begin{aligned}\varphi_1(z)&=-\dfrac{1+\mu}{8\pi}(\overline{F}_{xk}+i\,\overline{F}_{yk})\ln(z-z_k)+\varphi_{1*}(z),\\[2mm]\psi_1(z)&=\dfrac{3-\mu}{8\pi}(\overline{F}_{xk}-i\,\overline{F}_{yk})\ln(z-z_k)+\psi_{1*}(z)。\end{aligned}\right\}\tag{i}$$

对于具有 m 个内边界和一个外边界的一般多连体,如图5-2所示,可以将上面的论证推广而得到一般的表达式

$$\left.\begin{aligned}\varphi_1(z)&=-\dfrac{1+\mu}{8\pi}\sum_{k=1}^{m}(\overline{F}_{xk}+i\,\overline{F}_{yk})\ln(z-z_k)+\varphi_{1*}(z),\\[2mm]\psi_1(z)&=\dfrac{3-\mu}{8\pi}\sum_{k=1}^{m}(\overline{F}_{xk}-i\,\overline{F}_{yk})\ln(z-z_k)+\psi_{1*}(z)。\end{aligned}\right\}\tag{5-14}$$

总结起来,为了保证多连体中应力和位移的单值性,复变函数 $\varphi_1(z)$ 及 $\psi_1(z)$ 必须如式(5-14)所示,其中 $\varphi_{1*}(z)$ 及 $\psi_{1*}(z)$ 是在该多连体中为单值的解析函数。

§5-6　无限大多连体的情形

在前一节所讨论的多连体中,命外边界 s_{m+1} 趋于无限远,则该多连体成为无限大的多连体(如带孔洞的无限大薄板)。这时,还必须考察函数 $\varphi_1(z)$ 及 $\psi_1(z)$ 在无限远处的性质。

以坐标原点为圆心,作半径为 R 的大圆周 s_R,将所有的内边界 s_1 到 s_m 包围在其内,则对于 s_R 之外、弹性体之内的任意一点 z 显然有 $|z|>|z_k|$,于是可将 $\ln(z-z_k)$ 展开如下:

$$\ln(z-z_k)=\ln z+\ln\left(1-\frac{z_k}{z}\right)$$

$$=\ln z-\frac{z_k}{z}-\frac{1}{2}\left(\frac{z_k}{z}\right)^2-\frac{1}{3}\left(\frac{z_k}{z}\right)^3-\cdots$$

$$=\ln z+\text{在 } s_R \text{ 之外为解析的复变函数}$$

这样,式(5-14)就可以写成

$$\left.\begin{aligned}\varphi_1(z)&=-\frac{1+\mu}{8\pi}(\bar{F}_x+\mathrm{i}\,\bar{F}_y)\ln z+\varphi_{1**}(z),\\[6pt]\psi_1(z)&=\frac{3-\mu}{8\pi}(\bar{F}_x-\mathrm{i}\,\bar{F}_y)\ln z+\psi_{1**}(z),\end{aligned}\right\}\tag{a}$$

其中 $\bar{F}_x=\sum\limits_{k=1}^{m}\bar{F}_{xk}$ 及 $\bar{F}_y=\sum\limits_{k=1}^{m}\bar{F}_{yk}$ 为 m 个内边界上沿 x 及 y 方向的面力之和,$\varphi_{1**}(z)$ 及 $\psi_{1**}(z)$ 是在 s_R 之外为解析的复变函数(但在无限远处可能是非解析的),它们可以在 s_R 之外展为罗朗级数

$$\varphi_{1**}(z)=\sum_{-\infty}^{\infty}a_nz^n,\qquad\psi_{1**}(z)=\sum_{-\infty}^{\infty}b_nz^n。\tag{b}$$

应力分量的复变函数表示如式(5-8)及式(5-9)所示,即

$$\sigma_y+\sigma_x=2\left[\varphi_1'(z)+\overline{\varphi_1'(z)}\right],\tag{c}$$

$$\sigma_y-\sigma_x+2\mathrm{i}\tau_{xy}=2\left[\bar{z}\varphi_1''(z)+\psi_1'(z)\right]。\tag{d}$$

将式(a)中的第一式代入式(c),然后再将式(b)中的第一式代入,得

$$\sigma_y+\sigma_x=2\left[-\frac{1+\mu}{8\pi}(\bar{F}_x+\mathrm{i}\,\bar{F}_y)\frac{1}{z}-\frac{1+\mu}{8\pi}(\bar{F}_x-\mathrm{i}\,\bar{F}_y)\frac{1}{\bar{z}}+\right.$$

$$\sum_{-\infty}^{\infty} n(a_n z^{n-1} + \overline{a_n z^{n-1}})\Bigg]。$$

在此式的右边,可能随 $|z|$ 无限增大的项只是

$$\sum_{n=2}^{\infty} n(a_n z^{n-1} + \overline{a_n z^{n-1}})。$$

由此可以看出,在无限远处,即当 $|z| \to \infty$ 时,为了应力不致成为无限大,就必须有

$$a_n = 0。\quad (n \geqslant 2) \tag{e}$$

假定条件(e)满足,根据式(d),同样可以看出:当 $|z| \to \infty$ 时,为了应力不致成为无限大,还必须有

$$b_n = 0。\quad (n \geqslant 2) \tag{f}$$

于是,在应力保持为有限大的条件下,复变函数 $\varphi_1(z)$ 及 $\psi_1(z)$ 可以写为

$$\left. \begin{array}{l} \varphi_1(z) = -\dfrac{1+\mu}{8\pi}(\overline{F}_x + i\overline{F}_y)\ln z + (B+iC)z + \varphi_1^0(z), \\[3mm] \psi_1(z) = \dfrac{3-\mu}{8\pi}(\overline{F}_x - i\overline{F}_y)\ln z + (B'+iC')z + \psi_1^0(z), \end{array} \right\} \tag{g}$$

其中的 B、C、B'、C' 为实常数。在 s_R 之外,包括在无限远处,函数 $\varphi_1^0(z)$ 及 $\psi_1^0(z)$ 是解析函数,因此,它们可以展为如下的形式(以下将 a_{-1} 改写为 a_1,b_{-1} 改写为 b_1,等等):

$$\varphi_1^0(z) = a_0 + \frac{a_1}{z} + \frac{a_2}{z^2} + \cdots, \qquad \psi_1^0(z) = b_0 + \frac{b_1}{z} + \frac{b_2}{z^2} + \cdots。$$

根据 §5-3 中所述,在不改变应力状态的条件下,可以取

$$C = 0, \qquad a_0 = 0, \qquad b_0 = 0。$$

于是,式(g)可以简写为

$$\left. \begin{array}{l} \varphi_1(z) = -\dfrac{1+\mu}{8\pi}(\overline{F}_x + i\overline{F}_y)\ln z + Bz + \varphi_1^0(z), \\[3mm] \psi_1(z) = \dfrac{3-\mu}{8\pi}(\overline{F}_x - i\overline{F}_y)\ln z + (B'+iC')z + \psi_1^0(z), \end{array} \right\} \tag{5-15}$$

其中

$$\left. \begin{array}{l} \varphi_1^0(z) = \dfrac{a_1}{z} + \dfrac{a_2}{z^2} + \cdots, \\[3mm] \psi_1^0(z) = \dfrac{b_1}{z} + \dfrac{b_2}{z^2} + \cdots。 \end{array} \right\} \tag{5-16}$$

式(5-15)和式(5-16)就是复变函数 $\varphi_1(z)$ 和 $\psi_1(z)$ 在 s_R 外的一般形式。

式(5-15)中的常数 B 和 $B'+\mathrm{i}C'$ 有其力学意义,说明如下。试由该公式求出 $\varphi'_1(z)$、$z\varphi''_1(z)$ 和 $\psi'_1(z)$,然后命 $z\to\infty$,有

$$\lim \varphi'_1(z) = \lim \overline{\varphi'_1(z)} = B,$$

$$\lim \overline{z}\varphi''_1(z) = 0, \qquad \lim \psi'_1(z) = B'+\mathrm{i}C'。$$

于是,由式(c)及式(d)可见,在无限远处,有

$$\sigma_y+\sigma_x = 4B, \qquad \sigma_y-\sigma_x+2\mathrm{i}\tau_{xy} = 2(B'+\mathrm{i}C')。 \tag{h}$$

设 σ_1 及 σ_2 为弹性体中的在无限远处的主应力,而 α 为主应力 σ_1 与 x 轴之间的夹角,则可应用坐标变换式(4-6)而命 $\varphi=\alpha$,$\tau_{\rho\varphi}=0$,$\sigma_\rho=\sigma_1$,$\sigma_\varphi=\sigma_2$,得到

$$\sigma_x = \frac{\sigma_1+\sigma_2}{2} + \frac{\sigma_1-\sigma_2}{2}\cos 2\alpha,$$

$$\sigma_y = \frac{\sigma_1+\sigma_2}{2} - \frac{\sigma_1-\sigma_2}{2}\cos 2\alpha,$$

$$\tau_{xy} = \frac{\sigma_1-\sigma_2}{2}\sin 2\alpha。$$

由此得出

$$\sigma_y+\sigma_x = \sigma_1+\sigma_2,$$

$$\begin{aligned}
\sigma_y-\sigma_x+2\mathrm{i}\tau_{xy} &= -(\sigma_1-\sigma_2)\cos 2\alpha + \mathrm{i}(\sigma_1-\sigma_2)\sin 2\alpha \\
&= -(\sigma_1-\sigma_2)(\cos 2\alpha - \mathrm{i}\sin 2\alpha) \\
&= -(\sigma_1-\sigma_2)\mathrm{e}^{-2\mathrm{i}\alpha}。
\end{aligned}$$

与式(h)对比,得到

$$B = \frac{1}{4}(\sigma_1+\sigma_2), \qquad B'+\mathrm{i}C' = -\frac{1}{2}(\sigma_1-\sigma_2)\mathrm{e}^{-2\mathrm{i}\alpha}。 \tag{5-17}$$

可见,常数 B 与弹性体中无限远处的两个主应力之和成正比,常数 $B'+\mathrm{i}C'$ 与弹性体中无限远处的两个主应力之差(或最大切应力)成正比。

§5-7 保角变换与曲线坐标

为了便于根据各复变函数在弹性体边界上的已知条件来决定这些函数,可采用保角变换

$$z=\omega(\zeta),$$

把弹性体在 z 平面上(即 xy 面上)所占的区域变换为 ζ 平面上的区域。这样,在

ζ 平面上命

$$\zeta = \rho(\cos\theta + i\sin\theta) = \rho e^{i\theta}, \qquad (5-18)$$

则 ρ 和 θ 也就是 ζ 平面上 ζ 点的极坐标(不是 z 点的极坐标)。注意,这里极坐标的记号与第四章中极坐标的记号有所不同。ζ 平面上的一个圆周 $\rho = \mathrm{const}$ 和一根径向线 $\theta = \mathrm{const}$ 分别对应于 z 平面上的一根曲线。这两根曲线也就可以用 $\rho = \mathrm{const}$ 和 $\theta = \mathrm{const}$ 来表示,如图 5-3 所示。于是,ρ 和 θ 可以看作是 z 平面上一点的曲线坐标。由于变换的保角性,这个曲线坐标总是正交曲线坐标,而且坐标轴 ρ 和 θ 的相对方向与坐标轴 x 和 y 的相对方向相同。

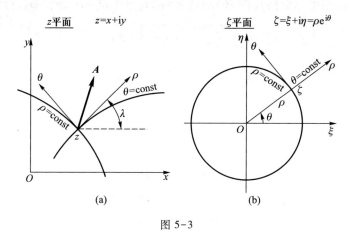

图 5-3

现在,设 z 平面上有一个矢量 A,它的起点在 $z = \omega(\zeta) = \omega(\rho e^{i\theta})$。用 A_x 及 A_y 分别代表这矢量在 x 轴及 y 轴上的投影,用 A_ρ 及 A_θ 分别代表它在曲线坐标 ρ 轴及 θ 轴上的投影,如图 5-3a 所示。设 ρ 轴与 x 轴成角 λ,则由几何关系有

$$A_x = A_\rho\cos\lambda - A_\theta\sin\lambda, \qquad A_y = A_\rho\sin\lambda + A_\theta\cos\lambda。$$

于是,可得

$$\begin{aligned}
A_x + iA_y &= (A_\rho\cos\lambda - A_\theta\sin\lambda) + i(A_\rho\sin\lambda + A_\theta\cos\lambda)\\
&= A_\rho(\cos\lambda + i\sin\lambda) + iA_\theta(\cos\lambda + i\sin\lambda)\\
&= (A_\rho + iA_\theta)(\cos\lambda + i\sin\lambda)\\
&= (A_\rho + iA_\theta)e^{i\lambda},
\end{aligned}$$

从而有

$$A_\rho + iA_\theta = (A_x + iA_y)e^{-i\lambda}。 \qquad (a)$$

为了计算 $e^{-i\lambda}$,假想沿 ρ 轴方向给 z 点以位移 dz,因而对应点 ζ 沿径线 ρ 方向得到位移 $d\zeta = d\rho e^{i\theta}$,于是有

$$dz = |dz|(\cos\lambda + i\sin\lambda) = e^{i\lambda}|dz|,$$

$$\mathrm{d}\zeta = |\,\mathrm{d}\zeta\,|\,(\cos\theta + \mathrm{i}\sin\theta) = \mathrm{e}^{\mathrm{i}\theta}|\,\mathrm{d}\zeta\,|\,。$$

可见

$$\mathrm{e}^{\mathrm{i}\lambda} = \frac{\mathrm{d}z}{|\,\mathrm{d}z\,|} = \frac{\omega'(\zeta)\mathrm{d}\zeta}{|\,\omega'(\zeta)\,|\,\cdot\,|\,\mathrm{d}\zeta\,|} = \mathrm{e}^{\mathrm{i}\theta}\frac{\omega'(\zeta)}{|\,\omega'(\zeta)\,|}$$

$$= \frac{\zeta}{\rho}\frac{\omega'(\zeta)}{|\,\omega'(\zeta)\,|}\,。 \tag{b}$$

取上式两端的共轭复数,即得

$$\mathrm{e}^{-\mathrm{i}\lambda} = \frac{\overline{\zeta}}{\rho}\frac{\overline{\omega'(\zeta)}}{|\,\omega'(\zeta)\,|}\,。$$

于是,式(a)可以改写为

$$A_\rho + \mathrm{i}A_\theta = \frac{\overline{\zeta}}{\rho}\frac{\overline{\omega'(\zeta)}}{|\,\omega'(\zeta)\,|}(A_x + \mathrm{i}A_y)\,。 \tag{c}$$

现在来对一些重要公式进行变换,把其中 z 的函数变换为 ζ 的函数。为此,引用记号

$$\left.\begin{aligned} \varphi(\zeta) &= \varphi_1(z) = \varphi_1[\omega(\zeta)]\,,\\ \psi(\zeta) &= \psi_1(z) = \psi_1[\omega(\zeta)]\,, \end{aligned}\right\} \tag{5-19}$$

$$\left.\begin{aligned} \Phi(\zeta) &= \varphi_1'(z) = \varphi'(\zeta)/\omega'(\zeta)\,,\\ \Psi(\zeta) &= \psi_1'(z) = \psi'(\zeta)/\omega'(\zeta)\,, \end{aligned}\right\} \tag{5-20}$$

$$\Phi'(\zeta) = \varphi_1''(z)\cdot\omega'(\zeta)\,。$$

这样,关于位移矢量的公式(5-10)就变换为

$$\frac{E}{1+\mu}(u+\mathrm{i}v) = \frac{3-\mu}{1+\mu}\varphi(\zeta) - \frac{\omega(\zeta)}{\overline{\omega'(\zeta)}}\overline{\varphi'(\zeta)} - \overline{\psi(\zeta)}\,。 \tag{5-21}$$

命位移矢量在 z 平面 ρ 轴及 θ 轴上的投影分别为 u_ρ 及 u_θ,则按照式(c)有

$$u_\rho + \mathrm{i}u_\theta = \frac{\overline{\zeta}}{\rho}\frac{\overline{\omega'(\zeta)}}{|\,\omega'(\zeta)\,|}(u+\mathrm{i}v)\,, \tag{d}$$

所以,式(5-21)所示的位移公式又可以变换为

$$\frac{E}{1+\mu}(u_\rho + \mathrm{i}u_\theta) = \frac{\overline{\zeta}}{\rho}\frac{\overline{\omega'(\zeta)}}{|\,\omega'(\zeta)\,|}\left[\frac{3-\mu}{1+\mu}\varphi(\zeta) - \frac{\omega(\zeta)}{\overline{\omega'(\zeta)}}\overline{\varphi'(\zeta)} - \overline{\psi(\zeta)}\right]\,。 \tag{5-22}$$

这是曲线坐标中位移分量的复变函数表示。

现在来变换应力公式。命 σ_ρ、σ_θ、$\tau_{\rho\theta}$ 为弹性体在 z 平面曲线坐标 ρ 和 θ 中的(一般并不是极坐标中的)应力分量。利用变换式(4-7),将其中 φ 改为 λ,即得

$$\sigma_\rho = \frac{\sigma_x + \sigma_y}{2} + \frac{\sigma_x - \sigma_y}{2}\cos 2\lambda + \tau_{xy}\sin 2\lambda\,,$$

$$\sigma_\theta = \frac{\sigma_x + \sigma_y}{2} - \frac{\sigma_x - \sigma_y}{2}\cos 2\lambda - \tau_{xy}\sin 2\lambda ,$$

$$\tau_{\rho\theta} = -\frac{\sigma_x - \sigma_y}{2}\sin 2\lambda + \tau_{xy}\cos 2\lambda ,$$

从而得出

$$\sigma_\theta + \sigma_\rho = \sigma_y + \sigma_x ,$$

$$\sigma_\theta - \sigma_\rho + 2\mathrm{i}\tau_{\rho\theta} = -(\sigma_x - \sigma_y)\cos 2\lambda - 2\tau_{xy}\sin 2\lambda -$$

$$\mathrm{i}(\sigma_x - \sigma_y)\sin 2\lambda + 2\mathrm{i}\tau_{xy}\cos 2\lambda$$

$$= (\sigma_y - \sigma_x + 2\mathrm{i}\tau_{xy})(\cos 2\lambda + \mathrm{i}\sin 2\lambda)$$

$$= (\sigma_y - \sigma_x + 2\mathrm{i}\tau_{xy})\,\mathrm{e}^{2\mathrm{i}\lambda} 。$$

应用式(5-8)及式(5-9),上式可以改写为

$$\left.\begin{array}{l} \sigma_\theta + \sigma_\rho = 2[\varphi'_1(z) + \overline{\varphi'_1(z)}] = 4\mathrm{Re}\varphi'_1(z) , \\[2mm] \sigma_\theta - \sigma_\rho + 2\mathrm{i}\tau_{\rho\theta} = 2[\,\bar z\varphi''_1(z) + \psi'_1(z)]\,\mathrm{e}^{2\mathrm{i}\lambda} 。 \end{array}\right\} \qquad (\mathrm{e})$$

按照式(b),有

$$\mathrm{e}^{2\mathrm{i}\lambda} = \frac{\zeta^2[\omega'(\zeta)]^2}{\rho^2\,|\,\omega'(\zeta)\,|^{\,2}} = \frac{\zeta^2}{\rho^2}\frac{[\omega'(\zeta)]^2}{\omega'(\zeta)\overline{\omega'(\zeta)}} = \frac{\zeta^2}{\rho^2}\frac{\omega'(\zeta)}{\overline{\omega'(\zeta)}} 。 \qquad (\mathrm{f})$$

将式(f)代入式(e),应用式(5-20),并注意 $\bar z = \overline{\omega(\zeta)}$,即得

$$\sigma_\theta + \sigma_\rho = 2[\varPhi(\zeta) + \overline{\varPhi(\zeta)}] = 4\mathrm{Re}\varPhi(\zeta) ,$$

$$\sigma_\theta - \sigma_\rho + 2\mathrm{i}\tau_{\rho\theta} = \frac{2\zeta^2}{\rho^2\,\omega'(\zeta)}[\,\overline{\omega(\zeta)}\,\varPhi'(\zeta) + \omega'(\zeta)\varPsi(\zeta)] 。 \qquad (5\text{-}23)$$

这是曲线坐标中应力分量的复变函数表示。

§5-8 孔 口 问 题

　　在各种平面问题中,孔口问题最能显示复变函数解法的优越性。有些比较复杂的孔口问题,如果不用这种解法,几乎就无法求得解析解。从本节开始,讨论孔口问题的复变函数解法,但只以无限大弹性体的单孔口问题为限。

　　对上述问题进行保角变换时,最简单的是把弹性体在 z 平面上所占的区域,变换成为 ζ 平面上的所谓"中心单位圆"(它的圆心在坐标原点 $\zeta = 0$,而半径等于1)内部,孔口边界变换为单位圆周界。这种变换函数的最普遍的形式是

$$z = \omega(\zeta) = R\left(\frac{1}{\zeta} + c_0 + c_1\zeta + c_2\zeta^2 + \cdots + c_n\zeta^n\right)$$

$$= R\left(\frac{1}{\zeta} + \sum_{k=0}^{n} c_k\zeta^k\right), \tag{5-24}$$

其中 n 为正整数，R 为实数，c_k 一般为复数，而 $\sum\limits_{k=0}^{n}|c_k| < 1$。在大多数情况下，级数中只须取很少几项就足够精确。

现在来对表达式（5-15）进行变换。对于该式中的 $\ln z$，按照变换式（5-24），可以写成

$$\ln z = \ln\left[\frac{R}{\zeta}(1 + c_0\zeta + c_1\zeta^2 + \cdots + c_n\zeta^{n+1})\right]$$

$$= -\ln\zeta + \ln R + \ln[1 + (c_0\zeta + c_1\zeta^2 + \cdots + c_n\zeta^{n+1})]。$$

在单位圆之内及圆周上，有 $|\zeta| \leqslant 1$。因为

$$|c_0| + |c_1| + |c_2| + \cdots + |c_n| < 1,$$

所以

$$|c_0\zeta + c_1\zeta^2 + \cdots + c_n\zeta^{n+1}| < 1。$$

于是，可以有展式

$$\ln[1 + (c_0\zeta + c_1\zeta^2 + \cdots + c_n\zeta^{n+1})]$$

$$= (c_0\zeta + c_1\zeta^2 + \cdots) - \frac{1}{2}(c_0\zeta + c_1\zeta^2 + \cdots)^2 + \cdots,$$

从而有

$$\ln z = -\ln\zeta + \zeta \text{ 的在圆内为单值的解析函数}。$$

根据同样的理由，对于式（5-15）中 $\varphi_1^0(z)$ 及 $\psi_1^0(z)$ 的各项，如 a_1/z 等，可以有展式

$$\frac{a_1}{z} = \frac{a_1}{\dfrac{R}{\zeta}(1 + c_0\zeta + c_1\zeta^2 + \cdots)} = \frac{a_1\zeta}{R}(1 - c_0\zeta - \cdots),$$

等等，从而可见，$\varphi_1^0(z)$ 及 $\psi_1^0(z)$ 的所有各项都是 ζ 的在圆内为单值的解析函数。

将以上所得的结果代入表达式（5-15），则该式可以写成

$$\varphi(\zeta) = \frac{1+\mu}{8\pi}(\overline{F}_x + \mathrm{i}\,\overline{F}_y)\ln\zeta + B\omega(\zeta) + \varphi_0(\zeta), \tag{5-25}$$

$$\psi(\zeta) = -\frac{3-\mu}{8\pi}(\overline{F}_x - \mathrm{i}\,\overline{F}_y)\ln\zeta + (B' + \mathrm{i}C')\omega(\zeta) + \psi_0(\zeta)。 \tag{5-26}$$

其中的

$$\varphi_0(\zeta) = \sum_{k=1}^{\infty} \alpha_k \zeta^k, \tag{5-27}$$

$$\psi_0(\zeta) = \sum_{k=1}^{\infty} \beta_k \zeta^k, \tag{5-28}$$

在中心单位圆之内是 ζ 的解析函数,并且在圆内及圆周上是连续的。式中的常数项已被删去,因为它们不影响应力。

现在来对边界条件进行变换(假定弹性体的全部边界都是应力边界)。在 §5-4 中已经看到,函数 $\varphi_1(z)$ 和 $\psi_1(z)$ 在弹性体的边界上必须满足式(5-12),即

$$\left[\varphi_1(z) + z\, \overline{\varphi_1'(z)} + \overline{\psi_1(z)} \right]_s = \mathrm{i} \int (\bar{f}_x + \mathrm{i}\, \bar{f}_y)\, \mathrm{d}s。$$

按照式(5-19)及式(5-20),对上式的左边进行变换,并注意 $z = \omega(\zeta)$,得到

$$\left[\varphi(\zeta) + \frac{\omega(\zeta)}{\overline{\omega'(\zeta)}} \overline{\varphi'(\zeta)} + \overline{\psi(\zeta)} \right]_s = \mathrm{i} \int (\bar{f}_x + \mathrm{i}\, \bar{f}_y)\, \mathrm{d}s。 \tag{a}$$

在边界上,$\rho = 1$,因而 $\zeta = \rho \mathrm{e}^{\mathrm{i}\theta} = \mathrm{e}^{\mathrm{i}\theta}$。引用记号

$$\sigma = \mathrm{e}^{\mathrm{i}\theta}, \tag{5-29}$$

则式(a)成为

$$\varphi(\sigma) + \frac{\omega(\sigma)}{\overline{\omega'(\sigma)}} \overline{\varphi'(\sigma)} + \overline{\psi(\sigma)} = \mathrm{i} \int (\bar{f}_x + \mathrm{i}\, \bar{f}_y)\, \mathrm{d}s。 \tag{b}$$

另一方面,取式(5-25)及式(5-26)的边界值,得

$$\varphi(\sigma) = \frac{1+\mu}{8\pi} (\bar{F}_x + \mathrm{i}\, \bar{F}_y) \ln \sigma + B\omega(\sigma) + \varphi_0(\sigma), \tag{c}$$

$$\psi(\sigma) = -\frac{3-\mu}{8\pi} (\bar{F}_x - \mathrm{i}\, \bar{F}_y) \ln \sigma + (B' + \mathrm{i}C') \omega(\sigma) + \psi_0(\sigma)。 \tag{d}$$

代入式(b),并注意 $\bar{\sigma} = \mathrm{e}^{-\mathrm{i}\theta} = \dfrac{1}{\sigma}$,可见,函数 $\varphi_0(\zeta)$ 和 $\psi_0(\zeta)$ 的边界条件可以写成

$$\varphi_0(\sigma) + \frac{\omega(\sigma)}{\overline{\omega'(\sigma)}} \overline{\varphi_0'(\sigma)} + \overline{\psi_0(\sigma)} = \mathrm{i} \int (\bar{f}_x + \mathrm{i}\, \bar{f}_y)\, \mathrm{d}s -$$

$$\frac{\bar{F}_x + \mathrm{i}\, \bar{F}_y}{2\pi} \ln \sigma - \frac{1+\mu}{8\pi} (\bar{F}_x - \mathrm{i}\, \bar{F}_y) \frac{\omega(\sigma)}{\overline{\omega'(\sigma)}} \sigma -$$

$$2B\omega(\sigma) - (B' - \mathrm{i}C') \overline{\omega(\sigma)}。 \tag{e}$$

引用记号

$$f_0 = \mathrm{i} \int (\bar{f}_x + \mathrm{i}\, \bar{f}_y)\, \mathrm{d}s - \frac{\bar{F}_x + \mathrm{i}\, \bar{F}_y}{2\pi} \ln \sigma - \frac{1+\mu}{8\pi} (\bar{F}_x - \mathrm{i}\, \bar{F}_y) \frac{\omega(\sigma)}{\overline{\omega'(\sigma)}} \sigma -$$

$$2B\omega(\sigma) - (B' - \mathrm{i}C') \overline{\omega(\sigma)}, \tag{5-30}$$

则式(e)所示的边界条件及其共轭式可以简写为

$$\varphi_0(\sigma)+\frac{\omega(\sigma)}{\overline{\omega'(\sigma)}}\overline{\varphi_0'(\sigma)}+\overline{\psi_0(\sigma)}=f_0,\tag{5-31}$$

$$\overline{\varphi_0(\sigma)}+\frac{\overline{\omega(\sigma)}}{\omega'(\sigma)}\varphi_0'(\sigma)+\psi_0(\sigma)=\overline{f}_0。\tag{5-32}$$

当孔口不受面力时,$\overline{f}_x=\overline{f}_y=0$,$\overline{F}_x=\overline{F}_y=0$,常数 B 和 $B'-iC'$ 决定于距孔口很远处的应力主向和主应力,如式(5-17)所示。当仅是孔口受有面力时,应力分布是局部性的,距孔口很远处的应力趋于零,即 $B=B'=C'=0$,而 $\overline{F}_x$ 及 $\overline{F}_y$ 决定于孔口上的已知面力分量 $\overline{f}_x$ 和 $\overline{f}_y$。总之,f_0 是 σ 的已知函数。

为了把式(5-31)及式(5-32)转换为决定函数 $\varphi_0(\zeta)$ 及 $\psi_0(\zeta)$ 的条件,并为了以后的具体运算,可应用柯西积分公式。这里将介绍两种应用情况:

(1)设函数 $F(\zeta)$ 在单位圆之内是解析的,而且在圆内及圆周上是连续的(该圆周就用 σ 表示),那么,对于圆内的任意一点 ζ 都将有

$$\frac{1}{2\pi i}\int_\sigma\frac{F(\sigma)\mathrm{d}\sigma}{\sigma-\zeta}=F(\zeta)。\tag{5-33}$$

这就是通常应用于有限大区域的柯西积分公式。

(2)设函数 $F(\zeta)$ 在单位圆之外是解析的,而且在圆外及圆周上是连续的(该圆周就用 σ 表示),那么,对于圆内的任意一点 ζ 都将有

$$\frac{1}{2\pi i}\int_\sigma\frac{F(\sigma)\mathrm{d}\sigma}{\sigma-\zeta}=F(\infty)。\tag{5-34}$$

这是应用于无限大区域的柯西积分公式,它的推导见参考教材[3]的第四章。

现在,将式(5-31)的两边乘以 $\dfrac{1}{2\pi i}\dfrac{\mathrm{d}\sigma}{\sigma-\zeta}$,并沿整个孔边进行积分,得

$$\frac{1}{2\pi i}\int_\sigma\frac{\varphi_0(\sigma)}{\sigma-\zeta}\mathrm{d}\sigma+\frac{1}{2\pi i}\int_\sigma\frac{\omega(\sigma)}{\overline{\omega'(\sigma)}}\frac{\overline{\varphi_0'(\sigma)}}{\sigma-\zeta}\mathrm{d}\sigma+$$

$$\frac{1}{2\pi i}\int_\sigma\frac{\overline{\psi_0(\sigma)}}{\sigma-\zeta}\mathrm{d}\sigma=\frac{1}{2\pi i}\int_\sigma\frac{f_0}{\sigma-\zeta}\mathrm{d}\sigma。\tag{f}$$

由式(5-27)可见,函数 $\varphi_0(\zeta)$ 在中心单位圆之内是解析的,而且在圆内和圆周上是连续的,因此,按照式(5-33)有

$$\frac{1}{2\pi i}\int_\sigma\frac{\varphi_0(\sigma)}{\sigma-\zeta}\mathrm{d}\sigma=\varphi_0(\zeta)。\tag{g}$$

又由式(5-28)可见

$$\overline{\psi_0(\sigma)} = \overline{\beta_1}\overline{\sigma} + \overline{\beta_2}\overline{\sigma}^2 + \cdots = \frac{\overline{\beta_1}}{\sigma} + \frac{\overline{\beta_2}}{\sigma^2} + \cdots,$$

而

$$\frac{\overline{\beta_1}}{\zeta} + \frac{\overline{\beta_2}}{\zeta^2} + \cdots$$

在中心单位圆之外是解析的,而且在圆外和圆周上是连续的。因此,按照式(5-34)有

$$\frac{1}{2\pi i}\int_\sigma \frac{\overline{\psi_0(\sigma)}}{\sigma - \zeta}\mathrm{d}\sigma = \overline{\psi_0(\infty)} = 0。 \tag{h}$$

将式(g)和式(h)代入式(f),得

$$\varphi_0(\zeta) + \frac{1}{2\pi i}\int_\sigma \frac{\omega(\sigma)}{\omega'(\sigma)}\frac{\overline{\varphi_0'(\sigma)}}{\sigma - \zeta}\mathrm{d}\sigma = \frac{1}{2\pi i}\int_\sigma \frac{f_0\mathrm{d}\sigma}{\sigma - \zeta}。 \tag{5-35}$$

对式(5-32)进行同样的处理,可以得到

$$\psi_0(\zeta) + \frac{1}{2\pi i}\int_\sigma \frac{\overline{\omega(\sigma)}}{\omega'(\sigma)}\frac{\varphi_0'(\sigma)}{\sigma - \zeta}\mathrm{d}\sigma = \frac{1}{2\pi i}\int_\sigma \frac{\overline{f_0}\mathrm{d}\sigma}{\sigma - \zeta}。 \tag{5-36}$$

对于任何形状的孔口,只要由复变函数的书籍中查得现成的变换式(5-24),或者根据复变函数理论建立该变换式,就可以把由该变换式得来的 $\omega(\sigma)$ 和式(5-27)代入式(5-35),应用柯西积分公式而得出函数 $\varphi_0(\zeta)$。然后代入式(5-36),应用柯西积分公式而得出函数 $\psi_0(\zeta)$,再由式(5-25)和式(5-26)求出函数 $\varphi(\zeta)$ 和 $\psi(\zeta)$。将求得的函数 $\varphi(\zeta)$ 和 $\psi(\zeta)$ 代入式(5-20),即可求得函数 $\Phi(\zeta)$ 和 $\Psi(\zeta)$,从而由式(5-23)求得曲线坐标中的应力分量。

用上述方法求解孔口问题,虽然运算工作可能比较繁复,但有一定的步骤可以遵循,不会遇到原则性的困难。这个方法归功于数学家兼力学家穆斯赫利什维里。自从这个方法建立以后,很多复杂的孔口问题得到了解答。

§5-9 椭 圆 孔 口

设有薄板或长柱,在距离边界较远处有椭圆形孔口,它的长轴和短轴分别为 $2a$ 和 $2b$,如图 5-4a 所示,试考察该薄板或长柱在各种受力情况下孔口附近的应力分布。

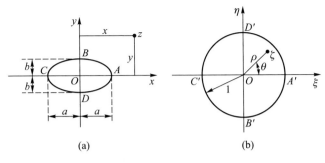

图 5-4

将 x 轴及 y 轴分别放在长轴及短轴方向。为了把薄板的中面或长柱的横截面在 z 平面上所占的区域变换成为 ζ 平面上的中心单位圆,其中 $\zeta = \xi + i\eta = \rho e^{i\theta}$,如图 5-4b 所示,可采用一般复变函数书籍中都给出的变换式

$$z = \omega(\zeta) = R\left(\frac{1}{\zeta} + m\zeta\right),\qquad(\text{a})$$

其中 R 和 m 都是实数,决定于 a 和 b:

$$R = \frac{a+b}{2},\qquad m = \frac{a-b}{a+b}。\qquad(\text{b})$$

以 $z = x + iy$ 及 $\zeta = \rho e^{i\theta} = \rho(\cos\theta + i\sin\theta)$ 代入式(a)的左右两端,然后分开实部和虚部,得

$$x = R\left(\frac{1}{\rho} + m\rho\right)\cos\theta,\quad y = -R\left(\frac{1}{\rho} - m\rho\right)\sin\theta。$$

依次消去 θ 和 ρ,得

$$\frac{x^2}{R^2\left(\dfrac{1}{\rho} + m\rho\right)^2} + \frac{y^2}{R^2\left(\dfrac{1}{\rho} - m\rho\right)^2} = 1,$$

$$\frac{x^2}{4R^2 m\cos^2\theta} - \frac{y^2}{4R^2 m\sin^2\theta} = 1。$$

可见,ζ 平面上的圆周 $\rho = \text{const}$ 对应于 z 平面上的中心椭圆,它的半轴是 $R\left(\dfrac{1}{\rho} + m\rho\right)$ 和 $R\left(\dfrac{1}{\rho} - m\rho\right)$;$\zeta$ 平面上的径向线 $\theta = \text{const}$ 对应于 z 平面上的中心双曲线,它和 x 轴的交点的横坐标是 $2R\sqrt{m}\cos\theta$。这一族椭圆和一族双曲线就是 z 平面上的坐标曲线。特别指出:ζ 平面上的 $\rho = 1$ 的圆周所对应的 z 平面上的椭圆,它的半轴是 $R(1+m)$ 和 $R(1-m)$,也就是 a 和 b。可见,这个椭圆就是孔口曲线。

注意:在 ζ 平面上,θ 是以反时针转向为正,而在 z 平面上,θ 则以顺时针转向为正。因此,图 5-4b 中的 A'、B'、C'、D' 四点分别对应于图 5-4a 中的 A、B、C、D 四点。还须注意:坐标原点 $\zeta=0$ 对应于弹性体中距孔口无限远处的各点。

根据式(a),并注意 $\rho=1$,$\zeta=\mathrm{e}^{\mathrm{i}\theta}=\sigma$,$\bar\sigma=\dfrac{1}{\sigma}$,可以导出下列各式:

$$\left.\begin{array}{ll}
\omega(\sigma)=R\left(\dfrac{1}{\sigma}+m\sigma\right), & \overline{\omega(\sigma)}=R\left(\sigma+\dfrac{m}{\sigma}\right), \\[3mm]
\omega'(\sigma)=R\left(m-\dfrac{1}{\sigma^2}\right), & \overline{\omega'(\sigma)}=R(m-\sigma^2), \\[3mm]
\dfrac{\overline{\omega(\sigma)}}{\omega'(\sigma)}=-\dfrac{1}{\sigma}\,\dfrac{m\sigma^2+1}{\sigma^2-m}, & \dfrac{\overline{\omega(\sigma)}}{\omega'(\sigma)}=\sigma\,\dfrac{\sigma^2+m}{m\sigma^2-1}\text{。}
\end{array}\right\} \tag{c}$$

于是,决定函数 $\varphi_0(\zeta)$ 的式(5-35)成为

$$\varphi_0(\zeta)+\frac{1}{2\pi\mathrm{i}}\int_\sigma\left(-\frac{1}{\sigma}\,\frac{m\sigma^2+1}{\sigma^2-m}\right)\frac{\overline{\varphi'_0(\sigma)}}{\sigma-\zeta}\mathrm{d}\sigma=\frac{1}{2\pi\mathrm{i}}\int_\sigma\frac{f_0\mathrm{d}\sigma}{\sigma-\zeta}\text{。}$$

将由式(5-27)求出的 $\overline{\varphi'_0(\sigma)}$ 代入,得

$$\varphi_0(\zeta)+\frac{1}{2\pi\mathrm{i}}\int_\sigma\left(-\frac{1}{\sigma}\,\frac{m\sigma^2+1}{\sigma^2-m}\right)\left(\bar\alpha_1+2\,\frac{\bar\alpha_2}{\sigma}+3\,\frac{\bar\alpha_3}{\sigma^2}+\cdots\right)\frac{\mathrm{d}\sigma}{\sigma-\zeta}=\frac{1}{2\pi\mathrm{i}}\int_\sigma\frac{f_0\mathrm{d}\sigma}{\sigma-\zeta}\text{。}$$

因为函数

$$\left(-\frac{1}{\zeta}\,\frac{m\zeta^2+1}{\zeta^2-m}\right)\left(\bar\alpha_1+2\,\frac{\bar\alpha_2}{\zeta}+3\,\frac{\bar\alpha_3}{\zeta^2}+\cdots\right)$$

在单位圆之外($|\zeta|>1$)是解析的,而且在圆外和圆周上是连续的,所以,按照式(5-34),上式左边的积分式等于零。于是得

$$\varphi_0(\zeta)=\frac{1}{2\pi\mathrm{i}}\int_\sigma\frac{f_0\mathrm{d}\sigma}{\sigma-\zeta}\text{。} \tag{d}$$

决定函数 $\psi_0(\zeta)$ 的式(5-36)则成为

$$\psi_0(\zeta)+\frac{1}{2\pi\mathrm{i}}\int_\sigma\sigma\,\frac{\sigma^2+m}{m\sigma^2-1}\,\frac{\varphi'_0(\sigma)}{\sigma-\zeta}\mathrm{d}\sigma=\frac{1}{2\pi\mathrm{i}}\int_\sigma\frac{\overline{f_0}\mathrm{d}\sigma}{\sigma-\zeta}\text{。} \tag{e}$$

因为函数

$$\zeta\,\frac{\zeta^2+m}{m\zeta^2-1}\varphi'_0(\zeta)=\zeta\,\frac{\zeta^2+m}{m\zeta^2-1}(\alpha_1+2\alpha_2\zeta+3\alpha_3\zeta^2+\cdots)$$

在单位圆之内($|\zeta|<1$)是解析的,而且在圆内和圆周上是连续的,所以,按照式(5-33),式(e)成为

$$\psi_0(\zeta) = \frac{1}{2\pi i} \int_\sigma \frac{\overline{f}_0 d\sigma}{\sigma - \zeta} - \zeta \frac{\zeta^2 + m}{m\zeta^2 - 1} \varphi_0'(\zeta)。 \tag{f}$$

作为例题，设薄板或长柱在与 x 轴成 α 角的方向受有均匀拉应力 q，而孔边不受面力，如图 5-5 所示。这时有

$$\sigma_1 = q, \quad \sigma_2 = 0, \quad \overline{f}_x = \overline{f}_y = 0, \quad \overline{F}_x = \overline{F}_y = 0, \tag{g}$$

并按式(5−17)有

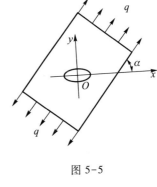

图 5-5

$$\left.\begin{array}{l} B = \dfrac{1}{4}(\sigma_1 + \sigma_2) = \dfrac{q}{4}, \\[2mm] B' + iC' = -\dfrac{1}{2}(\sigma_1 - \sigma_2)e^{-2i\alpha} = -\dfrac{q}{2}e^{-2i\alpha}, \\[2mm] B' - iC' = -\dfrac{q}{2}e^{2i\alpha}。 \end{array}\right\} \tag{h}$$

于是，由式(5−30)得

$$\begin{aligned} f_0 &= -2B\omega(\sigma) - (B' - iC')\overline{\omega(\sigma)} \\ &= -\frac{qR}{2}\left(\frac{1}{\sigma} + m\sigma\right) + \frac{qR}{2}\left(\sigma + \frac{m}{\sigma}\right)e^{2i\alpha} \end{aligned} \tag{i}$$

代入式(d)，并利用式(5−33)和式(5−34)，得

$$\varphi_0(\zeta) = \frac{qR}{2}(e^{2i\alpha} - m)\zeta。 \tag{j}$$

将式(i)和式(j)代入式(f)，经过与上相似的运算，可得

$$\psi_0(\zeta) = -\frac{qR}{2}\left[(1 - me^{-2i\alpha})\zeta + (m - e^{2i\alpha})\frac{m + \zeta^2}{1 - m\zeta^2}\zeta\right], \tag{k}$$

再将式(j)及式(k)分别代入式(5−25)及式(5−26)，并注意式(g)及式(h)，简化以后，得

$$\left.\begin{array}{l} \varphi(\zeta) = \dfrac{qR}{4}\left[\dfrac{1}{\zeta} + (2e^{2i\alpha} - m)\zeta\right], \\[3mm] \psi(\zeta) = -\dfrac{qR}{2}\left[\dfrac{1}{\zeta}e^{-2i\alpha} + \dfrac{\zeta^3 e^{2i\alpha} + (me^{2i\alpha} - m^2 - 1)\zeta}{m\zeta^2 - 1}\right]。 \end{array}\right\} \tag{l}$$

现在来求应力分量。由式(a)可以求得（注意 $\overline{\zeta} = \dfrac{\rho^2}{\zeta}$）

$$\overline{\omega(\zeta)} = R\left(\frac{\zeta}{\rho^2} + m\frac{\rho^2}{\zeta}\right),$$

$$\omega'(\zeta) = R\left(m - \frac{1}{\zeta^2}\right),$$

$$\overline{\omega'(\zeta)} = R\left(m - \frac{\zeta^2}{\rho^4}\right)。$$

由式(1)可以求得

$$\varphi'(\zeta) = \frac{qR}{4}\left[(2e^{2i\alpha} - m) - \frac{1}{\zeta^2}\right],$$

$$\psi'(\zeta) = -\frac{qR}{2}\left[-\frac{e^{-2i\alpha}}{\zeta^2} + \frac{3e^{2i\alpha}\zeta^2 + (me^{2i\alpha} - m^2 - 1)}{m\zeta^2 - 1} - \frac{\zeta^3 e^{2i\alpha} + (me^{2i\alpha} - m^2 - 1)\zeta}{(m\zeta^2 - 1)^2}2m\zeta\right]。$$

于是,可以根据式(5-20)求得

$$\Phi(\zeta) = \frac{\varphi'(\zeta)}{\omega'(\zeta)} = \frac{q}{4}\frac{(2e^{2i\alpha} - m)\zeta^2 - 1}{m\zeta^2 - 1},$$

$$\Psi(\zeta) = \frac{\psi'(\zeta)}{\omega'(\zeta)} = -\frac{q}{2}\left[-\frac{e^{-2i\alpha}}{m\zeta^2 - 1} + \frac{3e^{2i\alpha}\zeta^2 + (me^{2i\alpha} - m^2 - 1)}{(m\zeta^2 - 1)^2}\zeta^2 - \frac{\zeta^3 e^{2i\alpha} + (me^{2i\alpha} - m^2 - 1)\zeta}{(m\zeta^2 - 1)^3}2m\zeta \cdot \zeta^2\right],$$

从而求得

$$\Phi'(\zeta) = \frac{q}{4}\left[\frac{(2e^{2i\alpha} - m)2\zeta}{m\zeta^2 - 1} - \frac{(2e^{2i\alpha} - m)\zeta^2 - 1}{(m\zeta^2 - 1)^2}2m\zeta\right]。$$

将以上各式代入式(5-23),简化以后,得应力分量的复变数表达式

$$\left.\begin{aligned}
&\sigma_\rho + \sigma_\theta = q\mathrm{Re}\frac{(2e^{2i\alpha} - m)\zeta^2 - 1}{m\zeta^2 - 1},\\[2mm]
&\sigma_\theta - \sigma_\rho + 2i\tau_{\rho\theta} = \frac{q(m\rho^4 + \zeta^2)\zeta^2}{\rho^4\left(m - \frac{\zeta^2}{\rho^4}\right)(m\zeta^2 - 1)}\left[2e^{2i\alpha} - m + \right.\\[2mm]
&\qquad m\frac{1 + m\zeta^2 - 2e^{2i\alpha}\zeta^2}{m\zeta^2 - 1}\right] + \frac{q}{\rho^2\left(m - \frac{\zeta^2}{\rho^4}\right)}\left[e^{-2i\alpha} - \right.\\[2mm]
&\qquad \frac{3e^{2i\alpha}\zeta^2 + me^{2i\alpha} - m^2 - 1}{m\zeta^2 - 1}\zeta^2 + \\[2mm]
&\qquad \frac{e^{2i\alpha}\zeta^2 + me^{2i\alpha} - m^2 - 1}{(m\zeta^2 - 1)^2}2m\zeta^4\right]。
\end{aligned}\right\} \tag{m}$$

将 $\zeta=\rho(\cos\theta+i\sin\theta)$ 代入上列二式,分开实部和虚部后,即可得出 σ_ρ、σ_θ 和 $\tau_{\rho\theta}$ 的表达式。具体的运算可参考文献[1]。

孔边应力是最重要的应力。在孔边,$\sigma_\rho=0$,$\zeta=\sigma$,故由式(m)中的第一式得

$$\sigma_\theta = q\,\mathrm{Re}\,\frac{(2e^{2i\alpha}-m)\sigma^2-1}{m\sigma^2-1}$$

$$= q\,\mathrm{Re}\,\frac{[2(\cos 2\alpha+i\sin 2\alpha)-m](\cos 2\theta+i\sin 2\theta)-1}{m(\cos 2\theta+i\sin 2\theta)-1}$$

$$= q\,\frac{1-m^2+2m\cos 2\alpha-2\cos 2(\theta+\alpha)}{1+m^2-2m\cos 2\theta}\text{。}\qquad(\text{n})$$

当 $\alpha=0$ 时(拉力 q 平行于 x 轴),由式(n)得出孔边应力为

$$\sigma_\theta = q\,\frac{1-m^2+2m-2\cos 2\theta}{1+m^2-2m\cos 2\theta}\text{。}$$

最大正应力是

$$\sigma_{\max}=(\sigma_\theta)_{\theta=\pm\frac{\pi}{2}}=q\,\frac{3+2m-m^2}{1+2m+m^2}=q\,\frac{3-m}{1+m}$$

$$=q\,\frac{3-\dfrac{a-b}{a+b}}{1+\dfrac{a-b}{a+b}}=q\left(1+\frac{2b}{a}\right),$$

最小正应力是

$$\sigma_{\min}=(\sigma_\theta)_{\theta=0,\pi}=q\,\frac{-m^2+2m-1}{1+m^2-2m}=-q\text{。}$$

当 $\alpha=\dfrac{\pi}{2}$ 时(拉力 q 平行于 y 轴),孔边应力为

$$\sigma_\theta = q\,\frac{1-m^2-2m+2\cos 2\theta}{1+m^2-2m\cos 2\theta}\text{。}$$

最大正应力是

$$\sigma_{\max}=(\sigma_\theta)_{\theta=0,\pi}=q\,\frac{3-2m-m^2}{1-2m+m^2}=q\left(2\,\frac{a}{b}+1\right),$$

最小正应力是

$$\sigma_{\min}=(\sigma_\theta)_{\theta=\pm\frac{\pi}{2}}=q\,\frac{-1-2m-m^2}{1+2m+m^2}=-q\text{。}$$

作为另一个例题,设孔边受有均匀压力,集度为 q,如图 5-6 所示。这时,面力分量为

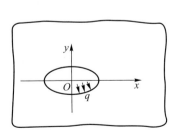

图 5-6

$$\overline{f}_x = -q\cos(N,x) = -lq,$$

$$\overline{f}_y = -q\cos(N,y) = -mq,$$

因而面力矢量为

$$\overline{f}_x + \mathrm{i}\,\overline{f}_y = -q(l+\mathrm{i}m)。$$

于是得

$$(\overline{f}_x + \mathrm{i}\,\overline{f}_y)\,\mathrm{d}s = -q(l\mathrm{d}s + \mathrm{i}m\mathrm{d}s) = -q(\mathrm{d}y - \mathrm{i}\mathrm{d}x) = \mathrm{i}q(\mathrm{d}x + \mathrm{i}\mathrm{d}y) = \mathrm{i}q\mathrm{d}z。$$

注意：$\overline{F}_x = \overline{F}_y = 0$（面力为平衡力系），而且 $B = 0, B' - \mathrm{i}C' = 0$。因此，式（5-30）所示的 f_0 成为

$$f_0 = \mathrm{i}\int(\overline{f}_x + \mathrm{i}\,\overline{f}_y)\,\mathrm{d}s = -q\int\mathrm{d}z = -qz = -qR\left(\frac{1}{\zeta} + m\zeta\right)。$$

因为在边界上有 $\zeta = \sigma$，所以上式成为

$$f_0 = -qR\left(\frac{1}{\sigma} + m\sigma\right)。$$

进行与上相似的运算，可以得出

$$\varphi_0(\zeta) = \varphi(\zeta) = -qRm\zeta,$$

$$\psi_0(\zeta) = \psi(\zeta) = -qR(1+m^2)\frac{\zeta}{1-m\zeta^2},$$

从而得出孔边应力的表达式

$$\sigma_\theta = q\frac{1-3m^2+2m\cos 2\theta}{1+m^2-2m\cos 2\theta}, \qquad \sigma_\rho = -q。$$

最大与最小的正应力为

$$\sigma_{\max} = (\sigma_\theta)_{\theta=0,\pi} = q\frac{1+3m}{1-m} = q\left(2\frac{a}{b}-1\right),$$

$$\sigma_{\min} = \sigma_\rho = -q。$$

本节中的普遍解答，是穆斯赫利什维里在 1919 年发表的。在稍前和稍后，英格立斯、普厄希尔、克洛索夫等人曾发表过一些特殊情况下的解答。

§5-10 裂隙附近的应力集中

对于图 5-4a 所示的椭圆形孔口，如果命 b 趋于零，则该孔口退化成为 x 方向的、长度为 $2a$ 的裂隙（即贯穿的裂缝），如图 5-7 中的 AB 所示。在这种情况

下,§5-9中的式(b)及式(a)分别简化为

$$R = \frac{a}{2}, \qquad m = 1, \qquad (a)$$

$$z = \frac{a}{2}\left(\frac{1}{\zeta} + \zeta\right)。 \qquad (b)$$

当具有这种裂隙的薄板或长柱受到单向的均匀拉力 q 时,如图 5-7 所示,为了得出函数 $\varphi(\zeta)$ 及 $\psi(\zeta)$,只须将式(a)代入 §5-9 中的式(1),这样就得到

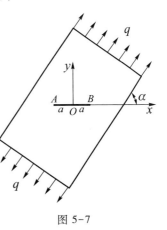

图 5-7

$$\varphi(\zeta) = \frac{qa}{8}\left[\frac{1}{\zeta} + (2e^{2i\alpha} - 1)\zeta\right],$$

$$\psi(\zeta) = -\frac{qa}{4}\left[\frac{1}{\zeta}e^{-2i\alpha} + \frac{\zeta^3 e^{2i\alpha} + (e^{2i\alpha} - 2)\zeta}{\zeta^2 - 1}\right]。 \qquad (c)$$

当拉力 q 垂直于裂隙时,如图 5-8 所示,$\alpha = \dfrac{\pi}{2}$,有

$$e^{2i\alpha} = e^{-2i\alpha} = e^{\pm\pi i} = -1。$$

于是,式(c)简化为

$$\varphi(\zeta) = \frac{qa}{8}\left(\frac{1}{\zeta} - 3\zeta\right),$$

$$\psi(\zeta) = \frac{qa}{4}\left(\frac{1}{\zeta} - \frac{\zeta^3 + 3\zeta}{1 - \zeta^2}\right)。 \qquad (d)$$

为了便于求得直角坐标中的应力分量 σ_x、σ_y、τ_{xy},可将式(d)中的 ζ 用 z 来表示。因此,由式(b)解出 ζ,得

$$\zeta = \frac{z}{a} \pm \sqrt{\frac{z^2}{a^2} - 1}。$$

注意,z 平面上距孔口或裂隙无限远处的那些点,是和 ζ 平面上单位圆的圆心相对应的。这就是说,当 $|z|$ 趋于无限大时,$|\zeta|$ 应当趋于零。因此,在上式中应取负号而不应取正号。于是得

$$\zeta = \frac{z}{a} - \sqrt{\frac{z^2}{a^2} - 1}。 \qquad (e)$$

代入式(d),并应用式(5-19),得到

$$\left.\begin{aligned}
\varphi_1(z) &= \varphi(\zeta) = \frac{q}{4}\left(2\sqrt{z^2-a^2}-z\right), \\
\psi_1(z) &= \psi(\zeta) = \frac{q}{2}\left(z-\frac{a^2}{\sqrt{z^2-a^2}}\right)。
\end{aligned}\right\} \quad (f)$$

代入式(5-8)及式(5-9),即得求解 σ_x、σ_y、τ_{xy} 的下列方程:

$$\left.\begin{aligned}
\sigma_y+\sigma_x &= q\left[2\mathrm{Re}\,\frac{z}{\sqrt{z^2-a^2}}-1\right], \\
\sigma_y-\sigma_x+2\mathrm{i}\tau_{xy} &= q\left[\frac{2\mathrm{i}a^2y}{(z^2-a^2)^{3/2}}+1\right]。
\end{aligned}\right\} \quad (g)$$

在裂隙问题中,重要的是分析裂隙端点附近的应力分布,特别是应力随着距裂隙端点的距离而变化的规律,因此,引用以裂隙端点 B 为原点的极坐标 (r,θ),如图 5-8 所示。由图可见,有几何关系

$$z = a + r\cos\theta + \mathrm{i}r\sin\theta$$

$$y = r\sin\theta$$

代入式(g)中二式的右边,即可得出用极坐标 r 和 θ 表示 σ_x、σ_y、τ_{xy} 的表达式。当然,这些表达式将是非常冗长的。但是,由于在裂隙端点 B 的附近,r 远小于 a,因此可将上述表达式按 r/a 的升幂次展开,只保留其中随着 r 的减小而增大的所谓主项,而略去其中的次要项(即不随 r 变化的常数项以及随着 r 的减小而减小的各项)。这样就得到

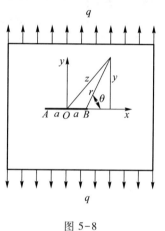

图 5-8

$$\left.\begin{aligned}
\sigma_y+\sigma_x &= q\sqrt{\frac{2a}{r}}\cos\frac{\theta}{2}, \\
\sigma_y-\sigma_x+2\mathrm{i}\tau_{xy} &= q\sqrt{\frac{2a}{r}}\sin\frac{\theta}{2}\cos\frac{\theta}{2}\left(\sin\frac{3\theta}{2}+\mathrm{i}\cos\frac{3\theta}{2}\right)。
\end{aligned}\right\} \quad (h)$$

从而得出

$$\left.\begin{aligned}
\sigma_x &= q\sqrt{\frac{a}{2r}}\cos\frac{\theta}{2}\left(1-\sin\frac{\theta}{2}\sin\frac{3\theta}{2}\right), \\
\sigma_y &= q\sqrt{\frac{a}{2r}}\cos\frac{\theta}{2}\left(1+\sin\frac{\theta}{2}\sin\frac{3\theta}{2}\right), \\
\tau_{xy} &= q\sqrt{\frac{a}{2r}}\sin\frac{\theta}{2}\cos\frac{\theta}{2}\cos\frac{3\theta}{2}。
\end{aligned}\right\} \quad (5-37)$$

当薄板或长柱在裂隙方向及其垂直方向受有均布剪力 q 时,如图5-9所示,

受力情况显然可用这样的情况来代替:在 $\alpha=\pi/4$ 的方向受均布拉力 q,并在 $\alpha=-\pi/4$ 的方向受均布压力 q。于是,可以由式(c)得出

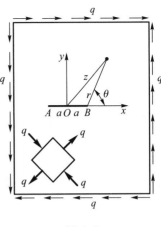

图 5-9

$$\varphi(\zeta)=\frac{qa}{8}\left[\frac{1}{\zeta}+(2e^{2i\alpha}-1)\zeta\right]_{\alpha=\pi/4}-$$

$$\frac{qa}{8}\left[\frac{1}{\zeta}+(2e^{2i\alpha}-1)\zeta\right]_{\alpha=-\pi/4}$$

$$=\frac{iqa}{2}\zeta_\circ$$

同样可由式(c)得出

$$\psi(\zeta)=\frac{iqa}{2}\left(\frac{1}{\zeta}+\frac{\zeta^3+\zeta}{1-\zeta^2}\right)_\circ$$

将式(e)代入上述二式,并应用式(5-19),
得到

$$\left.\begin{array}{l}\varphi_1(z)=\varphi(\zeta)=\dfrac{iq}{2}(z-\sqrt{z^2-a^2})\,,\\[3mm]\psi_1(z)=\psi(\zeta)=\dfrac{iq}{2}\left(2\sqrt{z^2-a^2}+\dfrac{a^2}{\sqrt{z^2-a^2}}\right)_\circ\end{array}\right\}\qquad(i)$$

代入式(5-8)及式(5-9),即得求解 σ_x、σ_y、τ_{xy} 的下列方程:

$$\left.\begin{array}{l}\sigma_y+\sigma_x=-2q\mathrm{Re}\,\dfrac{iz}{\sqrt{z^2-a^2}}\,,\\[3mm]\sigma_y-\sigma_x+2i\tau_{xy}=q\,\dfrac{ia^2\,\overline{z}+iz(2z^2-3a^2)}{(z^2-a^2)^{3/2}}_\circ\end{array}\right\}\qquad(j)$$

引用以裂隙端点 B 为原点的极坐标 (r,θ),如图5-9所示,则将有几何关系

$$z=a+r\cos\,\theta+ir\sin\,\theta,$$

$$\overline{z}=a+r\cos\,\theta-ir\sin\,\theta_\circ$$

代入式(j)的右边,然后按 r/a 的升幂次展开,而只保留其中的主项,即得

$$\left.\begin{array}{l}\sigma_y+\sigma_x=-q\sqrt{\dfrac{2a}{r}}\sin\dfrac{\theta}{2}\,,\\[3mm]\sigma_y-\sigma_x+2i\tau_{xy}=q\sqrt{\dfrac{2a}{r}}\left[\sin\dfrac{\theta}{2}\left(1+\cos\dfrac{\theta}{2}\cos\dfrac{3\theta}{2}\right)+\right.\\[3mm]\left.i\cos\dfrac{\theta}{2}\left(1-\sin\dfrac{\theta}{2}\sin\dfrac{3\theta}{2}\right)\right]\,,\end{array}\right\}\qquad(k)$$

从而得出

$$\left.\begin{aligned}
\sigma_x &= -q\sqrt{\frac{a}{2r}}\sin\frac{\theta}{2}\left(2+\cos\frac{\theta}{2}\cos\frac{3\theta}{2}\right), \\
\sigma_y &= q\sqrt{\frac{a}{2r}}\sin\frac{\theta}{2}\cos\frac{\theta}{2}\cos\frac{3\theta}{2}, \\
\tau_{xy} &= q\sqrt{\frac{a}{2r}}\cos\frac{\theta}{2}\left(1-\sin\frac{\theta}{2}\sin\frac{3\theta}{2}\right)_{\circ}
\end{aligned}\right\} \tag{5-38}$$

如果在式(5-37)或式(5-38)中命 r 趋于零,则各个应力分量的数值趋于无限大。这就表示,在裂隙的端点,应力是无限大的。实际上,由于在裂隙端点的附近总是出现或大或小的塑性区,因此就不会发生无限大的应力,而式(5-37)及式(5-38)只适用于塑性区之外。虽然如此,在脆性材料的情况下,以及在塑性区范围很小的情况下,式(5-37)及式(5-38)所示的应力,可以令人满意地表明裂隙端点附近的应力状态,因而也就用来作为断裂力学中有关裂隙扩展现象的重要资料。

§5-11　正方形孔口

为了把 z 平面上的带正方形孔口的无限域变换成为 ζ 平面上的中心单位圆,可以采用复变函数书籍中给出的变换式

$$z=\omega(\zeta)=R\left(\frac{1}{\zeta}-\frac{1}{6}\zeta^3+\frac{1}{56}\zeta^7-\frac{1}{176}\zeta^{11}+\cdots\right), \tag{a}$$

其中 R 为实数,它反映正方形的大小。

设在式(a)中只取两项,即近似地取

$$z=\omega(\zeta)=R\left(\frac{1}{\zeta}-\frac{1}{6}\zeta^3\right), \tag{b}$$

则当 $\rho=1$ 而 $\zeta=\sigma=\mathrm{e}^{\mathrm{i}\theta}$ 时,有

$$\begin{aligned}
x+\mathrm{i}y &= R\left(\mathrm{e}^{-\mathrm{i}\theta}-\frac{1}{6}\mathrm{e}^{3\mathrm{i}\theta}\right) \\
&= R\left(\cos\theta-\mathrm{i}\sin\theta-\frac{1}{6}\cos3\theta-\frac{1}{6}\mathrm{i}\sin3\theta\right)_{\circ}
\end{aligned}$$

分开实部和虚部,得到 z 平面上孔边曲线方程的参数表示:

$$x = R\left(\cos\theta - \frac{1}{6}\cos 3\theta\right), \quad y = -R\left(\sin\theta + \frac{1}{6}\sin 3\theta\right)。$$

令 θ 取不同的数值,点绘而成的孔边曲线如图 5-10a 所示。当 $\theta = 0$ 时,$x = \frac{5}{6}R$

而 $y = 0$;当 $\theta = \frac{\pi}{2}$ 时,$x = 0$ 而 $y = -\frac{5}{6}R$;当 $\theta = \frac{\pi}{4}$ 时,$x = -y = \frac{7}{12}\sqrt{2}R$。可见,这"近似

正方形"的中心高度及中心宽度为 $a = 2\times\frac{5}{6}R = \frac{5}{3}R$,而对角线的长度为

$$d = 2\sqrt{2}\,\frac{7}{12}\sqrt{2}R = \frac{7}{3}R = \frac{7}{5}a = 1.400a。$$

四个圆角的曲率半径为

$$|r| = \left|\frac{\left[\left(\dfrac{\mathrm{d}x}{\mathrm{d}\theta}\right)^2 + \left(\dfrac{\mathrm{d}y}{\mathrm{d}\theta}\right)^2\right]^{\frac{3}{2}}}{\dfrac{\mathrm{d}x}{\mathrm{d}\theta}\cdot\dfrac{\mathrm{d}^2y}{\mathrm{d}\theta^2} - \dfrac{\mathrm{d}y}{\mathrm{d}\theta}\cdot\dfrac{\mathrm{d}^2x}{\mathrm{d}\theta^2}}\right|_{\theta=\frac{\pi}{4}} = \frac{R}{10} = \frac{3}{50}a = 0.060a。$$

设在式(a)中取三项,即

$$z = \omega(\zeta) = R\left(\frac{1}{\zeta} - \frac{1}{6}\zeta^3 + \frac{1}{56}\zeta^7\right), \tag{c}$$

则得 $|r| = 0.025a$,孔边曲线如图 5-10b 所示。设在式(a)中取四项,即

$$z = \omega(\zeta) = R\left(\frac{1}{\zeta} - \frac{1}{6}\zeta^3 + \frac{1}{56}\zeta^7 - \frac{1}{176}\zeta^{11}\right), \tag{d}$$

则得 $|r| = 0.014a$,孔边曲线更加逼近于精确正方形,很难看出区别。

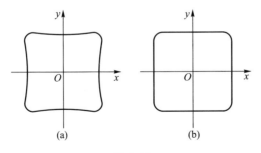

图 5-10

现在,设具有正方形孔口的薄板在与 x 轴成 α 角的方向受有均匀拉力 q,孔口不受面力。和前一节中一样,有

$$\bar{f}_x = \bar{f}_y = \bar{F}_x = \bar{F}_y = 0, \tag{e}$$

$$B=\frac{q}{4}, \qquad B'-\mathrm{i}C'=-\frac{q}{2}\mathrm{e}^{2\mathrm{i}\alpha}。 \tag{f}$$

按照式(b)导出下列公式：

$$\left.\begin{aligned}
&\omega(\sigma)=R\left(\frac{1}{\sigma}-\frac{1}{6}\sigma^3\right), \qquad \overline{\omega(\sigma)}=R\left(\sigma-\frac{1}{6\sigma^3}\right), \\
&\omega'(\sigma)=-R\left(\frac{1}{\sigma^2}+\frac{\sigma^2}{2}\right), \qquad \overline{\omega'(\sigma)}=-R\left(\sigma^2+\frac{1}{2\sigma^2}\right), \\
&\frac{\overline{\omega(\sigma)}}{\omega'(\sigma)}=\frac{\sigma}{6}-\frac{13\sigma}{6(2\sigma^4+1)}, \qquad \frac{\overline{\omega(\sigma)}}{\overline{\omega'(\sigma)}}=\frac{1}{6\sigma}-\frac{13\sigma^3}{6(2+\sigma^4)}。
\end{aligned}\right\} \tag{g}$$

于是由式(5-30)得

$$f_0=-\frac{qR}{2}\left(\frac{1}{\sigma}-\frac{\sigma^3}{6}\right)+\frac{qR}{2}\left(\sigma-\frac{1}{6\sigma^3}\right)\mathrm{e}^{2\mathrm{i}\alpha}。 \tag{h}$$

式(5-35)右边的积分式成为

$$\frac{1}{2\pi\mathrm{i}}\int_\sigma\frac{f_0\,\mathrm{d}\sigma}{\sigma-\zeta}=\frac{qR}{12}(\zeta^2+6\mathrm{e}^{2\mathrm{i}\alpha})\zeta,$$

而左边的积分式成为

$$\frac{1}{2\pi\mathrm{i}}\int_\sigma\frac{\overline{\omega(\sigma)}}{\omega'(\sigma)}\cdot\frac{\overline{\varphi_0'(\sigma)}}{\sigma-\zeta}\mathrm{d}\sigma$$

$$=\frac{1}{2\pi\mathrm{i}}\int_\sigma\left[\frac{\sigma}{6}-\frac{13\sigma}{6(2\sigma^4+1)}\right]\times\left(\overline{\alpha_1}+\frac{2\,\overline{\alpha_2}}{\sigma}+\frac{3\,\overline{\alpha_3}}{\sigma^2}+\cdots\right)\frac{\mathrm{d}\sigma}{\sigma-\zeta}=\frac{1}{6}\overline{\alpha_1}\zeta+\frac{1}{3}\overline{\alpha_2}。$$

代入式(5-35)，得

$$\alpha_1\zeta+\alpha_2\zeta^2+\alpha_3\zeta^3+\cdots+\frac{1}{6}\overline{\alpha_1}\zeta+\frac{1}{3}\overline{\alpha_2}=\frac{qR}{12}(\zeta^2+6\mathrm{e}^{2\mathrm{i}\alpha})\zeta。$$

将两边 ζ 的同幂次项的系数对比，得到

$$\alpha_1+\frac{1}{6}\overline{\alpha_1}=\frac{qR}{2}\mathrm{e}^{2\mathrm{i}\alpha}, \qquad \alpha_2=0, \qquad \alpha_3=\frac{qR}{12}, \qquad \alpha_4=\alpha_5=\cdots=0,$$

从而得出

$$\alpha_1=qR\left(\frac{3}{7}\cos 2\alpha+\mathrm{i}\,\frac{3}{5}\sin 2\alpha\right), \qquad \alpha_2=0, \qquad \alpha_3=\frac{qR}{12}。$$

于是有

$$\begin{aligned}
\varphi_0(\zeta)&=\alpha_1\zeta+\alpha_2\zeta^2+\alpha_3\zeta^3 \\
&=qR\left[\left(\frac{3}{7}\cos 2\alpha+\mathrm{i}\,\frac{3}{5}\sin 2\alpha\right)\zeta+\frac{1}{12}\zeta^3\right]。
\end{aligned} \tag{i}$$

将式(i)、式(g)和式(h)代入式(5-36),得

$$\psi_0(\zeta)+\frac{1}{2\pi i}\int_\sigma\left[\frac{1}{6\sigma}-\frac{13\sigma^3}{6(2+\sigma^4)}\right]qR\left[\left(\frac{3}{7}\cos 2\alpha+i\frac{3}{5}\sin 2\alpha\right)+\frac{1}{4}\sigma^2\right]\frac{d\sigma}{\sigma-\zeta}$$

$$=\frac{1}{2\pi i}\int_\sigma\left[-\frac{qR}{2}\left(\sigma-\frac{1}{6\sigma^3}\right)+\frac{qR}{2}\left(\frac{1}{\sigma}-\frac{\sigma^3}{6}\right)e^{-2i\alpha}\right]\frac{d\sigma}{\sigma-\zeta}\text{。}$$

进行积分,得

$$\psi_0(\zeta)-\frac{13\zeta^3}{6(2+\zeta^4)}qR\left(\frac{3}{7}\cos 2\alpha+i\frac{3}{5}\sin 2\alpha\right)+$$

$$\left[\frac{1}{6\zeta}-\frac{13\zeta^3}{6(2+\zeta^4)}\right]qR\frac{1}{4}\zeta^2=-\frac{qR}{2}\left[\zeta+\frac{1}{6}\zeta^3 e^{-2i\alpha}\right]\text{。}$$

简化以后,得到

$$\psi_0(\zeta)=-\frac{qR}{12}\left[e^{-2i\alpha}\zeta^3+\frac{13\zeta-26\left(\frac{3}{7}\cos 2\alpha+i\frac{3}{5}\sin 2\alpha\right)\zeta^3}{2+\zeta^4}\right]\text{。} \tag{j}$$

将式(i)及式(j)分别代入式(5-25)及式(5-26),并注意式(e)及式(f),即得

$$\varphi(\zeta)=qR\left[\frac{1}{4\zeta}+\left(\frac{3}{7}\cos 2\alpha+i\frac{3}{5}\sin 2\alpha\right)\zeta+\frac{1}{24}\zeta^3\right],$$

$$\psi(\zeta)=-qR\left[\frac{e^{-2i\alpha}}{2\zeta}+\frac{13\zeta-26\left(\frac{3}{7}\cos 2\alpha+i\frac{3}{5}\sin 2\alpha\right)\zeta^3}{12(2+\zeta^4)}\right]\text{。}$$

关于应力的计算,见文献[2]的第二章。

习　　题

5-1　试考察下列复变函数所解决的问题:

(a) $\varphi_1(z)=\dfrac{q}{4}z,\qquad \psi_1(z)=\dfrac{q}{2}z\text{。}$

(b) $\varphi_1(z)=\dfrac{q}{4}z,\qquad \psi_1(z)=-\dfrac{q}{2}z\text{。}$

(c) $\varphi_1(z)=0,\qquad \psi_1(z)=iqz\text{。}$

答案:　(a) 矩形薄板在 y 方向受均布拉力 q。

　　　　(b) 矩形薄板在 x 方向受均布拉力 q。

　　　　(c) 矩形薄板受均布剪力 q。

5-2 试证矩形截面梁的纯弯曲问题可用如下的复变函数求解：

$$\varphi_1(z) = -\frac{iM}{8I}z^2, \qquad \psi_1(z) = \frac{iM}{8I}z^2,$$

其中 I 为梁截面的惯性矩，M 为作用的弯矩。

5-3 试导出用复变函数 $\varphi_1(z)$ 及 $\psi_1(z)$ 表示极坐标 (r,θ) 中应力分量的公式

$$\sigma_\theta + \sigma_r = 4\mathrm{Re}\varphi_1'(z)$$

$$\sigma_\theta - \sigma_r + 2i\tau_{r\theta} = 2\left[\bar{z}\varphi_1''(z) + \psi_1'(z)\right]e^{2i\theta}.$$

5-4 试用习题 5-3 中的公式由

$$\varphi_1(z) = -\frac{F}{2\pi}\ln z \ \text{及} \ \psi_1(z) = \frac{F}{2\pi}\ln z$$

导出解答式(4-27)。

5-5 试用习题 5-3 中的公式由

$$\varphi_1(z) = \frac{qa}{4}\left(\frac{z}{a} + 2\frac{a}{z}\right) \ \text{及} \ \psi_1(z) = -\frac{qa}{2}\left(\frac{z}{a} + \frac{a}{z} - \frac{a^3}{z^3}\right)$$

导出解答式(4-20)。

5-6 具有椭圆孔口的薄板，在平行于孔轴的方向受有均布剪力 q，如图 5-11 所示。试求复变函数 $\varphi(\zeta)$ 及 $\psi(\zeta)$，并求出孔边应力及其极值。

答案：$\quad \varphi(\zeta) = iqR\zeta, \qquad \psi(\zeta) = iqR\dfrac{1+\zeta^4}{\zeta(1-m\zeta^2)},$

$$\frac{4q\sin 2\theta}{1+m^2-2m\cos 2\theta}, \qquad \pm\frac{4}{1-m^2}q \, \text{。}$$

5-7 具有椭圆孔口的薄板，在孔边受均布剪力 q，如图 5-12 所示。试求复变函数 $\varphi(\zeta)$ 及 $\psi(\zeta)$，并求出孔边应力及其极值。

答案：$\quad \varphi(\zeta) = imqR\zeta, \qquad \psi(\zeta) = -iqR\zeta\dfrac{1-m^2-2m\zeta^2}{1-m\zeta^2},$

$$\frac{4mq\sin 2\theta}{1+m^2-2m\cos 2\theta}, \qquad \pm\frac{4m}{1-m^2}q \, \text{。}$$

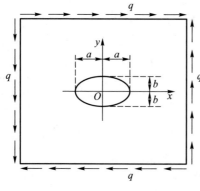

图 5-11

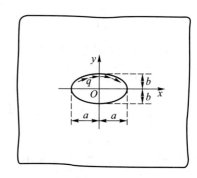

图 5-12

5-8　试导出表达式(5-37)及式(5-38)。

参 考 教 材

[1]　张芝琪.坝体内的孔口和廊道[J].水利水电建设.1959,14.

[2]　萨文 Г Н.孔附近的应力集中[M].卢鼎霍,译.北京:科学出版社,1958:第一章及第二章.

[3]　Мусхелишвили Н И.数学弹性力学的几个基本问题[M].赵惠元,译.北京:科学出版社,1958:第二章,第四章及第五章.

[4]　赵光恒.标准廊道附近的应力集中[J].高等学校自然科学学报:土木、建筑、水利版,1965:第一卷第一期.

第六章 温度应力的平面问题

当弹性体的温度发生改变时,它的每一部分一般都将由于温度的升高或降低而趋于膨胀或收缩。但是,由于弹性体所受的外在约束,以及各个部分之间的相互约束,这种膨胀或收缩并不能自由地发生,于是就产生应力,即所谓变温应力。近年来,变温应力已趋于改称为温度应力,但读者不可因此而有这样的误解:"温度应力是温度引起的,因而一定的温度相应于一定的应力。"实际上,这个应力是变温引起的,一定的变温才相应于一定的应力。

为了决定弹性体内的温度应力,须进行两方面的计算:

(1) 按照"热传导理论",根据弹性体的热学性质、内部热源、初始条件和边界条件,计算弹性体内各点在各瞬时的温度,即所谓"决定温度场",而前后两个温度场之差就是弹性体的变温。

(2) 按照"热弹性力学",根据弹性体的变温来求出体内各点的温度应力,即所谓"决定应力场"。

本章将对这两方面的计算进行简单的介绍。

§6-1 关于温度场和热传导的一些概念

热量从物体的一部分传递到另一部分,或从一个物体传入与之相接触的另一个物体,都称为热传导。在热传导理论中,和在弹性力学中一样,也是概不考虑物质的微粒构造,而把物体当作连续介质。

一般而论,在热传导的过程中,物体内各点的温度随着各点的位置不同和时间的经过而变化,因而温度 T 是位置坐标和时间 t 的函数:

$$T = T(x, y, z, t)。 \tag{a}$$

在任一瞬时,所有各点的温度值的总体,称为温度场。

一个温度场,如果它的温度随时间而变,如式(a)所示,就称为不稳定温度场或非定常温度场;如果它的温度不随时间而变,就称为稳定温度场或定常温度

场。在稳定温度场中,温度只是位置坐标的函数,即

$$T = T(x, y, z), \qquad \left(\frac{\partial T}{\partial t} = 0\right)。 \tag{b}$$

如果温度场的温度随着三个位置坐标而变,如式(a)所示,它就称为空间温度场或三维温度场;如果温度只随平面内的两个位置坐标而变,它就称为平面温度场,其数学表示是

$$T = T(x, y, t), \qquad \left(\frac{\partial T}{\partial z} = 0\right)。 \tag{c}$$

平面稳定温度场的数学表示则为

$$T = T(x, y), \qquad \left(\frac{\partial T}{\partial t} = 0, \frac{\partial T}{\partial z} = 0\right)。 \tag{d}$$

在任一瞬时,连接场内温度相同的各点,就得到这一瞬时的一个等温面。图6-1中的虚线就表示温度相差为 ΔT 的一些等温面。显然,沿着等温面,温度不变;沿着其他方向,温度都有变化,沿着等温面的法线方向,温度的变化率最大。

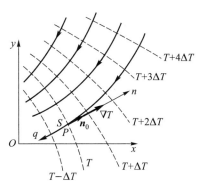

图 6-1

为了明确表示温度 T 在某一点 P 处的变化率,在这一点取一个矢量,称为温度梯度,用∇T 表示,它沿着等温面的法线方向,指向增温的方面,而大小等于$\frac{\partial T}{\partial n}$,其中 n 是沿着等温面法线量取的距离。取单位矢量$\boldsymbol{n}_0$,沿着等温面法线而指向增温的方向,则

$$\nabla T = \boldsymbol{n}_0 \frac{\partial T}{\partial n}。 \tag{e}$$

显然,P 点的温度梯度表示该点的最大变温率的方向和大小。该点沿坐标方向的变温率,则等于该点的温度梯度在坐标轴上的投影,即

$$\left. \begin{array}{l} \dfrac{\partial T}{\partial x} = \dfrac{\partial T}{\partial n}\cos(n, x), \\[2mm] \dfrac{\partial T}{\partial y} = \dfrac{\partial T}{\partial n}\cos(n, y), \\[2mm] \dfrac{\partial T}{\partial z} = \dfrac{\partial T}{\partial n}\cos(n, z)。 \end{array} \right\} \tag{f}$$

在单位时间内通过等温面面积 S 的热量称为热流速度(与水流的流量相

似),用$\dfrac{\mathrm{d}Q}{\mathrm{d}t}$表示,由于热量的量纲与功和能量相同,因此热流速度的量纲是 $\mathrm{L}^2\mathrm{MT}^{-3}$。通过等温面单位面积的热流速度称为热流密度(与水流的速度相似)。用 q 表示热流密度的大小,则有

$$q = \frac{\mathrm{d}Q}{\mathrm{d}t} \Big/ S, \tag{g}$$

它的量纲是 MT^{-3}。在热传导中,热流密度必须当作矢量看待(和水流速度一样),它的矢量表示是

$$\boldsymbol{q} = -\boldsymbol{n}_0 \frac{\mathrm{d}Q}{\mathrm{d}t} \Big/ S, \tag{h}$$

因为它也是沿着等温面的法线方向,但指向降温的方向。

热传导的基本定律是:热流密度与温度梯度成正比而方向相反,也就是

$$\boldsymbol{q} = -\lambda \nabla T, \tag{i}$$

其中的比例常数 λ 称为导热系数。由(e)、(h)、(i)三式中消去矢量 $\boldsymbol{q}$ 及∇T,得到

$$\lambda = \frac{\mathrm{d}Q}{\mathrm{d}t} \Big/ \left(\frac{\partial T}{\partial n} S \right)。 \tag{j}$$

由此可见,导热系数 λ 表示"在单位温度梯度下通过等温面单位面积的热流速度",也就是,当温度沿等温面法线每单位长度降低一度时,在单位时间内传过等温面单位面积的热量,它的量纲是 $\mathrm{LMT}^{-3}\Theta^{-1}$,其中 Θ 是热力学温度。

由式(e)及式(i)可见,热流密度 $\boldsymbol{q}$ 的大小是

$$q = \lambda \frac{\partial T}{\partial n}。 \tag{6-1}$$

所以热流密度 $\boldsymbol{q}$ 在 x 轴上的投影是

$$q_x = q\cos(\boldsymbol{q}, x) = \lambda \frac{\partial T}{\partial n}\cos(\boldsymbol{q}, x) = -\lambda \frac{\partial T}{\partial n}\cos(\boldsymbol{n}, x),$$

从而通过式(f)得到

$$q_x = -\lambda \frac{\partial T}{\partial x}。$$

同样,可得热流密度 $\boldsymbol{q}$ 在 y 轴和 z 轴上的投影,总共得到

$$q_x = -\lambda \frac{\partial T}{\partial x}, \qquad q_y = -\lambda \frac{\partial T}{\partial y}, \qquad q_z = -\lambda \frac{\partial T}{\partial z}。 \tag{6-2}$$

因为坐标轴是任意选取的,所以式(6-2)表示:热流密度在任一方向的分量,等于导热系数乘以温度在该方向的递减率。

§6-2 热传导微分方程

热传导微分方程的建立,是以如下的热量平衡原理为依据的:在任意一段时间内,物体的任一微小部分所积蓄的热量(亦即温度增高所需的热量),等于传入该微小部分的热量加上内部热源所供给的热量。

取直角坐标系并取微小六面体 $\mathrm{d}x\mathrm{d}y\mathrm{d}z$,如图 6-2 所示。假定该六面体的温度在 $\mathrm{d}t$ 时间内由 T 升高到 $T+\dfrac{\partial T}{\partial t}\mathrm{d}t$。由于温度升高了 $\dfrac{\partial T}{\partial t}\mathrm{d}t$,它所积蓄的热量是 $c\rho\mathrm{d}x\mathrm{d}y\mathrm{d}z\cdot\dfrac{\partial T}{\partial t}\mathrm{d}t$,其中 ρ 是物体的密度;c 是比热容,也就是单位质量的物体升高一度时所需的热量。

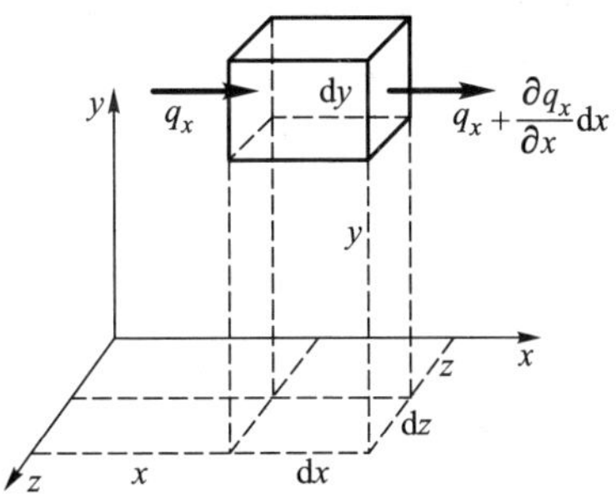

在同一时间 $\mathrm{d}t$ 内,由六面体左面传入的热量为 $q_x\mathrm{d}y\mathrm{d}z\mathrm{d}t$,由右面传出的热量为 $\left(q_x+\dfrac{\partial q_x}{\partial x}\mathrm{d}x\right)\mathrm{d}y\mathrm{d}z\mathrm{d}t$。因此,传入的净热量为

图 6-2

$$-\frac{\partial q_x}{\partial x}\mathrm{d}x\mathrm{d}y\mathrm{d}z\mathrm{d}t,$$

将式(6-2)中的第一式代入上式,结果为 $\lambda\dfrac{\partial^2 T}{\partial x^2}\mathrm{d}x\mathrm{d}y\mathrm{d}z\mathrm{d}t$。同样,由上下两面及前后两面传入的净热量分别为 $\lambda\dfrac{\partial^2 T}{\partial y^2}\mathrm{d}y\mathrm{d}z\mathrm{d}x\mathrm{d}t$ 及 $\lambda\dfrac{\partial^2 T}{\partial z^2}\mathrm{d}z\mathrm{d}x\mathrm{d}y\mathrm{d}t$。这样,传入六面体的净热量总共是 $\lambda\left(\dfrac{\partial^2 T}{\partial x^2}+\dfrac{\partial^2 T}{\partial y^2}+\dfrac{\partial^2 T}{\partial z^2}\right)\mathrm{d}x\mathrm{d}y\mathrm{d}z\mathrm{d}t$,或简写为 $\lambda\nabla^2 T\mathrm{d}x\mathrm{d}y\mathrm{d}z\mathrm{d}t$。

设该六面体的内部有热源,其强度为 W(在单位时间、单位体积内供给的热量),则该热源在时间 $\mathrm{d}t$ 内所供给的热量为 $W\mathrm{d}x\mathrm{d}y\mathrm{d}z\mathrm{d}t$。在这里,供热的热源作为正的热源,如金属通电时发热、混凝土硬化时发热、水分结冰时发热等;吸热的热源作为负的热源,如水分蒸发时吸热、冰粒溶解时吸热等。

于是,根据热量平衡原理,有

$$c\rho\mathrm{d}x\mathrm{d}y\mathrm{d}z\,\frac{\partial T}{\partial t}\mathrm{d}t=\lambda\nabla^2 T\mathrm{d}x\mathrm{d}y\mathrm{d}z\mathrm{d}t+W\mathrm{d}x\mathrm{d}y\mathrm{d}z\mathrm{d}t。$$

上式两边同时除以 $c\rho dxdydzdt$，移项以后，即得热传导微分方程

$$\frac{\partial T}{\partial t}-\frac{\lambda}{c\rho}\nabla^2 T=\frac{W}{c\rho},\qquad\text{(a)}$$

或简写为

$$\frac{\partial T}{\partial t}-a\nabla^2 T=\frac{W}{c\rho},\qquad\text{(b)}$$

式中

$$a=\frac{\lambda}{c\rho}\qquad\text{(6-3)}$$

称为导温系数（又称为热扩散率），它的量纲是 L^2T^{-1}，单位通常采用 m^2/h。一般情况下，混凝土的导温系数在 0.003 与 0.005 之间。

　　方程(a)或(b)中的系数 λ、c、ρ、a 都可以近似地当作常量，但热源强度 W 却往往随着时间的经过而有较大的变化，它必须作为时间 t 的函数（已知函数）。

　　分析混凝土体在硬化发热期间的不稳定温度场时，引用绝热温升来代替热源强度，比较方便一些。将拌捣好的一块混凝土放在绝热条件下，使混凝土硬化时所产生的热量全部用于提高混凝土试块本身的温度，这时量得的试块升高的温度 θ 称为绝热温升，它随时间（龄期）t 的变化大致如图 6-3 中的绝热温升图线所示。绝热温升对于时间的改变率，即 $\dfrac{\partial\theta}{\partial t}$，称为绝热温升率，可由绝热温升图线的斜率得来。

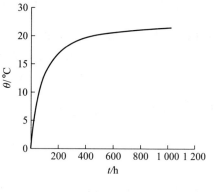

图 6-3

　　由于混凝土试块不大，而且是处于绝热情况下，所以试块内的温度可以认为是均匀的，也就是，它的温度只随时间变化而不是坐标的函数。这样就有 $\nabla^2 T=0$，从而由式(a)或式(b)可得

$$\frac{\partial T}{\partial t}=\frac{W}{c\rho}。\qquad\text{(c)}$$

但这时的 $\dfrac{\partial T}{\partial t}$ 就是绝热温升率 $\dfrac{\partial\theta}{\partial t}$，因此又有

$$\frac{W}{c\rho}=\frac{\partial\theta}{\partial t}。$$

再代回式(b)，得

$$\frac{\partial T}{\partial t}-a\nabla^2 T=\frac{\partial\theta}{\partial t}。\qquad\text{(6-4)}$$

这就是混凝土在硬化发热期间的热传导微分方程。

§6-3　温度场的边值条件

为了能够求解热传导微分方程,从而求得温度场,必须已知物体在初瞬时的温度分布,即初始条件;同时还必须已知初瞬时以后物体表面与周围介质之间进行热交换的规律,即边界条件。初始条件和边界条件合称为边值条件。初始条件是时间边值条件,边界条件是空间边值条件。

初始条件一般表示为如下的形式:
$$(T)_{t=0}=f(x,y,z)。 \tag{6-5}$$
在某些特殊情况下,在初瞬时,温度为均匀分布,即
$$(T)_{t=0}=C, \tag{6-6}$$
式中 C 是常数。

边界条件可能以四种方式给出。

第一类边界条件是:已知物体表面上任意一点在所有各瞬时的温度,即
$$T_s=f(t), \tag{6-7}$$
其中 T_s 是物体表面的温度。在最简单的情况下,式(6-7)成为
$$T_s=C, \tag{6-8}$$
即,物体表面的温度保持不变。这种边界条件可能是借助人工维持的,也可能是物体与周围介质进行特殊热交换时实现的,参阅下面所说的第三类边界条件。

第二类边界条件是:已知物体表面上任意一点的法向热流密度,即
$$(q_n)_s=f(t),$$
其中角码 s 表示"表面",角码 n 表示法向。按照§6-1中最后的结论,上式可以改写成为
$$-\lambda\left(\frac{\partial T}{\partial n}\right)_s=(q_n)_s=f(t)。 \tag{6-9}$$
在绝热边界上,由于热流密度为零,由式(6-9)得到
$$\left(\frac{\partial T}{\partial n}\right)_s=0。 \tag{6-10}$$

第三类边界条件是:已知物体边界上任意一点在所有各瞬时的运流(对流)放热情况。按照热量的运流定律,在单位时间内从物体表面传向周围介质的热流密度与两者的温度差成正比,即

$$(q_n)_s = \beta(T_s - T_e), \tag{6-11}$$

式中 T_e 是周围介质的温度;β 称为运流放热系数(又称为表面传热系数),或简称为放热系数,它的量纲是 $MT^{-3}\Theta^{-1}$。放热系数 β 依赖于周围介质的密度、黏度、流速、流向、流态,还依赖于物体表面的曲率及糙率,它的数值范围是很大的。按照 §6-1 中最后的结论,式(6-11)可以改写为

$$-\lambda\left(\frac{\partial T}{\partial n}\right)_s = \beta(T_s - T_e),$$

也就是

$$\left(\frac{\partial T}{\partial n}\right)_s = -\frac{\beta}{\lambda}(T_s - T_e)。 \tag{6-12}$$

如果周围介质的流速较大,运流几乎是完全的,则物体表面被迫取周围介质的温度,式(6-12)可以近似地代以

$$T_s = T_e。 \tag{6-13}$$

这时,式(6-12)中的 $\frac{\beta}{\lambda}$ 很大,而 $\left(\frac{\partial T}{\partial n}\right)_s$ 仍然取普通的数值。如果 T_e 随时间变化,是时间 t 的函数,则式(6-13)等同于式(6-7)。如果 T_e 不随时间变化,则式(6-13)等同于式(6-8)。

第四类边界条件是:已知物体和与之接触的另一物体以热传导方式进行热交换的情况。通常都假定接触是完全的,即物体表面的温度 T_s 和接触体表面的温度 T_e 相同,即

$$T_s = T_e。 \tag{6-14}$$

按照边值条件求解热传导微分方程,在数学上是个难题,对于工程实际提出的问题,用函数求解一般是不现实的。对于平面问题,可以用差分法求解(见第七章),最好是用有限单元法求解。对于空间问题,就只可能用有限单元法求解。

§6-4　按位移求解温度应力的平面问题

从这节开始,讨论温度应力问题的第二部分,即根据弹性体内的已知变温来决定体内的温度应力。为此,首先要导出热弹性力学的基本方程和边界条件。

命弹性体内各点的变温为 T,即后一瞬时的温度减去前一瞬时的温度,以升温时为正,降温时为负(现在和以后都不再用 T 表示某一瞬时的温度)。由于变温 T,弹性体内各点的微小长度,如果不受约束,将发生正应变 αT,其中 α 是弹

性体的线胀系数,它的量纲是 Θ^{-1}。在各向同性体中,系数 α 不随方向而变,所以这种正应变在各个方向都相同,因而也就不伴随着任何切应变。在通常的温度应力问题中,还假定 α 也不随温度的改变而改变(不然的话,温度应力问题将成为非线性问题)。这样,弹性体内各点的应变分量为

$$\varepsilon_x = \varepsilon_y = \varepsilon_z = \alpha T, \qquad \gamma_{yz} = \gamma_{zx} = \gamma_{xy} = 0, \qquad (a)$$

式中的 α 是常数。

但是,由于弹性体所受的外在约束及体内各部分之间的相互约束,上述应变并不能自由发生,于是就产生了应力,即温度应力。这个温度应力又将由于物体的弹性而引起附加的应变,如胡克定律所示。因此,连同式(a)所示的应变,总的应变分量是

$$\left.\begin{aligned}
\varepsilon_x &= \frac{1}{E}\left[\sigma_x - \mu(\sigma_y + \sigma_z)\right] + \alpha T, \\
\varepsilon_y &= \frac{1}{E}\left[\sigma_y - \mu(\sigma_z + \sigma_x)\right] + \alpha T, \\
\varepsilon_z &= \frac{1}{E}\left[\sigma_z - \mu(\sigma_x + \sigma_y)\right] + \alpha T, \\
\gamma_{yz} &= \frac{2(1+\mu)}{E}\tau_{yz}, \\
\gamma_{zx} &= \frac{2(1+\mu)}{E}\tau_{zx}, \\
\gamma_{xy} &= \frac{2(1+\mu)}{E}\tau_{xy}\,\circ
\end{aligned}\right\} \qquad (6\text{-}15)$$

假定在如图 2-1 所示的等厚度薄板及坐标系中,没有体力和面力的作用,但是有变温 T 的作用,而这个变温 T 是平行于 xy 面的、前后两个瞬时的平面温度场之差,因而只是 x 和 y 的函数,不随 z 而变化。通过与§2-1 中相同的论证,可见这种情况仍然是平面应力的问题,因而有

$$\sigma_z = 0, \quad \tau_{yz} = 0, \quad \tau_{zx} = 0, \qquad (b)$$

并由式(6-15)得出用应力分量和变温 T 表示应变分量的物理方程,即热弹性力学的物理方程

$$\left.\begin{aligned}
\varepsilon_x &= \frac{1}{E}(\sigma_x - \mu\sigma_y) + \alpha T, \\
\varepsilon_y &= \frac{1}{E}(\sigma_y - \mu\sigma_x) + \alpha T, \\
\gamma_{xy} &= \frac{2(1+\mu)}{E}\tau_{xy}\,\circ
\end{aligned}\right\} \qquad (6\text{-}16)$$

由式(6-16)求解应力分量,就得出用应变分量和变温 T 表示应力分量的物理方程

$$
\left.
\begin{aligned}
\sigma_x &= \frac{E}{1-\mu^2}(\varepsilon_x + \mu\varepsilon_y) - \frac{E\alpha T}{1-\mu}, \\
\sigma_y &= \frac{E}{1-\mu^2}(\varepsilon_y + \mu\varepsilon_x) - \frac{E\alpha T}{1-\mu}, \\
\tau_{xy} &= \frac{E}{2(1+\mu)}\gamma_{xy}\,。
\end{aligned}
\right\}
\tag{c}
$$

几何方程仍然如式(2-9)所示,得

$$
\varepsilon_x = \frac{\partial u}{\partial x}, \qquad \varepsilon_y = \frac{\partial v}{\partial y}, \qquad \gamma_{xy} = \frac{\partial v}{\partial x} + \frac{\partial u}{\partial y}\,。
\tag{d}
$$

这是因为,应变与位移之间的纯粹几何关系,不会因为引起应变和位移的原因不同而有所改变。但须注意,这里的应变和位移是由于变温和温度应力共同作用而引起的。将式(d)代入式(c),得出用位移分量和变温 T 表示应力分量的公式如下:

$$
\left.
\begin{aligned}
\sigma_x &= \frac{E}{1-\mu^2}\left(\frac{\partial u}{\partial x} + \mu\frac{\partial v}{\partial y}\right) - \frac{E\alpha T}{1-\mu}, \\
\sigma_y &= \frac{E}{1-\mu^2}\left(\frac{\partial v}{\partial y} + \mu\frac{\partial u}{\partial x}\right) - \frac{E\alpha T}{1-\mu}, \\
\tau_{xy} &= \frac{E}{2(1+\mu)}\left(\frac{\partial v}{\partial x} + \frac{\partial u}{\partial y}\right)\,。
\end{aligned}
\right\}
\tag{6-17}
$$

求解温度应力时,一般都宜于按位移求解(关于按应力求解,见 §7-6)。为了得出按位移求解时所需用的微分方程,将式(6-17)代入平衡微分方程(2-2),并注意在这里 $f_x = 0$, $f_y = 0$,简化以后得

$$
\left.
\begin{aligned}
\frac{\partial^2 u}{\partial x^2} + \frac{1-\mu}{2}\frac{\partial^2 u}{\partial y^2} + \frac{1+\mu}{2}\frac{\partial^2 v}{\partial x\partial y} - (1+\mu)\alpha\frac{\partial T}{\partial x} &= 0, \\
\frac{\partial^2 v}{\partial y^2} + \frac{1-\mu}{2}\frac{\partial^2 v}{\partial x^2} + \frac{1+\mu}{2}\frac{\partial^2 u}{\partial x\partial y} - (1+\mu)\alpha\frac{\partial T}{\partial y} &= 0\,。
\end{aligned}
\right\}
\tag{6-18}
$$

为了得出按位移求解时的应力边界条件,将式(6-17)代入式(2-18),并注意在这里 $\bar{f}_x = 0$, $\bar{f}_y = 0$,简化以后得

$$
\left.
\begin{aligned}
l\left(\frac{\partial u}{\partial x} + \mu\frac{\partial v}{\partial y}\right)_s &+ m\frac{1-\mu}{2}\left(\frac{\partial u}{\partial y} + \frac{\partial v}{\partial x}\right)_s \\
&= l(1+\mu)\alpha(T)_s, \\
m\left(\frac{\partial v}{\partial y} + \mu\frac{\partial u}{\partial x}\right)_s &+ l\frac{1-\mu}{2}\left(\frac{\partial v}{\partial x} + \frac{\partial u}{\partial y}\right)_s \\
&= m(1+\mu)\alpha(T)_s\,。
\end{aligned}
\right\}
\tag{6-19}
$$

式中的 $(T)_s$ 为应力边界上的变温,位移边界条件仍然如式(2-17)所示。

将式(6-18)及式(6-19)分别与式(2-20)及式(2-21)进行对比,可见

$$-\frac{E\alpha}{1-\mu}\frac{\partial T}{\partial x}及-\frac{E\alpha}{1-\mu}\frac{\partial T}{\partial y}$$

代替了体力分量 f_x 及 f_y,而

$$l\frac{E\alpha(T)_s}{1-\mu}及\ m\frac{E\alpha(T)_s}{1-\mu} \tag{e}$$

代替了面力分量 $\overline{f}_x$ 及 $\overline{f}_y$。于是可知,在一定的位移边界条件下,弹性体中由于变温 T 而引起的位移,等于温度不变而受有下列假想外来作用时的位移:

（1）体力,它的分量是

$$f_x=-\frac{E\alpha}{1-\mu}\frac{\partial T}{\partial x},\qquad f_y=-\frac{E\alpha}{1-\mu}\frac{\partial T}{\partial y}; \tag{f}$$

（2）法向面力

$$\sigma_N=\frac{E\alpha(T)_s}{1-\mu}, \tag{g}$$

它的分量如式(e)所示。按照应力边界条件(2-21)及位移边界条件(2-17)求出微分方程(2-20)的解答 u 及 v 以后,就可以按照式(6-17)求得应力分量。这里须注意:应力分量包含两部分,一部分是和通常一样根据位移分量求得的,另一部分是与各点的变温 T 成正比的、各向相同的正应力 $-\dfrac{E\alpha T}{1-\mu}$。

总结起来,在温度应力的平面应力问题中,温度应力就等于假想体力(f)和假想面力(g)所引起的应力,叠加以各向相同的正应力 $-\dfrac{E\alpha T}{1-\mu}$。这样就把温度应力的平面问题变换成为通常的、已知体力和面力作用的平面问题。

这样的变换,对于温度应力的模型实验有很大的帮助。用模型实验量测温度应力时,控制温度就有困难,而要使得模型和原型在热学方面和力学方面都能满足模型相似律,就更加困难。通过上述变换,就可以用施加荷载来代替加热,把一个热学和力学的混合模型变换成为单纯的力学模型,减少实验工作中的困难。

现在,假定在如图2-2所示的无限长柱形体及坐标系中,没有体力和面力作用,但是有变温 T 的作用,而这个变温也只是 x 和 y 的函数,不随 z 而变化。通过与§2-1及§2-4中相同的论证,可见这里仍然是平面应变的问题,因而有

$$\varepsilon_z=0,\qquad \tau_{yz}=0,\qquad \tau_{zx}=0,$$

从而由式(6-15)得出与式(6-16)相似的物理方程

$$\varepsilon_x = \frac{1-\mu^2}{E}\left(\sigma_x - \frac{\mu}{1-\mu}\sigma_y\right) + (1+\mu)\alpha T,$$

$$\varepsilon_y = \frac{1-\mu^2}{E}\left(\sigma_y - \frac{\mu}{1-\mu}\sigma_x\right) + (1+\mu)\alpha T, \Bigg\} \qquad (h)$$

$$\gamma_{xy} = \frac{2(1+\mu)}{E}\tau_{xy}。$$

将物理方程(h)与式(6-16)对比,可见,E 变换为 $\dfrac{E}{1-\mu^2}$,μ 变换为 $\dfrac{\mu}{1-\mu}$,此外还有 α 变换为 $(1+\mu)\alpha$。于是又可见,上面针对温度应力的平面应力问题而推导出来的那些方程和结论,进行这样的变换以后,就适用于温度应力的平面应变问题。这是因为,在推导过程中所用到的方程,除了物理方程(6-16)以外,都不包含 E、μ、α 这三个物理常数。

但是,必须指出:在温度应力的平面应变问题中,除了应力分量 σ_x、σ_y、τ_{xy} 以外,还有一个应力分量 σ_z。在式(6-15)的第三式中,命 $\varepsilon_z = 0$,就得到这个应力分量

$$\sigma_z = \mu(\sigma_x + \sigma_y) - E\alpha T。 \qquad (6-20)$$

§6-5　位移势函数的引用

前一节中已经说明,在平面应力的情况下,按位移求解温度应力问题时,须使位移分量 u 和 v 满足微分方程(6-18),并在边界上满足位移边界条件和应力边界条件。实际求解时,宜分两步进行:

(1) 求出微分方程(6-18)的任意一组特解,它只须满足式(6-18),而不一定要满足边界条件。

(2) 不计变温 T,求出式(6-18)的一组补充解,使它和特解叠加以后,能满足边界条件。

为了求得一组位移特解,引用一个函数 $\psi(x,y)$,将位移特解取为

$$u' = \frac{\partial \psi}{\partial x}, \qquad v' = \frac{\partial \psi}{\partial y}。 \qquad (6-21)$$

函数 ψ 称为位移势函数。以 u' 及 v' 分别作为 u 及 v 代入式(6-18),简化以后,得到

$$\frac{\partial}{\partial x}\nabla^2\psi = (1+\mu)\alpha\frac{\partial T}{\partial x},$$

$$\frac{\partial}{\partial y} \nabla^2 \psi = (1+\mu) \alpha \frac{\partial T}{\partial y}。$$

注意 μ 和 α 都是常量，可见，如果取函数 ψ 满足微分方程

$$\nabla^2 \psi = (1+\mu) \alpha T, \tag{6-22}$$

则上式可以满足，因而微分方程(6-18)也能满足。于是，表达式(6-21)就可以作为一组特解。将表达式(6-21)及由式(6-22)得来的 $\alpha T = \frac{1}{1+\mu} \nabla^2 \psi$ 代入式 (6-17)，相应于位移特解的应力分量是

$$\left. \begin{array}{l} \sigma'_x = -\dfrac{E}{1+\mu} \dfrac{\partial^2 \psi}{\partial y^2}, \\[2mm] \sigma'_y = -\dfrac{E}{1+\mu} \dfrac{\partial^2 \psi}{\partial x^2}, \\[2mm] \tau'_{xy} = \dfrac{E}{1+\mu} \dfrac{\partial^2 \psi}{\partial x \partial y}。 \end{array} \right\} \tag{6-23}$$

位移的补充解 u'' 及 v'' 须满足式(6-18)的齐次微分方程，即

$$\frac{\partial^2 u''}{\partial x^2} + \frac{1-\mu}{2} \frac{\partial^2 u''}{\partial y^2} + \frac{1+\mu}{2} \frac{\partial^2 v''}{\partial x \partial y} = 0,$$

$$\frac{\partial^2 v''}{\partial y^2} + \frac{1-\mu}{2} \frac{\partial^2 v''}{\partial x^2} + \frac{1+\mu}{2} \frac{\partial^2 u''}{\partial x \partial y} = 0。$$

相应于位移补充解的应力分量可由式(6-17)得来(注意变温项已计入位移特解之中，这时不再计变温，因而有 $T = 0$):

$$\sigma''_x = \frac{E}{1-\mu^2} \left(\frac{\partial u''}{\partial x} + \mu \frac{\partial v''}{\partial y} \right),$$

$$\sigma''_y = \frac{E}{1-\mu^2} \left(\frac{\partial v''}{\partial y} + \mu \frac{\partial u''}{\partial x} \right),$$

$$\tau''_{xy} = \frac{E}{2(1+\mu)} \left(\frac{\partial v''}{\partial x} + \frac{\partial u''}{\partial y} \right)。$$

这样，总的位移分量是

$$u = u' + u'', \qquad v = v' + v'',$$

它们须满足位移边界条件；总的应力分量是

$$\sigma_x = \sigma'_x + \sigma''_x, \qquad \sigma_y = \sigma'_y + \sigma''_y, \qquad \tau_{xy} = \tau'_{xy} + \tau''_{xy},$$

它们须满足应力边界条件。

在应力边界问题中(没有位移边界条件)，为了避免寻求位移补充解的困难，可以把相应于位移补充解的应力分量直接用应力函数来表示，即

$$\sigma_x'' = \frac{\partial^2 \Phi}{\partial y^2}, \qquad \sigma_y'' = \frac{\partial^2 \Phi}{\partial x^2}, \qquad \tau_{xy}'' = -\frac{\partial^2 \Phi}{\partial x \partial y}, \qquad (6-24)$$

其中的应力函数 Φ 可以按照应力边界条件的要求来选取。第三章和第四章中一些满足相容方程的应力函数可供参考。

在平面应变的情况下，须按照前一节中所述，将以上各方程中的 E 换为 $\frac{E}{1-\mu^2}$，μ 换为 $\frac{\mu}{1-\mu}$、α 换为 $(1+\mu)\alpha$。这样，位移势函数 ψ 所应满足的方程 $(6-22)$ 就成为

$$\nabla^2 \psi = \frac{1+\mu}{1-\mu} \alpha T, \qquad (6-25)$$

但相应于位移特解的应力分量仍然如式 $(6-23)$ 所示。应力分量 σ_z 仍可由式 $(6-20)$ 求得。

作为简例，设图 6-4a 所示的矩形薄板中发生如下的变温：

$$T = T_0 \left(1 - \frac{y^2}{b^2} \right),$$

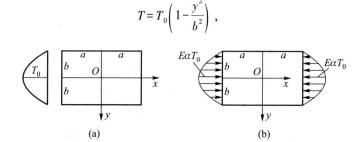

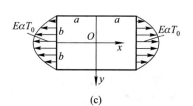

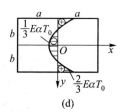

图 6-4

式中的 T_0 是常量。在这里，位移势函数 ψ 所应满足的微分方程 $(6-22)$ 成为

$$\nabla^2 \psi = (1+\mu) \alpha T_0 \left(1 - \frac{y^2}{b^2} \right)。 \qquad (a)$$

显然，取

$$\psi = Ay^2 + By^4, \qquad (b)$$

可以满足式 (a)。为了求出常数 A 及 B，将式 (b) 代入式 (a)，得

$$2A+12By^2 = (1+\mu)\,\alpha T_0\left(1-\frac{y^2}{b^2}\right)\text{。}$$

比较两边的系数，可见常数 A 及 B 应为

$$A = \frac{(1+\mu)\,\alpha T_0}{2}\text{，}\qquad B = -\frac{(1+\mu)\,\alpha T_0}{12b^2}\text{。}$$

再代回式（b），得位移势函数

$$\psi = (1+\mu)\,\alpha T_0\left(\frac{y^2}{2}-\frac{y^4}{12b^2}\right)\text{。}$$

于是，由式（6-23）得出相应于位移特解的应力分量

$$\sigma_x' = -E\alpha T_0\left(1-\frac{y^2}{b^2}\right)\text{，}\qquad \sigma_y' = 0\text{，}\qquad \tau_{xy}' = 0\text{。}\qquad\text{（c）}$$

相应的面力如图 6-4b 所示。

为了满足边界条件，可以在薄板上施以与上述面力大小相同而方向相反的面力，如图 6-4c 所示，把由此而引起的应力作为补充解 σ_x''、σ_y''、τ_{xy}''。在 a 与 b 同等大小的情况下，这个应力的精确函数解很难求得，而只能用数值解法求出近似解，如第七章及第十一章中所述。

在 a 远大于 b 的情况下，矩形薄板的左右两边成为次要的小部分的边界，就可以按照圣维南原理，把两边上的面力化为静力等效的均布拉力。这就启示人们，采用 §3-1 中满足相容方程的应力函数

$$\Phi = cy^2\text{，}$$

可以得出所需要的、相应于位移补充解的应力分量：

$$\sigma_x'' = \frac{\partial^2 \Phi}{\partial y^2} = 2c\text{，}\qquad \sigma_y'' = \frac{\partial^2 \Phi}{\partial x^2} = 0\text{，}\qquad \tau_{xy}'' = -\frac{\partial^2 \Phi}{\partial x\,\partial y} = 0\text{。}$$

将这些应力分量和式（c）所示的应力分量相叠加，得到总的应力分量

$$\left.\begin{aligned}
\sigma_x &= \sigma_x' + \sigma_x'' = 2c - E\alpha T_0\left(1-\frac{y^2}{b^2}\right)\text{，}\\
\sigma_y &= \sigma_y' + \sigma_y'' = 0\text{，}\\
\tau_{xy} &= \tau_{xy}' + \tau_{xy}'' = 0\text{。}
\end{aligned}\right\}\qquad\text{（d）}$$

边界条件要求

$$(\sigma_x)_{x=\pm a} = 0\text{，}\qquad (\tau_{xy})_{x=\pm a} = 0\text{，}$$
$$(\sigma_y)_{y=\pm b} = 0\text{，}\qquad (\tau_{yx})_{y=\pm b} = 0\text{，}$$

其中后三个条件是满足的，而第一个条件不能满足。现在，应用圣维南原理，把第一个条件变换为静力等效的条件，即，在 $x=\pm a$ 的边界上，σ_x 的主矢量及主矩等于零

$$\int_{-b}^{b} (\sigma_x)_{x=\pm a} dy = 0, \qquad \int_{-b}^{b} (\sigma_x)_{x=\pm a} y dy = 0 。$$

将式(d)代入,求得 $2c = \dfrac{2}{3} E\alpha T_0$。于是由式(d)得最后的温度应力

$$\sigma_x = E\alpha T_0 \left(\frac{y^2}{b^2} - \frac{1}{3} \right), \qquad \sigma_y = 0, \qquad \tau_{xy} = 0 。 \tag{e}$$

应力分布如图 6-4d 所示。最大及最小的应力为

$$(\sigma_x)_{y=\pm b} = \frac{2}{3} E\alpha T_0, \qquad (\sigma_x)_{y=0} = -\frac{1}{3} E\alpha T_0 。 \tag{6-26}$$

在 x 为常量的所有截面上,包括两端截面 $x = \pm a$ 在内,都有如图 6-4d 所示的正应力。因此,该两端的边界条件是不能精确满足的。但是,根据圣维南原理,每一端上自成平衡的面力只会影响靠近该端处的应力。在离开两端较远之处,不论两端是否有这样的、等效于零的面力,都可以认为应力如式(e)所示。

§6-6 用极坐标求解问题

对于圆形、楔形、扇形弹性体中的温度应力,宜用极坐标求解。

在平面应力的情况下,变温 $T(\rho,\varphi)$ 及温度应力引起的应变分量是

$$\left. \begin{aligned} \varepsilon_\rho &= \frac{1}{E} (\sigma_\rho - \mu\sigma_\varphi) + \alpha T, \\ \varepsilon_\varphi &= \frac{1}{E} (\sigma_\varphi - \mu\sigma_\rho) + \alpha T, \\ \gamma_{\rho\varphi} &= \frac{2(1+\mu)}{E} \tau_{\rho\varphi} 。 \end{aligned} \right\} \tag{a}$$

进行与 §6-5 中相同的论证,并用位移势函数 $\psi(\rho,\varphi)$ 把径向和环向位移的特解表示为

$$u'_\rho = \frac{\partial \psi}{\partial \rho}, \qquad u'_\varphi = \frac{1}{\rho} \frac{\partial \psi}{\partial \varphi}, \tag{6-27}$$

可见,ψ 所应满足的微分方程仍然是

$$\nabla^2 \psi = (1+\mu)\alpha T, \tag{6-28}$$

但其中的 ∇^2 为

$$\nabla^2 = \frac{\partial^2}{\partial \rho^2} + \frac{1}{\rho} \frac{\partial}{\partial \rho} + \frac{1}{\rho^2} \frac{\partial^2}{\partial \varphi^2} 。$$

应用极坐标中的几何方程(4-2)及物理方程(a),可将相应于位移特解的应力分量表示为

$$\sigma'_\rho = -\frac{E}{1+\mu}\left(\frac{1}{\rho}\frac{\partial\psi}{\partial\rho}+\frac{1}{\rho^2}\frac{\partial^2\psi}{\partial\varphi^2}\right),$$

$$\sigma'_\varphi = -\frac{E}{1+\mu}\frac{\partial^2\psi}{\partial\rho^2}, \qquad (6-29)$$

$$\tau'_{\rho\varphi} = \frac{E}{1+\mu}\frac{\partial}{\partial\rho}\left(\frac{1}{\rho}\frac{\partial\psi}{\partial\varphi}\right)。$$

如果变温是轴对称的,即 $T=T(\rho)$,位移势函数只须取为 $\psi(\rho)$,于是 ψ 所应满足的微分方程(6-28)成为

$$\left(\frac{\mathrm{d}^2}{\mathrm{d}\rho^2}+\frac{1}{\rho}\frac{\mathrm{d}}{\mathrm{d}\rho}\right)\psi = (1+\mu)\alpha T,$$

或

$$\frac{1}{\rho}\frac{\mathrm{d}}{\mathrm{d}\rho}\left(\rho\frac{\mathrm{d}\psi}{\mathrm{d}\rho}\right) = (1+\mu)\alpha T。$$

两边乘以 $\rho\mathrm{d}\rho$,对 ρ 积分,再乘以 $\dfrac{\mathrm{d}\rho}{\rho}$,再对 ρ 积分,得

$$\psi(\rho) = (1+\mu)\alpha\int\frac{1}{\rho}\int T\rho\,\mathrm{d}\rho^2 + (1+\mu)\alpha A\ln\rho + B, \qquad (6-30)$$

式中的 A 和 B 是任意常数。常数 A 的前面乘以因子 $(1+\mu)\alpha$,只是为了下面运算时比较方便。

将式(6-30)代入式(6-29),即得相应于位移特解的应力分量为

$$\sigma'_\rho = -\frac{E}{1+\mu}\frac{1}{\rho}\frac{\mathrm{d}\psi}{\mathrm{d}\rho} = -\frac{E\alpha}{\rho^2}\left[\int T\rho\,\mathrm{d}\rho + A\right],$$

$$\sigma'_\varphi = -\frac{E}{1+\mu}\frac{\mathrm{d}^2\psi}{\mathrm{d}\rho^2} = \frac{E\alpha}{\rho^2}\left[\int T\rho\,\mathrm{d}\rho + A - T\rho^2\right],$$

$$\tau'_{\rho\varphi} = 0。$$

在这里,积分的上限当然必须取为 ρ,但下限可以任意选取。取不同的下限,积分式只相差一个常数,而这个常数可以用任意常数 A 来调整,因此,上式可以改写为

$$\sigma'_\rho = -\frac{E\alpha}{\rho^2}\left[\int_r^\rho T\rho\,\mathrm{d}\rho + A\right],$$

$$\sigma'_\varphi = \frac{E\alpha}{\rho^2}\left[\int_r^\rho T\rho\,\mathrm{d}\rho + A - T\rho^2\right], \qquad (6-31)$$

$$\tau'_{\rho\varphi} = 0。$$

式中 r 为任意选取的常数,它的量纲必须是长度。

在平面应变的情况下,如 §6-4 中所述,须在以上的各公式中将 E 换为 $\dfrac{E}{1-\mu^2}$、μ 换为 $\dfrac{\mu}{1-\mu}$、α 换为 $(1+\mu)\alpha$。至于多出的应力分量 σ_z,则可根据 $\varepsilon_z=0$ 的条件得出与式(6-20)相似的公式

$$\sigma_z=\mu(\sigma_\rho+\sigma_\varphi)-E\alpha T_\circ \tag{6-32}$$

如果边界条件不能满足,则上述相应于位移特解的应力分量还须叠加相应于位移补充解的应力分量,后者可以用第四章中所述的方法求得。

§6-7　圆环和圆筒的轴对称温度应力

设有圆环,内半径为 a,外半径为 b,发生轴对称的变温 $T=T(\rho)$。边界条件是

$$(\sigma_\rho)_{\rho=a}=0, \qquad (\sigma_\rho)_{\rho=b}=0_\circ \tag{a}$$

按照式(6-31),取 $r=a$,得到相应于位移特解的应力分量

$$\left.\begin{aligned}
\sigma_\rho'&=-\frac{E\alpha}{\rho^2}\Big[\int_a^\rho T\rho\,\mathrm{d}\rho+A\Big], \\[2mm]
\sigma_\varphi'&=\frac{E\alpha}{\rho^2}\Big[\int_a^\rho T\rho\,\mathrm{d}\rho+A-T\rho^2\Big], \\[2mm]
\tau_{\rho\varphi}'&=0_\circ
\end{aligned}\right\} \tag{b}$$

显然,边界条件(a)不能满足(在一般情况下,不可能选择一个常数 A,使 $\rho=a$ 及 $\rho=b$ 处的两个条件同时满足)。因此,由满足相容条件的应力函数 $\Phi=\dfrac{C}{2}\rho^2$,求出如下的应力作为补充解:

$$\sigma_\rho''=\sigma_\varphi''=C, \qquad \tau_{\rho\varphi}''=0_\circ \tag{c}$$

于是,由式(b)及式(c)得总的应力分量

$$\left.\begin{aligned}
\sigma_\rho&=-\frac{E\alpha}{\rho^2}\Big[\int_a^\rho T\rho\,\mathrm{d}\rho+A\Big]+C, \\[2mm]
\sigma_\varphi&=\frac{E\alpha}{\rho^2}\Big[\int_a^\rho T\rho\,\mathrm{d}\rho+A-T\rho^2\Big]+C, \\[2mm]
\tau_{\rho\varphi}&=0_\circ
\end{aligned}\right\} \tag{d}$$

代入边界条件(a),并注意 $\displaystyle\int_a^a T\rho\,\mathrm{d}\rho=0$,得

$$-\frac{E\alpha}{a^2}A+C=0, \qquad -\frac{E\alpha}{b^2}\Big[\int_a^b T\rho\,\mathrm{d}\rho+A\Big]+C=0_\circ$$

求解 A 和 C,得

$$A = \frac{a^2}{b^2 - a^2} \int_a^b T\rho\,\mathrm{d}\rho, \qquad C = \frac{E\alpha}{b^2 - a^2} \int_a^b T\rho\,\mathrm{d}\rho。 \tag{e}$$

再代回式(d),即得

$$\left.\begin{aligned}
\sigma_\rho &= \frac{E\alpha}{\rho^2}\left[\frac{\rho^2 - a^2}{b^2 - a^2}\int_a^b T\rho\,\mathrm{d}\rho - \int_a^\rho T\rho\,\mathrm{d}\rho\right], \\
\sigma_\varphi &= \frac{E\alpha}{\rho^2}\left[\frac{\rho^2 + a^2}{b^2 - a^2}\int_a^b T\rho\,\mathrm{d}\rho + \int_a^\rho T\rho\,\mathrm{d}\rho - T\rho^2\right], \\
\tau_{\rho\varphi} &= 0。
\end{aligned}\right\} \tag{f}$$

对于圆筒,作为平面应变问题,须将式(f)中的 E 换为 $\dfrac{E}{1-\mu^2}$、α 换为 $(1+\mu)\alpha$,

这样得出

$$\left.\begin{aligned}
\sigma_\rho &= \frac{E\alpha}{(1-\mu)\rho^2}\left[\frac{\rho^2 - a^2}{b^2 - a^2}\int_a^b T\rho\,\mathrm{d}\rho - \int_a^\rho T\rho\,\mathrm{d}\rho\right], \\
\sigma_\varphi &= \frac{E\alpha}{(1-\mu)\rho^2}\left[\frac{\rho^2 + a^2}{b^2 - a^2}\int_a^b T\rho\,\mathrm{d}\rho + \int_a^\rho T\rho\,\mathrm{d}\rho - T\rho^2\right], \\
\tau_{\rho\varphi} &= 0。
\end{aligned}\right\} \tag{g}$$

此外,由式(6-32)得出

$$\sigma_z = \frac{E\alpha}{1-\mu}\left[\frac{2\mu}{b^2 - a^2}\int_a^b T\rho\,\mathrm{d}\rho - T\right]。 \tag{h}$$

式(h)所示的应力,是维持平面应变的应力,是在无限长圆筒中或在两端受完全约束的有限长圆筒中才可能发生的。如果圆筒是有限长的而且两端不受约束,则在两端将有边界条件 $\sigma_z = 0$。但由式(h)可见,这是不可能满足的。为了可以近似地满足这个边界条件,对式(h)所示的 σ_z 叠加常量 D,而使这个 σ_z 在圆筒两端的合力为零,即

$$\int_a^b \left\{\frac{E\alpha}{1-\mu}\left[\frac{2\mu}{b^2 - a^2}\int_a^b T\rho\,\mathrm{d}\rho - T\right] + D\right\} 2\pi\rho\,\mathrm{d}\rho = 0。$$

注意 $\int_a^b T\rho\,\mathrm{d}\rho$ 是常量,进行积分后,求解常量 D,得

$$D = \frac{2E\alpha}{b^2 - a^2}\int_a^b T\rho\,\mathrm{d}\rho。$$

在式(h)中叠加这个常量以后,得

$$\sigma_z = \frac{E\alpha}{1-\mu}\left[\frac{2}{b^2 - a^2}\int_a^b T\rho\,\mathrm{d}\rho - T\right]。 \tag{i}$$

在圆筒的两端,这个应力还是不等于零(除非 T 是常量),但是,它的合力等于零。因此,按照圣维南原理,在离开两端较远之处,式(g)及式(i)所示的应力可以认为是精确的。

作为特例,设圆筒从某一均匀温度加热,内面($\rho=a$)增温 T_a,外面($\rho=b$)增温 T_b。由方程(6-4)可见,如果没有内热源$\left(W=0,亦即\dfrac{\partial\theta}{\partial t}=0\right)$,则当热流稳定以后$\left(\dfrac{\partial T}{\partial t}=0\right)$,变温 T 应当满足微分方程$\nabla^2 T=0$,即$\left(\dfrac{\mathrm{d}^2}{\mathrm{d}\rho^2}+\dfrac{1}{\rho}\dfrac{\mathrm{d}}{\mathrm{d}\rho}\right)T=0$,或

$$\frac{1}{\rho}\frac{\mathrm{d}}{\mathrm{d}\rho}\left(\rho\frac{\mathrm{d}T}{\mathrm{d}\rho}\right)=0。$$

两边乘以 $\rho\mathrm{d}\rho$,对 ρ 积分,再乘以 $\dfrac{\mathrm{d}\rho}{\rho}$,再对 ρ 积分,得

$$T=A\ln\rho+B。$$

由边界条件$(T)_{\rho=a}=T_a$ 及$(T)_{\rho=b}=T_b$ 求出任意常数 A 及 B 以后,再代入上式,简化以后,得

$$T=T_a\frac{\ln\dfrac{b}{\rho}}{\ln\dfrac{b}{a}}+T_b\frac{\ln\dfrac{a}{\rho}}{\ln\dfrac{a}{b}}。 \tag{j}$$

对于两端不受约束的有限长圆筒,将式(j)代入式(g)和式(i),进行积分后加以整理,得

$$\left.\begin{aligned}
\sigma_\rho&=-\frac{E\alpha(T_a-T_b)}{2(1-\mu)}\left[\frac{\ln\dfrac{b}{\rho}}{\ln\dfrac{b}{a}}-\frac{\dfrac{b^2}{\rho^2}-1}{\dfrac{b^2}{a^2}-1}\right],\\[4ex]
\sigma_\varphi&=-\frac{E\alpha(T_a-T_b)}{2(1-\mu)}\left[\frac{\ln\dfrac{b}{\rho}-1}{\ln\dfrac{b}{a}}+\frac{\dfrac{b^2}{\rho^2}+1}{\dfrac{b^2}{a^2}-1}\right],
\end{aligned}\right\} \tag{k}$$

$$\sigma_z=-\frac{E\alpha(T_a-T_b)}{2(1-\mu)}\left[\frac{2\ln\dfrac{b}{\rho}-1}{\ln\dfrac{b}{a}}+\frac{2}{\dfrac{b^2}{a^2}-1}\right]。 \tag{1}$$

当 $T_a>T_b$ 时,应力分布大致如图6-5所示。在圆筒的内外表面,

$$(\sigma_\varphi)_{\rho=a}=(\sigma_z)_{\rho=a}=-\frac{E\alpha(T_a-T_b)}{2(1-\mu)}\left[\frac{2\frac{b^2}{a^2}}{\frac{b^2}{a^2}-1}-\frac{1}{\ln\frac{b}{a}}\right],$$

$$(\sigma_\varphi)_{\rho=b}=(\sigma_z)_{\rho=b}=\frac{E\alpha(T_a-T_b)}{2(1-\mu)}\left[\frac{1}{\ln\frac{b}{a}}-\frac{2}{\frac{b^2}{a^2}-1}\right]。$$

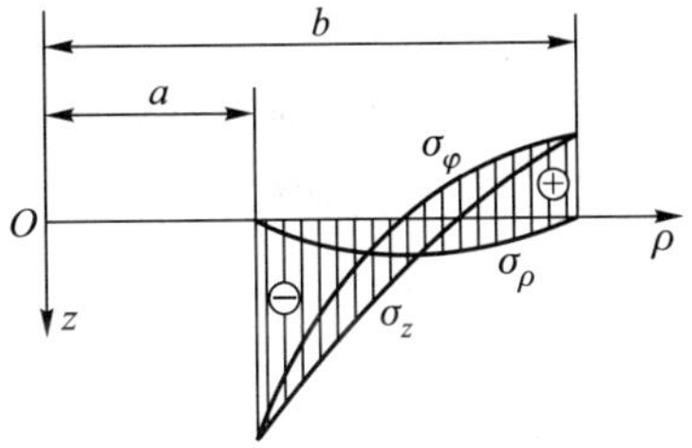

图 6-5

对于无限长的圆筒或两端受完全约束的有限长圆筒,应力分量 σ_ρ 和 σ_φ 的数值与上相同。但是,σ_z 须由式(h)得来,或更简单地,直接由式(6-32)求出。将式(k)代入式(6-32),得

$$\sigma_z=-\frac{\mu E\alpha(T_a-T_b)}{2(1-\mu)}\left[\frac{2\ln\frac{b}{\rho}-1}{\ln\frac{b}{a}}+\frac{2}{\frac{b^2}{a^2}-1}\right]-E\alpha T。$$

在圆筒的内外表面,由上式得

$$(\sigma_z)_{\rho=a}=-\frac{\mu E\alpha(T_a-T_b)}{2(1-\mu)}\left[\frac{2\frac{b^2}{a^2}}{\frac{b^2}{a^2}-1}-\frac{1}{\ln\frac{b}{a}}\right]-E\alpha T_a,$$

$$(\sigma_z)_{\rho=b}=\frac{\mu E\alpha(T_a-T_b)}{2(1-\mu)}\left[\frac{1}{\ln\frac{b}{a}}-\frac{2}{\frac{b^2}{a^2}-1}\right]-E\alpha T_b。$$

在加热以后而热流未稳定时,圆筒在任一瞬时的变温可用如下的经验公式近似地表示:

$$T=T_a\frac{\left(\frac{b}{\rho}\right)^n-1}{\left(\frac{b}{a}\right)^n-1}+T_b\frac{1-\left(\frac{a}{\rho}\right)^n}{1-\left(\frac{a}{b}\right)^n},$$

式中的 n 为正整数。对于加热后不久的瞬时,取较大的 n,如 6 到 8。对于以后的瞬时,取较小的 n。对于温度接近稳定的瞬时,取 $n=1$,这时,上式给出的 T 值将非常接近式(j)给出的。

§6-8 楔形坝体中的温度应力

坝体的温度场由于受到混凝土硬化发热及水温和气温变化的影响,分布复杂而且随时改变,用通常的方法进行计算是比较困难的。根据计算出来的变温来计算温度应力,将更加困难。因此,坝体温度应力的实际问题,只可能用数值法进行计算。但是,对于简单形状的坝体和简单的变温分布,用函数求解还是可能的。

马斯洛夫曾经针对两种特别简化了的变温分布,就平面应力状态分析了无限长楔形坝体的温度应力。本节中将介绍他所得的成果。

楔形坝体的中心角取为 2β,坝体的中心轴取为 x 轴,如图 6-6 所示。首先,假定变温在中心轴上为 $T=T_0$,在两边为 $T=0$,按 $\cos \varphi$ 的一次式变化

$$T = T_0 \frac{\cos \varphi - \cos \beta}{1 - \cos \beta}。 \qquad (a)$$

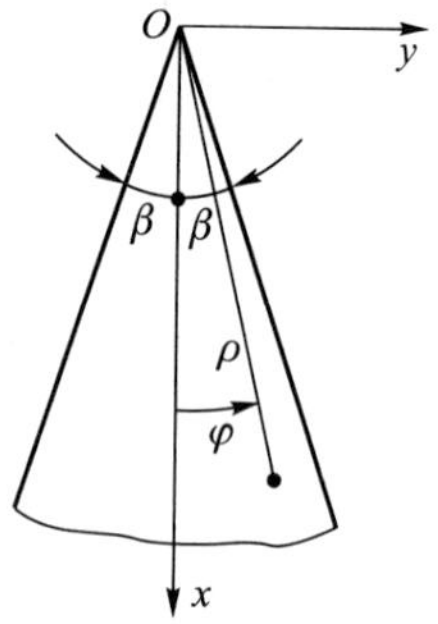

按照方程(6-28),位移势函数 ψ 所应满足的方程为

$$\left(\frac{\partial^2}{\partial \rho^2} + \frac{1}{\rho} \frac{\partial}{\partial \rho} + \frac{1}{\rho^2} \frac{\partial^2}{\partial \varphi^2}\right)\psi = (1+\mu)\alpha T_0 \frac{\cos \varphi - \cos \beta}{1 - \cos \beta}。 \qquad (b)$$

取位移势函数为

$$\psi = \rho^2 (C_1 \cos \varphi + C_2)。 \qquad (c)$$

代入式(b),得

$$3C_1 \cos \varphi + 4C_2 = (1+\mu)\alpha T_0 \frac{\cos \varphi - \cos \beta}{1 - \cos \beta},$$

将两边的 $\cos \varphi$ 项及常数项进行对比,得到

$$C_1 = \frac{(1+\mu)\alpha T_0}{3(1 - \cos \beta)},$$

$$C_2 = -\frac{(1+\mu)\alpha T_0 \cos \beta}{4(1 - \cos \beta)}。$$

代回式(c),得

$$\psi = \frac{(1+\mu)\alpha T_0}{1 - \cos \beta} \rho^2 \left(\frac{1}{3}\cos \varphi - \frac{1}{4}\cos \beta\right)。$$

图 6-6

于是,可由式(6-29)得出相应于位移特解的应力分量

$$
\left.
\begin{aligned}
\sigma'_\rho &= -\frac{E\alpha T_0}{1-\cos\beta}\left(\frac{1}{3}\cos\varphi-\frac{1}{2}\cos\beta\right), \\[2mm]
\sigma'_\varphi &= -\frac{E\alpha T_0}{1-\cos\beta}\left(\frac{2}{3}\cos\varphi-\frac{1}{2}\cos\beta\right), \\[2mm]
\tau'_{\rho\varphi} &= \tau'_{\varphi\rho} = -\frac{E\alpha T_0}{1-\cos\beta}\left(\frac{1}{3}\sin\varphi\right)。
\end{aligned}
\right\}
\tag{d}
$$

在边界上,应力分量为如下的常量:

$$
(\sigma'_\varphi)_{\varphi=\pm\beta} = -\frac{E\alpha T_0}{1-\cos\beta}\left(\frac{1}{6}\cos\beta\right),
$$

$$
(\tau'_{\varphi\rho})_{\varphi=\pm\beta} = \mp\frac{E\alpha T_0}{1-\cos\beta}\left(\frac{1}{3}\sin\beta\right)。
$$

由此可见,为了满足边界条件,相应于位移补充解的应力分量应当与 ρ 无关,而只是 φ 的函数。于是,可以利用 § 4-10 中式(g)所示的应力分量。根据问题的对称性,只须取 σ_ρ 及 σ_φ 的偶 φ 项和 $\tau_{\rho\varphi}$ 的奇 φ 项

$$
\sigma''_\rho = -2A\cos 2\varphi+2D,
$$

$$
\sigma''_\varphi = 2A\cos 2\varphi+2D,
$$

$$
\tau''_{\rho\varphi} = \tau''_{\varphi\rho} = 2A\sin 2\varphi。
$$

与式(d)相叠加,得

$$
\left.
\begin{aligned}
\sigma_\rho &= -\frac{E\alpha T_0}{1-\cos\beta}\left(\frac{1}{3}\cos\varphi-\frac{1}{2}\cos\beta\right)-2A\cos 2\varphi+2D, \\[2mm]
\sigma_\varphi &= -\frac{E\alpha T_0}{1-\cos\beta}\left(\frac{2}{3}\cos\varphi-\frac{1}{2}\cos\beta\right)+2A\cos 2\varphi+2D, \\[2mm]
\tau_{\rho\varphi} &= \tau_{\varphi\rho} = -\frac{E\alpha T_0}{1-\cos\beta}\left(\frac{1}{3}\sin\varphi\right)+2A\sin 2\varphi。
\end{aligned}
\right\}
\tag{e}
$$

应用边界条件

$$
(\sigma_\varphi)_{\varphi=\pm\beta} = 0, \qquad (\tau_{\varphi\rho})_{\varphi=\pm\beta} = 0,
$$

求出常数 $2A$ 及 $2D$,再代回式(e),即得温度应力

$$
\sigma_\rho = \frac{E\alpha T_0(\sin^2\varphi-\cos\beta\cos\varphi+\cos^2\beta)}{3\cos\beta(1-\cos\beta)},
$$

$$
\sigma_\varphi = \frac{E\alpha T_0(\cos\varphi-\cos\beta)^2}{3\cos\beta(1-\cos\beta)},
$$

$$
\tau_{\rho\varphi} = \tau_{\varphi\rho} = \frac{E\alpha T_0\sin\varphi(\cos\varphi-\cos\beta)}{3\cos\beta(1-\cos\beta)}。
$$

变温及温度应力的分布大致如图 6-7 所示。最大的拉应力是

$$(\sigma_\rho)_{\varphi=\pm\beta}=\frac{E\alpha T_0(1+\cos\beta)}{3\cos\beta}\text{。}$$

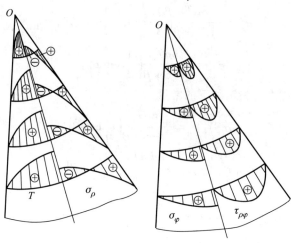

图 6-7

其次，假定变温与 ρ 成正比，并按 $\cos\varphi$ 的一次式变化

$$T=\frac{T_0\rho(\cos\varphi-\cos\beta)}{h(1-\cos\beta)}\text{，}$$

式中的 h 为某一指定长度，如坝高的一部分（T_0 为 $\rho=h$ 及 $\varphi=0$ 处的变温）。按照方程(6-28)，位移势函数 ψ 应当满足下列条件：

$$\left(\frac{\partial^2}{\partial\rho^2}+\frac{1}{\rho}\frac{\partial}{\partial\rho}+\frac{1}{\rho^2}\frac{\partial^2}{\partial\varphi^2}\right)\psi=\frac{(1+\mu)\alpha T_0\rho(\cos\varphi-\cos\beta)}{h(1-\cos\beta)}\text{。}$$

取 $\psi=\rho^3(C_1\cos\varphi+C_2)$ 代入上式，求出 C_1 及 C_2，再应用式(6-29)，得出相应于位移特解的应力分量

$$\left.\begin{aligned}\sigma_\rho'&=-\frac{E\alpha T_0\rho}{h(1-\cos\beta)}\left(\frac{1}{4}\cos\varphi-\frac{1}{3}\cos\beta\right),\\\sigma_\varphi'&=-\frac{E\alpha T_0\rho}{h(1-\cos\beta)}\left(\frac{3}{4}\cos\varphi-\frac{2}{3}\cos\beta\right),\\\tau_{\rho\varphi}'&=\tau_{\varphi\rho}'=-\frac{E\alpha T_0\rho}{h(1-\cos\beta)}\left(\frac{1}{4}\sin\varphi\right)\text{。}\end{aligned}\right\}\qquad(f)$$

在边界上，应力分量与 ρ 成正比

$$(\sigma_\varphi')_{\varphi=\pm\beta}=-\frac{E\alpha T_0\rho}{h(1-\cos\beta)}\left(\frac{1}{12}\cos\beta\right),$$

$$(\tau'_{\varphi\rho})_{\varphi=\pm\beta} = \mp \frac{E\alpha T_0\rho}{h(1-\cos\beta)}\left(\frac{1}{4}\sin\beta\right)。$$

由此可见,为了满足边界条件,对应于位移补充解的应力分量也应当与 ρ 成正比,而对应的应力函数 Φ 应当是 ρ 的三次式

$$\Phi = \rho^3 f(\varphi)。$$

代入相容方程(4-9),可以解出 $f(\varphi)$,从而得出 Φ,并由式(4-8)求得应力分量为

$$\sigma''_\rho = -2\rho(3A\cos3\varphi+3B\sin3\varphi-C\cos\varphi-D\sin\varphi),$$

$$\sigma''_\varphi = 6\rho(A\cos3\varphi+B\sin3\varphi+C\cos\varphi+D\sin\varphi),$$

$$\tau''_{\rho\varphi} = \tau''_{\varphi\rho} = 2\rho(3A\sin3\varphi-3B\cos3\varphi+C\sin\varphi-D\cos\varphi)。$$

由于对称,只须取 σ''_ρ 及 σ''_φ 中的偶 φ 项和 $\tau''_{\rho\varphi}$ 中的奇 φ 项,也就是取 $B=D=0$。将剩下的各项与式(f)相叠加,得

$$\sigma_\rho = -\frac{E\alpha T_0\rho}{h(1-\cos\beta)}\left(\frac{1}{4}\cos\varphi-\frac{1}{3}\cos\beta\right) - 2\rho(3A\cos3\varphi-C\cos\varphi),$$

$$\sigma_\varphi = -\frac{E\alpha T_0\rho}{h(1-\cos\beta)}\left(\frac{3}{4}\cos\varphi-\frac{2}{3}\cos\beta\right) + 6\rho(A\cos3\varphi+C\cos\varphi),$$

$$\tau_{\rho\varphi} = \tau_{\varphi\rho} = -\frac{E\alpha T_0\rho}{h(1-\cos\beta)}\left(\frac{1}{4}\sin\varphi\right) + 2\rho(3A\sin3\varphi+C\sin\varphi)。$$

应用边界条件 $(\sigma_\varphi)_{\varphi=\pm\beta}=0$、$(\tau_{\varphi\rho})_{\varphi=\pm\beta}=0$ 求出常数 A 和 C,再代回上式,即得温度应力

$$\sigma_\rho = \frac{E\alpha T_0\rho(\cos^2\beta+\sin^2\beta\cos\varphi-\cos^3\varphi)}{3h\cos^2\beta(1-\cos\beta)},$$

$$\sigma_\varphi = \frac{E\alpha T_0\rho(\cos\beta-\cos\varphi)^2(2\cos\beta+\cos\varphi)}{3h\cos^2\beta(1-\cos\beta)},$$

$$\tau_{\rho\varphi} = \tau_{\varphi\rho} = \frac{E\alpha T_0\rho(\sin^2\beta-\sin^2\varphi)}{3h\cos^2\beta(1-\cos\beta)}。$$

变温及温度应力的分布大致如图 6-8 所示。最大拉应力发生在边界上

$$(\sigma_\rho)_{\varphi=\beta} = \frac{E\alpha T_0\rho(1+2\cos\beta)}{3h\cos\beta}。$$

以上是针对平面应力问题进行分析的,因此,得出的解答只适用于具有伸缩缝的坝段。如果坝体并没有伸缩缝,而仍然把温度应力的问题近似地作为平面问题,则须按照平面应变问题来处理。这样,在以上的表达式中,须将 E 换为 $\frac{E}{1-\mu^2}$、μ 换为 $\frac{\mu}{1-\mu}$、α 换为 $(1+\mu)\alpha$。

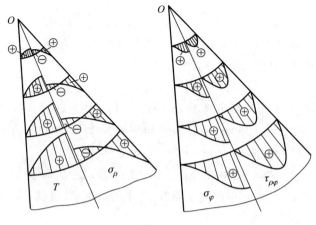

图 6-8

习　题

6-1　一无限大平面弹性体,设其中一圆形区域发生均匀温升,试分析圆形区域内部产生的温度应力是拉应力还是压应力,圆形区域以外的径向应力和环向应力是拉应力还是压应力。

6-2　自由边界的弹性体,是否所有形式的变温场都会引起温度应力?试说明哪些变温场不会引起温度应力。

6-3　设图 6-4 所示的矩形薄板中发生变温

$$T = T_0 \cos \frac{\pi y}{2b},$$

试求温度应力(假定 a 远大于 b)。

答案：　$\sigma_x = E\alpha T_0 \left(\dfrac{2}{\pi} - \cos \dfrac{\pi y}{2b} \right)$,　　$\sigma_y = \tau_{xy} = 0$。

6-4　设图 6-4 所示的矩形薄板中发生变温

$$T = -T_0 \frac{y^3}{b^3},$$

试求温度应力(假定 a 远大于 b)。

提示:用应力函数 $\Phi = Cy^3$ 给出的应力分量作为相应于位移补充解的应力分量。

答案：　$\sigma_x = E\alpha T_0 \left(\dfrac{y^2}{b^2} - \dfrac{3}{5} \right) \dfrac{y}{b}$,　　$\sigma_y = \tau_{xy} = 0$。

6-5　设图 6-4 所示的矩形薄板中发生变温

$$T = T_0 + T_1 \frac{x}{a} + T_2 \frac{y}{b},$$

式中的 T_0、T_1、T_2 均为常数,试求温度应力。

答案： $\sigma_x = \sigma_y = \tau_{xy} = 0$。

6-6　设坝体内有半径为 a 的圆形孔道,而孔道附近的变温可以近似地表示为

$$T = -T_a\left(\frac{a}{\rho}\right),$$

式中 T_a 为孔边的变温,ρ 为距孔道中心线的距离,试求温度应力。

答案： $\sigma_\rho = \frac{E\alpha T_a}{1-\mu}\left(1-\frac{a}{\rho}\right)\left(\frac{a}{\rho}\right)$, $\qquad \sigma_\varphi = \frac{E\alpha T_a}{1-\mu}\frac{a^2}{\rho^2}$, $\qquad \sigma_z = \frac{E\alpha T_a}{1-\mu}\frac{a}{\rho}$。

6-7　同习题 6-6,但 $T = -T_a\frac{a^3}{\rho^3}$。

答案： $\sigma_\rho = \frac{E\alpha T_a}{1-\mu}\left(1-\frac{a}{\rho}\right)\frac{a^2}{\rho^2}$, $\qquad \sigma_\varphi = \frac{E\alpha T_a}{1-\mu}\left(2\frac{a}{\rho}-1\right)\frac{a^2}{\rho^2}$, $\qquad \sigma_z = \frac{E\alpha T_a}{1-\mu}\frac{a^3}{\rho^3}$。

6-8　设图 6-6 所示的楔形坝体中发生变温

$$T = T_0\frac{\cos 2\varphi - \cos 2\beta}{1-\cos 2\beta},$$

试求温度应力,并求出最大拉应力。

提示:取 $\psi = \rho^2(C_1 + C_2\varphi\sin 2\varphi)$。

答案： $(\sigma_\rho)_{\varphi=\pm\beta} = \frac{E\alpha T_0(2\beta - \sin 2\beta\cos 2\beta)}{2\sin 2\beta(1-\cos 2\beta)}$。

第七章　平面问题的差分解

§7-1　差分公式的推导

自从弹性力学基本方程建立以来,这些方程在各种问题的边界条件下如何求解,曾经是很多数学工作者和力学工作者研究的内容。但是,对于工程上许多重要的问题,并没有能够得出函数式解答。因此,弹性力学问题的各种数值解法便具有重要的实际意义。差分法是沿用较久的一种数值解法。

所谓差分法,是把基本方程和边界条件(一般均为微分方程)近似地改用差分方程(代数方程)来表示,把求解微分方程的问题改换成为求解代数方程的问题。因此,在讲述差分法之前,先来导出弹性力学上常用的一些差分公式,以便用它们来建立差分方程。

在弹性体上用相隔等间距 h 而平行于坐标轴的两组平行线织成网格,如图 7-1 所示,网线的交点称为结点。设 $f=f(x,y)$ 为弹性体内的某一个连续函数,它可能是某一个应力分量或者位移分量,也可能是应力函数或者温度,等等。这个函数,在平行于 x 轴的一根网线上,如在 3-0-1 上,它只随 x 坐标的改变而变化。在邻近结点 0 处,函数 f 可以展为泰勒级数如下:

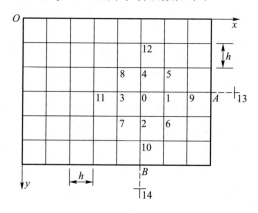

图 7-1

$$f=f_0+\left(\frac{\partial f}{\partial x}\right)_0(x-x_0)+\frac{1}{2!}\left(\frac{\partial^2 f}{\partial x^2}\right)_0(x-x_0)^2+$$

$$\frac{1}{3!}\left(\frac{\partial^3 f}{\partial x^3}\right)_0(x-x_0)^3+\frac{1}{4!}\left(\frac{\partial^4 f}{\partial x^4}\right)_0(x-x_0)^4+\cdots。 \tag{a}$$

在结点 3 及结点 1，x 分别等于 x_0-h 及 x_0+h，即 $x-x_0$ 分别等于 $-h$ 及 h。代入式 (a)，得到

$$f_3=f_0-h\left(\frac{\partial f}{\partial x}\right)_0+\frac{h^2}{2}\left(\frac{\partial^2 f}{\partial x^2}\right)_0-\frac{h^3}{6}\left(\frac{\partial^3 f}{\partial x^3}\right)_0+\frac{h^4}{24}\left(\frac{\partial^4 f}{\partial x^4}\right)_0-\cdots, \tag{b}$$

$$f_1=f_0+h\left(\frac{\partial f}{\partial x}\right)_0+\frac{h^2}{2}\left(\frac{\partial^2 f}{\partial x^2}\right)_0+\frac{h^3}{6}\left(\frac{\partial^3 f}{\partial x^3}\right)_0+\frac{h^4}{24}\left(\frac{\partial^4 f}{\partial x^4}\right)_0+\cdots。 \tag{c}$$

假定网格间距 h 是充分小的，于是，可以不计 $x-x_0$ 的三次幂及更高次幂的各项，则式 (b) 及式 (c) 简化为

$$f_3=f_0-h\left(\frac{\partial f}{\partial x}\right)_0+\frac{h^2}{2}\left(\frac{\partial^2 f}{\partial x^2}\right)_0 \tag{d}$$

$$f_1=f_0+h\left(\frac{\partial f}{\partial x}\right)_0+\frac{h^2}{2}\left(\frac{\partial^2 f}{\partial x^2}\right)_0 \tag{e}$$

联立求解 $\left(\frac{\partial f}{\partial x}\right)_0$ 及 $\left(\frac{\partial^2 f}{\partial x^2}\right)_0$，即得对 x 的一阶和二阶导数在结点 0 的差分公式

$$\left(\frac{\partial f}{\partial x}\right)_0=\frac{f_1-f_3}{2h}, \tag{7-1}$$

$$\left(\frac{\partial^2 f}{\partial x^2}\right)_0=\frac{f_1+f_3-2f_0}{h^2}。 \tag{7-2}$$

同样，可以得到对 y 的一阶和二阶导数在结点 0 的差分公式

$$\left(\frac{\partial f}{\partial y}\right)_0=\frac{f_2-f_4}{2h}, \tag{7-3}$$

$$\left(\frac{\partial^2 f}{\partial y^2}\right)_0=\frac{f_2+f_4-2f_0}{h^2}。 \tag{7-4}$$

式 (7-1) 至式 (7-4) 是基本差分公式，可以从而导出其他导数的差分公式。例如，利用式 (7-1) 及式 (7-3)，可以导出混合二阶导数的差分公式如下：

$$\left(\frac{\partial^2 f}{\partial x\partial y}\right)_0=\left[\frac{\partial}{\partial x}\left(\frac{\partial f}{\partial y}\right)\right]_0=\frac{\left(\frac{\partial f}{\partial y}\right)_1-\left(\frac{\partial f}{\partial y}\right)_3}{2h}$$

$$= \frac{\dfrac{f_6-f_5}{2h}-\dfrac{f_7-f_8}{2h}}{2h} = \frac{1}{4h^2}\big[\,(f_6+f_8)-(f_5+f_7)\,\big]。 \tag{7-5}$$

又例如,用同样的方法,可以从式(7-2)及式(7-4)导出四阶导数的差分公式如下:

$$\left.\begin{aligned}
\left(\frac{\partial^4 f}{\partial x^4}\right)_0 &= \frac{1}{h^4}\big[\,6f_0-4(f_1+f_3)+(f_9+f_{11})\,\big],\\[2mm]
\left(\frac{\partial^4 f}{\partial x^2 \partial y^2}\right)_0 &= \frac{1}{h^4}\big[\,4f_0-2(f_1+f_2+f_3+f_4)+\\
&\qquad (f_5+f_6+f_7+f_8)\,\big],\\[2mm]
\left(\frac{\partial^4 f}{\partial y^4}\right)_0 &= \frac{1}{h^4}\big[\,6f_0-4(f_2+f_4)+(f_{10}+f_{12})\,\big]。
\end{aligned}\right\} \tag{7-6}$$

建议读者自行推导这些公式,以资练习。

差分公式(7-1)及式(7-3)是以相隔 $2h$ 的两结点处的函数值来表示中间结点处的一阶导数值,称为中点导数公式。有时也需要用到另一种形式的差分公式,它以相邻三结点处的函数值来表示一个端点处的一阶导数值,称为端点导数公式,导出如下:

首先把导数 $\left(\dfrac{\partial f}{\partial x}\right)_0$ 用 f_0、f_1、f_9 来表示。为此,在式(a)中命 $x=x_0+2h$,即 $x-x_0=2h$,并略去 $x-x_0$ 的三次幂及更高次幂的各项,得出

$$f_9 = f_0 + 2h\left(\frac{\partial f}{\partial x}\right)_0 + 2h^2\left(\frac{\partial^2 f}{\partial x^2}\right)_0, \tag{f}$$

再从式(e)及式(f)中消去 $\left(\dfrac{\partial^2 f}{\partial x^2}\right)_0$,即得端点导数公式

$$\left(\frac{\partial f}{\partial x}\right)_0 = \frac{-3f_0+4f_1-f_9}{2h}。 \tag{7-7}$$

同样也可以把导数 $\left(\dfrac{\partial f}{\partial x}\right)_0$ 用 f_0、f_3、f_{11} 来表示。为此,在式(a)中命 $x=x_0-2h$,即 $x-x_0=-2h$,并略去 $x-x_0$ 的三次幂及更高次幂的各项,得出

$$f_{11} = f_0 - 2h\left(\frac{\partial f}{\partial x}\right)_0 + 2h^2\left(\frac{\partial^2 f}{\partial x^2}\right)_0, \tag{g}$$

再从式(d)及式(g)中消去 $\left(\dfrac{\partial^2 f}{\partial x^2}\right)_0$,又可得端点导数公式

$$\left(\frac{\partial f}{\partial x}\right)_0 = \frac{3f_0 - 4f_3 + f_{11}}{2h}。 \tag{7-8}$$

与上述相似,也可以导出端点导数公式

$$\left(\frac{\partial f}{\partial y}\right)_0 = \frac{-3f_0 + 4f_2 - f_{10}}{2h}, \tag{7-9}$$

$$\left(\frac{\partial f}{\partial y}\right)_0 = \frac{3f_0 - 4f_4 + f_{12}}{2h}。 \tag{7-10}$$

应当指出:中点导数公式与端点导数公式相比,精度较高,因为前者反映了结点两边的函数变化,而后者却只反映了结点一边的函数变化。据此,应尽可能应用前者,只有在无法应用前者时才不得不应用后者。

以上在导出差分公式时,分别略去了 $x-x_0$ 或 $y-y_0$ 的三次幂及更高次幂的各项,这样,就把 f 简化为 x 或 y 的二次函数。这就是说,在连续两段网线间距之内,f 视为按抛物线变化。因此,以上导出的差分公式常被称为抛物线差分公式。

用不同的方式,可以导出不同的差分公式。例如,可以在式(a)中把 $(x-x_0)^2$ 的项也略去不计,从而由式(d)及式(e)分别得出基本差分公式

$$\left(\frac{\partial f}{\partial x}\right)_0 = \frac{f_0 - f_3}{h}, \tag{h}$$

$$\left(\frac{\partial f}{\partial x}\right)_0 = \frac{f_1 - f_0}{h}。 \tag{i}$$

在这里,由于式(a)中的 f 被简化为 x 的线性函数,也就是说,在一段网格间距之内,f 视为按直线变化,因此,上列两个基本差分公式常被称为直线差分公式,式(h)称为向后线性差分公式,式(i)称为向前线性差分公式。以这两个公式为基础,可以导出高阶导数的向后或向前的差分公式。但这种差分公式精度较低,因而很少采用。

又例如,还可以在式(a)中保留 $(x-x_0)^3$ 及 $(x-x_0)^4$ 的项,将该式应用于结点 1、3、9、11,得出 $\left(\frac{\partial f}{\partial x}\right)_0$、$\left(\frac{\partial^2 f}{\partial x^2}\right)_0$、$\left(\frac{\partial^3 f}{\partial x^3}\right)_0$、$\left(\frac{\partial^4 f}{\partial x^4}\right)_0$ 的四个方程,联立求解,从而得出四个基本差分公式。这种差分公式虽然比较精确,但却很少采用,因为每一公式涉及的结点太多,用起来很不方便。

§7-2 稳定温度场的差分解

本节中以无热源的、平面的、稳定的温度场为例,说明差分法的应用。

在无热源的平面稳定温度场中,$\frac{\partial \theta}{\partial t}=0$,$\frac{\partial T}{\partial z}=0$,$\frac{\partial T}{\partial t}=0$,所以热传导微分方程(6-4)简化为调和方程 $\nabla^2 T=0$,即

$$\frac{\partial^2 T}{\partial x^2}+\frac{\partial^2 T}{\partial y^2}=0。 \tag{a}$$

为了用差分法求解,在温度场的域内织成网格,如图7-1所示。在任意一个结点,如在结点0,由差分公式(7-2)及式(7-4)有

$$\left(\frac{\partial^2 T}{\partial x^2}\right)_0=\frac{T_1+T_3-2T_0}{h^2}, \tag{b}$$

$$\left(\frac{\partial^2 T}{\partial y^2}\right)_0=\frac{T_2+T_4-2T_0}{h^2}。 \tag{c}$$

代入由式(a)得来的 $\left(\frac{\partial^2 T}{\partial x^2}\right)_0+\left(\frac{\partial^2 T}{\partial y^2}\right)_0=0$,即得差分方程

$$4T_0-T_1-T_2-T_3-T_4=0。 \tag{7-11}$$

如果一个温度场的全部边界都具有第一类边界条件,则所有边界结点处的 T 值都是已知的。这样,只须在每一个内结点处建立一个(7-11)型的差分方程,就可以由这些方程求得所有内结点处的未知 T 值。

对于具有第二类边界条件的边界结点0,如图7-2a所示,由于该结点处的温度 T_0 是未知的,需要计算,因而也需要在该结点建立一个(7-11)型的差分方程。但这一方程中将含有边界外的虚结点1处的温度 T_1。为了消去这个未知的 T_1,可利用边界条件(6-9)。假定该边界是垂直于 x 轴的,而且该边界的向外法线是沿 x 轴的正向,如图所示,则上述边界条件成为

$$-\lambda\left(\frac{\partial T}{\partial x}\right)_0=(q_x)_0,$$

其中 $(q_x)_0$ 是结点0处的沿 x 方向的已知热流密度。对 $\left(\frac{\partial T}{\partial x}\right)_0$ 应用差分公式(7-1),则上式成为

$$-\lambda\left(\frac{T_1-T_3}{2h}\right)=(q_x)_0。$$

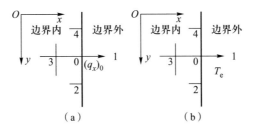

图 7-2

解出 T_1,代入式(7-11),即得修正的第二类边界条件的边界点 0 的差分方程

$$4T_0-T_2-2T_3-T_4=-\frac{2h}{\lambda}(q_x)_0。 \tag{7-12}$$

如果 4-0-2 是绝热边界或对称轴,则有 $(q_x)_0=0$,式(7-12)简化为

$$4T_0-T_2-2T_3-T_4=0。 \tag{7-13}$$

对于具有第三类边界条件的边界结点 0,如图 7-2b 所示,也须立出相应于未知值 T_0 的差分方程。为了消去该方程中的虚结点温度 T_1,可利用边界条件(6-12)而得

$$\left(\frac{\partial T}{\partial x}\right)_0=-\frac{\beta}{\lambda}(T_0-T_e),$$

式中 T_e 为边界以外的介质的已知温度。应用差分公式(7-1),可得

$$\frac{T_1-T_3}{2h}=-\frac{\beta}{\lambda}(T_0-T_e)。$$

解出 T_1,代入式(7-11),即得修正的第三类边界条件的边界点 0 的差分方程

$$\left(4+\frac{2h\beta}{\lambda}\right)T_0-T_2-2T_3-T_4=-\frac{2h\beta}{\lambda}T_e。 \tag{7-14}$$

当边界垂直于 y 轴时,极易导出与上式相似的修正差分方程。

至于具有第四类边界条件的边界结点,在完全接触的情况下,由于两个接触体的温度场是连续的,如式(6-14)所示,因此,只要两个接触体具有相同的热性常数,这个边界结点就和内结点完全一样。如果接触不完全,或者两个接触体具有不同的热性常数,则问题比较复杂,这里不进行讨论。

作为简例,设有矩形薄板,如图 7-3 所示,长度为 8 m,宽度为 6 m,右边界为绝热边界,其余三边界上的已知结点温度标在各结点上(单位为℃),试求板内的结点温度 T_a 至 T_i。

用 4×3 的网格,$h = 2$ m。按照式(7-11)列出结点 a 至 f 处的差分方程如下:

$$4T_a - T_b - T_c - 35 - 32 = 0,$$

$$4T_b - T_a - T_d - 16 - 24 = 0,$$

$$4T_c - T_a - T_d - T_e - 30 = 0,$$

$$4T_d - T_b - T_c - T_f - 14 = 0,$$

$$4T_e - T_c - T_f - T_g - 25 = 0,$$

$$4T_f - T_d - T_e - T_i - 12 = 0。$$

按照式(7-13)列出结点 g 及 i 处的差分方程如下:

$$4T_g - T_i - 2T_e - 20 = 0,$$

$$4T_i - T_g - 2T_f - 10 = 0。$$

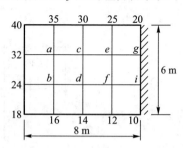

图 7-3

联立求解上列 8 个方程,得到(单位为℃)

$$T_a = 28.51, \qquad T_b = 22.03, \qquad T_c = 24.99, \qquad T_d = 19.61,$$

$$T_e = 21.84, \qquad T_f = 17.41, \qquad T_g = 19.97, \qquad T_i = 16.20。$$

当温度场具有曲线边界或斜边界时,在靠近边界处将出现不规则的内结点,如图 7-4a 所示的结点 0。首先假定边界 AB 是第一类边界。将温度 T 在邻近结点 0 处沿 x 方向展为泰勒级数,略去 $x - x_0$ 的三次幂及更高次幂的项,得到

$$T = T_0 + \left(\frac{\partial T}{\partial x} \right)_0 (x - x_0) + \frac{1}{2} \left(\frac{\partial^2 T}{\partial x^2} \right)_0 (x - x_0)^2。$$

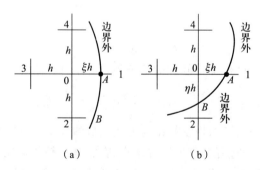

图 7-4

命 x 依次等于 $x_0 - h$ 及 $x_0 + \xi h$,即 $x - x_0$ 依次等于 $-h$ 及 $\xi h (0 < \xi < 1)$,得出

$$T_3 = T_0 - h \left(\frac{\partial T}{\partial x} \right)_0 + \frac{h^2}{2} \left(\frac{\partial^2 T}{\partial x^2} \right)_0,$$

$$T_A = T_0 + \xi h \left(\frac{\partial T}{\partial x}\right)_0 + \frac{1}{2}\xi^2 h^2 \left(\frac{\partial^2 T}{\partial x^2}\right)_0 \circ$$

从两式中消去 $\left(\dfrac{\partial T}{\partial x}\right)_0$，可以得到

$$\left(\frac{\partial^2 T}{\partial x^2}\right)_0 = \frac{2}{h}\left[\frac{1}{\xi(1+\xi)}T_A + \frac{1}{1+\xi}T_3 - \frac{1}{\xi}T_0\right] \circ \qquad (0<\xi<1)$$

至于 $\left(\dfrac{\partial^2 T}{\partial y^2}\right)_0$，则仍然如式（c）所示。这样将得出代替式（7-11）的差分方程

$$2\left(1+\frac{1}{\xi}\right)T_0 - T_2 - \frac{2}{1+\xi}T_3 - T_4 = \frac{2}{\xi(1+\xi)}T_A \circ \qquad (0<\xi<1) \qquad (7-15)$$

对于图 7-4b 中的不规则内结点 0，同样可以导出代替式（7-11）的差分方程

$$\left(\frac{1}{\xi}+\frac{1}{\eta}\right)T_0 - \frac{1}{1+\xi}T_3 - \frac{1}{1+\eta}T_4 = \frac{1}{\xi(1+\xi)}T_A + \frac{1}{\eta(1+\eta)}T_B \circ \qquad (7-16)$$
$$(0<\xi<1, 0<\eta<1)$$

其次，假定图 7-4a 中的边界 AB 是第二类边界。这时，将温度 T 在邻近结点 A 处沿 x 方向展为泰勒级数，略去 $x-x_A$ 的三次幂及更高次幂的项，得到

$$T = T_A + \left(\frac{\partial T}{\partial x}\right)_A (x-x_A) + \frac{1}{2}\left(\frac{\partial^2 T}{\partial x^2}\right)_A (x-x_A)^2 \circ$$

命 $x-x_A$ 依次等于 $-\xi h$ 及 $-(1+\xi)h$，其中 $0<\xi<1$，得到

$$T_0 = T_A - \xi h \left(\frac{\partial T}{\partial x}\right)_A + \frac{\xi^2 h^2}{2}\left(\frac{\partial^2 T}{\partial x^2}\right)_A,$$

$$T_3 = T_A - (1+\xi)h\left(\frac{\partial T}{\partial x}\right)_A + \frac{1}{2}(1+\xi)^2 h^2 \left(\frac{\partial^2 T}{\partial x^2}\right)_A \circ$$

从两式中消去 $\left(\dfrac{\partial^2 T}{\partial x^2}\right)_A$，可得

$$T_A = \frac{1}{1+2\xi}\left[(1+\xi)^2 T_0 - \xi^2 T_3 + \xi(1+\xi)h\left(\frac{\partial T}{\partial x}\right)_A\right] \circ \qquad (d)$$

再利用边界条件 $-\lambda\left(\dfrac{\partial T}{\partial x}\right)_A = (q_x)_A$ 以消去 $\left(\dfrac{\partial T}{\partial x}\right)_A$，即得

$$T_A = \frac{1}{1+2\xi}\left[(1+\xi)^2 T_0 - \xi^2 T_3 - \xi(1+\xi)\frac{h}{\lambda}(q_x)_A\right] \circ$$

代入式（7-15），简化以后，即得代替式（7-11）的差分方程

$$\frac{4(1+\xi)}{1+2\xi}T_0 - T_2 - \frac{2}{1+2\xi}T_3 - T_4 = -\frac{2}{1+2\xi}\frac{h}{\lambda}(q_x)_A \circ \qquad (0<\xi<1) \qquad (7-17)$$

对于图 7-4b 中的不规则内结点 0, 也可以同样导出代替式(7-11)的差分方程

$$\left(\frac{1}{1+2\xi}+\frac{1}{1+2\eta}\right)T_0-\frac{1}{1+2\xi}T_3-\frac{1}{1+2\eta}T_4$$

$$=-\frac{h}{\lambda}\left[\frac{1}{1+2\xi}(q_x)_A+\frac{1}{1+2\eta}(q_x)_B\right] \qquad (7-18)$$

$$(0<\xi<1,0<\eta<1)$$

如果图 7-4a 中的边界 AB 是第三类边界, 则可利用边界条件(6-12)而得

$$\left(\frac{\partial T}{\partial x}\right)_A=-\frac{\beta}{\lambda}(T_A-T_e)。$$

代入式(d), 可得方程

$$T_A=\frac{1}{1+2\xi}\left[(1+\xi)^2T_0-\xi^2T_3-\frac{\beta h}{\lambda}\xi(1+\xi)(T_A-T_e)\right]。 \qquad (e)$$

$$(0<\xi<1)$$

解出 T_A, 再代入式(7-15), 即得代替式(7-11)的差分方程。如果图 7-4b 中的边界 AB 是第三类边界, 则除了方程(e)以外还可以得出相似的方程

$$T_B=\frac{1}{1+2\eta}\left[(1+\eta)^2T_0-\eta^2T_4-\frac{\beta h}{\lambda}\eta(1+\eta)(T_B-T_e)\right]。 \qquad (f)$$

$$(0<\eta<1)$$

将方程(e)及(f)一并代入式(7-16), 亦可得出代替式(7-11)的差分方程。

§7-3　不稳定温度场的差分解

本节将简单介绍平面不稳定温度场的差分解法, 主要目的在于说明如何计算混凝土体中由于混凝土凝结发热而出现的不稳定温度场, 供温度应力的计算及温度控制之用。

计算时, 仍然和以前一样地在温度场上织成网格, 如图 7-1 所示。将平面不稳定温度场的微分方程(6-4)用于在任一瞬时的任一内结点 0, 得到

$$\left(\frac{\partial T}{\partial t}\right)_0-a(\nabla^2T)_0=\left(\frac{\partial\theta}{\partial t}\right)_0。 \qquad (a)$$

命结点 0 在 t 时的温度为 T_0, 在 $t+\Delta t$ 时的温度为 T'_0。对时间的导数 $\frac{\partial T}{\partial t}$, 应用向前线性差分公式, 得到

$$\left(\frac{\partial T}{\partial t}\right)_0 = \frac{T'_0 - T_0}{\Delta t}。 \tag{b}$$

对于 $\nabla^2 T$，仍然采用抛物线差分公式，得到

$$(\nabla^2 T)_0 = \left(\frac{\partial^2 T}{\partial x^2}\right)_0 + \left(\frac{\partial^2 T}{\partial y^2}\right)_0 = \frac{T_1 + T_3 - 2T_0}{h^2} + \frac{T_2 + T_4 - 2T_0}{h^2}$$

$$= \frac{1}{h^2}(T_1 + T_2 + T_3 + T_4 - 4T_0)。 \tag{c}$$

对于 $\dfrac{\partial \theta}{\partial t}$，也采用线性差分公式，即

$$\left(\frac{\partial \theta}{\partial t}\right)_0 = \frac{(\Delta \theta)_0}{\Delta t}。 \tag{d}$$

将式（b）、式（c）、式（d）代入式（a），即得内结点 0 的差分方程

$$T'_0 = \left(1 - \frac{4a\Delta t}{h^2}\right)T_0 + \frac{a\Delta t}{h^2}(T_1 + T_2 + T_3 + T_4) + (\Delta \theta)_0。 \tag{7-19}$$

利用这一方程，可以根据结点 0、1、2、3、4 在 t 时的温度，以及结点 0 在时段 Δt 内的 $\Delta \theta$，求得结点 0 在 $t+\Delta t$ 时的温度 T'_0。

对于具有第一类边界条件的边界结点 0，由于结点温度 T'_0 是已知的，当然无须应用什么方程来求出它的温度。

对于具有第二类边界条件的边界结点 0，如图 7-2a 所示，由于它的温度 T'_0 是未知的，因而需要用到（7-19）型的差分方程。但这一方程的右边将含有边界外的虚结点 1 处的温度 T_1。为了消去这个未知温度，可以像前一节一样利用边界条件

$$-\lambda\left(\frac{T_1 - T_3}{2h}\right) = (q_x)_0。$$

解出 T_1，代入式（7-19），即得修正的第二类边界条件的边界点 0 的差分方程

$$T'_0 = \left(1 - \frac{4a\Delta t}{h^2}\right)T_0 + \frac{a\Delta t}{h^2}\left[T_2 + 2T_3 + T_4 - \frac{2h}{\lambda}(q_x)_0\right] + (\Delta \theta)_0。 \tag{7-20}$$

对于具有第三类边界条件的边界结点 0，如图 7-2b 所示，也需要用到（7-19）型的差分方程。为了消去虚结点 1 处的温度 T_1，可以和前一节一样利用边界条件

$$\frac{T_1 - T_3}{2h} = -\frac{\beta}{\lambda}(T_0 - T_e)。$$

解出 T_1，代入式（7-19），即得修正的第三类边界条件的边界点 0 的差分方程

$$T'_0 = \left(1 - \frac{4a\Delta t}{h^2} - \frac{2a\beta\Delta t}{h\lambda}\right) T_0 + \frac{a\Delta t}{h^2}(T_2 + 2T_3 + T_4) + \frac{2a\beta\Delta t}{h\lambda}T_e + (\Delta\theta)_0 \, 。 \quad (7-21)$$

关于具有第四类边界条件的边界结点,已在前一节中进行说明。总之,不论边界条件如何,都可以由 Δt 前的结点温度求得 Δt 后的结点温度。这种差分方程称为显式差分格式。具体计算时,可将温度场的经历时间分为若干个相等或不相等的时段 Δt,从初瞬时开始,依次利用差分方程算出各个时段终了时的结点温度,从而确定各结点处的变温过程。

按照差分理论,为了保证结点温度收敛于正确解答,必须取充分小的 Δt 值,以使差分方程右边 T_0 的系数不致成为负值。据此,对于内结点及具有第二类边界条件的边界结点,可由差分方程(7-19)或(7-20)得收敛条件

$$1 - \frac{4a\Delta t}{h^2} \geq 0,$$

从而得

$$\Delta t \leq h^2/4a, \quad (7-22)$$

对于具有第三类边界条件的边界结点,则可由差分方程(7-21)得收敛条件

$$1 - \frac{4a\Delta t}{h^2} - \frac{2a\beta\Delta t}{h\lambda} \geq 0,$$

从而得

$$\Delta t \leq \frac{1}{\dfrac{4a}{h^2} + \dfrac{2a\beta}{\lambda h}} = \frac{h^2}{4a\left(1 + \dfrac{\beta h}{2\lambda}\right)} 。 \quad (7-23)$$

观察(7-22)及(7-23)两式可见,Δt 总是决定于 β 值最大的、具有第三类边界条件的边界结点。

如果对于 $\dfrac{\partial T}{\partial t}$ 采用向后差分公式,则每一个差分方程中将包含不止一个结点而是多个结点在 Δt 后的温度,因而整个温度场内各结点处的差分方程成为联立方程;对于每一个时段 Δt,都要求解一次联立方程。这种差分方程称为隐式差分格式。这样,虽然由于没有收敛条件的限制,Δt 可以取得大一些,但计算工作量仍然可能很大。

作为算例,设有一混凝土墩,其水平横截面为 1.6 m×1.6 m 的正方形。混凝土的浇注温度(初始温度)为 2 ℃,浇注以后,表面的温度也大致保持为 2 ℃(第一类边界条件)。混凝土的导温系数取为 $a = 0.003\ 34\ \text{m}^2/\text{h}$。试用差分法计算混凝土凝结发热期间的不稳定温度场。

假定混凝土墩的高度远大于 1.6 m,因而该温度场的问题可以近似地作为

平面问题。在横截面上织成 $h=0.4$ m 的 $4×4$ 网格,如图 7-5 所示。在图上,凡是根据对称条件看出温度应当相同的结点,均用相同的字母标明。按照式(7-22),计算的时段应取为

$$\Delta t \le \frac{h^2}{4a} = \frac{0.4^2 \text{ m}^2}{4×0.003\ 34 \text{ m}^2 \cdot \text{h}^{-1}} = 12.0 \text{ h}_{\circ}$$

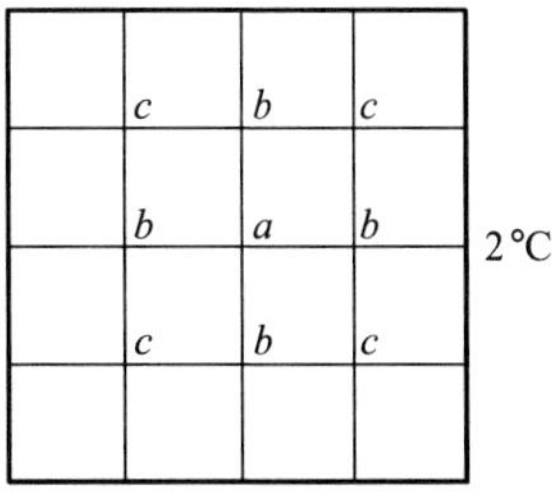

现在取 $\Delta t = 6.0$ h,从而有

$$\frac{4a\Delta t}{h^2} = 0.5, \qquad \frac{a\Delta t}{h^2} = 0.125_{\circ}$$

图 7-5

按照式(7-19)列出差分方程

$$T'_a = (1-0.5)T_a + 0.125(4T_b) + (\Delta\theta)_a,$$

$$T'_b = (1-0.5)T_b + 0.125(T_a + 2T_c + 2) + (\Delta\theta)_b,$$

$$T'_c = (1-0.5)T_c + 0.125(2T_b + 2×2) + (\Delta\theta)_c_{\circ}$$

由于全部混凝土均属于同一龄期,故有 $(\Delta\theta)_a = (\Delta\theta)_b = (\Delta\theta)_c = \Delta\theta$。于是上列三式简化为

$$\left. \begin{array}{l} T'_a = 0.5T_a + 0.5T_b + \Delta\theta, \\ T'_b = 0.5T_b + 0.125T_a + 0.25T_c + 0.25 + \Delta\theta, \\ T'_c = 0.5T_c + 0.25T_b + 0.5 + \Delta\theta_{\circ} \end{array} \right\} \qquad (\text{e})$$

假定由混凝土绝热温升试验得来的数据如下表中的前三行所示:

t/h	0	6.0	12.0	18.0	24.0	30.0	36.0	42.0	48.0
$\theta/℃$	0	5.5	8.0	9.7	10.8	11.6	12.4	13.1	13.8
$\Delta\theta/℃$	5.5	2.5	1.7	1.1	0.8	0.8	0.7	0.7	
结点 a 的温度/℃	2.00	7.50	10.00	11.36	11.79	11.69	11.47	11.11	10.75
结点 b 的温度/℃	2.00	7.50	9.31	10.01	9.99	9.65	9.35	8.99	8.69
结点 c 的温度/℃	2.00	7.50	8.63	8.84	8.52	8.06	7.74	7.41	7.15

按照式(e)进行分时段计算,结果如下:

第一时段($t=0$ 至 $t=6.0$),$\Delta\theta = 5.5$ ℃,

$$T_a = T_b = T_c = 2.00 \text{ ℃(即初始温度)},$$

$$T'_a = T'_b = T'_c = 2.00 \text{ ℃} + 5.5 \text{ ℃} = 7.50 \text{ ℃}_{\circ}$$

第二时段($t=6.0$ 至 $t=12.0$),$\Delta\theta = 2.5$ ℃,

$$T_a = T_b = T_c = 7.50 \text{ ℃},$$

$$T'_a = 10.00 \text{ ℃}, \qquad T'_b = 9.31 \text{ ℃}, \qquad T'_c = 8.63 \text{ ℃}_{\circ}$$

对其余各时段进行同样的计算,结果如上表中的后三行所示。图 7-6 所示为三结点处温度变化的过程。

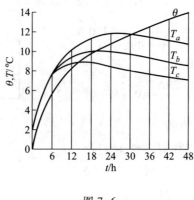

图 7-6

§7-4 应力函数的差分解

在 §2-12 中已知,在不计体力的情况下,平面问题中的应力分量 σ_x、σ_y、τ_{xy} 可以用应力函数 Φ 的二阶导数表示如下:

$$\sigma_x = \frac{\partial^2 \Phi}{\partial y^2}, \qquad \sigma_y = \frac{\partial^2 \Phi}{\partial x^2}, \qquad \tau_{xy} = -\frac{\partial^2 \Phi}{\partial x \partial y}。 \qquad (a)$$

如果在弹性体上织成如图 7-1 所示的网格,应用差分公式(7-4)、(7-2)、(7-5),就可以把任一结点 0 处的应力分量表示为

$$\left.\begin{aligned}
(\sigma_x)_0 &= \left(\frac{\partial^2 \Phi}{\partial y^2}\right)_0 = \frac{1}{h^2}\left[(\Phi_2 + \Phi_4) - 2\Phi_0\right], \\
(\sigma_y)_0 &= \left(\frac{\partial^2 \Phi}{\partial x^2}\right)_0 = \frac{1}{h^2}\left[(\Phi_1 + \Phi_3) - 2\Phi_0\right], \\
(\tau_{xy})_0 &= \left(-\frac{\partial^2 \Phi}{\partial x \partial y}\right)_0 = \frac{1}{4h^2}\cdot\left[(\Phi_5 + \Phi_7) - (\Phi_6 + \Phi_8)\right]。
\end{aligned}\right\} \qquad (7-24)$$

可见,只要已知各结点处的 Φ 值,就可以求得各结点处的应力分量。如果有常量体力的作用,可先将它变换为面力的作用,如 §2-11 中所述。

为了求得弹性体边界以内各结点处的 Φ 值,可以利用应力函数的重调和方程,但须首先把它变换为差分方程。为此,要把差分公式(7-6)代入

$(\nabla^4 \Phi)_0 = 0$，即

$$\left(\frac{\partial^4 \Phi}{\partial x^4} \right)_0 + 2 \left(\frac{\partial^4 \Phi}{\partial x^2 \partial y^2} \right)_0 + \left(\frac{\partial^4 \Phi}{\partial y^4} \right)_0 = 0 \text{。}$$

这样就得出

$$20\Phi_0 - 8(\Phi_1 + \Phi_2 + \Phi_3 + \Phi_4) + 2(\Phi_5 + \Phi_6 + \Phi_7 + \Phi_8) +$$
$$(\Phi_9 + \Phi_{10} + \Phi_{11} + \Phi_{12}) = 0 \text{。} \tag{7-25}$$

对于弹性体边界以内的每一结点，都可以建立这样一个差分方程。但是，对于边界内一行的(距边界为 h 的)结点，建立的差分方程中还将包含边界上各结点处的 Φ 值，并包含边界外一行的虚结点处的 Φ 值。

为了求得边界上各结点处的 Φ 值，须应用应力边界条件(2-18)，即

$$l(\sigma_x)_s + m(\tau_{xy})_s = \overline{f}_x, \qquad m(\sigma_y)_s + l(\tau_{xy})_s = \overline{f}_y \text{。}$$

利用式(a)，可将它变换为

$$\left. \begin{array}{l} l\left(\dfrac{\partial^2 \Phi}{\partial y^2} \right)_s - m\left(\dfrac{\partial^2 \Phi}{\partial x \partial y} \right)_s = \overline{f}_x, \\[3mm] m\left(\dfrac{\partial^2 \Phi}{\partial x^2} \right)_s - l\left(\dfrac{\partial^2 \Phi}{\partial x \partial y} \right)_s = \overline{f}_y \text{。} \end{array} \right\} \tag{b}$$

但由图 7-7 可见

$$l = \cos(N, x) = \cos \alpha = \frac{\mathrm{d}y}{\mathrm{d}s},$$

$$m = \cos(N, y) = \sin \alpha = -\frac{\mathrm{d}x}{\mathrm{d}s} \text{。}$$

因此，式(b)可以改写为

$$\frac{\mathrm{d}y}{\mathrm{d}s}\left(\frac{\partial^2 \Phi}{\partial y^2} \right)_s + \frac{\mathrm{d}x}{\mathrm{d}s}\left(\frac{\partial^2 \Phi}{\partial x \partial y} \right)_s = \overline{f}_x,$$

$$-\frac{\mathrm{d}x}{\mathrm{d}s}\left(\frac{\partial^2 \Phi}{\partial x^2} \right)_s - \frac{\mathrm{d}y}{\mathrm{d}s}\left(\frac{\partial^2 \Phi}{\partial x \partial y} \right)_s = \overline{f}_y,$$

或

$$\frac{\mathrm{d}}{\mathrm{d}s}\left(\frac{\partial \Phi}{\partial y} \right)_s = \overline{f}_x, \qquad -\frac{\mathrm{d}}{\mathrm{d}s}\left(\frac{\partial \Phi}{\partial x} \right)_s = \overline{f}_y \text{。} \tag{c}$$

将式(c)对 s 积分，从 A 点到 B 点，得

$$\left(\frac{\partial \Phi}{\partial y} \right)_A^B = \int_A^B \overline{f}_x \mathrm{d}s, \qquad -\left(\frac{\partial \Phi}{\partial x} \right)_A^B = \int_A^B \overline{f}_y \mathrm{d}s,$$

或

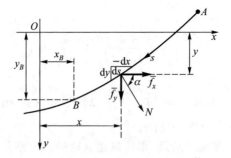

图 7-7

$$\left(\frac{\partial \Phi}{\partial y}\right)_B = \left(\frac{\partial \Phi}{\partial y}\right)_A + \int_A^B \bar{f}_x \mathrm{d}s,$$

$$\left(\frac{\partial \Phi}{\partial x}\right)_B = \left(\frac{\partial \Phi}{\partial x}\right)_A - \int_A^B \bar{f}_y \mathrm{d}s \text{。}$$

(d)

另一方面,注意到 $\mathrm{d}\Phi = \dfrac{\partial \Phi}{\partial x}\mathrm{d}x + \dfrac{\partial \Phi}{\partial y}\mathrm{d}y$,从 A 点到 B 点对 s 积分,则由分部积分得

$$(\Phi)_A^B = \left(x\frac{\partial \Phi}{\partial x}\right)_A^B - \int_A^B x\frac{\mathrm{d}}{\mathrm{d}s}\left(\frac{\partial \Phi}{\partial x}\right)\mathrm{d}s + \left(y\frac{\partial \Phi}{\partial y}\right)_A^B - \int_A^B y\frac{\mathrm{d}}{\mathrm{d}s}\left(\frac{\partial \Phi}{\partial y}\right)\mathrm{d}s,$$

或将式(c)代入,得

$$(\Phi)_A^B = \left(x\frac{\partial \Phi}{\partial x}\right)_A^B + \int_A^B x\bar{f}_y \mathrm{d}s + \left(y\frac{\partial \Phi}{\partial y}\right)_A^B - \int_A^B y\bar{f}_x \mathrm{d}s \text{。}$$

也就是

$$\Phi_B - \Phi_A = x_B\left(\frac{\partial \Phi}{\partial x}\right)_B - x_A\left(\frac{\partial \Phi}{\partial x}\right)_A + \int_A^B x\bar{f}_y \mathrm{d}s +$$

$$y_B\left(\frac{\partial \Phi}{\partial y}\right)_B - y_A\left(\frac{\partial \Phi}{\partial y}\right)_A - \int_A^B y\bar{f}_x \mathrm{d}s \text{。}$$

再将式(d)代入,得

$$\Phi_B - \Phi_A = x_B\left[\left(\frac{\partial \Phi}{\partial x}\right)_A - \int_A^B \bar{f}_y \mathrm{d}s\right] - x_A\left(\frac{\partial \Phi}{\partial x}\right)_A + \int_A^B x\bar{f}_y \mathrm{d}s +$$

$$y_B\left[\left(\frac{\partial \Phi}{\partial y}\right)_A + \int_A^B \bar{f}_x \mathrm{d}s\right] - y_A\left(\frac{\partial \Phi}{\partial y}\right)_A - \int_A^B y\bar{f}_x \mathrm{d}s,$$

从而得出

$$\Phi_B = \Phi_A + (x_B - x_A)\left(\frac{\partial \Phi}{\partial x}\right)_A + (y_B - y_A)\left(\frac{\partial \Phi}{\partial y}\right)_A +$$

$$\int_A^B (y_B - y)\bar{f}_x \mathrm{d}s + \int_A^B (x - x_B)\bar{f}_y \mathrm{d}s \text{。}$$

(e)

由式(e)及式(d)可见,设已知 $\varPhi_A$、$\left(\dfrac{\partial\varPhi}{\partial x}\right)_A$、$\left(\dfrac{\partial\varPhi}{\partial y}\right)_A$,即可根据面力分量 $\bar{f}_x$ 及 $\bar{f}_y$ 求得 $\varPhi_B$、$\left(\dfrac{\partial\varPhi}{\partial x}\right)_B$、$\left(\dfrac{\partial\varPhi}{\partial y}\right)_B$。但在§3-1中已经说明,把应力函数 $\varPhi$ 加上一个线性函数,并不影响应力。因此,可以假想把函数 $\varPhi$ 加上 $a+bx+cy$,然后调整 a、b、c 三个数值,使得 $\varPhi_A=0$,$\left(\dfrac{\partial\varPhi}{\partial x}\right)_A=0$,$\left(\dfrac{\partial\varPhi}{\partial y}\right)_A=0$。于是,式(d)及式(e)简化为

$$\left(\frac{\partial\varPhi}{\partial y}\right)_B=\int_A^B\bar{f}_x\mathrm{d}s,\tag{7-26}$$

$$\left(\frac{\partial\varPhi}{\partial x}\right)_B=-\int_A^B\bar{f}_y\mathrm{d}s,\tag{7-27}$$

$$\varPhi_B=\int_A^B(y_B-y)\bar{f}_x\mathrm{d}s+\int_A^B(x-x_B)\bar{f}_y\mathrm{d}s。\tag{7-28}$$

以上是针对单连体导出的结果。对于多连体,情况就不像这样简单。当在某一个连续边界 s 上任意选定基点 A 并取 $\varPhi_A=\left(\dfrac{\partial\varPhi}{\partial x}\right)_A=\left(\dfrac{\partial\varPhi}{\partial y}\right)_A=0$ 以后,应力函数 $\varPhi$ 就不再具有任意性,它在弹性体的任何一点都有了一定的数值。因此,对于另一个连续边界 s_1 上任选的基点 A_1,就不能再取 $\varPhi_{A_1}=\left(\dfrac{\partial\varPhi}{\partial x}\right)_{A_1}=\left(\dfrac{\partial\varPhi}{\partial y}\right)_{A_1}=0$。只有应用位移单值条件,才能确定 $\varPhi_{A_1}$、$\left(\dfrac{\partial\varPhi}{\partial x}\right)_{A_1}$、$\left(\dfrac{\partial\varPhi}{\partial y}\right)_{A_1}$,从而求出 s_1 上其他各点的 $\varPhi$ 值、$\dfrac{\partial\varPhi}{\partial x}$ 值、$\dfrac{\partial\varPhi}{\partial y}$ 值。而且,由于 $\varPhi_{A_1}$、$\left(\dfrac{\partial\varPhi}{\partial x}\right)_{A_1}$、$\left(\dfrac{\partial\varPhi}{\partial y}\right)_{A_1}$ 一般都不等于零,于是只能直接应用公式(d)和(e),而不能应用简化了的公式(7-26)至(7-28)。这就使得应力函数的差分解在多连体问题中应用起来很不方便。

观察图7-7,可见式(7-26)右边的积分式表示 A 与 B 之间的、x 方向的面力之和,式(7-27)右边的积分式表示 A 与 B 之间的、y 方向的面力之和,式(7-28)右边的积分式表示 A 与 B 之间的面力对于 B 点的矩(在如图7-7所示的 x 轴向右而 y 轴向下的坐标系中,这个矩以顺时针转向为正)。

至于边界外一行的(距边界为 h 的)虚结点处的 $\varPhi$ 值,则可用函数 $\varPhi$ 在边界上的导数值和边界内一行的各结点处的 $\varPhi$ 值来表示。例如,对于图7-1中的虚结点13及14,因为有

$$\left(\frac{\partial\varPhi}{\partial x}\right)_A=\frac{\varPhi_{13}-\varPhi_9}{2h},\qquad\left(\frac{\partial\varPhi}{\partial y}\right)_B=\frac{\varPhi_{14}-\varPhi_{10}}{2h},$$

所以有

$$\Phi_{13} = \Phi_9 + 2h\left(\frac{\partial \Phi}{\partial x}\right)_A, \qquad \Phi_{14} = \Phi_{10} + 2h\left(\frac{\partial \Phi}{\partial y}\right)_B。 \tag{7-29}$$

在实际计算时,可采取如下步骤:

(1) 在边界上任意选定一个结点作为基点 A,取 $\Phi_A = \left(\dfrac{\partial \Phi}{\partial x}\right)_A = \left(\dfrac{\partial \Phi}{\partial y}\right)_A = 0$,然后由面力的矩及面力之和算出边界上所有各结点处的 Φ 值,以及应用式(7-29)时所必需的一些 $\dfrac{\partial \Phi}{\partial x}$ 值及 $\dfrac{\partial \Phi}{\partial y}$ 值,即垂直于边界方向的导数值。

(2) 应用式(7-29),将边界外一行各虚结点处的 Φ 值用边界内的相应结点处的 Φ 值来表示。

(3) 对边界内的各结点建立差分方程(7-25),联立求解这些结点处的 Φ 值。

(4) 按照式(7-29),算出边界外一行的各虚结点处的 Φ 值。

(5) 按照式(7-24)计算应力分量。

如果一部分边界是曲线的,或是不与坐标轴正交,则边界附近将出现不规则的内结点,如图 7-8 中的结点 0。对于这样的结点,差分方程(7-25)必须加以修正。至于更靠近边界的结点 1,则根本不把它当作内结点看待,也就是,不把这个结点处的 Φ 值(即 Φ_1)作为一个独立的未知值,而把它用 Φ_0 来表示,进行修正计算如下:

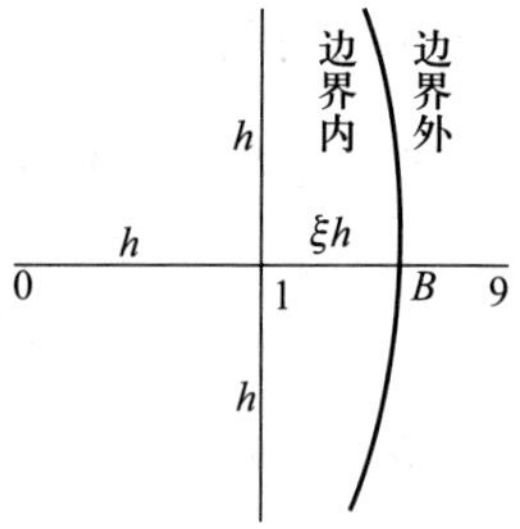

图 7-8

在 B 点附近,把应力函数 Φ 沿 x 方向展为泰勒级数,不计 $x - x_B$ 的三次幂及更高次幂,得到

$$\Phi = \Phi_B + \left(\frac{\partial \Phi}{\partial x}\right)_B (x - x_B) + \frac{1}{2}\left(\frac{\partial^2 \Phi}{\partial x^2}\right)_B (x - x_B)^2。$$

命 x 依次等于 $x_B - \xi h + h$、$x_B - \xi h$、$x_B - (h + \xi h)$,也就是命 $x - x_B$ 依次等于 $(1-\xi)h$、$-\xi h$、$-(1+\xi)h$,得出

$$\Phi_9 = \Phi_B + (1-\xi)h\left(\frac{\partial \Phi}{\partial x}\right)_B + \frac{1}{2}(1-\xi)^2 h^2\left(\frac{\partial^2 \Phi}{\partial x^2}\right)_B, \tag{f}$$

$$\Phi_1 = \Phi_B - \xi h\left(\frac{\partial \Phi}{\partial x}\right)_B + \frac{1}{2}\xi^2 h^2\left(\frac{\partial^2 \Phi}{\partial x^2}\right)_B, \tag{g}$$

$$\Phi_0 = \Phi_B - (1+\xi)h\left(\frac{\partial \Phi}{\partial x}\right)_B + \frac{1}{2}(1+\xi)^2 h^2\left(\frac{\partial^2 \Phi}{\partial x^2}\right)_B。 \tag{h}$$

现在,首先从式(f)及式(h)中消去 $\left(\dfrac{\partial^2\Phi}{\partial x^2}\right)_B$,然后从式(g)及式(h)中消去

$\left(\dfrac{\partial^2\Phi}{\partial x^2}\right)_B$,得到

$$\Phi_9 = \frac{4\xi}{(1+\xi)^2}\Phi_B + \frac{2(1-\xi)}{1+\xi}h\left(\frac{\partial\Phi}{\partial x}\right)_B + \frac{(1-\xi)^2}{(1+\xi)^2}\Phi_0, \tag{i}$$

$$\Phi_1 = \frac{1+2\xi}{(1+\xi)^2}\Phi_B - \frac{\xi}{1+\xi}h\left(\frac{\partial\Phi}{\partial x}\right)_B + \frac{\xi^2}{(1+\xi)^2}\Phi_0。 \tag{j}$$

应用差分方程(7-25)时,其中的 Φ_9 及 Φ_1 应当如式(i)及式(j)所示。当 $\xi=0$ 时,结点 B 与结点 1 重合,式(j)成为 $\Phi_1=\Phi_B$,不起作用,而式(i)成为 $\Phi_9=\Phi_0+$ $2h\left(\dfrac{\partial\Phi}{\partial x}\right)_B$,与式(7-29)中第一式的意义相同。

§7-5　应力函数差分解的实例

设有正方形的混凝土深梁,如图 7-9 所示,上边受有均布向下的铅直荷载 q,由下角点处的反力维持平衡,试用应力函数的差分解求出应力分量。

在这里,假定反力集中作用在一点,一般不能符合实际情况。但是,这里的主要问题在于求出梁底中点 A 附近的拉应力,而反力的分布方式对于这个拉应力的影响是比较小的。因此,为了计算简便,就假定反力是集中力。

取坐标轴如图 7-9 所示,取网格间距 h 等于六分之一边长。由于对称,只计算梁的左一半。现在按前一节中所说的步骤进行计算如下:

(1) 取梁底的中点 A 作为基点,取 $\Phi_A = \left(\dfrac{\partial\Phi}{\partial x}\right)_A = \left(\dfrac{\partial\Phi}{\partial y}\right)_A = 0$,计算边界上所有各结点处的 Φ 值及必需的 $\dfrac{\partial\Phi}{\partial x}$ 值和 $\dfrac{\partial\Phi}{\partial y}$ 值,列表如下(不必需的导数值没有计算,在表中用短横线表示)。

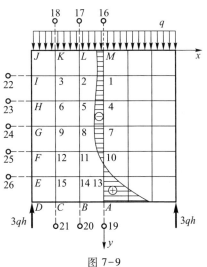

图 7-9

结点	A	B,C	D	E,F,G,H,I	J	K	L	M
$\dfrac{\partial\Phi}{\partial x}$	0	—	—	$3qh$	—	—	—	—
$\dfrac{\partial\Phi}{\partial y}$	0	0	—	—	—	0	0	0
Φ	0	0	0	0	0	$2.5qh^2$	$4.0qh^2$	$4.5qh^2$

（2）将边界外一行各个虚结点处的 Φ 值（Φ_{16} 至 Φ_{26}）用边界内一行各结点处的 Φ 值表示。在上下两边，$\dfrac{\partial\Phi}{\partial y}=0$，所以有

$$\left.\begin{array}{lll}\Phi_{16}=\Phi_1, & \Phi_{17}=\Phi_2, & \Phi_{18}=\Phi_3, \\ \Phi_{19}=\Phi_{13}, & \Phi_{20}=\Phi_{14}, & \Phi_{21}=\Phi_{15}。\end{array}\right\} \tag{a}$$

在左边，$\dfrac{\partial\Phi}{\partial x}=3qh$，所以有

$$\Phi_3=\Phi_{22}+2h\left(\frac{\partial\Phi}{\partial x}\right)_I=\Phi_{22}+2h(3qh)=\Phi_{22}+6qh^2,$$

即

$$\Phi_{22}=\Phi_3-6qh^2。 \tag{b}$$

同样有

$$\Phi_{23,24,25,26}=\Phi_{6,9,12,15}-6qh^2。 \tag{c}$$

（3）对边界内的各结点建立差分方程。例如，对结点 1，注意对称性，由式（7-25）得

$$20\Phi_1-8(2\Phi_2+\Phi_4+\Phi_M)+2(2\Phi_5+2\Phi_L)+(2\Phi_3+\Phi_7+\Phi_{16})=0。$$

将上表中 Φ_M 及 Φ_L 的已知值代入，并注意式（a）中的 $\Phi_{16}=\Phi_1$，得

$$21\Phi_1-16\Phi_2+2\Phi_3-8\Phi_4+4\Phi_5+\Phi_7-20qh^2=0。 \tag{d}$$

又例如，对结点 15，得

$$20\Phi_{15}-8(\Phi_{12}+\Phi_{14}+\Phi_C+\Phi_E)+2(\Phi_{11}+\Phi_B+\Phi_D+\Phi_F)+$$
$$(\Phi_9+\Phi_{13}+\Phi_{21}+\Phi_{26})=0。$$

将上表中的 Φ_C、Φ_E、Φ_B、Φ_D、Φ_F 代入，并注意式（a）中的 $\Phi_{21}=\Phi_{15}$ 及式（c）中的 $\Phi_{26}=\Phi_{15}-6qh^2$，得

$$\Phi_9+2\Phi_{11}-8\Phi_{12}+\Phi_{13}-8\Phi_{14}+22\Phi_{15}-6qh^2=0。 \tag{e}$$

像式（d）和式（e）这样的方程共有 15 个，其中包含 15 个未知值，Φ_1 至 Φ_{15}。联立求解，得（以 qh^2 单位）

$$\Phi_1 = 4.36, \qquad \Phi_2 = 3.89, \qquad \Phi_3 = 2.47,$$
$$\Phi_4 = 3.98, \qquad \Phi_5 = 3.59, \qquad \Phi_6 = 2.35,$$
$$\Phi_7 = 3.29, \qquad \Phi_8 = 3.03, \qquad \Phi_9 = 2.10,$$
$$\Phi_{10} = 2.23, \qquad \Phi_{11} = 2.13, \qquad \Phi_{12} = 1.63,$$
$$\Phi_{13} = 0.92, \qquad \Phi_{14} = 0.94, \qquad \Phi_{15} = 0.88。$$

（4）计算边界外一行各结点处的 Φ 值。由（a）、（b）、（c）三式得（以 qh^2 为单位）

$$\Phi_{16} = 4.36, \qquad \Phi_{17} = 3.89, \qquad \Phi_{18} = 2.47,$$
$$\Phi_{19} = 0.92, \qquad \Phi_{20} = 0.94, \qquad \Phi_{21} = 0.88,$$
$$\Phi_{22} = -3.53, \qquad \Phi_{23} = -3.65, \qquad \Phi_{24} = -3.90,$$
$$\Phi_{25} = -4.37, \qquad \Phi_{26} = -5.12。$$

（5）计算应力。例如，对于结点 M，由式（7-24）可得

$$(\sigma_x)_M = \frac{1}{h^2} \left[(\Phi_1 + \Phi_{16}) - 2\Phi_M \right]$$
$$= (4.36 + 4.36 - 2 \times 4.50) q$$
$$= -0.28q。$$

同样可得

$$(\sigma_x)_{1,4,7,10,13,A} = -0.24q, -0.31q, -0.37q,$$
$$-0.25q, \quad 0.39q, \quad 1.84q。$$

沿着梁的中线 MA，σ_x 的变化如图 7-9 中的曲线所示。

如果按照材料力学中的公式计算弯应力 σ_x，则得

$$(\sigma_x)_M = -0.75q, \qquad (\sigma_x)_A = 0.75q。$$

可见，对于像本例题中这样的深梁，用材料力学公式算出的应力，是远远不能反映实际情况的。

§7-6　温度应力问题的应力函数差分解

对于温度应力的平面问题，如果按应力求解，就要把那些用应力及变温表示应变的物理方程代入应变协调方程。在平面应力的情况下，这些物理方程是式（6-16），即

$$\varepsilon_x = \frac{\sigma_x - \mu \sigma_y}{E} + \alpha T,$$

$$\varepsilon_y = \frac{\sigma_y - \mu\sigma_x}{E} + \alpha T,$$

$$\gamma_{xy} = \frac{2(1+\mu)}{E}\tau_{xy},$$

其中 T 是变温(不是某一温度场中的温度)。代入应变协调方程(2-22),得

$$\frac{\partial^2}{\partial y^2}\left(\frac{\sigma_x - \mu\sigma_y}{E} + \alpha T\right) + \frac{\partial^2}{\partial x^2}\left(\frac{\sigma_y - \mu\sigma_x}{E} + \alpha T\right)$$

$$= \frac{\partial^2}{\partial x \partial y}\left[\frac{2(1+\mu)}{E}\tau_{xy}\right]。 \tag{a}$$

另一方面,在平衡微分方程(2-2)中,命体力分量等于零,得

$$\frac{\partial \sigma_x}{\partial x} + \frac{\partial \tau_{xy}}{\partial y} = 0, \qquad \frac{\partial \sigma_y}{\partial y} + \frac{\partial \tau_{xy}}{\partial x} = 0。 \tag{b}$$

式(a)及式(b)就是按应力求解时的基本微分方程。

利用平衡微分方程(b),可以简化相容方程(a)。为此,将式(b)中的第一式及第二式分别对 x 及 y 求导,然后相加,得

$$2\frac{\partial^2 \tau_{xy}}{\partial x \partial y} = -\frac{\partial^2 \sigma_x}{\partial x^2} - \frac{\partial^2 \sigma_y}{\partial y^2}。$$

代入式(a),化简以后,相容方程成为

$$\nabla^2(\sigma_x + \sigma_y) + E\alpha\nabla^2 T = 0。 \tag{c}$$

现在,可以把式(b)和式(c)作为按应力求解时的基本微分方程。

在温度应力问题中,没有体力作用,因此,也可以引用应力函数而使问题得到进一步简化。命

$$\sigma_x = \frac{\partial^2 \Phi}{\partial y^2}, \qquad \sigma_y = \frac{\partial^2 \Phi}{\partial x^2}, \qquad \tau_{xy} = -\frac{\partial^2 \Phi}{\partial x \partial y}, \tag{d}$$

则平衡微分方程(b)总能满足。代入式(c),就得出用应力函数表示的相容方程

$$\nabla^4 \Phi + E\alpha\nabla^2 T = 0。 \tag{e}$$

对于平面应变问题,须将其中的 E 换为 $\dfrac{E}{1-\mu^2}$,α 换为 $(1+\mu)\alpha$。

在温度应力问题中,面力分量 $\overline{f}_x = \overline{f}_y = 0$。因此,如果在边界上选定了某一基点 A,取 $\Phi_A = \left(\dfrac{\partial \Phi}{\partial x}\right)_A = \left(\dfrac{\partial \Phi}{\partial y}\right)_A = 0$,则在任意其他一点 B 都有 $\Phi_B = \left(\dfrac{\partial \Phi}{\partial x}\right)_B = \left(\dfrac{\partial \Phi}{\partial y}\right)_B = 0$。这就是说,在边界的所有各点,都有

$$\Phi = 0, \qquad \frac{\partial \Phi}{\partial x} = 0, \qquad \frac{\partial \Phi}{\partial y} = 0。 \tag{f}$$

于是,求解温度应力的平面问题,就简化为在式(f)所示的边界条件下求解微分方程(e),然后按式(d)求出应力分量。

用差分法求解温度应力时,须将微分方程(e)化为差分方程。参阅图7-1,利用差分公式(7-2)及(7-4),有

$$(\nabla^2 T)_0 = \frac{1}{h^2}(T_1 + T_2 + T_3 + T_4 - 4T_0);\qquad(\text{g})$$

利用差分公式(7-6),有

$$(\nabla^4 \Phi)_0 = \frac{1}{h^4}\big[20\Phi_0 - 8(\Phi_1 + \Phi_2 + \Phi_3 + \Phi_4) +$$

$$2(\Phi_5 + \Phi_6 + \Phi_7 + \Phi_8) + (\Phi_9 + \Phi_{10} + \Phi_{11} + \Phi_{12})\big]。\qquad(\text{h})$$

对于任一内结点0,由式(e)有

$$(\nabla^4 \Phi)_0 + E\alpha(\nabla^2 T)_0 = 0。\qquad(\text{i})$$

将式(g)及式(h)代入式(i),即得所需的差分方程

$$20\Phi_0 - 8(\Phi_1 + \Phi_2 + \Phi_3 + \Phi_4) + 2(\Phi_5 + \Phi_6 + \Phi_7 + \Phi_8) +$$

$$(\Phi_9 + \Phi_{10} + \Phi_{11} + \Phi_{12}) + E\alpha h^2(T_1 + T_2 + T_3 + T_4 - 4T_0) = 0。\qquad(7\text{-}30)$$

边界条件(f)也须化为差分形式。参阅图7-1及式(7-29),可见

$$\Phi_{13} = \Phi_9 + 2h\left(\frac{\partial \Phi}{\partial x}\right)_A,\qquad \Phi_{14} = \Phi_{10} + 2h\left(\frac{\partial \Phi}{\partial y}\right)_B。\qquad(\text{j})$$

按照边界条件(f),有 $\Phi_A = \Phi_B = 0$ 和

$$\left(\frac{\partial \Phi}{\partial x}\right)_A = 0,\qquad \left(\frac{\partial \Phi}{\partial y}\right)_B = 0。$$

代入式(j),即得边界条件的差分形式

$$\Phi_A = \Phi_B = 0,\qquad \Phi_{13} = \Phi_9,\qquad \Phi_{14} = \Phi_{10}。\qquad(7\text{-}31)$$

这就是说,边界上各结点处的 Φ 值为零,而边界外一行虚结点处的 Φ 值,就等于边界内一行相对结点处的 Φ 值。

这样,用差分法求解温度应力问题,就是在式(7-31)所示的边界条件下求解(7-30)型的差分方程。这些方程中只包含内结点处的 Φ 值作为未知值,因而可以用来求解这些未知值,从而用式(7-24)求得各结点处的应力分量。可见,变温作用时的温度应力问题,与荷载作用时的应力问题相比,是比较简单的。

此外,还可以指出,由于无热源的平面稳定温度场满足调和方程,因而两个这样的温度场之差也满足调和方程,就是说,变温 T 将满足 $\nabla^2 T = 0$。于是,在任一内结点0处将有 $T_1 + T_2 + T_3 + T_4 - 4T_0 = 0$,而(7-30)型的差分方程组将成为齐次线性方程组。应用边界条件(7-31)以后,它们仍然是齐次线性方程组(没有自由项),因而应力函数 Φ 只有零解,应力分量也只有零解。于是得出如下结论:

前后两个无热源的平面稳定温度场之差,不会在没有边界约束的单连体中引起任何温度应力(不论前一个稳定温度场经过怎样的不稳定过程而过渡到后一个稳定温度场)。

§7-7　位移的差分解

对于只具有应力边界条件的单连体受有常量体力时的平面问题,可以通过应力函数的差分解比较简便地求得应力的数值,如前面几节中所述。但是,对于多连体,求解是比较繁的,因为这时要用到位移单值条件。当弹性体具有位移边界条件或混合边界条件时,特别是在体力并非常量的情况下,则更难以利用应力函数的差分解。在另一方面,即使已经通过应力函数差分解求得应力的数值,要进一步求出位移,也是很繁的。

在以下几节中可见,如果利用位移的差分解,则不论弹性体是单连体还是多连体,也不论它具有何种边界,以及它所受的体力是否为常量,总可以比较简便地求得位移的数值,从而求得应力的数值。

按位移求解平面问题时,基本未知函数是位移分量 u 和 v。因此,在利用位移差分解时,对于位移边界问题,只须把基本微分方程(2-20)变换为差分方程,并利用边界条件(2-17),就可以很简单地解决问题。对于应力边界问题和混合边界问题,当然也可以借助于应力边界条件(2-21)的差分形式来解决问题。但是,这时要在边界之外布置虚结点,而将虚结点处的位移分量以边界结点及内结点处的位移分量来表示。这就使得差分方程复杂化。因此,作者补充导出了不同于§7-1中的一些差分公式,再根据"结点领域"的平衡条件,利用这些差分公式来导出各种情况下的差分方程。用这种差分方程来求解任何平面问题,都无须布置任何虚结点,因为差分方程中的未知值只是内结点及边界结点处的位移分量。

在导出上述差分方程时,需要用到函数 f(代表位移分量 u 或 v)在非结点处的导数值。首先来说明如何求得 f 在网线上一点处的导数值。为此,设网线段 0-1 上有一点 a,如图 7-10 所示,它距结点 0 的距离为 ξh。规定:

(1) 函数 f 沿网线方向的导数,它在该网线上各点(不包括结点)处的数值取为常量,据此有

$$\left(\frac{\partial f}{\partial x}\right)_a = \frac{f_1 - f_0}{h}。 \tag{7-32}$$

(2) 函数 f 在垂直于网线方向的导数,它在该网线上各点(不包括结点)处

的数值取为按线性变化,据此有

$$\left(\frac{\partial f}{\partial y}\right)_a = (1-\xi)\left(\frac{\partial f}{\partial y}\right)_0 + \xi\left(\frac{\partial f}{\partial y}\right)_1 , \tag{7-33}$$

其中,f 在结点处的导数值仍按差分公式(7-3)取为

$$\left(\frac{\partial f}{\partial y}\right)_0 = \frac{f_2-f_4}{2h} , \qquad \left(\frac{\partial f}{\partial y}\right)_1 = \frac{f_6-f_5}{2h}。$$

对于图 7-10 中网线段 0-2 上距结点 0 为 ηh 的一点 b,按照与上述相同的规定和处理,也可以得出

$$\left(\frac{\partial f}{\partial y}\right)_b = \frac{f_2-f_0}{h} , \tag{7-34}$$

$$\left(\frac{\partial f}{\partial x}\right)_b = (1-\eta)\left(\frac{\partial f}{\partial x}\right)_0 + \eta\left(\frac{\partial f}{\partial x}\right)_2 , \tag{7-35}$$

其中

$$\left(\frac{\partial f}{\partial x}\right)_0 = \frac{f_1-f_3}{2h} , \qquad \left(\frac{\partial f}{\partial x}\right)_2 = \frac{f_6-f_7}{2h}。$$

这样就把 f 在网线上各点(非结点)处的导数值用 f 在结点处的数值来表示。

(3) 对于不在网线上的任一点 c,如图 7-10 所示,则仿照式(7-33)及式(7-35)取为

$$\left.\begin{aligned}\left(\frac{\partial f}{\partial y}\right)_c &= (1-\xi)\left(\frac{\partial f}{\partial y}\right)_b + \xi\left(\frac{\partial f}{\partial y}\right)_d , \\ \left(\frac{\partial f}{\partial x}\right)_c &= (1-\eta)\left(\frac{\partial f}{\partial x}\right)_a + \eta\left(\frac{\partial f}{\partial x}\right)_e 。\end{aligned}\right\} \tag{7-36}$$

这样就把 f 在 c 点的导数值用 f 在网线上四点处的导数值表示,并进而以 f 在结点处的数值来表示:

$$\left.\begin{aligned}\left(\frac{\partial f}{\partial y}\right)_c &= (1-\xi)\left(\frac{f_2-f_0}{h}\right) + \xi\left(\frac{f_6-f_1}{h}\right) , \\ \left(\frac{\partial f}{\partial x}\right)_c &= (1-\eta)\left(\frac{f_1-f_0}{h}\right) + \eta\left(\frac{f_6-f_2}{h}\right)。\end{aligned}\right\} \tag{7-37}$$

某个结点的"领域",是指环绕该结点的那两段、三段或四段网线的垂直平分线所围成的区域。例如,在图 7-11 中,ab 和 bc 是环绕着角隅结点 1 的两段网线 1-2 和 1-3 的垂直平分线,因而该角隅结点的领域就是 $h/2 \times h/2$ 的正方形 $1abc$。又例如,ab、bd、de 是环绕着边界结点 2 的三段网线 2-1、2-4、2-5 的垂直平分线,因而边界结点 2 的领域就是 $h \times h/2$ 的矩形 $abde$。再例如,bd、df、fg、gb 是环绕着内结点 4 的四段网线的垂直平分线,因而内结点 4 的领域就是 $h \times h$ 的正方形 $bdfg$。

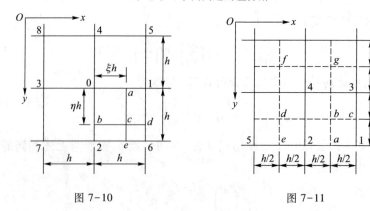

图 7-10   图 7-11

现在来利用上面的差分公式导出内结点处的差分方程。在图 7-12 中,内结点 0 的领域是虚线所示的 $h \times h$ 的正方形。在该领域上,作用于 x 方向的外力总和用 $(F_x)_0$ 代表,以沿 x 轴的正方向时为正;作用于 x 方向的应力有 $(\sigma_x)_a$、$(\sigma_x)_b$、$(\tau_{xy})_c$ 及 $(\tau_{xy})_d$。由该领域在 x 方向的平衡条件得

$$h(\sigma_x)_a - h(\sigma_x)_b + h(\tau_{xy})_c - h(\tau_{xy})_d + (F_x)_0 = 0$$

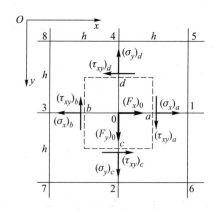

图 7-12

以平面应力问题为例,通过物理方程及几何方程,将应力分量用位移分量的导数来表示,上式成为

$$h\frac{E}{1-\mu^2}\left[\left(\frac{\partial u}{\partial x}\right)_a + \mu\left(\frac{\partial v}{\partial y}\right)_a\right] - h\frac{E}{1-\mu^2}\left[\left(\frac{\partial u}{\partial x}\right)_b + \mu\left(\frac{\partial v}{\partial y}\right)_b\right] +$$

$$h\frac{E}{2(1+\mu)}\left[\left(\frac{\partial u}{\partial y}\right)_c + \left(\frac{\partial v}{\partial x}\right)_c\right] - h\frac{E}{2(1+\mu)}\left[\left(\frac{\partial u}{\partial y}\right)_d + \left(\frac{\partial v}{\partial x}\right)_d\right] + (F_x)_0 = 0 \, 。 \quad (7-38)$$

应用差分公式(7-32)至(7-37),可以写出

$$\left(\frac{\partial u}{\partial x}\right)_a = \frac{u_1 - u_0}{h}, \quad \left(\frac{\partial u}{\partial x}\right)_b = \frac{u_0 - u_3}{h},$$

$$\left(\frac{\partial u}{\partial y}\right)_c = \frac{u_2 - u_0}{h}, \quad \left(\frac{\partial u}{\partial y}\right)_d = \frac{u_0 - u_4}{h},$$

$$\left(\frac{\partial v}{\partial y}\right)_a = \frac{1}{2}\left(\frac{\partial v}{\partial y}\right)_0 + \frac{1}{2}\left(\frac{\partial v}{\partial y}\right)_1 = \frac{1}{2}\left(\frac{v_2 - v_4}{2h}\right) + \frac{1}{2}\left(\frac{v_6 - v_5}{2h}\right),$$

$$\left(\frac{\partial v}{\partial y}\right)_b = \frac{1}{2}\left(\frac{\partial v}{\partial y}\right)_0 + \frac{1}{2}\left(\frac{\partial v}{\partial y}\right)_3 = \frac{1}{2}\left(\frac{v_2 - v_4}{2h}\right) + \frac{1}{2}\left(\frac{v_7 - v_8}{2h}\right),$$

$$\left(\frac{\partial v}{\partial x}\right)_c = \frac{1}{2}\left(\frac{\partial v}{\partial x}\right)_0 + \frac{1}{2}\left(\frac{\partial v}{\partial x}\right)_2 = \frac{1}{2}\left(\frac{v_1 - v_3}{2h}\right) + \frac{1}{2}\left(\frac{v_6 - v_7}{2h}\right),$$

$$\left(\frac{\partial v}{\partial x}\right)_d = \frac{1}{2}\left(\frac{\partial v}{\partial x}\right)_0 + \frac{1}{2}\left(\frac{\partial v}{\partial x}\right)_4 = \frac{1}{2}\left(\frac{v_1 - v_3}{2h}\right) + \frac{1}{2}\left(\frac{v_5 - v_8}{2h}\right).$$

$$\tag{7-39}$$

代入式(7-38),简化以后,即得与未知位移分量 u_0 相应的差分方程

$$\frac{E}{8(1-\mu^2)}\big[\, 8(3-\mu)u_0 - 8(u_1 + u_3) - 4(1-\mu)(u_2 + u_4) +$$

$$(1+\mu)(v_5 - v_6 + v_7 - v_8)\,\big] = (F_x)_0 \text{。} \tag{7-40}$$

与上述相似,可由该结点领域在 y 方向的平衡条件得出与未知位移分量 v_0 相应的差分方程

$$\frac{E}{8(1-\mu^2)}\big[\, 8(3-\mu)v_0 - 8(v_2 + v_4) - 4(1-\mu)(v_1 + v_3) +$$

$$(1+\mu)(u_5 - u_6 + u_7 - u_8)\,\big] = (F_y)_0 \text{。} \tag{7-41}$$

为了计算时的方便,将上述两个差分方程分别用图 7-13 及图 7-14 中的差分图式来表示。

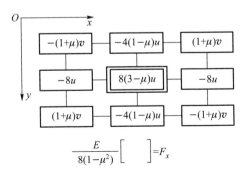

图 7-13

　　读者试证：如果应用差分公式(7-2)、(7-4)、(7-5)，把微分方程(2-20)变换为差分方程，注意到 $(f_x)_0 = (F_x)_0/h^2$ 及 $(f_y)_0 = (F_y)_0/h^2$，其中 $(f_x)_0$ 和 $(f_y)_0$ 表示体力分量 f_x 和 f_y 在 0 点的数值，将同样得到差分方程(7-40)及(7-41)。

　　现在来导出边界结点处的差分方程。设弹性体具有垂直于 x 轴的某一边界 AB，如图 7-15 所示，其外法线系沿 x 轴的正向（结点 2、0、4 在边界上，结点 7、3、8 在边界之内）。边界结点 0 的领域为 $h/2 \times h$ 的矩形，如图中虚线所示。用 $(F_x)_0$ 表示该领域所受的 x 方向的外力总和（包括体力和面力，以沿 x 的正向时为正）。平行于 x 轴的应力分量有 $(\sigma_x)_a$、$(\tau_{xy})_b$、$(\tau_{xy})_c$。如果结点 0 在 x 方向的位移分量 u_0 是一个未知值，则相应于 u_0 的差分方程可由该领域在 x 方向的平衡条件得来。该平衡条件为

$$-h(\sigma_x)_a + \frac{h}{2}(\tau_{xy})_b - \frac{h}{2}(\tau_{xy})_c + (F_x)_0 = 0。$$

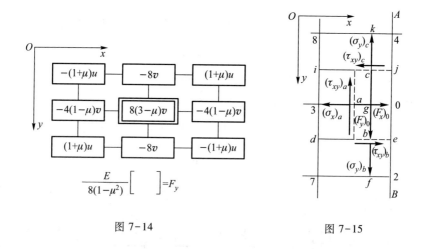

图 7-14　　　　　　　　　　　　　　　图 7-15

通过物理方程及几何方程，将应力分量用位移分量表示，上式成为

$$-h\frac{E}{1-\mu^2}\left[\left(\frac{\partial u}{\partial x}\right)_a + \mu\left(\frac{\partial v}{\partial y}\right)_a\right] +$$

$$\frac{h}{2}\frac{E}{2(1+\mu)}\left[\left(\frac{\partial u}{\partial y}\right)_b + \left(\frac{\partial v}{\partial x}\right)_b\right] -$$

$$\frac{h}{2}\frac{E}{2(1+\mu)}\left[\left(\frac{\partial u}{\partial y}\right)_c + \left(\frac{\partial v}{\partial x}\right)_c\right] + (F_x)_0 = 0。 \qquad (7-42)$$

应用差分公式(7-32)至(7-37)，可以写出

$$
\left.\begin{aligned}
&\left(\frac{\partial u}{\partial x}\right)_a = \frac{u_0 - u_3}{h}, \\
&\left(\frac{\partial v}{\partial y}\right)_a = \frac{1}{2}\left(\frac{\partial v}{\partial y}\right)_0 + \frac{1}{2}\left(\frac{\partial v}{\partial y}\right)_3 = \frac{1}{2}\left(\frac{v_2 - v_4}{2h}\right) + \frac{1}{2}\left(\frac{v_7 - v_8}{2h}\right), \\
&\left(\frac{\partial u}{\partial y}\right)_b = \frac{1}{4}\left(\frac{\partial u}{\partial y}\right)_d + \frac{3}{4}\left(\frac{\partial u}{\partial y}\right)_e = \frac{1}{4}\left(\frac{u_7 - u_3}{h}\right) + \frac{3}{4}\left(\frac{u_2 - u_0}{h}\right), \\
&\left(\frac{\partial v}{\partial x}\right)_b = \frac{1}{2}\left(\frac{\partial v}{\partial x}\right)_f + \frac{1}{2}\left(\frac{\partial v}{\partial x}\right)_g = \frac{1}{2}\left(\frac{v_2 - v_7}{h}\right) + \frac{1}{2}\left(\frac{v_0 - v_3}{h}\right), \\
&\left(\frac{\partial u}{\partial y}\right)_c = \frac{1}{4}\left(\frac{\partial u}{\partial y}\right)_i + \frac{3}{4}\left(\frac{\partial u}{\partial y}\right)_j = \frac{1}{4}\left(\frac{u_3 - u_8}{h}\right) + \frac{3}{4}\left(\frac{u_0 - u_4}{h}\right), \\
&\left(\frac{\partial v}{\partial x}\right)_c = \frac{1}{2}\left(\frac{\partial v}{\partial x}\right)_k + \frac{1}{2}\left(\frac{\partial v}{\partial x}\right)_g = \frac{1}{2}\left(\frac{v_4 - v_8}{h}\right) + \frac{1}{2}\left(\frac{v_0 - v_3}{h}\right)_o
\end{aligned}\right\} \quad (7-43)
$$

代入式(7-42),简化以后,即得相应于 u_0 的差分方程

$$
\frac{E}{16(1-\mu^2)}\left[\, 2(11-3\mu)u_0 - 3(1-\mu)(u_2+u_4) - \right.
$$
$$
2(7+\mu)u_3 - (1-\mu)(u_7+u_8) - 2(1-3\mu)(v_2-v_4) +
$$
$$
\left. 2(1+\mu)(v_7-v_8)\,\right] = (F_x)_0_o
$$

其差分图式如图 7-16 所示。

同样,如果结点 0 在 y 方向的位移分量 v_0 是未知值,则相应于 v_0 的差分方程可由该结点领域在 y 方向的平衡条件得来,这一平衡条件为

$$
\frac{h}{2}(\sigma_y)_b - \frac{h}{2}(\sigma_y)_c - h(\tau_{xy})_a + (F_y)_0 = 0_o \quad (7-44)
$$

通过与上述相似的运算,可得如图 7-17 所示的差分图式。

如果边界 AB 的外法线是沿 x 轴的负向,则作用于边界结点 0 的领域的应力分量及外力分量如图 7-18 所示。注意,这里的外力分量 $(F_x)_0$ 及 $(F_y)_0$ 仍然以沿坐标轴的正向时为正。进行与上述相似的运算,可以得出相应于未知值 u_0 及 v_0 的差分方程,它们的差分图式分别如图 7-19 及图 7-20 所示。

现在,假定弹性体具有垂直于 y 轴的一个边界。如果边界的外法线是沿 y 轴的正向,而该边界上某一结点 0 的位移分量 u_0 或 v_0 是未知值,

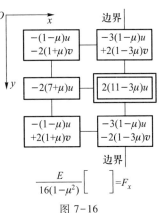

图 7-16

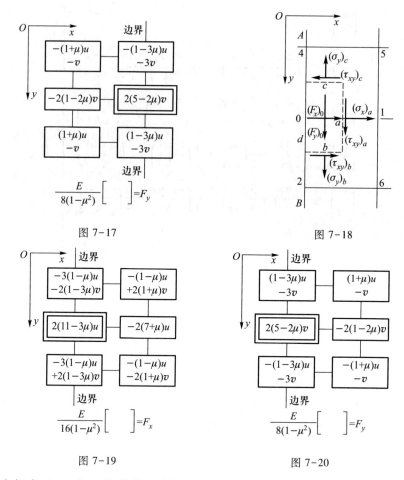

图 7-17

图 7-18

图 7-19

图 7-20

则得出相应于 u_0 或 v_0 的差分图式如图 7-21 或图 7-22 所示。如果该边界的外法线是沿 y 轴的负向,则得出相应于未知值 u_0 或 v_0 的差分图式如图 7-23 或图 7-24所示。

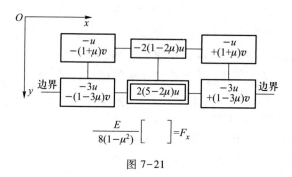

图 7-21

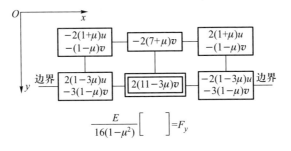

$$\frac{E}{16(1-\mu^2)}\left[\qquad\right]=F_y$$

图 7-22

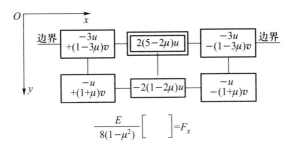

$$\frac{E}{8(1-\mu^2)}\left[\qquad\right]=F_x$$

图 7-23

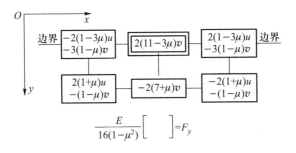

$$\frac{E}{16(1-\mu^2)}\left[\qquad\right]=F_y$$

图 7-24

在两个边界的交点(即角点),结点 0 的领域将是 $h/2 \times h/2$ 的正方形。先假定该二边界的外法线都沿着坐标轴的正向,如图 7-25 所示。在虚线所示的结点领域上,作用于 x 方向的外力总和仍用 $(F_x)_0$ 表示(仍以沿 x 轴的正向时为正),平行于 x 轴的应力分量只有 $(\sigma_x)_a$ 和 $(\tau_{xy})_b$。如果 u_0 是未知值,则相应于 u_0 的差分方程可由该领域在 x 方向的平衡条件得来,该平衡条件可以表示为

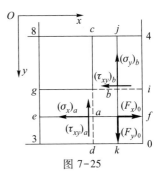

图 7-25

$$-\frac{h}{2}(\sigma_x)_a - \frac{h}{2}(\tau_{xy})_b + (F_x)_0 = 0,$$

或利用物理方程及几何方程改换为

$$-\frac{h}{2}\frac{E}{1-\mu^2}\Big[\Big(\frac{\partial u}{\partial x}\Big)_a + \mu\Big(\frac{\partial v}{\partial y}\Big)_a\Big] -$$

$$\frac{h}{2}\frac{E}{2(1+\mu)}\Big[\Big(\frac{\partial u}{\partial y}\Big)_b + \Big(\frac{\partial v}{\partial x}\Big)_b\Big] + (F_x)_0 = 0。$$

由差分公式(7-32)至(7-37)可得

$$\Big(\frac{\partial u}{\partial x}\Big)_a = \frac{1}{4}\Big(\frac{\partial u}{\partial x}\Big)_c + \frac{3}{4}\Big(\frac{\partial u}{\partial x}\Big)_d = \frac{1}{4}\Big(\frac{u_4-u_8}{h}\Big) + \frac{3}{4}\Big(\frac{u_0-u_3}{h}\Big),$$

$$\Big(\frac{\partial v}{\partial y}\Big)_a = \frac{1}{2}\Big(\frac{\partial v}{\partial y}\Big)_e + \frac{1}{2}\Big(\frac{\partial v}{\partial y}\Big)_f = \frac{1}{2}\Big(\frac{v_3-v_8}{h}\Big) + \frac{1}{2}\Big(\frac{v_0-v_4}{h}\Big),$$

$$\Big(\frac{\partial u}{\partial y}\Big)_b = \frac{1}{4}\Big(\frac{\partial u}{\partial y}\Big)_g + \frac{3}{4}\Big(\frac{\partial u}{\partial y}\Big)_i = \frac{1}{4}\Big(\frac{u_3-u_8}{h}\Big) + \frac{3}{4}\Big(\frac{u_0-u_4}{h}\Big),$$

$$\Big(\frac{\partial v}{\partial x}\Big)_b = \frac{1}{2}\Big(\frac{\partial v}{\partial x}\Big)_j + \frac{1}{2}\Big(\frac{\partial v}{\partial x}\Big)_k = \frac{1}{2}\Big(\frac{v_4-v_8}{h}\Big) + \frac{1}{2}\Big(\frac{v_0-v_3}{h}\Big)。$$

代入上式,简化以后,即得相应于未知值 u_0 的差分方程

$$\frac{E}{16(1-\mu^2)}\big[3(3-\mu)u_0 - (5+\mu)u_3 - (1-3\mu)u_4 -$$

$$(3-\mu)u_8 + 2(1+\mu)(v_0-v_8) + 2(1-3\mu)(v_4-v_3)\big] = (F_x)_0,$$

其差分图式如图 7-26 所示。同样可得相应于未知值 v_0 的差分方程,其差分图式如图7-27所示。

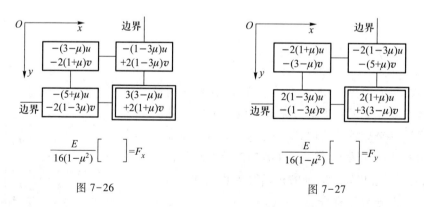

图 7-26　　　　　　　　　　　　　　　　图 7-27

　　与上相似,如果在角隅结点 O 处,一个边界或两个边界的外法线是沿坐标轴的负向,亦可得出相应于未知值 u_0 及 v_0 的差分图式,如图 7-28 至图7-33所示。

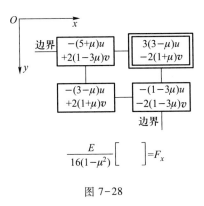

$$\frac{E}{16(1-\mu^2)}\left[\right]=F_x$$

图 7-28

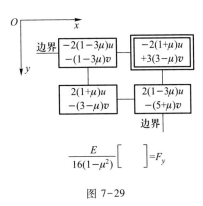

$$\frac{E}{16(1-\mu^2)}\left[\right]=F_y$$

图 7-29

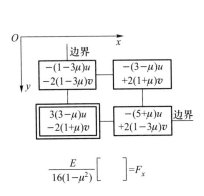

$$\frac{E}{16(1-\mu^2)}\left[\right]=F_x$$

图 7-30

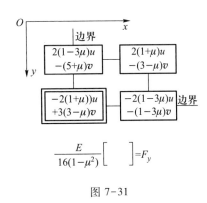

$$\frac{E}{16(1-\mu^2)}\left[\right]=F_y$$

图 7-31

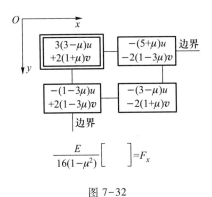

$$\frac{E}{16(1-\mu^2)}\left[\right]=F_x$$

图 7-32

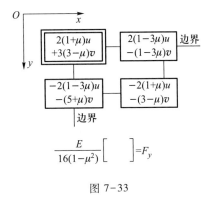

$$\frac{E}{16(1-\mu^2)}\left[\right]=F_y$$

图 7-33

§7-8 位移差分解的实例

例 1 设有四边固定的矩形薄板,如图 7-34 所示,其长度与宽度之比为 2∶1,密度为 ρ,为简单起见,取 $\mu = 0$。试用 4×2 的网格计算自重引起的位移和应力。

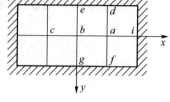

图 7-34

由于对称,只有三个独立的未知值,即 u_a、v_a、v_b($u_b = 0$,$u_c = v_a$,$u_c = -u_a$)。注意 a、b、c 三结点的领域面积均为 h^2,利用图 7-13 及图 7-14,可列出相应于 u_a、v_a、v_b 的差分方程如下:

$$\frac{E}{8}[8(3)u_a] = (F_x)_a = 0,$$

$$\frac{E}{8}[8(3)v_a - 4v_b] = (F_y)_a = \rho g h^2,$$

$$\frac{E}{8}[8(3)v_b - 2(4)v_a] = (F_y)_b = \rho g h^2。$$

简化以后求解,得出

$$u_a = 0, \qquad v_a = 0.411\,8\,\frac{\rho g h^2}{E}, \qquad v_b = 0.470\,6\,\frac{\rho g h^2}{E}。$$

注意 $\mu = 0$,利用物理、几何方程及中点导数公式(7-3),得

$$(\sigma_y)_a = \frac{E}{1-\mu^2}\left[\left(\frac{\partial v}{\partial y}\right)_a + \mu\left(\frac{\partial u}{\partial x}\right)_a\right] = E\left(\frac{\partial v}{\partial y}\right)_a = E\left(\frac{v_f - v_d}{2h}\right) = 0,$$

$$(\sigma_y)_b = \frac{E}{1-\mu^2}\left[\left(\frac{\partial v}{\partial y}\right)_b + \mu\left(\frac{\partial u}{\partial x}\right)_b\right] = E\left(\frac{\partial v}{\partial y}\right)_b = E\left(\frac{v_g - v_e}{2h}\right) = 0。$$

对于边界上的结点,须利用端点导数公式(7-9)或(7-10)计算。这样得到

$$(\sigma_y)_d = E\left(\frac{\partial v}{\partial y}\right)_d = E\left(\frac{-3v_d + 4v_a - v_f}{2h}\right) = \frac{2Ev_a}{h} = 0.824\rho g h,$$

$$(\sigma_y)_f = E\left(\frac{\partial v}{\partial y}\right)_f = E\left(\frac{3v_f - 4v_a + v_d}{2h}\right) = -\frac{2Ev_a}{h} = -0.824\rho g h,$$

$$(\sigma_y)_e = \frac{2Ev_b}{h} = 0.941\rho g h,$$

$$(\sigma_y)_g = -\frac{2Ev_b}{h} = -0.941\rho g h。$$

通过同样的计算,在所有各结点处都得到

$$\sigma_x = 0。$$

由于网格较疏,这些应力分量数值都是粗略近似的。

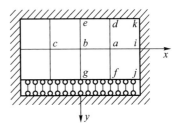

图 7-35

例 2　设例 1 中的薄板改为在下边受连杆支承(光滑支承),如图 7-35 所示,试求自重引起的位移及应力。

现在,独立的未知值除了有 u_a、v_a、v_b 以外还有 u_f。利用图 7-13、图 7-14 及图 7-21,列出相应于上述四个未知值的差分方程如下:

$$\frac{E}{8}\big[\,8(3)u_a - 4u_f\,\big] = (F_x)_a = 0,$$

$$\frac{E}{8}\big[\,8(3)v_a - 4v_b\,\big] = (F_y)_a = \rho g h^2,$$

$$\frac{E}{8}\big[\,8(3)v_b - 2(4)v_a - 2u_f\,\big] = (F_y)_b = \rho g h^2,$$

$$\frac{E}{8}\big[\,2(5)u_f - 2u_a - v_b\,\big] = (F_x)_f = 0。$$

简化以后求解,得出

$$u_a = 0.008\,2\,\frac{\rho g h^2}{E}, \qquad v_a = 0.412\,5\,\frac{\rho g h^2}{E},$$

$$v_b = 0.474\,9\,\frac{\rho g h^2}{E}, \qquad u_f = 0.049\,1\,\frac{\rho g h^2}{E}。$$

关于 σ_y 的计算,同于例 1。这里只计算几点处的 σ_x 及 τ_{xy}:

$$(\sigma_x)_g = \frac{E}{1-\mu^2}\bigg[\Big(\frac{\partial u}{\partial x}\Big)_g + \mu\Big(\frac{\partial v}{\partial y}\Big)_g\bigg]$$

$$= E\Big(\frac{\partial u}{\partial x}\Big)_g = E\bigg[\frac{u_f - (-u_f)}{2h}\bigg] = 0.049\,1\rho g h,$$

$$(\sigma_x)_f = E\Big(\frac{\partial u}{\partial x}\Big)_f = E\Big(\frac{u_j - u_g}{2h}\Big) = 0,$$

$$(\sigma_x)_j = E\Big(\frac{\partial u}{\partial x}\Big)_j = E\Big(\frac{3u_j - 4u_f + u_g}{2h}\Big)$$

$$= -2\frac{Eu_f}{h} = -0.098\,2\rho g h,$$

$$(\tau_{xy})_i = \frac{E}{2(1+\mu)}\left[\left(\frac{\partial u}{\partial y}\right)_i + \left(\frac{\partial v}{\partial x}\right)_i\right]$$

$$= \frac{E}{2}\left[\left(\frac{\partial u}{\partial y}\right)_i + \left(\frac{\partial v}{\partial x}\right)_i\right]$$

$$= \frac{E}{2}\left(\frac{u_j - u_k}{2h} + \frac{3v_i - 4v_a + v_b}{2h}\right)$$

$$= \frac{E}{2}\left(\frac{-4v_a + v_b}{2h}\right) = -0.293\ 8\rho gh,$$

$$(\tau_{xy})_j = \frac{E}{2}\left[\left(\frac{\partial u}{\partial y}\right)_j + \left(\frac{\partial v}{\partial x}\right)_j\right]$$

$$= \frac{E}{2}\left(\frac{3u_j - 4u_i + u_k}{2h} + \frac{3v_j - 4v_f + v_g}{2h}\right) = 0。$$

例3　设有矩形深梁，左右两边固定，上边受均布荷载 q，如图 7-36 所示。试求位移及应力。取 $\mu = 0.2$。

由于对称，独立的未知值只有 6 个，即 u_a、v_a、u_b、v_b、u_c、v_c（$v_d = v_a$，$v_e = v_b$，$v_f = v_c$，$u_d = -u_a$，$u_e = -u_b$，$u_f = -u_c$）。按照图 7-21 及图 7-22，相应于 u_a 及 v_a 的差分方程为

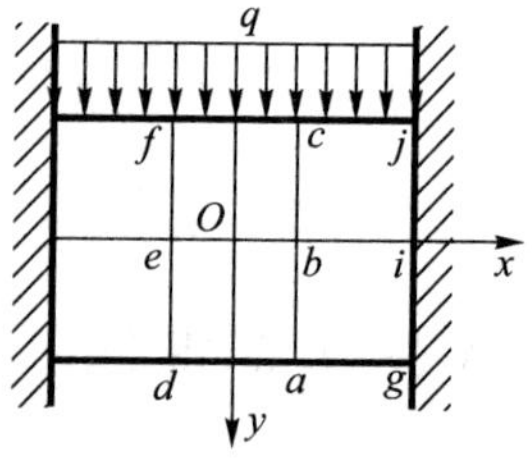

图 7-36

$$\frac{E}{8(0.96)}\left[2(4.6)u_a - 2(0.6)u_b - 3(-u_a) - \right.$$

$$\left. 0.4v_a - (-u_b) - 1.2v_b\right] = (F_x)_a = 0,$$

$$\frac{E}{16(0.96)}\left[2(10.4)v_a - 2(7.2)v_b + 2(0.4)(-u_a) - \right.$$

$$3(0.8)v_a - 2(1.2)(-u_b) - 0.8v_b\right] = (F_y)_a = 0。$$

按照图 7-13 及图 7-14，相应于 u_b 及 v_b 的差分方程为

$$\frac{E}{8(0.96)}\left[8(2.8)u_b - 4(0.8)u_a - 4(0.8)u_c + 1.2v_a - \right.$$

$$8(-u_b) - 1.2v_c\right] = (F_x)_b = 0,$$

$$\frac{E}{8(0.96)}\left[8(2.8)v_b - 8v_a - 8v_c + 1.2(-u_a) - \right.$$

$$4(0.8)v_b - 1.2(-u_c)\right] = (F_y)_b = 0。$$

按照图 7-23 及图 7-24，相应于 u_c 及 v_c 的差分方程为

$$\frac{E}{8(0.96)}\left[2(4.6)u_c - 2(0.6)u_b - (-u_b) + 1.2v_b - \right.$$

$$3(-u_c) + 0.4v_c\right] = (F_x)_c = 0,$$

$$\frac{E}{16(0.96)}\left[2(10.4)v_c-2(7.2)v_b+2(1.2)(-u_b)-0.8v_b-\right.$$

$$\left.2(0.4)(-u_c)-3(0.8)v_c\right]=(F_y)_c=qh_\circ$$

将上列 6 个方程简化以后,联立求解,得出位移分量

$$u_a=0.151\ 3qh/E, \qquad v_a=0.995\ 1qh/E,$$
$$u_b=0.030\ 5qh/E, \qquad v_b=1.201\ 5qh/E,$$
$$u_c=-0.178\ 0qh/E, \qquad v_c=1.839\ 0qh/E_\circ$$

几个重要的应力分量计算如下:

$$(\sigma_x)_j=\frac{E}{1-\mu^2}\left[\left(\frac{\partial u}{\partial x}\right)_j+\mu\left(\frac{\partial v}{\partial y}\right)_j\right]=\frac{E}{0.96}\left(\frac{3u_j-4u_c+u_f}{2h}+0\right)$$
$$=\frac{E}{0.96}\left(-\frac{5u_c}{2h}\right)=0.464q,$$

$$(\sigma_x)_g=\frac{E}{1-\mu^2}\left[\left(\frac{\partial u}{\partial x}\right)_g+\mu\left(\frac{\partial v}{\partial y}\right)_g\right]=\frac{E}{0.96}\left(\frac{3u_g-4u_a+u_d}{2h}+0\right)$$
$$=\frac{E}{0.96}\left(-\frac{5u_a}{2h}\right)=-0.394q,$$

$$(\tau_{xy})_i=\frac{E}{2(1+\mu)}\left[\left(\frac{\partial u}{\partial y}\right)_i+\left(\frac{\partial v}{\partial x}\right)_i\right]=\frac{E}{2(1.2)}\left(\frac{u_g-u_i}{2h}+\frac{3v_i-4v_b+v_e}{2h}\right)$$
$$=\frac{E}{2(1.2)}\left(\frac{-4v_b+v_b}{2h}\right)=-0.751q,$$

$$(\tau_{xy})_j=\frac{E}{2(1+\mu)}\left[\left(\frac{\partial u}{\partial y}\right)_j+\left(\frac{\partial v}{\partial x}\right)_j\right]=\frac{E}{2(1.2)}\left(\frac{3v_j-4v_c+v_f}{2h}+0\right)$$
$$=\frac{E}{2(1.2)}\left(\frac{-4v_c+v_c}{2h}\right)=-0.625q,$$

$$(\sigma_y)_b=\frac{E}{1-\mu^2}\left[\left(\frac{\partial v}{\partial y}\right)_b+\mu\left(\frac{\partial u}{\partial x}\right)_b\right]=\frac{E}{0.96}\left(\frac{v_a-v_c}{2h}+0.2\frac{u_i-u_e}{2h}\right)$$
$$=\frac{E}{0.96}\left(\frac{v_a-v_c+0.2u_b}{2h}\right)=-0.436q,$$

$$(\sigma_y)_c=\frac{E}{1-\mu^2}\left[\left(\frac{\partial v}{\partial y}\right)_c+\mu\left(\frac{\partial u}{\partial x}\right)_c\right]=\frac{E}{0.96}\left(\frac{-3v_c+4v_b-v_a}{2h}+0.2\frac{u_j-u_f}{2h}\right)$$
$$=\frac{E}{0.96}\left(\frac{-3v_c+4v_b-v_a+0.2u_c}{2h}\right)=-0.907q_\circ$$

由应力边界条件应当有 $(\sigma_y)_c=-q$。现在,由于网格太疏,得到的是 $(\sigma_y)_c=$ $-0.907q$,误差达 $0.093q$。其他应力数值的误差大致也属于这个量阶。为了得

到较精确的应力数值,必须把网格加密。

最后还应当指出:对于只具有应力边界条件的单连体平面问题,虽然也可以与上相同地用位移差分解求得应力分量,但是,改用应力函数差分解时,同样的网格可以给出较精确的应力数值,而且计算工作量较少。因此,如果不须求出位移而只须求出应力,则应当用应力函数差分解,而完全不必用位移差分解。

§7-9 多连体问题的位移差分解

为了求解多连体的问题,先来导出内尖角处的结点位移差分方程。图 7-37 所示一内尖角,其两边的外法线分别沿 x 轴及 y 轴的正向。按照 §7-7 中关于结点领域的定义,结点 0 的领域应如图中虚线所示,其面积为 $\frac{3}{4}h^2$。该领域所受的沿 x 及 y 方向的外力总和(包括体力及面力)仍然用 $(F_x)_0$ 及 $(F_y)_0$ 表示。由 x 方向的平衡条件有

$$\frac{h}{2}(\sigma_x)_a - h(\sigma_x)_b + \frac{h}{2}(\tau_{xy})_c - h(\tau_{xy})_d + (F_x)_0 = 0。$$

将应力分量以位移分量的导数来表示,则上式成为

$$\frac{h}{2}\frac{E}{1-\mu^2}\left[\left(\frac{\partial u}{\partial x}\right)_a + \mu\left(\frac{\partial v}{\partial y}\right)_a\right] -$$
$$h\frac{E}{1-\mu^2}\left[\left(\frac{\partial u}{\partial x}\right)_b + \mu\left(\frac{\partial v}{\partial y}\right)_b\right] +$$
$$\frac{h}{2}\frac{E}{2(1+\mu)}\left[\left(\frac{\partial u}{\partial y}\right)_c + \left(\frac{\partial v}{\partial x}\right)_c\right] -$$
$$h\frac{E}{2(1+\mu)}\left[\left(\frac{\partial u}{\partial y}\right)_d + \left(\frac{\partial v}{\partial x}\right)_d\right] + (F_x)_0 = 0。$$

(a)

按照差分公式(7-32)至(7-37),可以写出

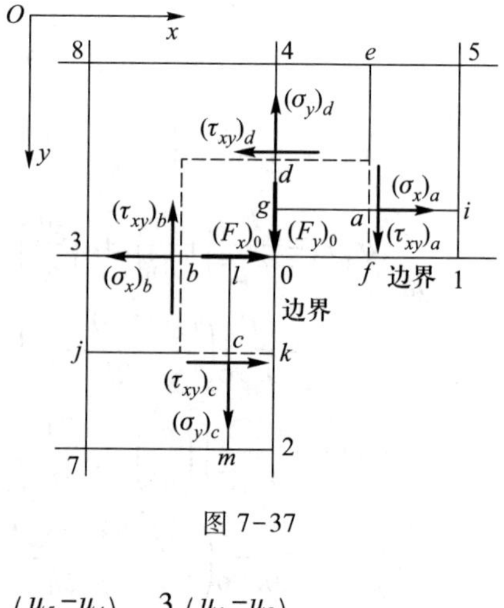

图 7-37

$$\left(\frac{\partial u}{\partial x}\right)_a = \frac{1}{4}\left(\frac{\partial u}{\partial x}\right)_e + \frac{3}{4}\left(\frac{\partial u}{\partial x}\right)_f = \frac{1}{4}\left(\frac{u_5 - u_4}{h}\right) + \frac{3}{4}\left(\frac{u_1 - u_0}{h}\right),$$

$$\left(\frac{\partial v}{\partial y}\right)_a = \frac{1}{2}\left(\frac{\partial v}{\partial y}\right)_g + \frac{1}{2}\left(\frac{\partial v}{\partial y}\right)_i = \frac{1}{2}\left(\frac{v_0 - v_4}{h}\right) + \frac{1}{2}\left(\frac{v_1 - v_5}{h}\right),$$

$$\left(\frac{\partial u}{\partial x}\right)_b = \frac{u_0 - u_3}{h},$$

$$\left(\frac{\partial v}{\partial y}\right)_b = \frac{1}{2}\left(\frac{\partial v}{\partial y}\right)_3 + \frac{1}{2}\left(\frac{\partial v}{\partial y}\right)_0 = \frac{1}{2}\left(\frac{v_7 - v_8}{2h}\right) + \frac{1}{2}\left(\frac{v_2 - v_4}{2h}\right),$$

$$\left(\frac{\partial u}{\partial y}\right)_c = \frac{1}{4}\left(\frac{\partial u}{\partial y}\right)_j + \frac{3}{4}\left(\frac{\partial u}{\partial y}\right)_k = \frac{1}{4}\left(\frac{u_7 - u_3}{h}\right) + \frac{3}{4}\left(\frac{u_2 - u_0}{h}\right),$$

$$\left(\frac{\partial v}{\partial x}\right)_c = \frac{1}{2}\left(\frac{\partial v}{\partial x}\right)_l + \frac{1}{2}\left(\frac{\partial v}{\partial x}\right)_m = \frac{1}{2}\left(\frac{v_0 - v_3}{h}\right) + \frac{1}{2}\left(\frac{v_2 - v_7}{h}\right),$$

$$\left(\frac{\partial u}{\partial y}\right)_d = \frac{u_0 - u_4}{h},$$

$$\left(\frac{\partial v}{\partial x}\right)_d = \frac{1}{2}\left(\frac{\partial v}{\partial x}\right)_4 + \frac{1}{2}\left(\frac{\partial v}{\partial x}\right)_0 = \frac{1}{2}\left(\frac{v_5 - v_8}{2h}\right) + \frac{1}{2}\left(\frac{v_1 - v_3}{2h}\right)。$$

代入式(a),简化以后,即得相应于未知值 u_0 的差分方程

$$\frac{E}{16(1-\mu^2)}\big[\,11(3-\mu)u_0 - 6u_1 - 3(1-\mu)u_2 - (15+\mu)u_3 -$$

$$2(3-4\mu)u_4 - 2u_5 - (1-\mu)u_7 -$$

$$2(1+\mu)v_0 + 2(1-3\mu)v_1 - 2(1-3\mu)v_2 +$$

$$2(1+\mu)v_5 + 2(1+\mu)v_7 - 2(1+\mu)v_8\,\big] = (F_x)_0。$$

它的差分图式如图 7-38 所示。

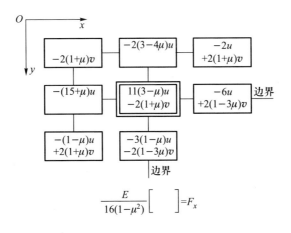

图 7-38

通过同样的运算,可得相应于未知值 v_0 的差分方程,其差分图式如图 7-39 所示。

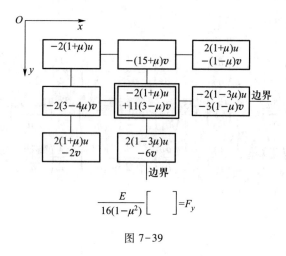

$$\frac{E}{16(1-\mu^2)}\left[\quad\right]=F_y$$

图 7-39

在内尖角结点处,如果一个或两个边界的外法线是沿坐标轴的负向,也可以通过与上述相似的运算得出该结点处的差分方程以及相应的差分图式。

有了内尖角处的结点位移差分方程,就可以对多连体进行计算。例如,设有 $4h \times 4h$ 的正方形薄板,如图 7-40 所示,中间有 $2h \times 2h$ 的正方形孔口,在上下两边受均布压力 q。由于对称,只须计算四分之一部分。独立的未知位移分量有 12 个,即 u_a、v_a、u_b、v_b、u_c、u_d、v_d、u_e、v_e、u_f、v_g、v_i $(v_c = v_f = u_g = u_i = 0)$。

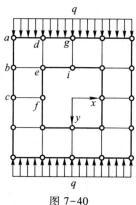

图 7-40

取 $\mu = 0$,按照图 7-38 及图 7-39 列出相应于 u_e 及 v_e 的差分方程如下:

$$\frac{E}{16}[-2v_a-15u_b-u_c-2(3)u_d+11(3)u_e-$$

$$2v_e-3u_f+2v_g+2v_i]=(F_x)_e=0,$$

$$\frac{E}{16}[-2u_a-2(3)v_b+2u_c-15v_d-2u_e+11(3)v_e+2u_f-u_g-3v_i]=(F_y)_e=0。$$

其余 10 个差分方程可仍按 §7-7 中的差分图式列出。联立求解上述 12 个方程,得出(以 qh/E 为单位):

$$u_a = 0.820, \quad v_a = 2.265, \quad u_b = -0.742,$$

$$v_b = 1.180, \quad u_c = -1.545, \quad u_d = 0.707,$$

$$v_d = 3.980, \quad u_e = -0.706, \quad v_e = 2.819,$$

$$u_f = -1.541, \qquad v_g = 5.392, \qquad v_i = 4.819_\circ$$

应力分量可以和以前一样求得。但是,由于网格太疏,算出的应力数值将只是粗略近似的,而内尖角结点(如 e 处)的应力数值将具有特别大的误差(它在理论上是无限大的)。

§7-10　温度应力问题的位移差分解

利用位移的差分解,也可以较简便地求得温度应力。在温度应力问题中,因为不考虑实际荷载的作用,所以对任何结点领域说来,都有 $F_x = F_y = 0$。但是,用位移分量表示应力分量时,必须考虑变温 T 的作用。在平面应力的情况下,这就必须采用式(6-17),即

$$
\left.
\begin{aligned}
\sigma_x &= \frac{E}{1-\mu^2}\left(\frac{\partial u}{\partial x}+\mu\,\frac{\partial v}{\partial y}\right)-\frac{E\alpha T}{1-\mu}, \\[2mm]
\sigma_y &= \frac{E}{1-\mu^2}\left(\frac{\partial v}{\partial y}+\mu\,\frac{\partial u}{\partial x}\right)-\frac{E\alpha T}{1-\mu}, \\[2mm]
\tau_{xy} &= \frac{E}{2(1+\mu)}\left(\frac{\partial u}{\partial y}+\frac{\partial v}{\partial x}\right)_\circ
\end{aligned}
\right\}
\tag{a}
$$

在平面应变的情况下,须将上式中的 E 换为 $\dfrac{E}{1-\mu^2}$、μ 换为 $\dfrac{\mu}{1-\mu}$、α 换为 $(1+\mu)\alpha$。

这样,对于图7-12中所示的内结点0的正方形领域,平衡方程(7-38)就应当换为

$$
\begin{aligned}
&h\left\{\frac{E}{1-\mu^2}\left[\left(\frac{\partial u}{\partial x}\right)_a+\mu\left(\frac{\partial v}{\partial y}\right)_a\right]-\frac{E\alpha}{1-\mu}T_a\right\}- \\[2mm]
&h\left\{\frac{E}{1-\mu^2}\left[\left(\frac{\partial u}{\partial x}\right)_b+\mu\left(\frac{\partial v}{\partial y}\right)_b\right]-\frac{E\alpha}{1-\mu}T_b\right\}+ \\[2mm]
&h\left\{\frac{E}{2(1+\mu)}\left[\left(\frac{\partial u}{\partial y}\right)_c+\left(\frac{\partial v}{\partial x}\right)_c\right]\right\}- \\[2mm]
&h\left\{\frac{E}{2(1+\mu)}\left[\left(\frac{\partial u}{\partial y}\right)_d+\left(\frac{\partial v}{\partial x}\right)_d\right]\right\}=0_\circ
\end{aligned}
$$

将式(7-39)代入以后,将得出代替式(7-40)的方程

$$\frac{E}{8(1-\mu^2)}\left[8(3-\mu)u_0-8(u_1+u_3)-4(1-\mu)(u_2+u_4)+\right.$$

$$(1+\mu)(v_5-v_6+v_7-v_8)\,]=\frac{hE\alpha}{1-\mu}(T_b-T_a)\,。$$

与式(7-40)对比，$\dfrac{hE\alpha}{1-\mu}(T_b-T_a)$ 代替了 $(F_x)_0$，因此可以说，变温的等效结点荷载是

$$(F_x)_0=\frac{hE\alpha}{1-\mu}(T_b-T_a)\,。\qquad\qquad\text{(b)}$$

为了把 T_b 和 T_a 用结点处的变温来表示，假定变温 T 在相邻两结点之间是按线性变化的。由图 7-12 可以看出

$$T_b=\frac{T_3+T_0}{2},\qquad T_a=\frac{T_0+T_1}{2}\,。$$

代入式(b)，即得 x 方向的等效结点荷载，用结点处的变温表示为

$$(F_x)_0=\frac{hE\alpha}{2(1-\mu)}(T_3-T_1)\,。$$

同样，可以得到 y 方向的等效结点荷载为

$$(F_y)_0=\frac{hE\alpha}{2(1-\mu)}(T_4-T_2)\,。$$

上列两个等效结点荷载的差分图式如图 7-41 及图 7-42 所示，可以分别与图 7-13 及图 7-14 联合使用，以建立内结点处的差分方程。

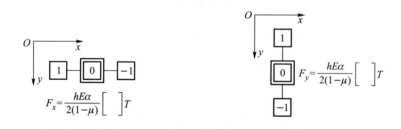

图 7-41　　　　　　　　　　　　　　　图 7-42

与上述相似，对于图 7-15 中所示的边界结点领域，平衡方程(7-42)应当改换为

$$-h\left\{\frac{E}{1-\mu^2}\left[\left(\frac{\partial u}{\partial x}\right)_a+\mu\left(\frac{\partial v}{\partial y}\right)_a\right]+\frac{E\alpha}{1-\mu}T_a\right\}+$$

$$\frac{h}{2}\left\{\frac{E}{2(1+\mu)}\left[\left(\frac{\partial u}{\partial y}\right)_b+\left(\frac{\partial v}{\partial x}\right)_b\right]\right\}-$$

$$\frac{h}{2}\left\{\frac{E}{2(1+\mu)}\left[\left(\frac{\partial u}{\partial y}\right)_c+\left(\frac{\partial v}{\partial x}\right)_c\right]\right\}=0\,。$$

将式(7-43)代入以后,可见变温在 x 方向的等效结点荷载为

$$(F_x)_0 = \frac{hE\alpha}{1-\mu}T_a。$$

假定变温 T 在结点 0 与结点 3 之间按线性变化,取 $T_a = \frac{1}{2}(T_0+T_3)$,即得

$$(F_x)_0 = \frac{hE\alpha}{2(1-\mu)}(T_0+T_3)。 \qquad (c)$$

同样,可见变温在 y 方向的等效结点荷载为

$$(F_y)_0 = \frac{hE\alpha}{2(1-\mu)}(T_c-T_b)。$$

假定变温 T 在相邻两结点之间按线性变化,取

$$T_c = \frac{1}{4}T_i + \frac{3}{4}T_j = \frac{1}{4}\frac{T_3+T_8}{2} + \frac{3}{4}\frac{T_0+T_4}{2},$$

$$T_b = \frac{1}{4}T_d + \frac{3}{4}T_e = \frac{1}{4}\frac{T_3+T_7}{2} + \frac{3}{4}\frac{T_0+T_2}{2},$$

就得到变温 T 在 y 方向的等效结点荷载为

$$(F_y)_0 = \frac{hE\alpha}{16(1-\mu)}[3(T_4-T_2)+T_8-T_7]。 \qquad (d)$$

与式(c)及式(d)相应的差分图式如图 7-43 及图 7-44 所示,可以分别与图 7-16 及图 7-17 联合使用,以建立边界结点处的差分方程。

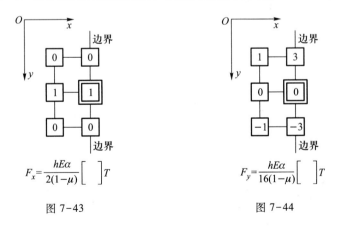

图 7-43 图 7-44

通过与上述相似的运算,可以得出其他各种边界结点处的等效结点荷载,其差分图式如图 7-45 至图 7-58 所示,可以与§7-7 中相应的差分图式联合使用,以建立这些结点处的差分方程。

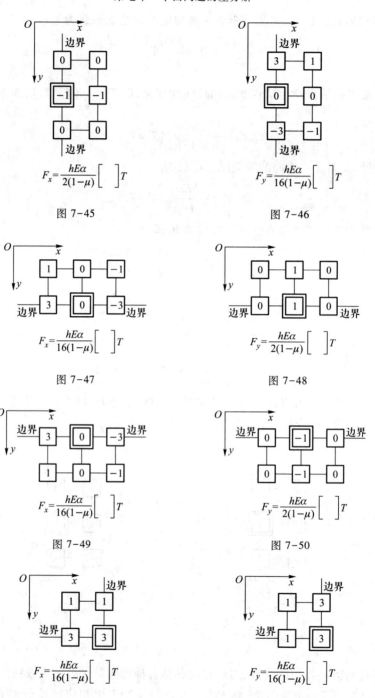

$$F_x = \frac{hE\alpha}{2(1-\mu)} \left[\quad \right] T$$

图 7-45

$$F_y = \frac{hE\alpha}{16(1-\mu)} \left[\quad \right] T$$

图 7-46

$$F_x = \frac{hE\alpha}{16(1-\mu)} \left[\quad \right] T$$

图 7-47

$$F_y = \frac{hE\alpha}{2(1-\mu)} \left[\quad \right] T$$

图 7-48

$$F_x = \frac{hE\alpha}{16(1-\mu)} \left[\quad \right] T$$

图 7-49

$$F_y = \frac{hE\alpha}{2(1-\mu)} \left[\quad \right] T$$

图 7-50

$$F_x = \frac{hE\alpha}{16(1-\mu)} \left[\quad \right] T$$

图 7-51

$$F_y = \frac{hE\alpha}{16(1-\mu)} \left[\quad \right] T$$

图 7-52

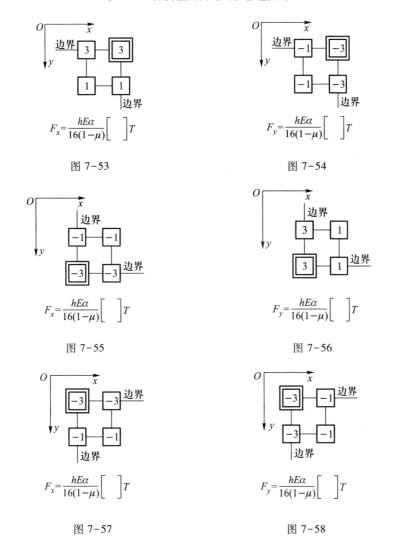

$$F_x = \frac{hE\alpha}{16(1-\mu)}\left[\quad\right]T$$

图 7-53

$$F_y = \frac{hE\alpha}{16(1-\mu)}\left[\quad\right]T$$

图 7-54

$$F_x = \frac{hE\alpha}{16(1-\mu)}\left[\quad\right]T$$

图 7-55

$$F_y = \frac{hE\alpha}{16(1-\mu)}\left[\quad\right]T$$

图 7-56

$$F_x = \frac{hE\alpha}{16(1-\mu)}\left[\quad\right]T$$

图 7-57

$$F_y = \frac{hE\alpha}{16(1-\mu)}\left[\quad\right]T$$

图 7-58

作为例题,设有混凝土填槽,其宽度与深度之比为 $1:2$,如图 7-59 所示,由于混凝土的硬化冷却,发生如下的变温:$T_a = -T_0$,$T_b = -0.95T_0$,$T_c = -0.75T_0$,$T_d = -0.45T_0$,$T_e = 0$。试求温度应力。取 $\mu = 0$。

由于对称,$u_b = u_c = u_d = u_e = 0$,未知值为 v_b, v_c, v_d, v_e。按照图 7-14 及图 7-42,相应于 v_b, v_c, v_d 的差分方程为

$$\frac{E}{8}(24v_b - 8v_c) = (F_y)_b = \frac{hE\alpha}{2}(T_c - T_a) = \frac{hE\alpha}{2}(0.25T_0),$$

图 7-59

$$\frac{E}{8}(24v_c - 8v_b - 8v_d) = (F_y)_c = \frac{hE\alpha}{2}(T_d - T_b) = \frac{hE\alpha}{2}(0.5T_0),$$

$$\frac{E}{8}(24v_d - 8v_c - 8v_e) = (F_y)_d = \frac{hE\alpha}{2}(T_e - T_c) = \frac{hE\alpha}{2}(0.75T_0)。$$

按照图 7-24 及图 7-50,相应于 v_e 的差分方程为

$$\frac{E}{16}(22v_e - 14v_d) = (F_y)_e = \frac{hE\alpha}{2}(-T_d - T_e) = \frac{hE\alpha}{2}(0.45T_0)。$$

将上列 4 个方程简化以后,联立求解,得到

$$v_b = 0.119h\alpha T_0, \qquad v_c = 0.232h\alpha T_0,$$
$$v_d = 0.326h\alpha T_0, \qquad v_e = 0.371h\alpha T_0。$$

利用式(a),并注意 $\mu = 0, v_a = 0$,可求得应力分量

$$(\sigma_y)_a = E\left(\frac{\partial v}{\partial y}\right)_a - E\alpha T_a = E\frac{3v_a - 4v_b + v_c}{2h} + E\alpha T_0 = 0.878E\alpha T_0,$$

$$(\sigma_y)_b = E\left(\frac{\partial v}{\partial y}\right)_b - E\alpha T_b = E\frac{v_a - v_c}{2h} + 0.95E\alpha T_0 = 0.834E\alpha T_0,$$

$$(\sigma_y)_c = E\left(\frac{\partial v}{\partial y}\right)_c - E\alpha T_c = E\frac{v_b - v_d}{2h} + 0.75E\alpha T_0 = 0.647E\alpha T_0,$$

$$(\sigma_y)_d = E\left(\frac{\partial v}{\partial y}\right)_d - E\alpha T_d = E\frac{v_c - v_e}{2h} + 0.45E\alpha T_0 = 0.381E\alpha T_0,$$

$$(\sigma_y)_e = E\left(\frac{\partial v}{\partial y}\right)_e - E\alpha T_e = E\frac{-3v_e + 4v_d - v_c}{2h} = -0.021E\alpha T_0。$$

按照边界条件,应当有 $(\sigma_y)_e = 0$。现在得出 $(\sigma_y)_e = -0.021E\alpha T_0$,这是误差引起的。

习   题

7-1 用差分法计算图 7-60 中基础梁的最大拉应力,并与材料力学公式给出的解答进行对比。采用 2×4 的网格,如图所示。

答案: $\sigma_{max} = (\sigma_x)_a = 1.28q$,材料力学公式给出的解答是 $2.25q$。

7-2 用 2×4 的网格计算图 7-61 中矩形板的应力。

答案: $(\sigma_x)_a = -0.490q$。

7-3 试计算图 7-62 中薄板的最大拉应力。

答案: $\sigma_{max} = (\sigma_x)_a = 0.149q$。

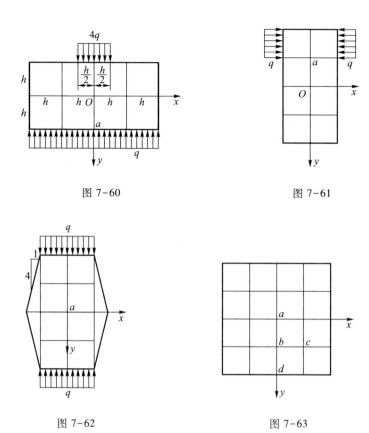

图 7-60   图 7-61

图 7-62   图 7-63

7-4   设图 7-63 所示的混凝土板发生如下的变温:在结点 a 处为 $T=T_0$,在 b 型的结点处为 $T=\dfrac{3}{4}T_0$,在 c 型的结点处为 $T=\dfrac{9}{16}T_0$,在边界上为 $T=0$。试用应力函数差分解求出温度应力。

答案: $(\sigma_x)_d=0.532EaT_0$。

7-5   正方形深梁,左右两边固定,如图 7-64 所示,上边受均布荷载 q,试用 4×4 的网格计算位移及应力。取 $\mu=0$。

答案: $v_a=2.332qh/E$, $v_b=0.619qh/E$, $(\sigma_y)_a=-0.998q$,

$(\sigma_y)_b=0.018q$。

7-6   正方形薄板,四边固定,如图 7-65 所示,发生如下的变温:在结点 a 处为 $T=-T_0$,在 b 型的结点处为 $T=-\dfrac{3}{4}T_0$,在 c 型的结点处为 $T=-\dfrac{9}{16}T_0$,在边界上为 $T=0$。试用位移差分解求温度应力。取 $\mu=0$。

答案: $(\sigma_y)_a=0.797E\alpha T_0$, $(\sigma_y)_d=0.405E\alpha T_0$。

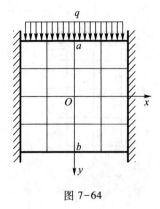

图 7-64

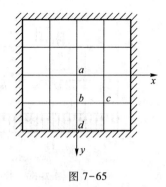

图 7-65

参 考 教 材

[1] 徐芝纶.弹性力学中的差分方法[M].北京:高等教育出版社,1989:第一章及第四章的
§4.1 至 §4.4.

第八章 空间问题的基本理论

§8-1 平衡微分方程

分析空间问题时,仍然要从三方面来考虑:静力学方面、几何学方面和物理学方面。现在考虑空间问题的静力学方面,首先导出空间问题的平衡微分方程。

在物体内的任意一点 P,割取一个微小的平行六面体,它的六面垂直于坐标轴,棱边的长度为 $PA=\mathrm{d}x$,$PB=\mathrm{d}y$,$PC=\mathrm{d}z$,如图 8-1 所示。一般而论,应力分量是位置坐标的函数。因此,作用在这六面体两对面上的应力分量不完全相同,而具有微小的差量。例如,作用在后面的平均正应力是 σ_x,由于坐标 x 的改变,作用在前面的平均正应力是 $\sigma_x+\dfrac{\partial\sigma_x}{\partial x}\mathrm{d}x$,其余类推。

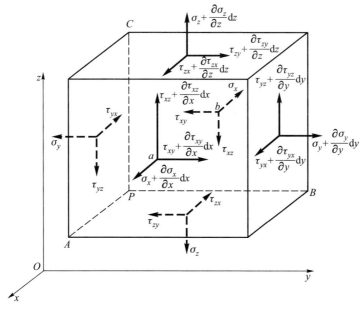

图 8-1

首先,以连接六面体前后两面中心的直线 ab 为矩轴,列出力矩的平衡方程 $\sum M_{ab} = 0$:

$$\left(\tau_{yz} + \frac{\partial \tau_{yz}}{\partial y}\mathrm{d}y\right)\mathrm{d}x\mathrm{d}z\frac{\mathrm{d}y}{2} + \tau_{yz}\mathrm{d}x\mathrm{d}z\frac{\mathrm{d}y}{2} - \left(\tau_{zy} + \frac{\partial \tau_{zy}}{\partial z}\mathrm{d}z\right)\mathrm{d}x\mathrm{d}y\frac{\mathrm{d}z}{2} - \tau_{zy}\mathrm{d}x\mathrm{d}y\frac{\mathrm{d}z}{2} = 0 \text{。}$$

除以 $\mathrm{d}x\mathrm{d}y\mathrm{d}z$,合并相同的项,得

$$\tau_{yz} + \frac{1}{2}\frac{\partial \tau_{yz}}{\partial y}\mathrm{d}y - \tau_{zy} - \frac{1}{2}\frac{\partial \tau_{zy}}{\partial z}\mathrm{d}z = 0 \text{。}$$

略去微量以后,得

$$\tau_{yz} = \tau_{zy} \text{。}$$

同样可以得出

$$\tau_{zx} = \tau_{xz}, \qquad \tau_{xy} = \tau_{yx} \text{。}$$

这些是以前已有的结果,只是又一次证明了切应力的互等关系。

其次,以 x 轴为投影轴,列出投影的平衡方程 $\sum F_x = 0$,得

$$\left(\sigma_x + \frac{\partial \sigma_x}{\partial x}\mathrm{d}x\right)\mathrm{d}y\mathrm{d}z - \sigma_x\mathrm{d}y\mathrm{d}z + \left(\tau_{yx} + \frac{\partial \tau_{yx}}{\partial y}\mathrm{d}y\right)\mathrm{d}z\mathrm{d}x - \tau_{yx}\mathrm{d}z\mathrm{d}x +$$

$$\left(\tau_{zx} + \frac{\partial \tau_{zx}}{\partial z}\mathrm{d}z\right)\mathrm{d}x\mathrm{d}y - \tau_{zx}\mathrm{d}x\mathrm{d}y + f_x\mathrm{d}x\mathrm{d}y\mathrm{d}z = 0 \text{。}$$

由其余两个平衡方程,$\sum F_y = 0$ 和 $\sum F_z = 0$,可以得出与此相似的两个方程。将这三个方程约简以后,除以 $\mathrm{d}x\mathrm{d}y\mathrm{d}z$,得

$$\left.\begin{aligned}
\frac{\partial \sigma_x}{\partial x} + \frac{\partial \tau_{yx}}{\partial y} + \frac{\partial \tau_{zx}}{\partial z} + f_x = 0, \\
\frac{\partial \sigma_y}{\partial y} + \frac{\partial \tau_{zy}}{\partial z} + \frac{\partial \tau_{xy}}{\partial x} + f_y = 0, \\
\frac{\partial \sigma_z}{\partial z} + \frac{\partial \tau_{xz}}{\partial x} + \frac{\partial \tau_{yz}}{\partial y} + f_z = 0 \text{。}
\end{aligned}\right\} \tag{8-1}$$

这就是空间问题的平衡微分方程。

§8-2　斜面上的应力

现在,假定物体在任一点 P 的六个应力分量 σ_x、σ_y、σ_z、$\tau_{yz} = \tau_{zy}$、$\tau_{zx} = \tau_{xz}$、$\tau_{xy} = \tau_{yx}$ 为已知,试求经过 P 点的任一斜面上的应力。为此,在 P 点附近取一个平面 ABC,平行于这一斜面,并与经过 P 点而平行于坐标面的三个平面形成一个微小

的四面体 $PABC$，如图 8-2 所示。当四面体 $PABC$ 无限缩小而趋于 P 点时，平面 ABC 上的应力就成为该斜面上的应力。

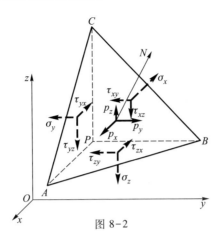

图 8-2

命平面 ABC 的外法线为 N，其方向余弦为

$$\cos(N,x)=l,\qquad \cos(N,y)=m,\qquad \cos(N,z)=n_\circ$$

设三角形 ABC 的面积为 ΔS，则三角形 BPC、CPA、APB 的面积分别为 $l\Delta S$、$m\Delta S$、$n\Delta S$。四面体 $PABC$ 的体积用 ΔV 代表。三角形 ABC 上的全应力 p 在坐标轴方向的分量用 p_x、p_y、p_z 代表。根据四面体的平衡条件 $\sum F_x=0$，得

$$p_x\Delta S-\sigma_x l\Delta S-\tau_{yx}m\Delta S-\tau_{zx}n\Delta S+f_x\Delta V=0_\circ$$

除以 ΔS，并移项，得

$$p_x+f_x\frac{\Delta V}{\Delta S}=l\sigma_x+m\tau_{yx}+n\tau_{zx}_\circ$$

当四面体 $PABC$ 无限缩小而趋于 P 点时，由于 ΔV 是比 ΔS 更高一阶的微量，所以 $\dfrac{\Delta V}{\Delta S}$ 趋于零。于是，得出下式中的第一式。其余二式可分别由平衡条件 $\sum F_y=0$ 及 $\sum F_z=0$ 同样地得出。

$$\left.\begin{aligned}
p_x&=l\sigma_x+m\tau_{yx}+n\tau_{zx},\\
p_y&=m\sigma_y+n\tau_{zy}+l\tau_{xy},\\
p_z&=n\sigma_z+l\tau_{xz}+m\tau_{yz}_\circ
\end{aligned}\right\} \qquad (8-2)$$

设斜面 ABC 上的正应力为 σ_N，则由投影可得

$$\sigma_N=lp_x+mp_y+np_z_\circ$$

将式(8-2)代入，并分别用 τ_{yz}、τ_{zx}、τ_{xy} 代替 τ_{zy}、τ_{xz}、τ_{yx}，即得

$$\sigma_N=l^2\sigma_x+m^2\sigma_y+n^2\sigma_z+2mn\tau_{yz}+2nl\tau_{zx}+2lm\tau_{xy}_\circ \qquad (8-3)$$

设斜面 ABC 上的切应力为 τ_N，则由于

$$p^2 = \sigma_N^2 + \tau_N^2 = p_x^2 + p_y^2 + p_z^2$$

而有

$$\tau_N^2 = p_x^2 + p_y^2 + p_z^2 - \sigma_N^2 \text{。} \tag{8-4}$$

由式(8-3)及式(8-4)可见，在物体的任意一点，如果已知六个应力分量 σ_x、σ_y、σ_z、τ_{yz}、τ_{zx}、τ_{xy}，就可以求得任一斜面上的正应力和切应力。这就是说，六个应力分量完全决定了一点的应力状态。

在特殊情况下，如果 ABC 是物体受面力作用的边界面，则 p_x、p_y、p_z 成为面力分量 $\bar{f}_x$、$\bar{f}_y$、$\bar{f}_z$，于是由式(8-2)得出

$$\left. \begin{aligned} l(\sigma_x)_s + m(\tau_{yx})_s + n(\tau_{zx})_s &= \bar{f}_x, \\ m(\sigma_y)_s + n(\tau_{zy})_s + l(\tau_{xy})_s &= \bar{f}_y, \\ n(\sigma_z)_s + l(\tau_{xz})_s + m(\tau_{yz})_s &= \bar{f}_z \text{。} \end{aligned} \right\} \tag{8-5}$$

这就是弹性体空间问题的应力边界条件，它表明应力分量的边界值与面力分量之间的关系。

§8-3　主应力与应力主向

设经过任一点 P 的某一斜面上的切应力等于零，则该斜面上的正应力称为在 P 点的一个主应力，该斜面称为在 P 点的一个应力主面，该斜面的法线方向称为在 P 点的一个应力主向。

假设在 P 点有一个应力主面存在。这样，由于该面上的切应力等于零，所以该面上的全应力就等于该面上的正应力，也就等于主应力 σ。于是该面上的全应力在坐标轴上的投影成为

$$p_x = l\sigma, \qquad p_y = m\sigma, \qquad p_z = n\sigma \text{。}$$

将式(8-2)代入，即得

$$\left. \begin{aligned} l\sigma_x + m\tau_{yx} + n\tau_{zx} &= l\sigma, \\ m\sigma_y + n\tau_{zy} + l\tau_{xy} &= m\sigma, \\ n\sigma_z + l\tau_{xz} + m\tau_{yz} &= n\sigma \text{。} \end{aligned} \right\} \tag{a}$$

此外还有关系式

$$l^2+m^2+n^2=1_\circ \tag{b}$$

如果将式(a)与式(b)联立求解,能够得出 σ、l、m、n 的一组解答,就得到 P 点的一个主应力及与之对应的应力主面和应力主向。用下述方法求解,比较简便。

将式(a)改写为

$$\left.\begin{array}{l}(\sigma_x-\sigma)l+\tau_{yx}m+\tau_{zx}n=0,\\ \tau_{xy}l+(\sigma_y-\sigma)m+\tau_{zy}n=0,\\ \tau_{xz}l+\tau_{yz}m+(\sigma_z-\sigma)n=0_\circ\end{array}\right\} \tag{c}$$

这是 l、m、n 的三个齐次线性方程。因为由式(b)可见 l、m、n 不能全等于零,所以这三个方程的系数行列式应当等于零,即

$$\begin{vmatrix} \sigma_x-\sigma & \tau_{yx} & \tau_{zx} \\ \tau_{xy} & \sigma_y-\sigma & \tau_{zy} \\ \tau_{xz} & \tau_{yz} & \sigma_z-\sigma \end{vmatrix}=0_\circ$$

用 τ_{yz}、τ_{zx}、τ_{xy} 分别代替 τ_{zy}、τ_{xz}、τ_{yx},并将行列式展开,得出 σ 的三次方程

$$\sigma^3-(\sigma_x+\sigma_y+\sigma_z)\sigma^2+(\sigma_y\sigma_z+\sigma_z\sigma_x+\sigma_x\sigma_y-\tau_{yz}^2-\tau_{zx}^2-\tau_{xy}^2)\sigma-$$
$$(\sigma_x\sigma_y\sigma_z-\sigma_x\tau_{yz}^2-\sigma_y\tau_{zx}^2-\sigma_z\tau_{xy}^2+2\tau_{yz}\tau_{zx}\tau_{xy})=0_\circ \tag{8-6}$$

求解这个方程,如果能得出 σ 的三个实根 σ_1、σ_2、σ_3,那么,这些就是 P 点的三个主应力。

为了求得与主应力 σ_1 相应的方向余弦 l_1、m_1、n_1,可以利用式(c)中的任意二式,例如其中的前二式,由此得

$$(\sigma_x-\sigma_1)l_1+\tau_{yx}m_1+\tau_{zx}n_1=0,$$
$$\tau_{xy}l_1+(\sigma_y-\sigma_1)m_1+\tau_{zy}n_1=0_\circ$$

将二式均除以 l_1,得

$$\tau_{yx}\frac{m_1}{l_1}+\tau_{zx}\frac{n_1}{l_1}+(\sigma_x-\sigma_1)=0,$$

$$(\sigma_y-\sigma_1)\frac{m_1}{l_1}+\tau_{zy}\frac{n_1}{l_1}+\tau_{xy}=0,$$

由此可以求得比值 m_1/l_1 及 n_1/l_1,然后按照式(b)求出

$$l_1=\frac{1}{\sqrt{1+\left(\dfrac{m_1}{l_1}\right)^2+\left(\dfrac{n_1}{l_1}\right)^2}},$$

即可由已知的比值 m_1/l_1 及 n_1/l_1 求得 m_1 及 n_1。同样,可以求得与主应力 σ_2 相应的方向余弦 l_2、m_2、n_2,以及与主应力 σ_3 相应的方向余弦 l_3、m_3、n_3。

由根与系数的关系可知,实系数的三次方程(8-6)至少有一个实根,因而至

少存在一个主应力及与之对应的应力主向。把这个主应力称为 σ_3，并将 z 轴放在这个应力主向，则 $\sigma_z = \sigma_3$ 而 $\tau_{zx} = \tau_{xz} = 0，\tau_{zy} = \tau_{yz} = 0$。

于是，平行六面体上的应力如图 8-3 所示（垂直于图平面的 $\sigma_z = \sigma_3$ 没有画出）。根据 §2-3 中的分析，可以断定有两个主应力 σ_1 和 σ_2，作用在互相垂直而且垂直于图平面的两个应力主面上，如图 8-3 所示。这就证明：在物体内的任意一点，一定存在三个互相垂直的应力主面及对应的三个主应力。

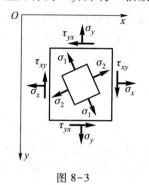

图 8-3

因为主应力 σ_1、σ_2、σ_3 是方程（8-6）的三个根，所以该方程可以写成

$$(\sigma - \sigma_1)(\sigma - \sigma_2)(\sigma - \sigma_3) = 0。$$

展开以后，得到

$$\sigma^3 - (\sigma_1 + \sigma_2 + \sigma_3)\sigma^2 + (\sigma_2\sigma_3 + \sigma_3\sigma_1 + \sigma_1\sigma_2)\sigma - \sigma_1\sigma_2\sigma_3 = 0。$$

将这个方程与方程（8-6）对比，可见有关系式

$$\left.\begin{array}{l} \sigma_x + \sigma_y + \sigma_z = \sigma_1 + \sigma_2 + \sigma_3， \\ \sigma_y\sigma_z + \sigma_z\sigma_x + \sigma_x\sigma_y - \tau_{yz}^2 - \tau_{zx}^2 - \tau_{xy}^2 = \sigma_2\sigma_3 + \sigma_3\sigma_1 + \sigma_1\sigma_2， \\ \sigma_x\sigma_y\sigma_z - \sigma_x\tau_{yz}^2 - \sigma_y\tau_{zx}^2 - \sigma_z\tau_{xy}^2 + 2\tau_{yz}\tau_{zx}\tau_{xy} = \sigma_1\sigma_2\sigma_3。 \end{array}\right\} \quad (8-7)$$

在一定的应力状态下，物体内任一点的主应力不会随坐标系的改变而有所改变（尽管应力分量随着坐标系改变），所以方程（8-7）右边的三个表达式的值不随坐标系而改变，因而该方程左边的三个表达式的值也不会随坐标系而改变。于是可见，不论坐标系如何改变，下列表达式的值保持不变：

$$\left.\begin{array}{l} \Theta = \sigma_x + \sigma_y + \sigma_z， \\ \Theta_2 = \sigma_y\sigma_z + \sigma_z\sigma_x + \sigma_x\sigma_y - \tau_{yz}^2 - \tau_{zx}^2 - \tau_{xy}^2， \\ \Theta_3 = \sigma_x\sigma_y\sigma_z - \sigma_x\tau_{yz}^2 - \sigma_y\tau_{zx}^2 - \sigma_z\tau_{xy}^2 + 2\tau_{yz}\tau_{zx}\tau_{xy}。 \end{array}\right\} \quad (8-8)$$

这三个表达式称为应力状态的不变量。应当特别指出：由其中的第一式可见，在物体内的一点，任意三个互相垂直的面上的正应力之和是常量，并且等于该点的三个主应力之和。

§8-4　最大与最小的应力

假定物体内某一点的三个应力主向及与之对应的三个主应力 σ_1、σ_2、σ_3 已

经求得,求出这一点的最大与最小的应力。为了简便,将三个坐标轴放在三个应力主向,于是有 $\tau_{yz} = \tau_{zy} = 0, \tau_{zx} = \tau_{xz} = 0, \tau_{xy} = \tau_{yx} = 0, \sigma_x = \sigma_1, \sigma_y = \sigma_2, \sigma_z = \sigma_3$。

首先求出最大与最小的正应力。根据式(8-3),任一斜面上的正应力是

$$\sigma_N = l^2\sigma_1 + m^2\sigma_2 + n^2\sigma_3 \text{。} \tag{a}$$

其中的 l、m、n 现在应当是斜面的外法线 N 对于应力主向的方向余弦。

用关系式 $l^2 + m^2 + n^2 = 1$ 消去式(a)中的三个方向余弦之一,如 l,得

$$\sigma_N = (1 - m^2 - n^2)\sigma_1 + m^2\sigma_2 + n^2\sigma_3 \text{。}$$

为了求出 σ_N 的极值,命 $\dfrac{\partial}{\partial m}\sigma_N = 0, \dfrac{\partial}{\partial n}\sigma_N = 0$,由此得 $m = 0, n = 0$,从而有 $l = \pm 1$。代入式(a),得出 σ_N 的一个极值,等于 σ_1。再用关系式 $l^2 + m^2 + n^2 = 1$ 从式(a)中依次消去 m 和 n,又可得出 σ_N 的另外两个极值,分别等于 σ_2 和 σ_3。这就是说,σ_N 的极值不外乎 σ_1、σ_2、σ_3。

由此可见,在物体内的任意一点,三个主应力中最大的一个是该点的最大正应力,而三个主应力中最小的一个就是该点的最小正应力。由此又可见,在三个主应力相等的特殊情况下,所有各斜面上的正应力都相同,且等于主应力,而切应力都等于零。

现在来求出最大与最小的切应力。根据式(8-2),在现在选定的坐标系下,斜面上的全应力沿坐标轴方向的分量是

$$p_x = l\sigma_1, \qquad p_y = m\sigma_2, \qquad p_z = n\sigma_3 \text{。} \tag{b}$$

将式(a)和式(b)代入式(8-4),得

$$\tau_N^2 = l^2\sigma_1^2 + m^2\sigma_2^2 + n^2\sigma_3^2 - (l^2\sigma_1 + m^2\sigma_2 + n^2\sigma_3)^2 \text{。} \tag{c}$$

用关系式 $l^2 + m^2 + n^2 = 1$ 消去式(c)中的三个方向余弦之一,如 l,得

$$\tau_N^2 = (1 - m^2 - n^2)\sigma_1^2 + m^2\sigma_2^2 + n^2\sigma_3^2 - [(1 - m^2 - n^2)\sigma_1 + m^2\sigma_2 + n^2\sigma_3]^2 \text{。}$$

为了求出 τ_N^2 的极值,命 $\dfrac{\partial}{\partial m}(\tau_N^2) = 0, \dfrac{\partial}{\partial n}(\tau_N^2) = 0$,简化以后,得

$$\left. \begin{array}{l} m\left[(\sigma_2 - \sigma_1)m^2 + (\sigma_3 - \sigma_1)n^2 - \dfrac{1}{2}(\sigma_2 - \sigma_1)\right] = 0, \\[2mm] n\left[(\sigma_2 - \sigma_1)m^2 + (\sigma_3 - \sigma_1)n^2 - \dfrac{1}{2}(\sigma_3 - \sigma_1)\right] = 0 \text{。} \end{array} \right\} \tag{d}$$

由方程(d)求解 m 及 n,将得出两种解答。第一种是 $m = 0, n = 0$。第二种解答是 $m = 0, n = \pm\dfrac{1}{\sqrt{2}}$,或者是 $n = 0, m = \pm\dfrac{1}{\sqrt{2}}$。对于每一组解答,都可以由关系式 $l^2 + m^2 + n^2 = 1$ 求出 l,并由式(c)求出 τ_N^2。

再用关系式 $l^2+m^2+n^2=1$ 从式(c)中依次消去 m，然后消去 n，总共得出 τ_N^2 为极值时的六组解答，列表如下：

$l=$	± 1	0	0	0	$\pm\dfrac{1}{\sqrt{2}}$	$\pm\dfrac{1}{\sqrt{2}}$
$m=$	0	± 1	0	$\pm\dfrac{1}{\sqrt{2}}$	0	$\pm\dfrac{1}{\sqrt{2}}$
$n=$	0	0	± 1	$\pm\dfrac{1}{\sqrt{2}}$	$\pm\dfrac{1}{\sqrt{2}}$	0
$\tau_N^2=$	0	0	0	$\left(\dfrac{\sigma_2-\sigma_3}{2}\right)^2$	$\left(\dfrac{\sigma_3-\sigma_1}{2}\right)^2$	$\left(\dfrac{\sigma_1-\sigma_2}{2}\right)^2$

表中的前三组解答对应于应力主面，对应于 τ_N^2 的极小值。后三组解答对应于"经过应力主轴之一而平分其余二应力主轴的夹角"的三个平面。对应的下列切应力包含了最大与最小的切应力：

$$\pm\frac{1}{2}(\sigma_2-\sigma_3), \qquad \pm\frac{1}{2}(\sigma_3-\sigma_1), \qquad \pm\frac{1}{2}(\sigma_1-\sigma_2)。$$

于是可见，最大和最小的切应力，在数值上等于最大主应力与最小主应力之差的一半，作用在通过中间主应力并且"平分最大主应力与最小主应力的夹角"的平面上。

§8-5 几何方程 刚体位移 体积应变

现在考虑空间问题的几何学方面。

在空间问题中，应变分量与位移分量应当满足下列六个几何方程：

$$\left.\begin{array}{l} \varepsilon_x=\dfrac{\partial u}{\partial x}, \qquad \varepsilon_y=\dfrac{\partial v}{\partial y}, \qquad \varepsilon_z=\dfrac{\partial w}{\partial z}, \\[2mm] \gamma_{yz}=\dfrac{\partial w}{\partial y}+\dfrac{\partial v}{\partial z}, \qquad \gamma_{zx}=\dfrac{\partial u}{\partial z}+\dfrac{\partial w}{\partial x}, \qquad \gamma_{xy}=\dfrac{\partial v}{\partial x}+\dfrac{\partial u}{\partial y}, \end{array}\right\} \qquad (8-9)$$

其中的第一式、第二式和第六式已在§2-4中导出，其余三式可用同样的方法导出。

为了导出刚体位移的表达式，试命

$$\varepsilon_x = \varepsilon_y = \varepsilon_z = \gamma_{yz} = \gamma_{zx} = \gamma_{xy} = 0。$$

代入几何方程(8-9),得

$$\left.\begin{array}{lll} \dfrac{\partial u}{\partial x}=0, & \dfrac{\partial v}{\partial y}=0, & \dfrac{\partial w}{\partial z}=0, \\[3mm] \dfrac{\partial w}{\partial y}+\dfrac{\partial v}{\partial z}=0, & \dfrac{\partial u}{\partial z}+\dfrac{\partial w}{\partial x}=0, & \dfrac{\partial v}{\partial x}+\dfrac{\partial u}{\partial y}=0。\end{array}\right\} \quad\quad (a)$$

由式(a)中前三式的积分得

$$u=f_1(y,z), \qquad v=f_2(z,x), \qquad w=f_3(x,y), \quad\quad (b)$$

其中 f_1、f_2、f_3 是任意函数。将式(b)代入式(a)中的后三式,得

$$\left.\begin{array}{l} \dfrac{\partial}{\partial y}f_3(x,y)+\dfrac{\partial}{\partial z}f_2(z,x)=0, \\[3mm] \dfrac{\partial}{\partial z}f_1(y,z)+\dfrac{\partial}{\partial x}f_3(x,y)=0, \\[3mm] \dfrac{\partial}{\partial x}f_2(z,x)+\dfrac{\partial}{\partial y}f_1(y,z)=0。\end{array}\right\} \quad\quad (c)$$

为了求出函数 f_1,要从含有这个函数的微分方程中消去 f_2 和 f_3。为此,将式(c)中的第二式和第三式分别对 z 和 y 求导,得出

$$\frac{\partial^2}{\partial z^2}f_1(y,z)=0, \qquad \frac{\partial^2}{\partial y^2}f_1(y,z)=0。$$

可见,函数 f_1 只应包含常数项,y 项,z 项和 yz 项。命

$$f_1(y,z)=a+by+cz+dyz,$$

式中的 a、b、c、d 都是任意常数。与上述相似,可以求得

$$f_2(z,x)=e+fz+gx+hzx,$$
$$f_3(x,y)=i+jx+ky+lxy。$$

将已求得的函数 f_1、f_2、f_3 代入式(c),得

$$(k+f)+(l+h)x=0,$$
$$(c+j)+(d+l)y=0,$$
$$(g+b)+(h+d)z=0。$$

不论 x、y、z 取任何值,这些条件都应当满足,因此必须使

$$f=-k, \qquad l=-h,$$
$$j=-c, \qquad d=-l,$$
$$b=-g, \qquad h=-d。$$

由右边三式可见 $l=d=h=0$,联合左边三式,一并代入上面 f_1、f_2、f_3 的表达式,得到

$$f_1(y,z) = a - gy + cz,$$
$$f_2(z,x) = e - kz + gx,$$
$$f_3(x,y) = i - cx + ky。$$

将各个函数代入式（b），并将任意常数 a、e、i、k、c、g 分别改写为 u_0、v_0、w_0、ω_x、ω_y、ω_z，得到位移分量

$$\left. \begin{array}{l} u = u_0 + \omega_y z - \omega_z y, \\ v = v_0 + \omega_z x - \omega_x z, \\ w = w_0 + \omega_x y - \omega_y x。 \end{array} \right\} \tag{8-10}$$

式（8-10）所示的位移，是"应变为零"时的位移，也就是所谓"与应变无关的位移"，因而必然是刚体位移。推广 §2-3 中的论证，可见：u_0、v_0、w_0 分别为沿 x、y、z 三个方向的刚体平移，ω_x、ω_y、ω_z 分别为绕 x、y、z 三个轴的刚体转动。

现在来导出体积的改变与位移分量之间的关系。设有微小的正平行六面体，它的棱边长度是 Δx、Δy、Δz。在变形之前，它的体积是 $\Delta x \Delta y \Delta z$；在变形之后，它的体积成为

$$(\Delta x + \varepsilon_x \Delta x)(\Delta y + \varepsilon_y \Delta y)(\Delta z + \varepsilon_z \Delta z)。$$

因此，它的每单位体积的体积改变，即体积应变，为

$$\begin{aligned} \theta &= \frac{(\Delta x + \varepsilon_x \Delta x)(\Delta y + \varepsilon_y \Delta y)(\Delta z + \varepsilon_z \Delta z) - \Delta x \Delta y \Delta z}{\Delta x \Delta y \Delta z} \\ &= (1 + \varepsilon_x)(1 + \varepsilon_y)(1 + \varepsilon_z) - 1 \\ &= \varepsilon_x + \varepsilon_y + \varepsilon_z + \varepsilon_y \varepsilon_z + \varepsilon_z \varepsilon_x + \varepsilon_x \varepsilon_y + \varepsilon_x \varepsilon_y \varepsilon_z。 \end{aligned}$$

因为应变是微小的，所以两个或三个应变分量的乘积可以略去不计，从而得到

$$\theta = \varepsilon_x + \varepsilon_y + \varepsilon_z。 \tag{8-11}$$

将几何方程（8-9）中的前三式代入，得

$$\theta = \frac{\partial u}{\partial x} + \frac{\partial v}{\partial y} + \frac{\partial w}{\partial z}。 \tag{8-12}$$

§8-6 物体内任一点的应变状态

现在，设已知物体内任一点 P 处的六个应变分量 ε_x、ε_y、ε_z、γ_{yz}、γ_{zx}、γ_{xy}，试求经过 P 点的、沿 N 方向的任一微小线段 $PN = \mathrm{d}r$ 的正应变，如图 8-4 所示。命这一微小线段的方向余弦为 l、m、n。于是该线段在坐标轴上的投影为

$$dx = l\,dr, \qquad dy = m\,dr, \qquad dz = n\,dr。 \qquad (a)$$

设 P 点的位移分量为 u、v、w，则 N 点的位移分量为

$$\left.\begin{aligned}
u_N &= u + \frac{\partial u}{\partial x}dx + \frac{\partial u}{\partial y}dy + \frac{\partial u}{\partial z}dz, \\
v_N &= v + \frac{\partial v}{\partial x}dx + \frac{\partial v}{\partial y}dy + \frac{\partial v}{\partial z}dz, \\
w_N &= w + \frac{\partial w}{\partial x}dx + \frac{\partial w}{\partial y}dy + \frac{\partial w}{\partial z}dz。
\end{aligned}\right\} \qquad (b)$$

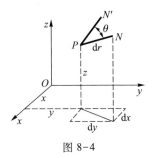

图 8-4

在变形之后，线段 PN 在坐标轴上的投影成为

$$\left.\begin{aligned}
dx + u_N - u &= dx + \frac{\partial u}{\partial x}dx + \frac{\partial u}{\partial y}dy + \frac{\partial u}{\partial z}dz, \\
dy + v_N - v &= dy + \frac{\partial v}{\partial x}dx + \frac{\partial v}{\partial y}dy + \frac{\partial v}{\partial z}dz, \\
dz + w_N - w &= dz + \frac{\partial w}{\partial x}dx + \frac{\partial w}{\partial y}dy + \frac{\partial w}{\partial z}dz。
\end{aligned}\right\} \qquad (c)$$

命线段 PN 的正应变为 ε_N，根据正应变 ε_N 的定义，该线段在变形之后的长度为 $dr + \varepsilon_N dr$，而这一长度的平方就等于式（c）中三个投影的平方之和：

$$(dr + \varepsilon_N dr)^2 = \left(dx + \frac{\partial u}{\partial x}dx + \frac{\partial u}{\partial y}dy + \frac{\partial u}{\partial z}dz\right)^2 + \left(dy + \frac{\partial v}{\partial x}dx + \frac{\partial v}{\partial y}dy + \frac{\partial v}{\partial z}dz\right)^2 +$$
$$\left(dz + \frac{\partial w}{\partial x}dx + \frac{\partial w}{\partial y}dy + \frac{\partial w}{\partial z}dz\right)^2。$$

除以 $(dr)^2$，并应用式（a），得

$$(1 + \varepsilon_N)^2 = \left[l\left(1 + \frac{\partial u}{\partial x}\right) + m\frac{\partial u}{\partial y} + n\frac{\partial u}{\partial z}\right]^2 + \left[l\frac{\partial v}{\partial x} + m\left(1 + \frac{\partial v}{\partial y}\right) + n\frac{\partial v}{\partial z}\right]^2 +$$
$$\left[l\frac{\partial w}{\partial x} + m\frac{\partial v}{\partial y} + n\left(1 + \frac{\partial w}{\partial z}\right)\right]^2。$$

因为正应变 ε_N 和位移分量的导数都是微小的，它们的平方或乘积都可以不计，所以由上式可得

$$1 + 2\varepsilon_N = l^2\left(1 + 2\frac{\partial u}{\partial x}\right) + 2lm\frac{\partial u}{\partial y} + 2ln\frac{\partial u}{\partial z} + m^2\left(1 + 2\frac{\partial v}{\partial y}\right) + 2mn\frac{\partial v}{\partial z} + 2ml\frac{\partial v}{\partial x} +$$
$$n^2\left(1 + 2\frac{\partial w}{\partial z}\right) + 2nl\frac{\partial w}{\partial x} + 2mn\frac{\partial w}{\partial y}。$$

注意到 $l^2 + m^2 + n^2 = 1$，上式又可以简化为

$$\varepsilon_N = l^2\frac{\partial u}{\partial x} + m^2\frac{\partial v}{\partial y} + n^2\frac{\partial w}{\partial z} + mn\left(\frac{\partial w}{\partial y} + \frac{\partial v}{\partial z}\right) + nl\left(\frac{\partial u}{\partial z} + \frac{\partial w}{\partial x}\right) + lm\left(\frac{\partial v}{\partial x} + \frac{\partial u}{\partial y}\right)。$$

再应用几何方程(8-9),即得

$$\varepsilon_N = l^2 \varepsilon_x + m^2 \varepsilon_y + n^2 \varepsilon_z + mn\gamma_{yz} + nl\gamma_{zx} + lm\gamma_{xy} \circ \tag{8-13}$$

现在来求出经过 P 点的微小线段 PN 和 PN' 的夹角的改变,如图 8-4 所示。设 PN 在变形之后的方向余弦为 l_1、m_1、n_1,则由式(c)及式(a)可见

$$l_1 = \frac{dx + \dfrac{\partial u}{\partial x}dx + \dfrac{\partial u}{\partial y}dy + \dfrac{\partial u}{\partial z}dz}{dr(1+\varepsilon_N)}$$

$$= \left[l\left(1 + \frac{\partial u}{\partial x}\right) + m\frac{\partial u}{\partial y} + n\frac{\partial u}{\partial z} \right](1+\varepsilon_N)^{-1}$$

$$= \left[l\left(1 + \frac{\partial u}{\partial x}\right) + m\frac{\partial u}{\partial y} + n\frac{\partial u}{\partial z} \right](1 - \varepsilon_N + \varepsilon_N^2 - \cdots) \circ$$

注意 ε_N、$\dfrac{\partial u}{\partial x}$、$\dfrac{\partial u}{\partial y}$、$\dfrac{\partial u}{\partial z}$ 都是微小的,在展开上式之后,略去二阶以上的微小量,即得

$$l_1 = l\left(1 - \varepsilon_N + \frac{\partial u}{\partial x}\right) + m\frac{\partial u}{\partial y} + n\frac{\partial u}{\partial z}, \tag{d}$$

同样可得

$$\left. \begin{aligned} m_1 &= m\left(1 - \varepsilon_N + \frac{\partial v}{\partial y}\right) + n\frac{\partial v}{\partial z} + l\frac{\partial v}{\partial x}, \\ n_1 &= n\left(1 - \varepsilon_N + \frac{\partial w}{\partial z}\right) + l\frac{\partial w}{\partial x} + m\frac{\partial w}{\partial y} \circ \end{aligned} \right\} \tag{e}$$

与此相似,设线段 PN' 在变形之前的方向余弦为 l'、m'、n',则其在变形之后的方向余弦为

$$\left. \begin{aligned} l'_1 &= l'\left(1 - \varepsilon_{N'} + \frac{\partial u}{\partial x}\right) + m'\frac{\partial u}{\partial y} + n'\frac{\partial u}{\partial z}, \\ m'_1 &= m'\left(1 - \varepsilon_{N'} + \frac{\partial v}{\partial y}\right) + n'\frac{\partial v}{\partial z} + l'\frac{\partial v}{\partial x}, \\ n'_1 &= n'\left(1 - \varepsilon_{N'} + \frac{\partial w}{\partial z}\right) + l'\frac{\partial w}{\partial x} + m'\frac{\partial w}{\partial y}, \end{aligned} \right\} \tag{f}$$

其中的 $\varepsilon_{N'}$ 为线段 PN' 的正应变。

命线段 PN 及 PN' 在变形之后的夹角为 θ_1,则

$$\cos\theta_1 = l_1 l'_1 + m_1 m'_1 + n_1 n'_1 \circ$$

将式(d)、式(e)及式(f)代入,并注意 ε_N 及 $\varepsilon_{N'}$ 是微小的。即得

$$\cos\theta_1 = (ll' + mm' + nn')(1 - \varepsilon_N - \varepsilon_{N'}) + 2\left(ll'\frac{\partial u}{\partial x} + mm'\frac{\partial v}{\partial y} + nn'\frac{\partial w}{\partial z}\right) +$$

$$\left(mn'+m'n \right) \left(\frac{\partial w}{\partial y}+\frac{\partial v}{\partial z} \right) + \left(nl'+n'l \right) \left(\frac{\partial u}{\partial z}+\frac{\partial w}{\partial x} \right) + \left(lm'+l'm \right) \left(\frac{\partial v}{\partial x}+\frac{\partial u}{\partial y} \right) 。$$

应用几何方程(8-9),并注意 $ll'+mm'+nn'=\cos\theta$,θ 是 PN 和 PN' 在变形以前的夹角,则上式成为

$$\cos\theta_1 = \left(1-\varepsilon_N-\varepsilon_{N'}\right)\cos\theta + 2\left(ll'\varepsilon_x+mm'\varepsilon_y+nn'\varepsilon_z\right) + \left(mn'+m'n\right)\gamma_{yz} +$$
$$\left(nl'+n'l\right)\gamma_{zx}+\left(lm'+l'm\right)\gamma_{xy} 。 \tag{8-14}$$

求出 θ_1 以后,即可求得 PN 与 PN' 之间的夹角的改变 $\theta_1-\theta$。

由以上所述可见,在物体内的任意一点,如果已知六个应变分量,就可以求得经过该点的任一线段的正应变,也可以求得经过该点的任意二线段之间的夹角的改变。这就是说,六个应变分量完全决定这一点的应变状态。

注意,求任意方向的正应变 ε_N 的公式(8-13)与求任意斜面上的正应力 σ_N 的公式(8-3)很相似。代替正应力 σ_x、σ_y、σ_z 的,是正应变 ε_x、ε_y、ε_z;代替切应力 τ_{yz}、τ_{zx}、τ_{xy} 的,是切应变的一半,即 $\frac{1}{2}\gamma_{yz}$、$\frac{1}{2}\gamma_{zx}$、$\frac{1}{2}\gamma_{xy}$。经过进一步的几何分析,还可以得出和§8-3及§8-4中相似的结论,如下所述。

在物体内的任意一点,一定存在三个互相垂直的应变主向,它们所成的三个直角在变形之后保持为直角(即切应变等于零)。沿着这三个应变主向的正应变称为主应变。三个主应变中最大的一个是该点的最大正应变,三个主应变中最小的一个就是该点的最小正应变。三个主应变 ε_1、ε_2、ε_3 是下列三次方程中 ε 的三个实根:

$$\varepsilon^3 - \left(\varepsilon_x+\varepsilon_y+\varepsilon_z\right)\varepsilon^2 + \left(\varepsilon_y\varepsilon_z+\varepsilon_z\varepsilon_x+\varepsilon_x\varepsilon_y - \frac{\gamma_{yz}^2+\gamma_{zx}^2+\gamma_{xy}^2}{4}\right)\varepsilon -$$
$$\left(\varepsilon_x\varepsilon_y\varepsilon_z - \frac{\varepsilon_x\gamma_{yz}^2+\varepsilon_y\gamma_{zx}^2+\varepsilon_z\gamma_{xy}^2}{4} + \frac{\gamma_{yz}\gamma_{zx}\gamma_{xy}}{4}\right) = 0 。 \tag{8-15}$$

不论坐标系如何改变,下列表达式保持不变:

$$\left.\begin{aligned}
\theta_1 &= \varepsilon_x+\varepsilon_y+\varepsilon_z \\
\theta_2 &= \varepsilon_y\varepsilon_z+\varepsilon_z\varepsilon_x+\varepsilon_x\varepsilon_y - \frac{\gamma_{yz}^2+\gamma_{zx}^2+\gamma_{xy}^2}{4}, \\
\theta_3 &= \varepsilon_x\varepsilon_y\varepsilon_z - \frac{\varepsilon_x\gamma_{yz}^2+\varepsilon_y\gamma_{zx}^2+\varepsilon_z\gamma_{xy}^2}{4} + \frac{\gamma_{yz}\gamma_{zx}\gamma_{xy}}{4} 。
\end{aligned}\right\} \tag{8-16}$$

这三个表达式称为应变状态的不变量。在上一节中已经看到,第一个不变量 θ_1 就是体积应变 θ。

§8-7 物理方程 方程总结

各向同性体中的应变分量与应力分量之间的关系已在§2-6中给出如下：

$$\left.\begin{aligned}
\varepsilon_x &= \frac{1}{E}\left[\sigma_x - \mu(\sigma_y + \sigma_z)\right], \\
\varepsilon_y &= \frac{1}{E}\left[\sigma_y - \mu(\sigma_z + \sigma_x)\right], \\
\varepsilon_z &= \frac{1}{E}\left[\sigma_z - \mu(\sigma_x + \sigma_y)\right], \\
\gamma_{yz} &= \frac{2(1+\mu)}{E}\tau_{yz}, \\
\gamma_{zx} &= \frac{2(1+\mu)}{E}\tau_{zx}, \\
\gamma_{xy} &= \frac{2(1+\mu)}{E}\tau_{xy}。
\end{aligned}\right\} \tag{8-17}$$

这就是空间问题物理方程的基本形式。

由式(8-17)中的后三式可见，如果把坐标轴放在应力主向，则由于 $\tau_{yz} = \tau_{zx} = \tau_{xy} = 0$ 而有 $\gamma_{yz} = \gamma_{zx} = \gamma_{xy} = 0$。这就表明，在各向同性体中，应力主向与应变主向是重合的。这时的 σ_x、σ_y、σ_z 就成为主应力 σ_1、σ_2、σ_3，这时的 ε_x、ε_y、ε_z 就成为主应变 ε_1、ε_2、ε_3，而主应变与主应力之间有如下关系：

$$\varepsilon_1 = \frac{1}{E}\left[\sigma_1 - \mu(\sigma_2 + \sigma_3)\right],$$

$$\varepsilon_2 = \frac{1}{E}\left[\sigma_2 - \mu(\sigma_3 + \sigma_1)\right],$$

$$\varepsilon_3 = \frac{1}{E}\left[\sigma_3 - \mu(\sigma_1 + \sigma_2)\right]。$$

因此，如果已知三个主应力，就可以很简单地算出三个主应变，不必再应用三次方程(8-15)。

将式(8-17)中的前三式相加，得

$$\varepsilon_x + \varepsilon_y + \varepsilon_z = \frac{1-2\mu}{E}(\sigma_x + \sigma_y + \sigma_z)。$$

应用式(8-11)及式(8-8)，上式可以简写为

$$\theta=\frac{1-2\mu}{E}\Theta。 \tag{8-18}$$

在前一节中已经说明，$\theta=\varepsilon_x+\varepsilon_y+\varepsilon_z$ 是体积应变。现在又看到，体积应变 θ 是和 Θ 成正比的。因此，$\Theta=\sigma_x+\sigma_y+\sigma_z$ 也就称为体积应力，而 Θ 与 θ 之间的比例常数 $\dfrac{E}{1-2\mu}$ 称为体积模量。

为了以后在某些情况下用起来方便，下面导出物理方程的另一种形式——将应力分量用应变分量表示。

由方程(8-17)中的第一式可得

$$\varepsilon_x=\frac{1}{E}\left[\,(1+\mu)\sigma_x-\mu(\sigma_x+\sigma_y+\sigma_z)\,\right]=\frac{1}{E}\left[\,(1+\mu)\sigma_x-\mu\Theta\,\right]。$$

求解 σ_x，得

$$\sigma_x=\frac{1}{1+\mu}(\,E\varepsilon_x+\mu\Theta)。$$

将由式(8-18)得来的 $\Theta=\dfrac{E\theta}{1-2\mu}$ 代入，得

$$\sigma_x=\frac{E}{1+\mu}\left(\frac{\mu}{1-2\mu}\theta+\varepsilon_x\right)。$$

对于 σ_y 和 σ_z，也可以导出与此相似的两个方程。此外，再由式(8-17)中的后三式求解切应力分量，总共得出如下 6 个方程：

$$\left.\begin{aligned}
\sigma_x&=\frac{E}{1+\mu}\left(\frac{\mu}{1-2\mu}\theta+\varepsilon_x\right),\\[4pt]
\sigma_y&=\frac{E}{1+\mu}\left(\frac{\mu}{1-2\mu}\theta+\varepsilon_y\right),\\[4pt]
\sigma_z&=\frac{E}{1+\mu}\left(\frac{\mu}{1-2\mu}\theta+\varepsilon_z\right),\\[4pt]
\tau_{yz}&=\frac{E}{2(1+\mu)}\gamma_{yz},\\[4pt]
\tau_{zx}&=\frac{E}{2(1+\mu)}\gamma_{zx},\\[4pt]
\tau_{xy}&=\frac{E}{2(1+\mu)}\gamma_{xy}。
\end{aligned}\right\} \tag{8-19}$$

这就是空间问题物理方程的第二种形式。

引用记号 $\lambda=\dfrac{E\mu}{(1+\mu)(1-2\mu)}$，并注意 $\dfrac{E}{1+\mu}=2G$，则方程(8-19)可以改写为

$$\left.\begin{array}{lll}\sigma_x=\lambda\theta+2G\varepsilon_x, & \sigma_y=\lambda\theta+2G\varepsilon_y, & \sigma_z=\lambda\theta+2G\varepsilon_z, \\ \tau_{yz}=G\gamma_{yz}, & \tau_{zx}=G\gamma_{zx}, & \tau_{xy}=G\gamma_{xy}\circ\end{array}\right\}\qquad(8-20)$$

这是空间问题物理方程的又一种形式,其中的 λ 和 G 是拉梅首先用来表征物体弹性的两个常数,因而称为拉梅常数。

　　总结起来,对于空间问题,共有 15 个未知函数:6 个应力分量 σ_x、σ_y、σ_z、$\tau_{yz}=\tau_{zy}$、$\tau_{zx}=\tau_{xz}$、$\tau_{xy}=\tau_{yx}$;6 个应变分量 ε_x、ε_y、ε_z、γ_{yz}、γ_{zx}、γ_{xy};3 个位移分量 u、v、w。这 15 个未知函数应当满足 15 个基本方程:3 个平衡微分方程(8-1);6 个几何方程(8-9);6 个物理方程(8-17),或(8-19),或(8-20)。此外,在整个弹性体中,应力分量和位移分量都应当是单值的。

　　在位移边界问题中,位移分量在边界上还应当满足位移边界条件

$$u_s=\overline{u}, \qquad v_s=\overline{v}, \qquad w_s=\overline{w}\circ \qquad(8-21)$$

在应力边界问题中,应力分量在边界上还应当满足应力边界条件(8-5);在混合边界问题中,某些边界条件是位移边界条件,而另一些边界条件是应力边界条件,位移分量和应力分量也应当满足。

§8-8　轴对称问题的基本方程

　　在空间问题中,如果弹性体的几何形状、约束情况及所受的外来因素,都对称于某一轴(通过这个轴的任一平面都是对称面),则所有的应力、应变和位移也对称于这一轴。这种问题称为空间轴对称问题。

　　在描述轴对称问题中的应力、应变、位移时,用圆柱坐标 ρ、φ、z 比用直角坐标 x、y、z 方便得多。这是因为,如果以弹性体的对称轴为 z 轴,如图 8-5 所示,则所有的应力分量、应变分量和位移分量都将只是 ρ 和 z 的函数,不随 φ 而变。

　　首先导出轴对称问题的平衡微分方程。

　　取 z 轴铅直向上,用相距 $d\rho$ 的两个圆柱面、互成 $d\varphi$ 角的两个铅直面及相距 dz 的两个水平面,从弹性体割取一个微小六面体 $PABC$,如图 8-5 所示。沿 ρ 方向的正应力称为径向正应力,用 σ_ρ 表示;沿 φ 方向的正应力称为环向正应力,用 σ_φ 表示;沿 z 方向的正应力称为轴向正应力,用 σ_z 表示;作用在圆柱面上、沿 z 方向作用的切应力用 $\tau_{\rho z}$ 表示,作用在水平面上、沿 ρ 方向作用的切应力用 $\tau_{z\rho}$ 表示。根据切应力的互等关系,$\tau_{z\rho}=\tau_{\rho z}$。由于对称性,$\tau_{\rho\varphi}=\tau_{\varphi\rho}$ 及 $\tau_{\varphi z}=\tau_{z\varphi}$ 都不存在。这样,总共只有四个应力分量:σ_ρ、σ_φ、σ_z、$\tau_{z\rho}=\tau_{\rho z}$,它们只是 ρ 和 z 的函数。

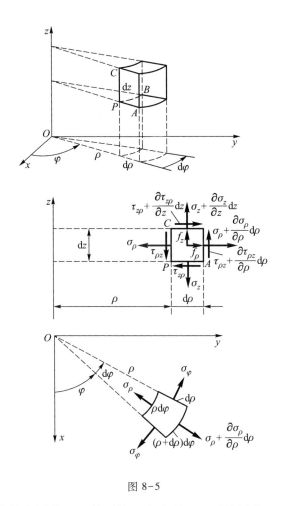

图 8-5

如果六面体的内圆柱面上的平均正应力是 σ_ρ，则外圆柱面上的平均正应力应当是 $\sigma_\rho + \dfrac{\partial \sigma_\rho}{\partial \rho} dr$。由于对称，$\sigma_\varphi$ 在 φ 方向(环向)没有增量。如果六面体下面的平均正应力是 σ_z，则上面的平均正应力应当是 $\sigma_z + \dfrac{\partial \sigma_z}{\partial z} dz$。同样，内面及外面的平均切应力分别为 $\tau_{\rho z}$ 及 $\tau_{\rho z} + \dfrac{\partial \tau_{\rho z}}{\partial \rho} d\rho$，下面及上面的平均切应力分别为 $\tau_{z\rho}$ 及 $\tau_{z\rho} + \dfrac{\partial \tau_{z\rho}}{\partial z} dz$。径向的体力分量用 f_ρ 表示；轴向的体力分量，即 z 方向的体力分量，仍然用 f_z 表示；由于对称性，环向的体力分量为零。

将六面体所受的各力投影到六面体中心的径向轴上，取 $\sin\dfrac{\mathrm{d}\varphi}{2}$ 及 $\cos\dfrac{\mathrm{d}\varphi}{2}$ 分

别近似地等于 $\dfrac{\mathrm{d}\varphi}{2}$ 及 1，得平衡方程

$$\left(\sigma_\rho+\frac{\partial\sigma_\rho}{\partial\rho}\mathrm{d}\rho\right)(\rho+\mathrm{d}\rho)\,\mathrm{d}\varphi\mathrm{d}z-\sigma_\rho\rho\mathrm{d}\varphi\mathrm{d}z-2\sigma_\varphi\mathrm{d}\rho\mathrm{d}z\,\frac{\mathrm{d}\varphi}{2}+$$

$$\left(\tau_{zp}+\frac{\partial\tau_{zp}}{\partial z}\mathrm{d}z\right)\rho\mathrm{d}\varphi\mathrm{d}\rho-\tau_{zp}\rho\mathrm{d}\varphi\mathrm{d}\rho+f_\rho\rho\mathrm{d}\varphi\mathrm{d}\rho\mathrm{d}z=0\,。$$

简化以后，除以 $\rho\mathrm{d}\varphi\mathrm{d}\rho\mathrm{d}z$，然后略去微量，得

$$\frac{\partial\sigma_\rho}{\partial\rho}+\frac{\partial\tau_{zp}}{\partial z}+\frac{\sigma_\rho-\sigma_\varphi}{\rho}+f_\rho=0\,。$$

将六面体所受的各力投影到 z 轴上，得平衡方程

$$\left(\tau_{\rho z}+\frac{\partial\tau_{\rho z}}{\partial\rho}\mathrm{d}\rho\right)(\rho+\mathrm{d}\rho)\,\mathrm{d}\varphi\mathrm{d}z-\tau_{\rho z}\rho\mathrm{d}\varphi\mathrm{d}z+$$

$$\left(\sigma_z+\frac{\partial\sigma_z}{\partial z}\mathrm{d}z\right)\rho\mathrm{d}\varphi\mathrm{d}\rho-\sigma_z\rho\mathrm{d}\varphi\mathrm{d}\rho+f_z\rho\mathrm{d}\varphi\mathrm{d}\rho\mathrm{d}z=0\,。$$

简化以后，除以 $\rho\mathrm{d}\varphi\mathrm{d}\rho\mathrm{d}z$，然后略去微量，得

$$\frac{\partial\sigma_z}{\partial z}+\frac{\partial\tau_{\rho z}}{\partial\rho}+\frac{\tau_{\rho z}}{\rho}+f_z=0\,。$$

于是，得空间轴对称问题的平衡微分方程如下：

$$\left.\begin{array}{l}\dfrac{\partial\sigma_\rho}{\partial\rho}+\dfrac{\partial\tau_{zp}}{\partial z}+\dfrac{\sigma_\rho-\sigma_\varphi}{\rho}+f_\rho=0\,,\\[4mm]\dfrac{\partial\sigma_z}{\partial z}+\dfrac{\partial\tau_{\rho z}}{\partial\rho}+\dfrac{\tau_{\rho z}}{\rho}+f_z=0\,。\end{array}\right\}\qquad(8-22)$$

而在环向是自成平衡的。

其次导出轴对称问题的几何方程。

沿 ρ 方向的正应变称为径向正应变，用 ε_ρ 表示；沿 φ 方向的正应变称为环向正应变，以 ε_φ 表示；沿 z 方向的正应变称为轴向正应变，用 ε_z 表示；ρ 方向与 z 方向之间的切应变用 γ_{zp} 表示。由于对称，切应变 $\gamma_{\rho\varphi}$ 及 $\gamma_{\varphi z}$ 都等于零。沿 ρ 方向的位移分量称为径向位移，用 u_ρ 表示，沿 z 方向的位移分量称为轴向位移，用 w

表示。由于对称,环向位移 $u_\varphi = 0$。

通过与§2-4及§4-2中同样的分析可见,由于径向位移 u_ρ 引起的应变分量是

$$\varepsilon_\rho = \frac{\partial u_\rho}{\partial \rho}, \qquad \varepsilon_\varphi = \frac{u_\rho}{\rho}, \qquad \gamma_{z\rho} = \frac{\partial u_\rho}{\partial z};$$

由于轴向位移 w 引起的应变分量是

$$\varepsilon_z = \frac{\partial w}{\partial z}, \qquad \gamma_{z\rho} = \frac{\partial w}{\partial \rho}。$$

将以上两组关系式相叠加,即得空间轴对称问题的几何方程

$$\varepsilon_\rho = \frac{\partial u_\rho}{\partial \rho}, \qquad \varepsilon_\varphi = \frac{u_\rho}{\rho}, \qquad \varepsilon_z = \frac{\partial w}{\partial z}, \qquad \gamma_{z\rho} = \frac{\partial u_\rho}{\partial z} + \frac{\partial w}{\partial \rho}。 \qquad (8-23)$$

由于圆柱坐标也是和直角坐标一样的正交坐标,所以物理方程可以直接根据胡克定律得来。在轴对称问题中,物理方程是

$$\left. \begin{aligned} \varepsilon_\rho &= \frac{1}{E}\left[\sigma_\rho - \mu(\sigma_\varphi + \sigma_z)\right], \\ \varepsilon_\varphi &= \frac{1}{E}\left[\sigma_\varphi - \mu(\sigma_z + \sigma_\rho)\right], \\ \varepsilon_z &= \frac{1}{E}\left[\sigma_z - \mu(\sigma_\rho + \sigma_\varphi)\right], \\ \gamma_{z\rho} &= \frac{1}{G}\tau_{z\rho} = \frac{2(1+\mu)}{E}\tau_{z\rho}。 \end{aligned} \right\} \qquad (8-24)$$

将式(8-24)中的前三式相加,得到

$$\theta = \frac{1-2\mu}{E}\Theta。 \qquad (8-25)$$

式中的体积应变为

$$\theta = \varepsilon_\rho + \varepsilon_\varphi + \varepsilon_z = \frac{\partial u_\rho}{\partial \rho} + \frac{u_\rho}{\rho} + \frac{\partial w}{\partial z} \qquad (8-26)$$

体积应力为

$$\Theta = \sigma_\rho + \sigma_\varphi + \sigma_z \qquad (8-27)$$

它们均是不随坐标系而变的不变量。

通过与§8-7中同样的处理,可以得到用应变分量表示应力分量的物理方程

$$\sigma_{\rho} = \frac{E}{1+\mu}\left(\frac{\mu}{1-2\mu}\theta + \varepsilon_{\rho}\right),$$

$$\sigma_{\varphi} = \frac{E}{1+\mu}\left(\frac{\mu}{1-2\mu}\theta + \varepsilon_{\varphi}\right),$$

$$\sigma_z = \frac{E}{1+\mu}\left(\frac{\mu}{1-2\mu}\theta + \varepsilon_z\right),$$

$$\tau_{z\rho} = \frac{E}{2(1+\mu)}\gamma_{z\rho}\text{。}$$

$$(8-28)$$

总结起来,对于空间轴对称问题,共有 10 个未知函数:4 个应力分量 σ_{ρ}、σ_{φ}、σ_z、$\tau_{z\rho} = \tau_{\rho z}$;4 个应变分量 ε_{ρ}、ε_{φ}、ε_z、$\gamma_{z\rho} = \gamma_{\rho z}$;2 个位移分量 u_{ρ} 和 w。它们都只是 ρ 和 z 的函数。这 10 个未知函数应当满足 10 个基本方程:2 个平衡微分方程 (8-22);4 个几何方程(8-23);4 个物理方程(8-24)或(8-28)。当然,位移分量和应力分量在边界上还要满足相应的边界条件,并应当是单值的。

§8-9 球对称问题的基本方程

在空间问题中,如果弹性体的几何形状、约束情况及所受的外来因素,都对称于某一点(通过这一点的任一平面都是对称面),则所有的应力、应变和位移也对称于这一点。这种问题称为点对称问题,又称为球对称问题。显然,球对称问题只可能发生于空心或实心的球体中。

在描述球对称问题中的应力、应变、位移时,用球坐标就非常简单。这是因为,如果以弹性体的对称点为坐标原点 O,则所有的应力分量、应变分量、位移分量都将只是径向坐标 ρ 的函数,不随其余两个坐标(角坐标 θ 和 φ)而变。

首先导出球对称问题的平衡微分方程。用相距 $\mathrm{d}\rho$ 的两个球面和两两互成 $\mathrm{d}\varphi$ 角的两对径向平面,从弹性体割取一个微小六面体,如图 8-6 所示。设作用于内球面的径向正应力为 σ_{ρ},则作用于外球面的径向正应力为 $\sigma_{\rho} + \mathrm{d}\sigma_{\rho}$。由于对称,作用于径向平面的切向正应力 $\sigma_{\theta} = \sigma_{\varphi}$,均用 σ_T 代表。又由于对称,该六面体上不存在切应力。径向体力用 f_{ρ} 表示。由于对称,不可能有切向体力。根据该六面体在径向的平衡条件,可以列出平衡方程

$$(\sigma_{\rho} + \mathrm{d}\sigma_{\rho})\left[(\rho + \mathrm{d}\rho)\mathrm{d}\varphi\right]^2 - \sigma_{\rho}(\rho\mathrm{d}\varphi)^2 - 4\sigma_T\mathrm{d}\rho(\rho\mathrm{d}\varphi)\sin\frac{\mathrm{d}\varphi}{2} + f_{\rho}(\rho\mathrm{d}\varphi)^2\mathrm{d}\rho = 0$$

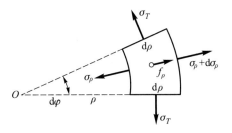

图 8-6

由于 $\mathrm{d}\varphi$ 是微小的,可以用 $\dfrac{\mathrm{d}\varphi}{2}$ 代替 $\sin\dfrac{\mathrm{d}\varphi}{2}$。这样,将上式简化以后,除以 $\rho^2\mathrm{d}\rho\mathrm{d}\varphi^2$,再略去微量,即得平衡微分方程

$$\frac{\mathrm{d}\sigma_\rho}{\mathrm{d}\rho}+\frac{2}{\rho}(\sigma_\rho-\sigma_T)+f_\rho=0。 \tag{8-29}$$

其次导出球对称问题的几何方程。由于对称,只可能发生径向位移 u_ρ,不可能发生切向位移。又由于对称,只可能发生径向正应变 ε_ρ 及切向正应变 ε_T,不可能发生坐标方向的切应变。于是,参照轴对称问题的几何方程(8-23),极易写出球对称问题的几何方程

$$\varepsilon_\rho=\frac{\mathrm{d}u_\rho}{\mathrm{d}\rho},\qquad \varepsilon_T=\frac{u_\rho}{\rho}。 \tag{8-30}$$

物理方程可以直接根据胡克定律得来

$$\left.\begin{aligned}\varepsilon_\rho&=\frac{1}{E}(\sigma_\rho-\mu\sigma_T-\mu\sigma_T)=\frac{1}{E}(\sigma_\rho-2\mu\sigma_T),\\[2mm]\varepsilon_T&=\frac{1}{E}(\sigma_T-\mu\sigma_T-\mu\sigma_\rho)=\frac{1}{E}\left[(1-\mu)\sigma_T-\mu\sigma_\rho\right]。\end{aligned}\right\} \tag{8-31}$$

由上式求解应力分量,得物理方程的第二种形式

$$\left.\begin{aligned}\sigma_\rho&=\frac{E}{(1+\mu)(1-2\mu)}\left[(1-\mu)\varepsilon_\rho+2\mu\varepsilon_T\right],\\[2mm]\sigma_T&=\frac{E}{(1+\mu)(1-2\mu)}(\varepsilon_T+\mu\varepsilon_\rho)。\end{aligned}\right\} \tag{8-32}$$

需要说明的是,球对称问题的自变量只有一个径向坐标 ρ,因此,平衡微分方程(8-29)和几何方程(8-30)不再是偏微分方程,而成为常微分方程,求解相

对要简单些。

总结起来，对于球对称问题，共有 5 个未知函数：2 个应力分量 σ_ρ 和 σ_T；2 个应变分量 ε_ρ 和 ε_T；1 个位移分量 u_ρ。它们都只是 ρ 的函数。这 5 个未知函数应当满足 5 个基本方程：1 个平衡微分方程(8-29)；2 个几何方程(8-30)；2 个物理方程(8-31)或(8-32)。当然，位移分量和应力分量在边界上还要满足相应的边界条件，并应当是单值的。

§8-10 叠 加 原 理

在§4-9中，利用矩形薄板在四边受均布拉力的解答(4-17)，以及矩形薄板在左右两边和上下两边分别受相同集度的均布拉力和均布压力的解答(4-18)，求得了同样的矩形薄板只在左右两边受有均布拉力的解答，即基尔斯的解答(4-20)。在§4-12中，利用半平面体在边界上受法向集中力的解答(4-27)，得到了半平面体在边界上受法向分布力的解答(4-32)。上述工作之所以能够这样处理，是因为线性弹性力学的基本方程，包括平衡方程、几何方程、物理方程以及边界条件等都是线性的，即满足叠加原理。

叠加原理可以叙述如下：对于同一个弹性体，分别受到两组不同的体力、面力和已知位移的作用，当弹性体在该两组荷载和已知位移同时作用下，其应力、应变和位移解答为每组荷载和已知位移分别作用所得的两组解答之和。

叠加原理可以证明如下。

引用上标 $i=1,2$ 分别代表第一组和第二组的情形，设弹性体在给定的体力 $f_x^{(i)}$、$f_y^{(i)}$、$f_z^{(i)}$，应力边界上的面力 $\overline{f}_x^{(i)}$、$\overline{f}_y^{(i)}$、$\overline{f}_z^{(i)}$ 和位移边界上的已知位移 $\overline{u}^{(i)}$、$\overline{v}^{(i)}$、$\overline{w}^{(i)}$ 作用下，弹性体内产生的应力分量为 $\sigma_x^{(i)}$、$\sigma_y^{(i)}$、$\sigma_z^{(i)}$、$\tau_{xy}^{(i)}$、$\tau_{yz}^{(i)}$、$\tau_{zx}^{(i)}$，应变分量为 $\varepsilon_x^{(i)}$、$\varepsilon_y^{(i)}$、$\varepsilon_z^{(i)}$、$\gamma_{xy}^{(i)}$、$\gamma_{yz}^{(i)}$、$\gamma_{zx}^{(i)}$，位移分量为 $u^{(i)}$、$v^{(i)}$、$w^{(i)}$。则上述应力分量、应变分量和位移分量应当满足平衡微分方程(8-1)

$$\left.\begin{array}{l} \dfrac{\partial \sigma_x^{(i)}}{\partial x}+\dfrac{\partial \tau_{xy}^{(i)}}{\partial y}+\dfrac{\partial \tau_{xz}^{(i)}}{\partial z}+f_x^{(i)}=0, \\[3mm] \dfrac{\partial \tau_{yx}^{(i)}}{\partial x}+\dfrac{\partial \sigma_y^{(i)}}{\partial y}+\dfrac{\partial \tau_{yz}^{(i)}}{\partial z}+f_y^{(i)}=0, \\[3mm] \dfrac{\partial \tau_{zx}^{(i)}}{\partial x}+\dfrac{\partial \tau_{zy}^{(i)}}{\partial y}+\dfrac{\partial \sigma_z^{(i)}}{\partial z}+f_z^{(i)}=0_\circ \end{array}\right\} \qquad (i=1,2) \qquad (a)$$

同时满足几何方程(8-9)

$$
\left.\begin{array}{l}
\varepsilon_x^{(i)}=\dfrac{\partial u^{(i)}}{\partial x}, \quad \varepsilon_y^{(i)}=\dfrac{\partial v^{(i)}}{\partial y}, \quad \varepsilon_z^{(i)}=\dfrac{\partial w^{(i)}}{\partial z}, \\[3mm]
\gamma_{yz}^{(i)}=\dfrac{\partial w^{(i)}}{\partial y}+\dfrac{\partial v^{(i)}}{\partial z}, \quad \gamma_{zx}^{(i)}=\dfrac{\partial u^{(i)}}{\partial z}+\dfrac{\partial w^{(i)}}{\partial x}, \quad \gamma_{xy}^{(i)}=\dfrac{\partial v^{(i)}}{\partial x}+\dfrac{\partial u^{(i)}}{\partial y}。
\end{array}\right\} \quad (i=1,2) \quad (\mathrm{b})
$$

还满足物理方程(8-17)

$$
\left.\begin{array}{l}
\varepsilon_x^{(i)}=\dfrac{1}{E}\left[\sigma_x^{(i)}-\mu(\sigma_y^{(i)}+\sigma_z^{(i)})\right], \\[3mm]
\varepsilon_y^{(i)}=\dfrac{1}{E}\left[\sigma_y^{(i)}-\mu(\sigma_z^{(i)}+\sigma_x^{(i)})\right], \\[3mm]
\varepsilon_z^{(i)}=\dfrac{1}{E}\left[\sigma_z^{(i)}-\mu(\sigma_z^{(i)}+\sigma_x^{(i)})\right], \\[3mm]
\gamma_{yz}^{(i)}=\dfrac{2(1+\mu)}{E}\tau_{yz}^{(i)}, \\[3mm]
\gamma_{zx}^{(i)}=\dfrac{2(1+\mu)}{E}\tau_{zx}^{(i)}, \\[3mm]
\gamma_{xy}^{(i)}=\dfrac{2(1+\mu)}{E}\tau_{xy}^{(i)}。
\end{array}\right\} \quad (i=1,2) \quad (\mathrm{c})
$$

并且,在应力边界 S_σ 上满足应力边界条件(8-5)

$$
\left.\begin{array}{l}
l(\sigma_x^{(i)})_{S_\sigma}+m(\tau_{yx}^{(i)})_{S_\sigma}+n(\tau_{zx}^{(i)})_{S_\sigma}=\bar{f}_x^{(i)}, \\[3mm]
m(\sigma_y^{(i)})_{S_\sigma}+n(\tau_{zy}^{(i)})_{S_\sigma}+l(\tau_{xy}^{(i)})_{S_\sigma}=\bar{f}_y^{(i)}, \\[3mm]
n(\sigma_z^{(i)})_{S_\sigma}+l(\tau_{xz}^{(i)})_{S_\sigma}+m(\tau_{yz}^{(i)})_{S_\sigma}=\bar{f}_z^{(i)}。
\end{array}\right\} \quad (i=1,2) \quad (\mathrm{d})
$$

在位移边界 S_u 上满足位移边界条件(8-21)

$$
(u^{(i)})_{S_u}=\bar{u}^{(i)}, \quad (v^{(i)})_{S_u}=\bar{v}^{(i)}, \quad (w^{(i)})_{S_u}=\bar{w}^{(i)}。 \qquad (i=1,2) \quad (\mathrm{e})
$$

命

$$
\left.\begin{array}{l}
f_x=f_x^{(1)}+f_x^{(2)}, \quad f_y=f_y^{(1)}+f_y^{(2)}, \quad f_z=f_z^{(1)}+f_z^{(2)}; \\[2mm]
\bar{f}_x=\bar{f}_x^{(1)}+\bar{f}_x^{(2)}, \quad \bar{f}_y=\bar{f}_y^{(1)}+\bar{f}_y^{(2)}, \quad \bar{f}_z=\bar{f}_z^{(1)}+\bar{f}_z^{(2)}; \\[2mm]
\bar{u}=\bar{u}^{(1)}+\bar{u}^{(2)}, \quad \bar{v}=\bar{v}^{(1)}+\bar{v}^{(2)}, \quad \bar{w}=\bar{w}^{(1)}+\bar{w}^{(2)}。
\end{array}\right\} \quad (\mathrm{f})
$$

并设弹性体受如(f)式所示的体力、面力和已知位移的作用。将式(a)~式(e)关于 $i=1,2$ 的方程和边界条件相加,容易看出,应力分量

$$\sigma_x = \sigma_x^{(1)} + \sigma_x^{(2)}, \quad \sigma_y = \sigma_y^{(1)} + \sigma_y^{(2)}, \quad \sigma_z = \sigma_z^{(1)} + \sigma_z^{(2)}, \left.\vphantom{\begin{matrix}1\\1\end{matrix}}\right\}$$
$$\tau_{xy} = \tau_{xy}^{(1)} + \tau_{xy}^{(2)}, \quad \tau_{yz} = \tau_{yz}^{(1)} + \tau_{yz}^{(2)}, \quad \tau_{zx} = \tau_{zx}^{(1)} + \tau_{zx}^{(2)}. \tag{g}$$

应变分量

$$\varepsilon_x = \varepsilon_x^{(1)} + \varepsilon_x^{(2)}, \quad \varepsilon_y = \varepsilon_y^{(1)} + \varepsilon_y^{(2)}, \quad \varepsilon_z = \varepsilon_z^{(1)} + \varepsilon_z^{(2)}, \left.\vphantom{\begin{matrix}1\\1\end{matrix}}\right\}$$
$$\gamma_{xy} = \gamma_{xy}^{(1)} + \gamma_{xy}^{(2)}, \quad \gamma_{yz} = \gamma_{yz}^{(1)} + \gamma_{yz}^{(2)}, \quad \gamma_{zx} = \gamma_{zx}^{(1)} + \gamma_{zx}^{(2)}. \tag{h}$$

和位移分量

$$u = u^{(1)} + u^{(2)}, \quad v = v^{(1)} + v^{(2)}, \quad w = w^{(1)} + w^{(2)}. \tag{i}$$

满足如下的平衡方程

$$\left.\begin{aligned}
\frac{\partial \sigma_x}{\partial x} + \frac{\partial \tau_{xy}}{\partial y} + \frac{\partial \tau_{xz}}{\partial z} + f_x &= 0, \\[2mm]
\frac{\partial \tau_{yx}}{\partial x} + \frac{\partial \sigma_y}{\partial y} + \frac{\partial \tau_{yz}}{\partial z} + f_y &= 0, \\[2mm]
\frac{\partial \tau_{zx}}{\partial x} + \frac{\partial \tau_{zy}}{\partial y} + \frac{\partial \sigma_z}{\partial z} + f_z &= 0.
\end{aligned}\right\} \tag{j}$$

几何方程

$$\left.\begin{aligned}
\varepsilon_x &= \frac{\partial u}{\partial x}, \quad \varepsilon_y = \frac{\partial v}{\partial y}, \quad \varepsilon_z = \frac{\partial w}{\partial z}, \\[2mm]
\gamma_{yz} &= \frac{\partial w}{\partial y} + \frac{\partial v}{\partial z}, \quad \gamma_{zx} = \frac{\partial u}{\partial z} + \frac{\partial w}{\partial x}, \quad \gamma_{xy} = \frac{\partial v}{\partial x} + \frac{\partial u}{\partial y}.
\end{aligned}\right\} \tag{k}$$

和物理方程

$$\left.\begin{aligned}
\varepsilon_x &= \frac{1}{E}\left[\sigma_x - \mu(\sigma_y + \sigma_z)\right], \\[3mm]
\varepsilon_y &= \frac{1}{E}\left[\sigma_y - \mu(\sigma_z + \sigma_x)\right], \\[3mm]
\varepsilon_z &= \frac{1}{E}\left[\sigma_z - \mu(\sigma_z + \sigma_x)\right], \\[3mm]
\gamma_{yz} &= \frac{2(1+\mu)}{E}\tau_{yz}, \\[3mm]
\gamma_{zx} &= \frac{2(1+\mu)}{E}\tau_{zx}, \\[3mm]
\gamma_{xy} &= \frac{2(1+\mu)}{E}\tau_{xy}.
\end{aligned}\right\} \tag{l}$$

并且,在应力边界 S_σ 上满足应力边界条件

$$l(\sigma_x)_{S_\sigma}+m(\tau_{yx})_{S_\sigma}+n(\tau_{zx})_{S_\sigma}=\overline{f}_x,$$

$$m(\sigma_y)_{S_\sigma}+n(\tau_{zy})_{S_\sigma}+l(\tau_{xy})_{S_\sigma}=\overline{f}_y, \qquad (m)$$

$$n(\sigma_z)_{S_\sigma}+l(\tau_{xz})_{S_\sigma}+m(\tau_{yz})_{S_\sigma}=\overline{f}_z。$$

在位移边界 S_u 上满足位移边界条件

$$(u)_{S_u}=\overline{u}, \qquad (v)_{S_u}=\overline{v}, \qquad (w)_{S_u}=\overline{w}。 \qquad (n)$$

这就表明,应力分量(g)、应变分量(h)和位移分量(i)为形如式(f)所示的两组荷载和已知位移共同作用下的解答,是两组体力、面力和已知位移分别作用在同一弹性体上所得的解答之和。

叠加原理是弹性力学问题线性特性的一种反映,这种线性特性不仅包括方程的线性性质,也包括边界条件的线性性质。利用叠加原理,可以将一个复杂的问题分解为若干个简单的问题来进行求解。除了本节开始所描述的两个例子外,对于具有体力作用的问题,可以分解为无体力的齐次问题和有体力的特解问题等。从 这个意义上来看,叠加原理也可以认为是"分解原理"。

§8-11　解的唯一性定理

对于一个弹性力学问题,可能是按应力求解或是按位移求解;在采用半逆解法时,可能从不同的假设出发进行求解;还可能采用不同的数值解法。这样,是否会导致同一个弹性力学问题有不同的解答呢?解的唯一性定理对此给出了否定的回答。

弹性力学解的唯一性定理可以叙述如下:设弹性体在体内受已知体力作用,在应力边界上受已知面力作用,在位移边界上受已知位移作用,则在弹性体平衡时,体内各点的应力分量和应变分量是唯一的,如果弹性体存在位移边界,则位移分量也是唯一的。

下面采用反证法来证明解的唯一性定理。

设弹性体在给定的体力 f_x、f_y、f_z,应力边界上的面力 $\overline{f}_x$、$\overline{f}_y$、$\overline{f}_z$ 和位移边界上的已知位移 $\overline{u}$、$\overline{v}$、$\overline{w}$ 作用下,存在两组解答,第一组解答为

$$
\left.
\begin{aligned}
& u^{(1)} \,、v^{(1)} \,、w^{(1)} \,, \\
& \varepsilon_x^{(1)} \,、\varepsilon_y^{(1)} \,、\varepsilon_z^{(1)} \,、\gamma_{xy}^{(1)} \,、\gamma_{yz}^{(1)} \,、\gamma_{zx}^{(1)} \,, \\
& \sigma_x^{(1)} \,、\sigma_y^{(1)} \,、\sigma_z^{(1)} \,、\tau_{xy}^{(1)} \,、\tau_{yz}^{(1)} \,、\tau_{zx}^{(1)} \,。
\end{aligned}
\right\}
\tag{a}
$$

第二组解答为

$$
\left.
\begin{aligned}
& u^{(2)} \,、v^{(2)} \,、w^{(2)} \,, \\
& \varepsilon_x^{(2)} \,、\varepsilon_y^{(2)} \,、\varepsilon_z^{(2)} \,、\gamma_{xy}^{(2)} \,、\gamma_{yz}^{(2)} \,、\gamma_{zx}^{(2)} \,, \\
& \sigma_x^{(2)} \,、\sigma_y^{(2)} \,、\sigma_z^{(2)} \,、\tau_{xy}^{(2)} \,、\tau_{yz}^{(2)} \,、\tau_{zx}^{(2)} \,。
\end{aligned}
\right\}
\tag{b}
$$

现在来考察这两组解答是否相同。为此，考虑这两组解的差，得到一组新的变量

$$
\left.
\begin{aligned}
& u = u^{(1)} - u^{(2)} \,, \quad v = v^{(1)} - v^{(2)} \,, \quad w = w^{(1)} - w^{(2)} \,; \\
& \varepsilon_x = \varepsilon_x^{(1)} - \varepsilon_x^{(2)} \,, \quad \varepsilon_y = \varepsilon_y^{(1)} - \varepsilon_y^{(2)} \,, \quad \varepsilon_z = \varepsilon_z^{(1)} - \varepsilon_z^{(2)} \,, \\
& \gamma_{xy} = \gamma_{xy}^{(1)} - \gamma_{xy}^{(2)} \,, \quad \gamma_{yz} = \gamma_{yz}^{(1)} - \gamma_{yz}^{(2)} \,, \quad \gamma_{zx} = \gamma_{zx}^{(1)} - \gamma_{zx}^{(2)} \,; \\
& \sigma_x = \sigma_x^{(1)} - \sigma_x^{(2)} \,, \quad \sigma_y = \sigma_y^{(1)} - \sigma_y^{(2)} \,, \quad \sigma_z = \sigma_z^{(1)} - \sigma_z^{(2)} \,, \\
& \tau_{xy} = \tau_{xy}^{(1)} - \tau_{xy}^{(2)} \,, \quad \tau_{yz} = \tau_{yz}^{(1)} - \tau_{yz}^{(2)} \,, \quad \tau_{zx} = \tau_{zx}^{(1)} - \tau_{zx}^{(2)} \,。
\end{aligned}
\right\}
\tag{c}
$$

　　由于上标带"（1）"和带"（2）"的位移分量、应变分量和应力分量都是弹性体的解，它们均应满足平衡方程（8-1）、几何方程（8-9）、物理方程（8-17），在面力已知的边界上满足应力边界条件（8-5），在位移已知的边界上满足位移边界条件（8-21）。因此，将这两组解答对应的方程相减，或根据上节的叠加原理，容易看出式（c）给出的位移分量、应变分量和应力分量对应于这样的状态：弹性体不受体力作用，而且在应力边界上面力为零，在位移边界上位移为零。即它们满足

$$
\left.
\begin{aligned}
& \frac{\partial \sigma_x}{\partial x} + \frac{\partial \tau_{xy}}{\partial y} + \frac{\partial \tau_{xz}}{\partial z} = 0 \,, \\
& \frac{\partial \tau_{yx}}{\partial x} + \frac{\partial \sigma_y}{\partial y} + \frac{\partial \tau_{yz}}{\partial z} = 0 \,, \\
& \frac{\partial \tau_{zx}}{\partial x} + \frac{\partial \tau_{zy}}{\partial y} + \frac{\partial \sigma_z}{\partial z} = 0 \,。
\end{aligned}
\right\}
\tag{d}
$$

在应力边界 S_σ 上

$$
\left.
\begin{aligned}
& l(\sigma_x)_{S_\sigma} + m(\tau_{yx})_{S_\sigma} + n(\tau_{zx})_{S_\sigma} = 0 \,, \\
& m(\sigma_y)_{S_\sigma} + n(\tau_{zy})_{S_\sigma} + l(\tau_{xy})_{S_\sigma} = 0 \,, \\
& n(\sigma_z)_{S_\sigma} + l(\tau_{xz})_{S_\sigma} + m(\tau_{yz})_{S_\sigma} = 0 \,。
\end{aligned}
\right\}
\tag{e}
$$

在位移边界 S_u 上

$$(u)_{S_u} = 0, \qquad (v)_{S_u} = 0, \qquad (w)_{S_u} = 0。 \qquad (f)$$

将 u、v、w 分别与式(d)中的第一、第二和第三式相乘后相加,并进行积分,得到

$$\int_V \left[\left(\frac{\partial \sigma_x}{\partial x} + \frac{\partial \tau_{xy}}{\partial y} + \frac{\partial \tau_{xz}}{\partial z} \right) u + \left(\frac{\partial \tau_{yx}}{\partial x} + \frac{\partial \sigma_y}{\partial y} + \frac{\partial \tau_{yz}}{\partial z} \right) v + \left(\frac{\partial \tau_{zx}}{\partial x} + \frac{\partial \tau_{zy}}{\partial y} + \frac{\partial \sigma_z}{\partial z} \right) w \right] dV = 0$$

$$(g)$$

式(g)的左端共有 9 项,对每一项进行分部积分,并应用高斯公式和几何方程。例如,对于第一项,有

$$\int_V \frac{\partial \sigma_x}{\partial x} u dV = \int_V \left[\frac{\partial}{\partial x} (\sigma_x u) - \sigma_x \frac{\partial u}{\partial x} \right] dV = \int_S l \sigma_x u dS - \int_V \sigma_x \varepsilon_x dV$$

对于其余各项,也都进行同样的处理,则式(g)成为

$$\int_S \left[(l\sigma_x + m\tau_{yx} + n\tau_{zx}) u + (m\sigma_y + n\tau_{zy} + l\tau_{xy}) v + (n\sigma_z + l\tau_{xz} + m\tau_{yz}) w \right] dS$$

$$- \int_V (\sigma_x \varepsilon_x + \sigma_y \varepsilon_y + \sigma_z \varepsilon_z + \tau_{xy}\gamma_{xy} + \tau_{yz}\gamma_{yz} + \tau_{zx}\gamma_{zx}) dV = 0 \qquad (h)$$

注意到在边界上,应力分量和位移分量要满足边界条件(e)和(f),这样,式(h)中面积分的被积函数为零,于是,得到

$$\int_V (\sigma_x \varepsilon_x + \sigma_y \varepsilon_y + \sigma_z \varepsilon_z + \tau_{xy}\gamma_{xy} + \tau_{yz}\gamma_{yz} + \tau_{zx}\gamma_{zx}) dV = 0 \qquad (i)$$

将物理方程(8-19)代入到式(i)中,得到

$$\frac{E}{(1+\mu)} \int_V \left[\frac{\mu}{1-2\mu} \theta^2 + (\varepsilon_x^2 + \varepsilon_y^2 + \varepsilon_z^2) + \frac{1}{2} (\gamma_{xy}^2 + \gamma_{yz}^2 + \gamma_{zx}^2) \right] dV = 0 \qquad (j)$$

由于上式中积分项的被积函数是非负的,为保证式(j)成立,必有

$$\varepsilon_x = 0, \qquad \varepsilon_y = 0, \qquad \varepsilon_z = 0, \qquad \gamma_{xy} = 0, \qquad \gamma_{yz} = 0, \qquad \gamma_{zx} = 0。$$

再由物理方程(8-19),得到

$$\sigma_x = 0, \qquad \sigma_y = 0, \qquad \sigma_z = 0, \qquad \tau_{xy} = 0, \qquad \tau_{yz} = 0, \qquad \tau_{zx} = 0。$$

亦即

$$\varepsilon_x^{(1)} = \varepsilon_x^{(2)}, \qquad \varepsilon_y^{(1)} = \varepsilon_y^{(2)}, \qquad \varepsilon_z^{(1)} = \varepsilon_z^{(2)}, \qquad \gamma_{xy}^{(1)} = \gamma_{xy}^{(2)},$$

$$\gamma_{yz}^{(1)} = \gamma_{yz}^{(2)}, \qquad \gamma_{zx}^{(1)} = \gamma_{zx}^{(2)}; \qquad \sigma_x^{(1)} = \sigma_x^{(2)}, \qquad \sigma_y^{(1)} = \sigma_y^{(2)},$$

$$\sigma_z^{(1)} = \sigma_z^{(2)}, \qquad \tau_{xy}^{(1)} = \tau_{xy}^{(2)}, \qquad \tau_{yz}^{(1)} = \tau_{yz}^{(2)}, \qquad \tau_{zx}^{(1)} = \tau_{zx}^{(2)}。$$

这就证明了,在上述问题中应变分量和应力分量是唯一的。

根据应变分量为零的条件,位移分量就是如式(8-10)所示的刚体位移,如果弹性体存在位移边界,则由式(f)的条件,这个刚体位移必为零,即

$$u = 0, \qquad v = 0, \qquad w = 0。$$

从而有

$$u^{(1)} = u^{(2)}, \qquad v^{(1)} = v^{(2)}, \qquad w^{(1)} = w^{(2)}$$

表明位移分量也是唯一的。如果弹性体不存在位移边界,虽然应变分量和应力分量是唯一的,但两组解答中对应的位移分量可以相差某种刚体位移,这也是预料到的结果。

弹性力学解的唯一性定理的重要性在于,为求解弹性力学问题所采用的各种方法(如逆解法或半逆解法等)提供了理论依据。弹性力学问题的求解一般比较困难,如果能找到一组解答,并验证它们满足弹性力学的基本方程和边界条件,根据解的唯一性定理,这组解答就是该问题的唯一正确解。

弹性力学问题的解答虽然是唯一的,但可以有不同的表达式。同一个问题的解答,由于采用的解法不同,可能是表以不同形式的函数,或者是表以不同的级数。但是,这些不同形式的解答,最终应统一于相同的数值。

习　　题

8-1　试证明:在与三个主应力成相同角度的面上,正应力及切应力分别为

$$\sigma_N = \frac{1}{3}\Theta, \qquad \tau_N = \frac{1}{3}\sqrt{2(\Theta^2 - 3\Theta_2)}。$$

8-2　试导出圆柱坐标系中一般空间问题的平衡微分方程、几何方程和物理方程。

8-3　将直角坐标系统 z 轴转动 φ 角,试求新老坐标系之间的应力分量和应变分量的关系式。

8-4　物体中一点 P 处的应力状态为

$$\boldsymbol{\sigma} = \begin{pmatrix} \sigma_x & \tau_{xy} & \tau_{xz} \\ \tau_{yx} & \sigma_y & \tau_{yz} \\ \tau_{zx} & \tau_{zy} & \sigma_z \end{pmatrix} = \begin{pmatrix} 1 & 0 & -4 \\ 0 & 3 & 0 \\ -4 & 0 & 5 \end{pmatrix}$$

试求:(1) 过 P 点法向为 $\boldsymbol{n} = \left(\dfrac{1}{2}, -\dfrac{1}{2}, \dfrac{1}{\sqrt{2}}\right)$ 的斜面上的应力矢量 $\boldsymbol{p}$。

(2) 求应力矢量 $\boldsymbol{p}$ 的大小、$\boldsymbol{p}$ 与 $\boldsymbol{n}$ 之间的夹角。

(3) 求该斜面上的正应力 σ_n 和切应力 τ_n。

8-5　某点的应力状态为

$$\boldsymbol{\sigma} = \begin{pmatrix} \sigma_x & \tau_{xy} & \tau_{xz} \\ \tau_{yx} & \sigma_y & \tau_{yz} \\ \tau_{zx} & \tau_{zy} & \sigma_z \end{pmatrix} = \begin{pmatrix} 0 & 1 & 2 \\ 1 & \sigma & 1 \\ 2 & 1 & 0 \end{pmatrix}$$

已知过该点的某一斜面上应力矢量为零,试求 σ 的数值及该斜面的单位外法向 $\boldsymbol{n}$。

8-6　某点的应力状态为

$$\boldsymbol{\sigma} = \begin{pmatrix} \sigma_x & \tau_{xy} & \tau_{xz} \\ \tau_{yx} & \sigma_y & \tau_{yz} \\ \tau_{zx} & \tau_{zy} & \sigma_z \end{pmatrix} = \begin{pmatrix} 0 & \sigma & \sigma \\ \sigma & 0 & \sigma \\ \sigma & \sigma & 0 \end{pmatrix}$$

试求：(1) 过该点法向为 $n = \left(\dfrac{1}{\sqrt{3}}, \dfrac{1}{\sqrt{3}}, \dfrac{1}{\sqrt{3}} \right)$ 的斜面上的正应力和切应力。

（2）主方向、主应力值、最大切应力数值和方向。

8-7　设弹性体内任一点处，沿正交坐标轴方向的正应变及沿各坐标面内的角平分线方向的正应变已知，试求该点的 6 个应变分量。

8-8　设物体内某一点周围任何方向伸长率都相同，试证明该点任意两相互垂直方向间的切应变为零。

8-9　试证明在各向同性材料中，应力主向与应变主向总是重合的。

8-10　设某一物体发生如下的位移：

$$u = a_0 + a_1 x + a_2 y + a_3 z,$$
$$v = b_0 + b_1 x + b_2 y + b_3 z,$$
$$w = c_0 + c_1 x + c_2 y + c_3 z。$$

试证明：各个应变分量在物体内为常量；在变形以后，物体内的平面保持为平面，直线保持为直线，平行面保持平行，平行线保持平行，正平行六面体变成斜平行六面体，球面变成椭球面。

参 考 教 材

[1]　王龙甫.弹性理论[M].北京：科学出版社,1978:第二章及第三章.

[2]　钱伟长,叶开沅.弹性力学[M].北京：科学出版社,1956:第二章及第三章.

第九章　空间问题的解答

§9-1　按位移求解空间问题

按位移求解问题,是取位移分量为基本未知函数。对空间问题来说,这就要从 15 个基本方程中消去应力分量和应变分量,得出只包含位移分量的微分方程和边界条件。具体推导过程如下。

将几何方程(8-9)代入物理方程(8-19),得出用位移分量表示应力分量的弹性方程

$$
\left.
\begin{aligned}
\sigma_x &= \frac{E}{1+\mu}\left(\frac{\mu}{1-2\mu}\theta+\frac{\partial u}{\partial x}\right), \\[2mm]
\sigma_y &= \frac{E}{1+\mu}\left(\frac{\mu}{1-2\mu}\theta+\frac{\partial v}{\partial y}\right), \\[2mm]
\sigma_z &= \frac{E}{1+\mu}\left(\frac{\mu}{1-2\mu}\theta+\frac{\partial w}{\partial z}\right), \\[2mm]
\tau_{yz} &= \frac{E}{2(1+\mu)}\left(\frac{\partial w}{\partial y}+\frac{\partial v}{\partial z}\right), \\[2mm]
\tau_{zx} &= \frac{E}{2(1+\mu)}\left(\frac{\partial u}{\partial z}+\frac{\partial w}{\partial x}\right), \\[2mm]
\tau_{xy} &= \frac{E}{2(1+\mu)}\left(\frac{\partial v}{\partial x}+\frac{\partial u}{\partial y}\right),
\end{aligned}
\right\}
\tag{9-1}
$$

其中

$$
\theta = \frac{\partial u}{\partial x}+\frac{\partial v}{\partial y}+\frac{\partial w}{\partial z}。
$$

再将上面的弹性方程(9-1)代入平衡微分方程(8-1),并采用记号 $\nabla^2 = \dfrac{\partial^2}{\partial x^2}+\dfrac{\partial^2}{\partial y^2}+\dfrac{\partial^2}{\partial z^2}$,得到

$$
\left.\begin{array}{l}
\dfrac{E}{2(1+\mu)}\left(\dfrac{1}{1-2\mu}\dfrac{\partial\theta}{\partial x}+\nabla^2 u\right)+f_x=0, \\[3mm]
\dfrac{E}{2(1+\mu)}\left(\dfrac{1}{1-2\mu}\dfrac{\partial\theta}{\partial y}+\nabla^2 v\right)+f_y=0, \\[3mm]
\dfrac{E}{2(1+\mu)}\left(\dfrac{1}{1-2\mu}\dfrac{\partial\theta}{\partial z}+\nabla^2 w\right)+f_z=0。
\end{array}\right\}\tag{9-2}
$$

这就是用位移分量表示的平衡方程,也就是按位移求解空间问题时所需用的基本微分方程。

如果将式(9-1)代入式(8-5),就能把应力边界条件用位移分量来表示,但由于这样得出的方程太长,我们宁愿把应力边界条件保留为式(8-5)的形式,而理解其中的应力分量系通过式(9-1)用位移分量表示。位移边界条件则仍然如式(8-21)所示。

对于轴对称问题,也可以通过与上相似的推导,得出相应的微分方程。为此,首先将几何方程(8-23)代入物理方程(8-28),得出弹性方程

$$
\left.\begin{array}{l}
\sigma_\rho=\dfrac{E}{1+\mu}\left(\dfrac{\mu}{1-2\mu}\theta+\dfrac{\partial u_\rho}{\partial\rho}\right), \\[3mm]
\sigma_\varphi=\dfrac{E}{1+\mu}\left(\dfrac{\mu}{1-2\mu}\theta+\dfrac{u_\rho}{\rho}\right), \\[3mm]
\sigma_z=\dfrac{E}{1+\mu}\left(\dfrac{\mu}{1-2\mu}\theta+\dfrac{\partial w}{\partial z}\right), \\[3mm]
\tau_{z\rho}=\dfrac{E}{2(1+\mu)}\left(\dfrac{\partial u_\rho}{\partial z}+\dfrac{\partial w}{\partial\rho}\right),
\end{array}\right\}\tag{9-3}
$$

其中

$$
\theta=\dfrac{\partial u_\rho}{\partial\rho}+\dfrac{u_\rho}{\rho}+\dfrac{\partial w}{\partial z}。
$$

再将式(9-3)代入平衡微分方程(8-22),并采用记号 $\nabla^2=\dfrac{\partial^2}{\partial\rho^2}+\dfrac{1}{\rho}\dfrac{\partial}{\partial\rho}+\dfrac{\partial^2}{\partial z^2}$,得到

$$
\left.\begin{array}{l}
\dfrac{E}{2(1+\mu)}\left(\dfrac{1}{1-2\mu}\dfrac{\partial\theta}{\partial\rho}+\nabla^2 u_\rho-\dfrac{u_\rho}{\rho^2}\right)+f_\rho=0, \\[3mm]
\dfrac{E}{2(1+\mu)}\left(\dfrac{1}{1-2\mu}\dfrac{\partial\theta}{\partial z}+\nabla^2 w\right)+f_z=0。
\end{array}\right\}\tag{9-4}
$$

这就是按位移求解空间轴对称问题时所需用的基本微分方程。

对于球对称问题,也可以进行同样的推导:将几何方程(8-30)代入物理方程(8-32),得到弹性方程

$$\sigma_\rho = \frac{E}{(1+\mu)(1-2\mu)}\left[(1-\mu)\frac{\mathrm{d}u_\rho}{\mathrm{d}\rho}+2\mu\frac{u_\rho}{\rho}\right],$$
$$\sigma_T = \frac{E}{(1+\mu)(1-2\mu)}\left(\mu\frac{\mathrm{d}u_\rho}{\mathrm{d}\rho}+\frac{u_\rho}{\rho}\right),$$

$$(9-5)$$

再代入平衡微分方程(8-29),得常微分方程

$$\frac{E(1-\mu)}{(1+\mu)(1-2\mu)}\left(\frac{\mathrm{d}^2u_\rho}{\mathrm{d}\rho^2}+\frac{2}{\rho}\frac{\mathrm{d}u_\rho}{\mathrm{d}\rho}-\frac{2}{\rho^2}u_\rho\right)+f_\rho = 0。$$

$$(9-6)$$

这就是按位移求解球对称问题时所需用的基本微分方程。

§9-2　半空间体受重力及表面均布压力

设有半空间体,其密度为 ρ,在表面受均布压力 q,如图9-1所示。以边界面为 xy 面,z 轴铅直向下。这样,体力分量就是
$f_x=0,f_y=0,f_z=\rho g$。

由于对称(任一铅直平面都是对称面),故有

$$u=0,\qquad v=0,\qquad w=w(z)。\qquad(a)$$

这样就得到

$$\theta = \frac{\partial u}{\partial x}+\frac{\partial v}{\partial y}+\frac{\partial w}{\partial z}=\frac{\mathrm{d}w}{\mathrm{d}z},$$

$$\frac{\partial\theta}{\partial x}=0,\qquad \frac{\partial\theta}{\partial y}=0,\qquad \frac{\partial\theta}{\partial z}=\frac{\mathrm{d}^2w}{\mathrm{d}z^2}。$$

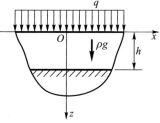

图 9-1

可见,基本微分方程(9-2)中的前二式自然满足,而第三式成为

$$\frac{E}{2(1+\mu)}\left(\frac{1}{1-2\mu}\frac{\mathrm{d}^2w}{\mathrm{d}z^2}+\frac{\mathrm{d}^2w}{\mathrm{d}z^2}\right)+\rho g=0,$$

简化以后得

$$\frac{\mathrm{d}^2w}{\mathrm{d}z^2}=-\frac{(1+\mu)(1-2\mu)\rho g}{E(1-\mu)},$$

$$(b)$$

积分以后得

$$\theta = \frac{\mathrm{d}w}{\mathrm{d}z}=-\frac{(1+\mu)(1-2\mu)\rho g}{E(1-\mu)}(z+A),$$

$$(c)$$

$$w = -\frac{(1+\mu)(1-2\mu)\rho g}{2E(1-\mu)}(z+A)^2+B,$$

$$(d)$$

其中的 A 和 B 是任意常数。

现在,试根据边界条件来决定常数 A 和 B。将以上的结果代入弹性方程(9-1),得

$$
\left.\begin{aligned}
\sigma_x = \sigma_y &= -\frac{\mu}{1-\mu}\rho g(z+A), \\
\sigma_z &= -\rho g(z+A), \\
\tau_{yz} = \tau_{zx} = \tau_{xy} &= 0_\circ
\end{aligned}\right\} \tag{e}
$$

在边界上,$l=m=0$ 而 $n=-1$。因为 $\overline{f}_x=\overline{f}_y=0$ 而 $\overline{f}_z=q$,所以应力边界条件(8-5)中的前二式自然满足,而第三式要求

$$
\left[-\sigma_z\right]_{z=0}=q_\circ
$$

将式(e)中 σ_z 的表达式代入,得 $\rho gA=q$,即 $A=q/\rho g$。再代回式(e),即得应力分量的解答

$$
\left.\begin{aligned}
\sigma_x = \sigma_y &= -\frac{\mu}{1-\mu}(q+\rho gz), \\
\sigma_z &= -(q+\rho gz), \\
\tau_{yz} = \tau_{zx} = \tau_{xy} &= 0,
\end{aligned}\right\} \tag{f}
$$

并由式(d)得出铅直位移

$$
w = -\frac{(1+\mu)(1-2\mu)\rho g}{2E(1-\mu)}\left(z+\frac{q}{\rho g}\right)^2+B_\circ \tag{g}
$$

式中的常数 B 是 z 方向的刚体位移,为了决定常数 B,必须利用相应的约束条件。假设半空间体在距表面为 h 处没有位移,如图9-1所示,则有

$$
(w)_{z=h}=0_\circ
$$

将式(g)代入,得

$$
B = \frac{(1+\mu)(1-2\mu)\rho g}{2E(1-\mu)}\left(h+\frac{q}{\rho g}\right)^2_\circ
$$

再代回式(g),简化以后,得

$$
w = \frac{(1+\mu)(1-2\mu)}{E(1-\mu)}\left[q(h-z)+\frac{\rho g}{2}(h^2-z^2)\right]_\circ \tag{h}
$$

现在,应力分量和位移分量都已经完全确定,并且所有一切条件都已经满足,因此,所得的应力和位移就是正确解答。

显然,最大的位移发生在表面上,由式(h)可得

$$
w_{\max} = (w)_{z=0} = \frac{(1+\mu)(1-2\mu)}{E(1-\mu)}\left(qh+\frac{1}{2}\rho gh^2\right)_\circ
$$

在式(f)中,σ_x 和 σ_y 是铅直截面上的水平正应力,σ_z 是水平截面上的铅直

正应力,而它们的比值是

$$\frac{\sigma_x}{\sigma_z}=\frac{\sigma_y}{\sigma_z}=\frac{\mu}{1-\mu}。$$

这个比值在土力学中称为侧压力系数。

§9-3 空心圆球受均布压力

设有空心圆球,内半径为 a,外半径为 b,在内面及外面分别受均布压力 q_a 及 q_b,体力可以不计。对于这个球对称问题,由于 $f_\rho=0$,微分方程(9-6)简化为

$$\frac{\mathrm{d}^2 u_\rho}{\mathrm{d}\rho^2}+\frac{2}{\rho}\frac{\mathrm{d}u_\rho}{\mathrm{d}\rho}-\frac{2}{\rho^2}u_\rho=0。$$

这个常微分方程可以写成

$$\frac{\mathrm{d}}{\mathrm{d}\rho}\left[\frac{1}{\rho^2}\frac{\mathrm{d}}{\mathrm{d}\rho}(\rho^2 u_\rho)\right]=0,$$

逐步积分,得到解答是

$$u_\rho=A\rho+\frac{B}{\rho^2},\tag{a}$$

其中 A 和 B 是任意常数。

将式(a)代入弹性方程(9-5),得应力分量的表达式

$$\sigma_\rho=\frac{E}{1-2\mu}A-\frac{2E}{1+\mu}\frac{B}{\rho^3},\tag{b}$$

$$\sigma_T=\frac{E}{1-2\mu}A+\frac{E}{1+\mu}\frac{B}{\rho^3}。\tag{c}$$

边界条件是

$$(\sigma_\rho)_{\rho=a}=-q_a,\qquad(\sigma_\rho)_{\rho=b}=-q_b。$$

将式(b)代入,得

$$\frac{E}{1-2\mu}A-\frac{2E}{(1+\mu)a^3}B=-q_a,$$

$$\frac{E}{1-2\mu}A-\frac{2E}{(1+\mu)b^3}B=-q_b。$$

求解 A 和 B,得

$$A = \frac{a^3 q_a - b^3 q_b}{E(b^3 - a^3)}(1 - 2\mu), \qquad B = \frac{a^3 b^3 (q_a - q_b)}{2E(b^3 - a^3)}(1 + \mu)。 \qquad (d)$$

将式(d)代入式(a),整理以后,得径向位移的解答

$$u_\rho = \frac{(1+\mu)\rho}{E}\left(\frac{\dfrac{b^3}{2\rho^3} + \dfrac{1-2\mu}{1+\mu}}{\dfrac{b^3}{a^3} - 1} q_a - \frac{\dfrac{a^3}{2\rho^3} + \dfrac{1-2\mu}{1+\mu}}{1 - \dfrac{a^3}{b^3}} q_b\right)。 \qquad (e)$$

将式(d)代入式(b)及式(c),整理以后,得应力的解答

$$\left.\begin{aligned} \sigma_\rho &= -\frac{\dfrac{b^3}{\rho^3} - 1}{\dfrac{b^3}{a^3} - 1} q_a - \frac{1 - \dfrac{a^3}{\rho^3}}{1 - \dfrac{a^3}{b^3}} q_b, \\[2em] \sigma_T &= \frac{\dfrac{b^3}{2\rho^3} + 1}{\dfrac{b^3}{a^3} - 1} q_a - \frac{1 + \dfrac{a^3}{2\rho^3}}{1 - \dfrac{a^3}{b^3}} q_b。 \end{aligned}\right\} \qquad (f)$$

由于不存在坐标方向的切应力分量,上式所示的径向正应力及切向正应力就是主应力。

如果空心圆球只受有内压力 q,则径向位移的表达式(e)简化为

$$u_\rho = \frac{(1+\mu)\rho}{E} \frac{\dfrac{b^3}{2\rho^3} + \dfrac{1-2\mu}{1+\mu}}{\dfrac{b^3}{a^3} - 1} q$$

$$= \frac{(1+\mu)q\rho}{E} \frac{\dfrac{1}{2\rho^3} + \dfrac{1-2\mu}{1+\mu}\dfrac{1}{b^3}}{\dfrac{1}{a^3} - \dfrac{1}{b^3}},$$

应力分量的表达式(f)简化为

$$\sigma_\rho = -\frac{\dfrac{b^3}{\rho^3} - 1}{\dfrac{b^3}{a^3} - 1} q = -\frac{\dfrac{1}{\rho^3} - \dfrac{1}{b^3}}{\dfrac{1}{a^3} - \dfrac{1}{b^3}} q,$$

$$\sigma_r = \frac{\dfrac{b^3}{2\rho^3} + 1}{\dfrac{b^3}{a^3} - 1} q = \frac{\dfrac{1}{2\rho^3} + \dfrac{1}{b^3}}{\dfrac{1}{a^3} - \dfrac{1}{b^3}} q_\circ$$

现在,设有一无限大弹性体,它具有半径为 a 的圆球形小孔洞,在孔洞内受有压力 q 的作用。在上述各式中命 b 趋于无限大,得到

$$u_\rho = \frac{(1+\mu) q a^3}{2 E \rho^2}, \qquad \sigma_\rho = -\frac{q a^3}{\rho^3}, \qquad \sigma_r = \frac{q a^3}{2 \rho^3}_\circ$$

由此可见,径向位移 u_ρ 按照 ρ^2 的增大而消减,径向及切向正应力均按 ρ^3 的增大而消减。在 ρ 远大于 a 之处,应力是很小的,可以不计。这个实例也再次证实了圣维南原理,因为圆球形孔洞内的压力是平衡力系。另外,值得注意的是,孔边将发生 $q/2$ 的切向拉应力,它可能引起脆性材料的开裂。

§9-4 位移势函数的引用

在半空间体受重力及表面均布压力的问题中,位移分量只是一个坐标(即 z)的函数;在空心圆球受均布压力的问题中,位移分量也只是一个坐标(即 r)的函数。这样,我们才能够比较简单地直接由位移分量的基本微分方程求得解答。在一般的空间问题中,位移分量是两个或三个坐标的函数,就不可能这样直接求解。因此,有些数学家和力学家曾经引用这样或那样的位移函数,把位移分量用位移函数来表示,再代入用位移分量表示的平衡方程(9-2),得到这些位移函数所要满足的方程。然后致力于寻求各种问题的位移函数,从而求得位移分量的解答,再从而求得应力分量的解答。一般来说,位移函数所满足的方程要比原先位移分量所满足的方程简单,本节中将介绍最简单的一种位移函数,即位移势函数。

这里附带指出:在 19 世纪,位移和应变这两方面的概念不是严格区分的。因此,为了求解位移而引用的那些函数,本来应当称为位移函数(正像为了求解应力而引用的那些函数称为应力函数),却被一些数学和力学大师们称为应变函数,而后来的不少作者,为了对那些大师们表示尊重,也就沿用了应变函数这个名称。现在看来,为了严格区分位移和应变这两个概念,不宜再把位移函数称为应变函数。

为简单起见,这里将只讨论体力可以不计的情况。如果存在体力,只要在无

体力的解答基础上加上一个特解即可。于是,当不计体力时,位移分量满足的微分方程(9-2)简化为

$$
\left.
\begin{aligned}
\frac{1}{1-2\mu}\frac{\partial\theta}{\partial x}+\nabla^2 u=0,\\
\frac{1}{1-2\mu}\frac{\partial\theta}{\partial y}+\nabla^2 v=0,\\
\frac{1}{1-2\mu}\frac{\partial\theta}{\partial z}+\nabla^2 w=0_\circ
\end{aligned}
\right\}
\tag{9-7}
$$

现在,假设位移是有势的,即假设位移在某一方向的分量是和位移势函数 $\psi(x,y,z)$ 在该方向的导数成正比。为了后面的运算比较方便,取比例常数为 $\frac{1}{2G}$,即 $\frac{1+\mu}{E}$,于是有

$$
u=\frac{1}{2G}\frac{\partial\psi}{\partial x},\qquad v=\frac{1}{2G}\frac{\partial\psi}{\partial y},\qquad w=\frac{1}{2G}\frac{\partial\psi}{\partial z},\tag{9-8}
$$

从而有

$$
\theta=\frac{\partial u}{\partial x}+\frac{\partial v}{\partial y}+\frac{\partial w}{\partial z}=\frac{1}{2G}\nabla^2\psi,\tag{a}
$$

$$
\left.
\begin{aligned}
\frac{\partial\theta}{\partial x}=\frac{1}{2G}\frac{\partial}{\partial x}\nabla^2\psi,\qquad \frac{\partial\theta}{\partial y}=\frac{1}{2G}\frac{\partial}{\partial y}\nabla^2\psi,\qquad \frac{\partial\theta}{\partial z}=\frac{1}{2G}\frac{\partial}{\partial z}\nabla^2\psi,\\
\nabla^2 u=\frac{1}{2G}\frac{\partial}{\partial x}\nabla^2\psi,\qquad \nabla^2 v=\frac{1}{2G}\frac{\partial}{\partial y}\nabla^2\psi,\qquad \nabla^2 w=\frac{1}{2G}\frac{\partial}{\partial z}\nabla^2\psi_\circ
\end{aligned}
\right\}
\tag{b}
$$

将式(b)代入式(9-7),可见 ψ 所应满足的条件为

$$
\frac{\partial}{\partial x}\nabla^2\psi=0,\qquad \frac{\partial}{\partial y}\nabla^2\psi=0,\qquad \frac{\partial}{\partial z}\nabla^2\psi=0,
$$

也就是

$$
\nabla^2\psi=C,\tag{c}
$$

其中的 C 是任意常数。于是,取任意一个满足式(c)的函数 ψ,按式(9-8)求出的位移分量都能满足微分方程(9-7),因而这个函数 ψ 可以试取为问题的解答。

显然,如果取 $C=0$,则 $\nabla^2\psi=0$,按式(9-8)求出的位移分量也能作为问题的解答。这样,虽然缩小了函数 ψ 的范围,但针对具体问题去寻求函数 ψ 就比较容易,因为这时的 ψ 是调和函数,而调和函数是数学分析中研究得很详尽的函数。

不仅如此,当 $\nabla^2\psi=0$ 时,由式(a)可见有 $\theta=0$。于是,注意 $\frac{1}{2G}=\frac{1+\mu}{E}$,即可由式(9-8)及弹性方程(9-1)得出非常简单的应力分量表达式

$$\left.\begin{array}{ccc}\sigma_x=\dfrac{\partial^2\psi}{\partial x^2}, & \sigma_y=\dfrac{\partial^2\psi}{\partial y^2}, & \sigma_z=\dfrac{\partial^2\psi}{\partial z^2},\\[3mm]\tau_{yz}=\dfrac{\partial^2\psi}{\partial y\partial z}, & \tau_{zx}=\dfrac{\partial^2\psi}{\partial z\partial x}, & \tau_{xy}=\dfrac{\partial^2\psi}{\partial x\partial y}\,\text{。}\end{array}\right\}\tag{9-9}$$

这样,对于一个空间问题,如果找到适当的调和函数 $\psi(x,y,z)$,使得式(9-8)给出的位移分量和式(9-9)给出的应力分量能够满足边界条件,就得到该问题的正确解答。

对于空间轴对称的问题,当不计体力时,位移分量要满足的微分方程(9-4)简化为

$$\left.\begin{array}{l}\dfrac{1}{1-2\mu}\dfrac{\partial\theta}{\partial\rho}+\nabla^2 u_\rho-\dfrac{u_\rho}{\rho^2}=0,\\[3mm]\dfrac{1}{1-2\mu}\dfrac{\partial\theta}{\partial z}+\nabla^2 w=0,\end{array}\right\}\tag{9-10}$$

其中

$$\nabla^2=\frac{\partial^2}{\partial\rho^2}+\frac{1}{\rho}\frac{\partial}{\partial\rho}+\frac{\partial^2}{\partial z^2}\,\text{。}$$

现在,假设位移是有势的,把位移分量用位移势函数 $\psi(\rho,z)$ 表示成为

$$u_\rho=\frac{1}{2G}\frac{\partial\psi}{\partial\rho}, \qquad w=\frac{1}{2G}\frac{\partial\psi}{\partial z},\tag{9-11}$$

从而有

$$\theta=\frac{\partial u_\rho}{\partial\rho}+\frac{u_\rho}{\rho}+\frac{\partial w}{\partial z}=\frac{1}{2G}\nabla^2\psi,\tag{d}$$

$$\left.\begin{array}{l}\dfrac{\partial\theta}{\partial\rho}=\dfrac{1}{2G}\dfrac{\partial}{\partial\rho}\nabla^2\psi, \qquad \dfrac{\partial\theta}{\partial z}=\dfrac{1}{2G}\dfrac{\partial}{\partial z}\nabla^2\psi,\\[3mm]\nabla^2 u_\rho-\dfrac{u_\rho}{\rho^2}=\dfrac{1}{2G}\left[\left(\dfrac{\partial^2}{\partial\rho^2}+\dfrac{1}{\rho}\dfrac{\partial}{\partial\rho}+\dfrac{\partial^2}{\partial z^2}\right)\dfrac{\partial\psi}{\partial\rho}-\dfrac{1}{\rho^2}\dfrac{\partial\psi}{\partial\rho}\right]\\[3mm]\qquad\qquad=\dfrac{1}{2G}\dfrac{\partial}{\partial\rho}\left(\dfrac{\partial^2\psi}{\partial\rho^2}+\dfrac{1}{\rho}\dfrac{\partial\psi}{\partial\rho}+\dfrac{\partial^2\psi}{\partial z^2}\right)=\dfrac{1}{2G}\dfrac{\partial}{\partial\rho}\nabla^2\psi,\\[3mm]\nabla^2 w=\dfrac{1}{2G}\nabla^2\dfrac{\partial\psi}{\partial z}=\dfrac{1}{2G}\dfrac{\partial}{\partial z}\nabla^2\psi\,\text{。}\end{array}\right\}\tag{e}$$

将式(e)代入式(9-10),可见 ψ 所应满足的条件为

$$\frac{\partial}{\partial\rho}\nabla^2\psi=0, \qquad \frac{\partial}{\partial z}\nabla^2\psi=0,$$

即

$$\nabla^2 \psi = C。$$

和在直角坐标中一样,取 $C=0$,即 $\nabla^2 \psi = 0$。于是,ψ 成为调和函数,而且可由式 (9-11) 及弹性方程(9-3)得出非常简单的应力分量表达式

$$\left. \begin{array}{lll} \sigma_\rho = \dfrac{\partial^2 \psi}{\partial \rho^2}, & \sigma_\varphi = \dfrac{1}{\rho} \dfrac{\partial \psi}{\partial \rho}, & \sigma_z = \dfrac{\partial^2 \psi}{\partial z^2}, \\[3mm] \tau_{z\rho} = \tau_{\rho z} = \dfrac{\partial^2 \psi}{\partial \rho \partial z}。 & & \end{array} \right\} \qquad (9\text{-}12)$$

这样,对于一个空间轴对称问题,如果找到适当的调和函数 $\psi(\rho,z)$,使得式(9-11)给出的位移分量和式(9-12)给出的应力分量能够满足边界条件,就得到该问题的正确解答。

应当指出:并不是所有问题中的位移都是有势的,因此,位移势函数并不是在所有问题中都存在的,当然也就很明显,用位移势函数去求解问题,并不一定就能成功。实际上,如果位移势函数存在,则有 $\theta = \dfrac{1}{2G} \nabla^2 \psi = \dfrac{1}{2G} C$,表示体积应变在整个弹性体中是常量,这种情况当然是很特殊的,因而位移势函数所能解决的问题是很少的。下一节中所介绍的位移函数,则可用来解决较多的问题。但是,为了减少运算,有时也可以结合应用位移势函数。

§9-5 勒夫位移函数及伽辽金位移函数

为了求解空间轴对称问题,勒夫引用一个位移函数 $\zeta(\rho,z)$,把位移分量表示为

$$\left. \begin{array}{l} u_\rho = -\dfrac{1}{2G} \dfrac{\partial^2 \zeta}{\partial \rho \partial z}, \\[3mm] w = \dfrac{1}{2G} \left[2(1-\mu) \nabla^2 - \dfrac{\partial^2}{\partial z^2} \right] \zeta, \end{array} \right\} \qquad (9\text{-}13)$$

其中

$$\nabla^2 = \frac{\partial^2}{\partial \rho^2} + \frac{1}{\rho} \frac{\partial}{\partial \rho} + \frac{\partial^2}{\partial z^2}。$$

将表达式(9-13)代入空间轴对称问题位移分量要满足的微分方程(9-10),可见位移函数 ζ 所应满足的条件是

$$\nabla^4 \zeta = 0 \text{。}$$

这就是说，ζ 应当是重调和函数。将表达式(9-13)代入弹性方程(9-3)，注意 $\dfrac{1}{2G} = \dfrac{1+\mu}{E}$，即得应力分量的表达式

$$\left.\begin{aligned}
\sigma_\rho &= \frac{\partial}{\partial z}\left(\mu\,\nabla^2 - \frac{\partial^2}{\partial \rho^2}\right)\zeta, \\[2mm]
\sigma_\varphi &= \frac{\partial}{\partial z}\left(\mu\,\nabla^2 - \frac{1}{\rho}\,\frac{\partial}{\partial \rho}\right)\zeta, \\[2mm]
\sigma_z &= \frac{\partial}{\partial z}\left[(2-\mu)\,\nabla^2 - \frac{\partial^2}{\partial z^2}\right]\zeta, \\[2mm]
\tau_{z\rho} &= \frac{\partial}{\partial \rho}\left[(1-\mu)\,\nabla^2 - \frac{\partial^2}{\partial z^2}\right]\zeta\text{。}
\end{aligned}\right\} \tag{9-14}$$

于是可见，对于一个空间轴对称问题，只须找到恰当的重调和函数 $\zeta(\rho,z)$，使得式(9-13)给出的位移分量和式(9-14)给出的应力分量能够满足边界条件，就得到该问题的正确解答。函数 ζ 称为勒夫位移函数，但有时也不恰当地被称为勒夫应变函数。

为了求解一般的、非轴对称的空间问题，伽辽金把勒夫位移函数加以推广。他引用三个位移函数 $\xi(x,y,z)$，$\eta(x,y,z)$，$\zeta(x,y,z)$，把位移分量表示为

$$\left.\begin{aligned}
u &= \frac{1}{2G}\left[2(1-\mu)\,\nabla^2\xi - \frac{\partial}{\partial x}\left(\frac{\partial \xi}{\partial x} + \frac{\partial \eta}{\partial y} + \frac{\partial \zeta}{\partial z}\right)\right], \\[2mm]
v &= \frac{1}{2G}\left[2(1-\mu)\,\nabla^2\eta - \frac{\partial}{\partial y}\left(\frac{\partial \xi}{\partial x} + \frac{\partial \eta}{\partial y} + \frac{\partial \zeta}{\partial z}\right)\right], \\[2mm]
w &= \frac{1}{2G}\left[2(1-\mu)\,\nabla^2\zeta - \frac{\partial}{\partial z}\left(\frac{\partial \xi}{\partial x} + \frac{\partial \eta}{\partial y} + \frac{\partial \zeta}{\partial z}\right)\right],
\end{aligned}\right\} \tag{9-15}$$

其中 $$\nabla^2 = \frac{\partial^2}{\partial x^2} + \frac{\partial^2}{\partial y^2} + \frac{\partial^2}{\partial z^2}\text{。}$$

将表达式(9-15)代入位移分量要满足的微分方程(9-7)，可见上述三个位移函数所应满足的条件是

$$\nabla^4 \xi = 0, \qquad \nabla^4 \eta = 0, \qquad \nabla^4 \zeta = 0\text{。}$$

这就是说，三个位移函数都应当是重调和函数。将表达式(9-15)代入弹性方程(9-1)，注意 $\dfrac{1}{2G} = \dfrac{1+\mu}{E}$，即得应力分量的表达式

$$\sigma_x = 2(1-\mu)\frac{\partial}{\partial x}\nabla^2\xi + \left(\mu\nabla^2 - \frac{\partial^2}{\partial x^2}\right)\left(\frac{\partial\xi}{\partial x}+\frac{\partial\eta}{\partial y}+\frac{\partial\zeta}{\partial z}\right),$$

$$\sigma_y = 2(1-\mu)\frac{\partial}{\partial y}\nabla^2\eta + \left(\mu\nabla^2 - \frac{\partial^2}{\partial y^2}\right)\left(\frac{\partial\xi}{\partial x}+\frac{\partial\eta}{\partial y}+\frac{\partial\zeta}{\partial z}\right),$$

$$\sigma_z = 2(1-\mu)\frac{\partial}{\partial z}\nabla^2\zeta + \left(\mu\nabla^2 - \frac{\partial^2}{\partial z^2}\right)\left(\frac{\partial\xi}{\partial x}+\frac{\partial\eta}{\partial y}+\frac{\partial\zeta}{\partial z}\right),$$

$$\tau_{yz} = (1-\mu)\left(\frac{\partial}{\partial y}\nabla^2\zeta + \frac{\partial}{\partial z}\nabla^2\eta\right) - \frac{\partial^2}{\partial y\partial z}\left(\frac{\partial\xi}{\partial x}+\frac{\partial\eta}{\partial y}+\frac{\partial\zeta}{\partial z}\right),$$

$$\tau_{zx} = (1-\mu)\left(\frac{\partial}{\partial z}\nabla^2\xi + \frac{\partial}{\partial x}\nabla^2\zeta\right) - \frac{\partial^2}{\partial z\partial x}\left(\frac{\partial\xi}{\partial x}+\frac{\partial\eta}{\partial y}+\frac{\partial\zeta}{\partial z}\right),$$

$$\tau_{xy} = (1-\mu)\left(\frac{\partial}{\partial x}\nabla^2\eta + \frac{\partial}{\partial y}\nabla^2\xi\right) - \frac{\partial^2}{\partial x\partial y}\left(\frac{\partial\xi}{\partial x}+\frac{\partial\eta}{\partial y}+\frac{\partial\zeta}{\partial z}\right)。$$

$$(9-16)$$

于是可见,对于一般的一个空间问题,只须找到三个恰当的重调和函数 ξ、η、ζ,使得式(9-15)给出的位移分量和式(9-16)给出的应力分量能够满足边界条件,就得到该问题的正确解答。

§9-6 半空间体在表面受法向集中力

设有半空间体,体力不计,在其表面受有法向集中力 F,如图9-2所示。这是一个空间轴对称问题,而对称轴就是力 F 的作用线。因此,把 z 轴放在力 F 的作用线上。坐标原点就放在力 F 的作用点。

应力边界条件要求

$$(\sigma_z)_{z=0,\rho\neq0} = 0,\tag{a}$$

$$(\tau_{z\rho})_{z=0,\rho\neq0} = 0。\tag{b}$$

此外,还有这样的应力边界条件:在 O 点附近的一小部分边界上,有一组面力作用,它的分布不明确,但已知它等效于集中力 F。在半空间体的任何一个水平截面上的应力,必须和这一组面力合成平衡力系,因而也就必须和力 F 合成平衡力系。于是,得出由应力边界条件转换而来的平衡条件

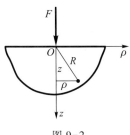

图9-2

$$\int_0^\infty (2\pi\rho\,\mathrm{d}\rho)\sigma_z + F = 0。 \tag{c}$$

　　显然,在这一问题中,随着距离集中力的远近不同,各处的应力数值相差很大,体积应变 θ 不可能是常量。于是可见,仅仅利用位移势函数,是不可能求得正确解答的。因此,我们来利用勒夫位移函数。按照量纲分析,应力分量的表达式应为 F 乘以 ρ、z、R 等长度坐标的负二次幂,从而由式(9-14)可见,ζ 的表达式应为 F 乘以这些长度坐标的正一次幂。据此,假设 ζ 正比于一次幂的重调和函数 R,取

$$\zeta = A_1 R = A_1\sqrt{\rho^2 + z^2}, \tag{d}$$

其中 A_1 为任意常数。

　　将式(d)代入式(9-13)及式(9-14),得到位移分量及应力分量的表达式如下:

$$\left.\begin{array}{ll}
u_\rho = \dfrac{A_1}{2G}\dfrac{\rho z}{R^3}, & w = \dfrac{A_1}{2G}\left(\dfrac{3-4\mu}{R} + \dfrac{z^2}{R^3}\right), \\[3mm]
\sigma_\rho = A_1\left[\dfrac{(1-2\mu)z}{R^3} - \dfrac{3\rho^2 z}{R^5}\right], & \sigma_\varphi = \dfrac{A_1(1-2\mu)z}{R^3}, \\[3mm]
\sigma_z = -A_1\left[\dfrac{(1-2\mu)z}{R^3} + \dfrac{3z^3}{R^5}\right], & \tau_{zp} = -A_1\left[\dfrac{(1-2\mu)\rho}{R^3} + \dfrac{3\rho z^2}{R^5}\right]。
\end{array}\right\} \tag{e}$$

边界条件(a)是满足的。但是,边界条件(b)不能满足,因为式(e)中的最后一式给出

$$(\tau_{zp})_{z=0,\rho\neq0} = -\frac{A_1(1-2\mu)}{\rho^2}, \tag{f}$$

它和 ρ^2 成反比,并不恒等于零。

　　为了满足边界条件,再取一个轴对称的位移势函数 $\psi(\rho,z)$,希望它在 $z=0$ 处给出 $\sigma_z=0$,而给出的 τ_{zp} 能和式(f)所示的切应力互相抵消。通过量纲分析可以看出,这个 ψ 应当是 ρ、z、R 等长度坐标的零次幂。对于几个长度坐标是零次幂的调和函数进行试算以后,可见选用函数 $\ln(R+z)$ 是合适的。这样,取

$$\psi = A_2\ln(R+z), \tag{g}$$

其中的 A_2 也是任意常数。代入式(9-11)及式(9-12),得出相应的位移分量及应力分量如下:

$$
\left.
\begin{array}{ll}
u_\rho = \dfrac{A_2 \rho}{2GR(R+z)}, & w = \dfrac{A_2}{2GR}, \\[3mm]
\sigma_\rho = A_2 \left[\dfrac{z}{R^3} - \dfrac{1}{R(R+z)} \right], & \sigma_\varphi = \dfrac{A_2}{R(R+z)}, \\[3mm]
\sigma_z = -\dfrac{A_2 z}{R^3}, & \tau_{zp} = -\dfrac{A_2 \rho}{R^3} \,\circ
\end{array}
\right\}
\qquad (\mathrm{h})
$$

将式（e）及式（h）相叠加，可见叠加以后的 σ_z 仍然满足边界条件（a），而边界条件（b）要求

$$
-\frac{A_1(1-2\mu)}{\rho^2} - \frac{A_2}{\rho^2} = 0,
$$

即

$$
(1-2\mu)A_1 + A_2 = 0 \,\circ \qquad (\mathrm{i})
$$

将叠加以后的 σ_z 代入平衡条件（c），可见该条件要求

$$
4\pi(1-\mu)A_1 + 2\pi A_2 = F \,\circ \qquad (\mathrm{j})
$$

式（i）及式（j）联立求解，得到

$$
A_1 = \frac{F}{2\pi}, \qquad A_2 = -\frac{(1-2\mu)F}{2\pi} \,\circ
$$

将得出的 A_1 及 A_2 分别代入式（e）及式（h），然后进行叠加，即得满足所有一切条件的布西内斯克解答如下：

$$
\left.
\begin{array}{l}
u_\rho = \dfrac{(1+\mu)F}{2\pi ER} \left[\dfrac{\rho z}{R^2} - \dfrac{(1-2\mu)\rho}{R+z} \right], \\[3mm]
w = \dfrac{(1+\mu)F}{2\pi ER} \left[2(1-\mu) + \dfrac{z^2}{R^2} \right],
\end{array}
\right\}
\qquad (9\text{-}17)
$$

$$
\left.
\begin{array}{l}
\sigma_\rho = \dfrac{F}{2\pi R^2} \left[\dfrac{(1-2\mu)R}{R+z} - \dfrac{3\rho^2 z}{R^3} \right], \\[3mm]
\sigma_\varphi = \dfrac{(1-2\mu)F}{2\pi R^2} \left(\dfrac{z}{R} - \dfrac{R}{R+z} \right), \\[3mm]
\sigma_z = -\dfrac{3Fz^3}{2\pi R^5}, \qquad \tau_{zp} = \tau_{\rho z} = -\dfrac{3F\rho z^2}{2\pi R^5} \,\circ
\end{array}
\right\}
\qquad (9\text{-}18)
$$

也可以不用式（g）所示的位移势函数，而代之以如下的勒夫位移函数：

$$
\zeta = A_2 \left[R - z\ln(R+z) \right] \,\circ
$$

把这个 ζ 代入式(9-13)及式(9-14),将得出与式(h)完全相同的位移分量及应力分量,因而也将得出式(9-17)及式(9-18)所示的最后解答。这样求解,运算工作显然要多一些。

由表达式(9-17)中的第二式可见,水平边界上任意一点的铅直位移(即所谓沉陷)是

$$(w)_{z=0} = \frac{(1-\mu^2)F}{\pi E \rho},\qquad(9-19)$$

它和距力 F 作用点的距离 ρ 成反比。后面将多次应用这个公式。

§9-7 半空间体在表面受切向集中力

设有半空间体,体力不计,在其表面受有切向集中力 F,如图9-3所示。以力 F 的作用点为坐标原点 O,作用线为 x 轴,z 轴指向半空间体的内部。

应力边界条件要求

$$(\sigma_z,\tau_{zx},\tau_{zy})_{z=0,\rho\neq0}=0。\qquad(a)$$

和上一节中的问题相似,此外还有由应力边界条件转换而来的下列平衡条件:

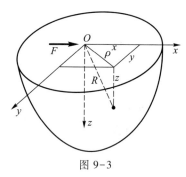

图 9-3

$$\left.\begin{array}{ll}\displaystyle\int_{-\infty}^{\infty}\int_{-\infty}^{\infty}\tau_{zx}\mathrm{d}x\mathrm{d}y+F=0, & \displaystyle\int_{-\infty}^{\infty}\int_{-\infty}^{\infty}(y\sigma_z-z\tau_{zy})\mathrm{d}x\mathrm{d}y=0,\\[3mm] \displaystyle\int_{-\infty}^{\infty}\int_{-\infty}^{\infty}\tau_{zy}\mathrm{d}x\mathrm{d}y=0, & \displaystyle\int_{-\infty}^{\infty}\int_{-\infty}^{\infty}(-x\sigma_z+z\tau_{zx})\mathrm{d}x\mathrm{d}y=0,\\[3mm] \displaystyle\int_{-\infty}^{\infty}\int_{-\infty}^{\infty}\sigma_z\mathrm{d}x\mathrm{d}y=0, & \displaystyle\int_{-\infty}^{\infty}\int_{-\infty}^{\infty}(-y\tau_{zx}+x\tau_{zy})\mathrm{d}x\mathrm{d}y=0。\end{array}\right\}\qquad(b)$$

其中左边三式依次表示 $\sum F_x=0$,$\sum F_y=0$,$\sum F_z=0$,而右边三式依次表示 $\sum M_x=0$,$\sum M_y=0$,$\sum M_z=0$。

取如下长度坐标为一次幂的重调和函数为伽辽金位移函数:

$$\xi=A_1R,\qquad \eta=0,\qquad \zeta=A_2x\ln(R+z)。\qquad(c)$$

此外,再取如下长度坐标为零次幂的调和函数为位移势函数:

$$\psi = \frac{A_3 x}{R+z}。 \tag{d}$$

将式(c)代入式(9-15)及式(9-16),将式(d)代入式(9-8)及式(9-9),然后分别将各个位移分量和应力分量进行叠加,代入边界条件(a)及平衡条件(b),可见这些条件要求

$$A_1 = \frac{F}{4\pi(1-\mu)}, \qquad A_2 = \frac{(1-2\mu)F}{4\pi(1-\mu)}, \qquad A_3 = \frac{(1-2\mu)F}{2\pi}。 \tag{e}$$

这样就得出满足所有一切条件的塞路蒂解答如下:

$$u = \frac{(1+\mu)F}{2\pi ER}\left\{1+\frac{x^2}{R^2}+(1-2\mu)\left[\frac{R}{R+z}-\frac{x^2}{(R+z)^2}\right]\right\},$$

$$v = \frac{(1+\mu)F}{2\pi ER}\left[\frac{xy}{R^2}-\frac{(1-2\mu)xy}{(R+z)^2}\right], \tag{f}$$

$$w = \frac{(1+\mu)F}{2\pi ER}\left[\frac{xz}{R^2}+\frac{(1-2\mu)x}{R+z}\right],$$

$$\sigma_x = \frac{Fx}{2\pi R^3}\left[\frac{1-2\mu}{(R+z)^2}\left(R^2-y^2-\frac{2Ry^2}{R+z}\right)-\frac{3x^2}{R^2}\right],$$

$$\sigma_y = \frac{Fx}{2\pi R^3}\left[\frac{1-2\mu}{(R+z)^2}\left(3R^2-x^2-\frac{2Rx^2}{R+z}\right)-\frac{3y^2}{R^2}\right],$$

$$\sigma_z = -\frac{3Fxz^2}{2\pi R^5},$$

$$\tau_{yz} = -\frac{3Fxyz}{2\pi R^5}, \tag{g}$$

$$\tau_{zx} = -\frac{3Fx^2z}{2\pi R^5},$$

$$\tau_{xy} = \frac{Fy}{2\pi R^3}\left[\frac{1-2\mu}{(R+z)^2}\left(-R^2+x^2+\frac{2Rx^2}{R+z}\right)-\frac{3x^2}{R^2}\right]。$$

也可以不引用式(d)所示的位移势函数,而代之以如下的伽辽金位移函数:

$$\xi = A_3\left[R-z\ln(R+z)\right], \qquad \eta = \zeta = 0。$$

这样也将得出与上相同的最后解答,但运算工作比较多一些。

本节及前一节中解出的问题,即半空间体在表面受集中力的问题,其应力分布都具有如下特征:

(1) 当 $R \to \infty$ 时,各应力分量都趋于零;当 $R \to 0$ 时,各应力分量都趋于无限

大。这就是说,在离开集中力作用点非常远处,应力非常小;在靠近集中力作用点处,应力非常大。

(2)水平截面上的应力(σ_z、τ_{zp}、τ_{zx}、τ_{zy})都与弹性常数无关,因而在任何材料的弹性体中都是样的分布。其他截面上的应力,一般都随泊松比而变。

(3)水平截面上的全应力,都是指向集中力的作用点,因为由式(9-18)可见,$\sigma_z:\tau_{zp}=z:\rho$;由式(g)可见,$\sigma_z:\tau_{zx}:\tau_{zy}=z:x:y$。

明德林曾利用伽辽金位移函数得出半空间体在其内部受集中力时的解答,见参考材料[3]。

§9-8 半空间体在表面受法向分布力

根据§9-6中关于半空间体在表面受法向集中力的解答,可以用叠加法求得由法向分布力引起的位移和应力。

现在,试以均布法向荷载 q 作用在半径为 a 的圆面积上的情形为例,如图9-4所示,求出半空间体边界上距圆心为 r 的一点 M 的沉陷。在荷载范围内取微分面积 $dA = s\,d\psi\,ds$,如图中的阴影线所示,则由式(9-19)得 M 点的沉陷为

$$\frac{(1-\mu^2)q\,dA}{\pi E s} = \frac{(1-\mu^2)qs\,d\psi\,ds}{\pi E s} = \frac{(1-\mu^2)q}{\pi E}\,d\psi\,ds,$$

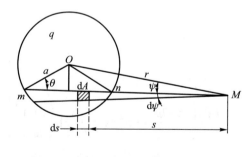

图 9-4

因而 M 点的总沉陷为

$$w = \frac{(1-\mu^2)q}{\pi E}\iint ds\,d\psi。$$

对 s 进行积分,注意弦 mn 的长度为 $2\sqrt{a^2-r^2\sin^2\psi}$,并在对 ψ 进行积分时考虑对

称性,得到

$$w = 2\frac{(1-\mu^2)q}{\pi E}2\int_0^{\psi_1}\sqrt{a^2-r^2\sin^2\psi}\,\mathrm{d}\psi, \tag{a}$$

其中 ψ_1 是 ψ 的最大值,即圆的切线与 OM 之间的夹角。引用变数 θ 以代替变数 ψ,可以简化积分式(a)的运算。由图可见 $a\sin\theta = r\sin\psi$,于是得出

$$\mathrm{d}\psi = \frac{a\cos\theta\mathrm{d}\theta}{r\cos\psi} = \frac{a\cos\theta\mathrm{d}\theta}{r\sqrt{1-\dfrac{a^2}{r^2}\sin^2\theta}}\,\circ$$

代入式(a),并注意当 ψ 由 0 改变到 ψ_1 时,θ 由 0 改变到 $\dfrac{\pi}{2}$,即得

$$\begin{aligned}
w &= \frac{4(1-\mu^2)q}{\pi E}\int_0^{\frac{\pi}{2}}\frac{a^2\cos^2\theta\mathrm{d}\theta}{r\sqrt{1-\dfrac{a^2}{r^2}\sin^2\theta}}\\
&= \frac{4(1-\mu^2)qr}{\pi E}\times\left[\int_0^{\frac{\pi}{2}}\sqrt{1-\dfrac{a^2}{r^2}\sin^2\theta}\,\mathrm{d}\theta - \left(1-\dfrac{a^2}{r^2}\right)\int_0^{\frac{\pi}{2}}\frac{\mathrm{d}\theta}{\sqrt{1-\dfrac{a^2}{r^2}\sin^2\theta}}\right]\,\circ
\end{aligned} \tag{9-20}$$

这一方程右边的积分是所谓椭圆积分,它们的数值可按照 a/r 的数值由函数表中查得。当 M 点位于荷载圆的边界上时,$r = a$,上式简化为

$$w = \frac{4(1-\mu^2)qa}{\pi E}\int_0^{\frac{\pi}{2}}\cos\theta\mathrm{d}\theta = \frac{4(1-\mu^2)qa}{\pi E}\,\circ \tag{9-21}$$

如果 M 点是在荷载面积之内,如图 9-5 所示,仍然取微分面积 $\mathrm{d}A = s\mathrm{d}\psi\mathrm{d}s$,如图中阴影线所示,则 M 点的沉陷仍为

$$w = \frac{(1-\mu^2)q}{\pi E}\iint\mathrm{d}\psi\mathrm{d}s\,\circ$$

但弦 mn 的长度为 $2a\cos\theta$,而 ψ 系由 0 改变到 $\pi/2$,所以有

$$w = \frac{4(1-\mu^2)q}{\pi E}\int_0^{\frac{\pi}{2}}a\cos\theta\mathrm{d}\psi\,\circ$$

利用关系式 $a\sin\theta = r\sin\psi$,则上式可变换为

$$w = \frac{4(1-\mu^2)qa}{\pi E}\int_0^{\frac{\pi}{2}}\sqrt{1-\dfrac{r^2}{a^2}\sin^2\psi}\,\mathrm{d}\psi\,\circ$$

$$(9-22)$$

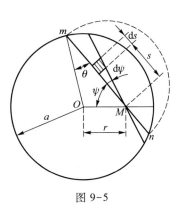

图 9-5

对于 r/a 的任何数值,都可由函数表查得上式中椭圆积分的数值,从而求得沉陷 w。最大沉陷将发生在圆心。将 $r=0$ 代入上式,可得

$$w_{\max} = \frac{2(1-\mu^2)qa}{E}。 \tag{9-23}$$

将式(9-23)与式(9-21)对比,可见最大沉陷是荷载圆的边界沉陷的 $\pi/2$ 倍。由式(9-23)可见,对于一定的荷载集度 q,最大沉陷是与荷载圆的半径成正比。

应力也可以用叠加法求得。例如,为了求得 z 轴上任意一点处的应力分量 σ_z,如图 9-6 所示,可以把荷载面积分为微分圆环,用圆环上的荷载 $2\pi\rho\mathrm{d}\rho q$ 代替式(9-18)中第三式里面的 F,对 ρ 进行积分。这样就得到

$$\sigma_z = -\frac{3z^3}{2\pi}\int_0^a \frac{2\pi\rho\mathrm{d}\rho q}{(\rho^2+z^2)^{\frac{5}{2}}} = -q\left[1-\frac{z^3}{(z^2+a^2)^{\frac{3}{2}}}\right]。 \tag{b}$$

为了求得该点处的应力分量 σ_ρ 及 σ_φ,如图9-6所示,将荷载面积分为微分面积,如1、2、3、4 等。由于微分面积 1 及 2 上的两个荷载 $q\rho\mathrm{d}\varphi\rho$,按照式(9-18)中的第一式及第二式,得

$$
\left.
\begin{aligned}
\mathrm{d}\sigma_\rho' &= 2\frac{q\rho\mathrm{d}\varphi\mathrm{d}\rho}{2\pi R^2}\left[\frac{(1-2\mu)R}{R+z}-\frac{3\rho^2 z}{R^3}\right],\\
\mathrm{d}\sigma_\varphi' &= 2\frac{(1-2\mu)q\rho\mathrm{d}\varphi\mathrm{d}\rho}{2\pi R^2}\left(\frac{z}{R}-\frac{R}{R+z}\right)。
\end{aligned}
\right\}
\tag{c}
$$

同样,由于微分面积 3 及 4 上的两个荷载 $q\rho\mathrm{d}\varphi\mathrm{d}\rho$,得

$$
\left.
\begin{aligned}
\mathrm{d}\sigma_\rho'' &= 2\frac{(1-2\mu)q\rho\mathrm{d}\varphi\mathrm{d}\rho}{2\pi R^2}\left(\frac{z}{R}-\frac{R}{R+z}\right),\\
\mathrm{d}\sigma_\varphi'' &= 2\frac{q\rho\mathrm{d}\varphi\mathrm{d}\rho}{2\pi R^2}\left[\frac{(1-2\mu)R}{R+z}-\frac{3\rho^2 z}{R^3}\right]。
\end{aligned}
\right\}
\tag{d}
$$

将式(c)及式(d)相叠加,即得微分面积 1、2、3、4 上的荷载引起的应力分量

$$\mathrm{d}\sigma_\rho = \mathrm{d}\sigma_\varphi = \frac{q\rho\mathrm{d}\varphi\mathrm{d}\rho}{\pi}\left[(1-2\mu)\frac{z}{R^3}-\frac{3\rho^2 z}{R^5}\right]。 \tag{e}$$

为了求得全部荷载在该点处引起的应力分量,只须将式(e)对 φ 积分,从 0 到 $\pi/2$,然后对 ρ

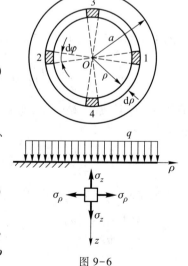

图 9-6

积分,从 0 到 a,即

$$\sigma_\rho = \sigma_\varphi = \frac{q}{2}\int_0^a\left[\frac{(1-2\mu)z}{(\rho^2+z^2)^{\frac{3}{2}}}-\frac{3\rho^2 z}{(\rho^2+z^2)^{\frac{5}{2}}}\right]\rho\,\mathrm{d}\rho。$$

进行积分以后,得到

$$\sigma_\rho = \sigma_\varphi = -\frac{q}{2}\left[(1+2\mu)+\frac{z^3}{(z^2+a^2)^{\frac{3}{2}}}-\frac{2(1+\mu)z}{(z^2+a^2)^{\frac{1}{2}}}\right]。 \tag{f}$$

该点的最大切应力发生在与 z 轴成 45° 的平面上,由式(f)及式(b)求得为

$$\frac{1}{2}(\sigma_\varphi-\sigma_z) = \frac{q}{2}\left[\frac{1-2\mu}{2}+\frac{(1+\mu)z}{(z^2+a^2)^{\frac{1}{2}}}-\frac{3}{2}\,\frac{z^3}{(z^2+a^2)^{\frac{3}{2}}}\right]。 \tag{g}$$

在

$$z = a\sqrt{\frac{2(1+\mu)}{7-2\mu}}$$

处,最大切应力的数值最大,它等于

$$\tau_{\max} = \frac{q}{2}\left[\frac{1-2\mu}{2}+\frac{2}{9}(1+\mu)\sqrt{2(1+\mu)}\right]。 \tag{h}$$

当 $\mu=0.3$ 时,在 $z=0.637a$ 处,$\tau_{\max}=0.333q$。

§9-9 两球体之间的接触压力

上一节中得出的解答,可以用来分析两个弹性体之间的接触压力,以及接触压力所引起的应力和位移。这里将只分析这样的简单情况:两个弹性体都是圆球体,其半径分别为 R_1 及 R_2,如图 9-7 所示。当没有压力作用时,两球体仅在一点 O 接触。设两球体表面上距公共法线为 r 的 M_1 点及 M_2 点,它们距公共切面的距离分别为 z_1 及 z_2,则由几何关系有

$$(R_1-z_1)^2+r^2 = R_1^2,$$
$$(R_2-z_2)^2+r^2 = R_2^2。$$

由此可以得出

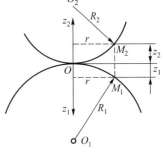

图 9-7

$$z_1 = \frac{r^2}{2R_1 - z_1}, \qquad z_2 = \frac{r^2}{2R_2 - z_2}。$$

如果 M_1 及 M_2 离接触点 O 很近,则 z_1 远小于 $2R_1$,z_2 远小于 $2R_2$,可以认为

$$z_1 = \frac{r^2}{2R_1}, \qquad z_2 = \frac{r^2}{2R_2}, \tag{a}$$

而 M_1 与 M_2 之间的距离为

$$z_1 + z_2 = r^2\left(\frac{1}{2R_1} + \frac{1}{2R_2}\right) = \frac{R_1 + R_2}{2R_1 R_2}r^2。 \tag{b}$$

　　当两球体以某一力 F 相压时,在接触点附近将发生局部变形而出现一个边界为圆形的接触面。由于接触面的边界半径总是远小于 R_1 及 R_2,故可用上一节中关于半空间体的成果来分析此种局部变形。命 M_1 沿 z_1 方向的位移及 M_2 沿 z_2 方向的位移分别为 w_1 及 w_2,并命 z_1 轴上及 z_2 轴上"距 O 较远处"的两点相互趋近的距离为 α,则 M_1 与 M_2 之间距离的缩短为 $\alpha - (w_1 + w_2)$。这里所谓"距 O 较远处",是指该处的变形已经可以略去不计。假定在发生局部变形以后,M_1 及 M_2 成为接触面上的同一点 M,则由几何关系有

$$\alpha - (w_1 + w_2) = z_1 + z_2。 \tag{c}$$

于是可见

$$w_1 + w_2 = \alpha - (z_1 + z_2),$$

并通过式(b)得出

$$w_1 + w_2 = \alpha - \beta r^2, \tag{d}$$

其中

$$\beta = \frac{R_1 + R_2}{2R_1 R_2}。 \tag{e}$$

　　如果用图 9-5 中的圆表示接触面,而 M 点表示下面的球体在接触面上的一点(即未变形以前的 M_1),则按照上一节中所述,该点的位移为

$$w_1 = \frac{1 - \mu_1^2}{\pi E_1} \iint q\,\mathrm{d}s\,\mathrm{d}\psi, \tag{f}$$

其中 μ_1 及 E_1 为下面球体的弹性常数,而积分应包括整个接触面。对于上面的球体,也可以写出相似的表达式。于是得到

$$w_1 + w_2 = (k_1 + k_2) \iint q\,\mathrm{d}s\,\mathrm{d}\psi, \tag{g}$$

其中

$$k_1 = \frac{1-\mu_1^2}{\pi E_1}, \qquad k_2 = \frac{1-\mu_2^2}{\pi E_2}, \qquad (9\text{-}24)$$

并由式(g)及式(d)得到

$$(k_1 + k_2) \iint q \mathrm{d}s \mathrm{d}\psi = \alpha - \beta r^2 \text{。} \qquad (\text{h})$$

现在要找出压力 q 的分布规律,使式(h)可以满足。

赫兹指出,如果在接触面的边界上作半圆球面,而用它在各点的高度代表压力 q 在各该点处的大小,则式(h)可以满足。证明如下:命 q_0 为半圆球面在 O 点处的高度,亦即 q 的最大值,则表示压力大小的比例尺的因子为 q_0/a。沿着通过 M 点的弦 mn,如图 9-5 所示,压力的变化如虚线半圆所示。因此,沿着弦 mn 的积分值为

$$\int q \mathrm{d}s = \frac{q_0}{a} A,$$

其中 A 为该半圆的面积,即 $\frac{\pi}{2}(a^2 - r^2 \sin^2 \psi)$。代入式(h),得

$$(k_1 + k_2) 2 \int_0^{\frac{\pi}{2}} \frac{q_0}{a} \frac{\pi}{2} (a^2 - r^2 \sin^2 \psi) \mathrm{d}\psi = \alpha - \beta r^2,$$

积分以后得

$$(k_1 + k_2) \frac{\pi^2 q_0}{4a} (2a^2 - r^2) = \alpha - \beta r^2 \text{。}$$

为了这一条件在 r 为任何值时都能满足,可以取两边的常数项相等,r^2 的系数也相等,即

$$(k_1 + k_2) \frac{\pi^2 a q_0}{2} = \alpha, \qquad (k_1 + k_2) \frac{\pi^2 q_0}{4a} = \beta \text{。} \qquad (\text{i})$$

这样,式(h)也就可以满足。

为了得到最大压力 q_0,只须命上述半圆球的体积等于总的压力 F,即

$$\frac{q_0}{a} \cdot \frac{2}{3} \pi a^3 = F \text{。}$$

由此得最大压力

$$q_0 = \frac{3F}{2\pi a^2}, \qquad (9\text{-}25)$$

它等于平均压力 $F/\pi a^2$ 的 1.5 倍。

将式(e)及式(9-25)代入式(i)中的两式,求解 a 及 α,即得

$$a = \left[\frac{3\pi F(k_1+k_2)R_1R_2}{4(R_1+R_2)}\right]^{\frac{1}{3}},$$

$$\alpha = \left[\frac{9\pi^2 F^2(k_1+k_2)^2(R_1+R_2)}{16R_1R_2}\right]^{\frac{1}{3}}。$$

$$(9-26)$$

由此可求得最大接触压力为

$$q_0 = \frac{3F}{2\pi a^2} = \frac{3F}{2\pi}\left[\frac{4(R_1+R_2)}{3\pi F(k_1+k_2)R_1R_2}\right]^{\frac{2}{3}}。 \qquad (9-27)$$

在 $E_1=E_2=E$ 及 $\mu_1=\mu_2=0.3$ 时,由上列各式得出工程实践中广泛采用的公式

$$a = 1.11\left[\frac{FR_1R_2}{E(R_1+R_2)}\right]^{\frac{1}{3}},$$

$$\alpha = 1.23\left[\frac{F^2(R_1+R_2)}{E^2R_1R_2}\right]^{\frac{1}{3}},$$

$$q_0 = 0.388\left[\frac{FE^2(R_1+R_2)^2}{R_1^2R_2^2}\right]^{\frac{1}{3}}。$$

$$(9-28)$$

确定了接触面积及接触压力,即可利用上一节中导出的公式求得球体中的应力。最大压应力发生在接触面的中心,其值为 q_0;最大切应力发生在公共法线上距接触中心约为 $0.47a$ 处,其值约为 $0.31q_0$,最大拉应力发生在接触面的边界上,其值约为 $0.133q_0$。

对于球体放置在平面上的情况,如图 9-8a 所示,只须在以上的公式中命 $R_1 \to \infty$;对于球体放置在球座内的情况,如图 9-8b 所示,只须在以上的公式中取 R_1 为负值(R_1+R_2 自然也成为负值)。

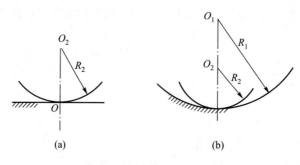

图 9-8

§9-10　按应力求解空间问题

按应力求解问题,是取应力分量为基本未知函数。对空间问题说来,这就要从 15 个基本方程中消去位移分量和应变分量,得出只包含 6 个应力分量的方程。因为平衡微分方程中本来就不包含位移分量和应变分量,所以只须从几何方程和物理方程中消去这些分量。

首先从几何方程中消去位移分量。为此,将几何方程(8-9)中第二式左边对 z 的二阶导数与第三式左边对 y 的二阶导数相加,得

$$\frac{\partial^2 \varepsilon_y}{\partial z^2} + \frac{\partial^2 \varepsilon_z}{\partial y^2} = \frac{\partial^3 v}{\partial y \partial z^2} + \frac{\partial^3 w}{\partial z \partial y^2} = \frac{\partial^2}{\partial y \partial z} \left(\frac{\partial v}{\partial z} + \frac{\partial w}{\partial y} \right) 。 \tag{a}$$

由方程(8-9)中的第四式可见,式(a)右边括弧内的表达式就是 γ_{yz},于是从方程(a)和其余两个相似的方程得

$$\left. \begin{aligned}
\frac{\partial^2 \varepsilon_y}{\partial z^2} + \frac{\partial^2 \varepsilon_z}{\partial y^2} &= \frac{\partial^2 \gamma_{yz}}{\partial y \partial z}, \\
\frac{\partial^2 \varepsilon_z}{\partial x^2} + \frac{\partial^2 \varepsilon_x}{\partial z^2} &= \frac{\partial^2 \gamma_{zx}}{\partial z \partial x}, \\
\frac{\partial^2 \varepsilon_x}{\partial y^2} + \frac{\partial^2 \varepsilon_y}{\partial x^2} &= \frac{\partial^2 \gamma_{xy}}{\partial x \partial y} 。
\end{aligned} \right\} \tag{9-29}$$

这是表示应变协调条件的一组方程,也就是一组所谓相容方程。

将几何方程(8-9)中的后三式分别对 x、y、z 求导,得

$$\frac{\partial \gamma_{yz}}{\partial x} = \frac{\partial^2 w}{\partial y \partial x} + \frac{\partial^2 v}{\partial z \partial x},$$

$$\frac{\partial \gamma_{zx}}{\partial y} = \frac{\partial^2 u}{\partial z \partial y} + \frac{\partial^2 w}{\partial x \partial y},$$

$$\frac{\partial \gamma_{xy}}{\partial z} = \frac{\partial^2 v}{\partial x \partial z} + \frac{\partial^2 u}{\partial y \partial z},$$

并由此而得

$$\frac{\partial}{\partial x}\left(-\frac{\partial \gamma_{yz}}{\partial x}+\frac{\partial \gamma_{zx}}{\partial y}+\frac{\partial \gamma_{xy}}{\partial z}\right)=\frac{\partial}{\partial x}\left(2\frac{\partial^2 u}{\partial y \partial z}\right)=2\frac{\partial^2}{\partial y \partial z}\left(\frac{\partial u}{\partial x}\right)_{\circ} \tag{b}$$

由方程(8-9)中的第一式可见,式(b)右边括弧内的表达式就是 ε_x,于是从方程(b)和其余两个相似的方程得

$$\left.\begin{array}{l}\dfrac{\partial}{\partial x}\left(-\dfrac{\partial \gamma_{yz}}{\partial x}+\dfrac{\partial \gamma_{zx}}{\partial y}+\dfrac{\partial \gamma_{xy}}{\partial z}\right)=2\dfrac{\partial^2 \varepsilon_x}{\partial y \partial z}, \\[3mm] \dfrac{\partial}{\partial y}\left(-\dfrac{\partial \gamma_{zx}}{\partial y}+\dfrac{\partial \gamma_{xy}}{\partial z}+\dfrac{\partial \gamma_{yz}}{\partial x}\right)=2\dfrac{\partial^2 \varepsilon_y}{\partial z \partial x}, \\[3mm] \dfrac{\partial}{\partial z}\left(-\dfrac{\partial \gamma_{xy}}{\partial z}+\dfrac{\partial \gamma_{yz}}{\partial x}+\dfrac{\partial \gamma_{zx}}{\partial y}\right)=2\dfrac{\partial^2 \varepsilon_z}{\partial x \partial y}_{\circ}\end{array}\right\} \tag{9-30}$$

这是又一组相容方程。

通过与上述相似的微分步骤,可以导出无数多的相容方程,都是应变分量所应当满足的。但是,可以证明,如果 6 个应变分量满足了式(9-29)和式(9-30),就可以保证位移分量的存在,也就可以用几何方程(8-9)求得位移分量(当然,对于多连体说来,求得的位移分量可能是多值的,为了得出确定的位移分量,可能还须考虑位移单值条件)。

将物理方程(8-17)代入式(9-29)和式(9-30),整理以后,得出用应力分量表示的相容方程如下:

$$\left.\begin{array}{l}(1+\mu)\left(\dfrac{\partial^2 \sigma_y}{\partial z^2}+\dfrac{\partial^2 \sigma_z}{\partial y^2}\right)-\mu\left(\dfrac{\partial^2 \Theta}{\partial z^2}+\dfrac{\partial^2 \Theta}{\partial y^2}\right)=2(1+\mu)\dfrac{\partial^2 \tau_{yz}}{\partial y \partial z}, \\[3mm] (1+\mu)\left(\dfrac{\partial^2 \sigma_z}{\partial x^2}+\dfrac{\partial^2 \sigma_x}{\partial z^2}\right)-\mu\left(\dfrac{\partial^2 \Theta}{\partial x^2}+\dfrac{\partial^2 \Theta}{\partial z^2}\right)=2(1+\mu)\dfrac{\partial^2 \tau_{zx}}{\partial z \partial x}, \\[3mm] (1+\mu)\left(\dfrac{\partial^2 \sigma_x}{\partial y^2}+\dfrac{\partial^2 \sigma_y}{\partial x^2}\right)-\mu\left(\dfrac{\partial^2 \Theta}{\partial y^2}+\dfrac{\partial^2 \Theta}{\partial x^2}\right)=2(1+\mu)\dfrac{\partial^2 \tau_{xy}}{\partial x \partial y},\end{array}\right\} \tag{c}$$

$$\left.\begin{array}{l}(1+\mu)\dfrac{\partial}{\partial x}\left(-\dfrac{\partial \tau_{yz}}{\partial x}+\dfrac{\partial \tau_{zx}}{\partial y}+\dfrac{\partial \tau_{xy}}{\partial z}\right)=\dfrac{\partial^2}{\partial y \partial z}\left[(1+\mu)\sigma_x-\mu\Theta\right], \\[3mm] (1+\mu)\dfrac{\partial}{\partial y}\left(-\dfrac{\partial \tau_{zx}}{\partial y}+\dfrac{\partial \tau_{xy}}{\partial z}+\dfrac{\partial \tau_{yz}}{\partial x}\right)=\dfrac{\partial^2}{\partial z \partial x}\left[(1+\mu)\sigma_y-\mu\Theta\right], \\[3mm] (1+\mu)\dfrac{\partial}{\partial z}\left(-\dfrac{\partial \tau_{xy}}{\partial z}+\dfrac{\partial \tau_{yz}}{\partial x}+\dfrac{\partial \tau_{zx}}{\partial y}\right)=\dfrac{\partial^2}{\partial x \partial y}\left[(1+\mu)\sigma_z-\mu\Theta\right]_{\circ}\end{array}\right\} \tag{d}$$

利用平衡微分方程(8-1),可以简化上列各式,使每一式中只包含体积应力和一个应力分量。当然,体力分量将在所有各式中出现。这样就得出如下的米歇尔相容方程:

$$
\left.\begin{aligned}
(1+\mu)\ \nabla^2\sigma_x+\frac{\partial^2\Theta}{\partial x^2} &= -\frac{1+\mu}{1-\mu}\left[(2-\mu)\frac{\partial f_x}{\partial x}+\mu\frac{\partial f_y}{\partial y}+\mu\frac{\partial f_z}{\partial z}\right], \\
(1+\mu)\ \nabla^2\sigma_y+\frac{\partial^2\Theta}{\partial y^2} &= -\frac{1+\mu}{1-\mu}\left[(2-\mu)\frac{\partial f_y}{\partial y}+\mu\frac{\partial f_z}{\partial z}+\mu\frac{\partial f_x}{\partial x}\right], \\
(1+\mu)\ \nabla^2\sigma_z+\frac{\partial^2\Theta}{\partial z^2} &= -\frac{1+\mu}{1-\mu}\left[(2-\mu)\frac{\partial f_z}{\partial z}+\mu\frac{\partial f_x}{\partial x}+\mu\frac{\partial f_y}{\partial y}\right], \\
(1+\mu)\ \nabla^2\tau_{yz}+\frac{\partial^2\Theta}{\partial y\partial z} &= -(1+\mu)\left(\frac{\partial f_z}{\partial y}+\frac{\partial f_y}{\partial z}\right), \\
(1+\mu)\ \nabla^2\tau_{zx}+\frac{\partial^2\Theta}{\partial z\partial x} &= -(1+\mu)\left(\frac{\partial f_x}{\partial z}+\frac{\partial f_z}{\partial x}\right), \\
(1+\mu)\ \nabla^2\tau_{xy}+\frac{\partial^2\Theta}{\partial x\partial y} &= -(1+\mu)\left(\frac{\partial f_y}{\partial x}+\frac{\partial f_x}{\partial y}\right).
\end{aligned}\right\} \tag{9-31}
$$

在体力为零或为常量的情况下,相容方程(9-31)简化为如下的贝尔特拉米相容方程:

$$
\left.\begin{aligned}
(1+\mu)\ \nabla^2\sigma_x+\frac{\partial^2\Theta}{\partial x^2} &= 0, \\
(1+\mu)\ \nabla^2\sigma_y+\frac{\partial^2\Theta}{\partial y^2} &= 0, \\
(1+\mu)\ \nabla^2\sigma_z+\frac{\partial^2\Theta}{\partial z^2} &= 0, \\
(1+\mu)\ \nabla^2\tau_{yz}+\frac{\partial^2\Theta}{\partial y\partial z} &= 0, \\
(1+\mu)\ \nabla^2\tau_{zx}+\frac{\partial^2\Theta}{\partial z\partial x} &= 0, \\
(1+\mu)\ \nabla^2\tau_{xy}+\frac{\partial^2\Theta}{\partial x\partial y} &= 0.
\end{aligned}\right\} \tag{9-32}
$$

按应力求解空间问题时,需要使 6 个应力分量满足平衡微分方程(8-1),满足相容方程(9-31)或(9-32),并在边界上满足应力边界条件(8-5)。对于多连体,还须考虑位移单值条件。

如果应力分量的表达式是坐标 x、y、z 的线性函数,则相容方程(9-32)总能满足。因此,对于一个单连体的应力边界问题,如果体力为零或为常量,则满足平衡微分方程和边界条件的线性函数形式的应力分量表达式将给出完全精确的应力。

由于位移边界条件一般都无法用应力分量及其导数来表示,因此,位移边界问题和混合边界问题一般都不能按应力求解。

§9-11　等截面直杆的纯弯曲

设有等截面直杆,体力可以不计,在某一纵向主平面内受有大小相等而方向相反的弯矩 M,如图 9-9 所示。取左端截面的形心为坐标原点,弯矩所在的主平面为 xy 面,杆的形心轴为 x 轴。按照材料力学,应力分量的解答是

$$\sigma_x = \frac{M}{I}y, \qquad \sigma_y = \sigma_z = \tau_{yz} = \tau_{zx} = \tau_{xy} = 0, \tag{9-33}$$

其中 I 是横截面对于 z 轴的惯性矩。现在来考察,这个解答是否能满足弹性力学中的一切条件。

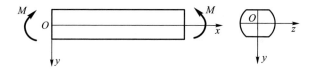

图 9-9

注意 M 和 I 是常量,而且体力 $f_x = f_y = f_z = 0$,可见,平衡微分方程(8-1)是满足的,相容方程(9-32)也是满足的。

在杆的侧面上,$l = 0$,面力 $\bar{f}_x = \bar{f}_y = \bar{f}_z = 0$,所以应力边界条件(8-5)是满足的。

在杆的右端,$l = 1,m = n = 0$,边界条件(8-5)成为

$$\bar{f}_x = \sigma_x, \qquad \bar{f}_y = \bar{f}_z = 0。$$

因为面力 $\bar{f}_x$ 必须合成为弯矩 M,所以要求

$$\int \bar{f}_x \, dA = \int \sigma_x \, dA = 0, \tag{a}$$

$$\int (\bar{f}_x \, dA) z = \int \sigma_x z \, dA = 0, \tag{b}$$

$$\int (\bar{f}_x \, dA) y = \int \sigma_x y \, dA = M。 \tag{c}$$

将式(9-33)代入式(a),得

$$\frac{M}{I}\int y\mathrm{d}A = 0。$$

因为 z 轴是形心轴,有 $\int y\mathrm{d}A = 0$,可见这一条件是满足的。将式(9-33)代入式(b),得

$$\frac{M}{I}\int yz\mathrm{d}A = 0。$$

因为 xy 面和 xz 面是主平面,有 $\int yz\mathrm{d}A = 0$,可见这一条件也是满足的。将式(9-33)代入式(c),得

$$\frac{M}{I}\int y^2\mathrm{d}A = M。$$

因为 $I = \int y^2\mathrm{d}A$,可见这一条件也是满足的。同样,在杆的左端,边界条件也是满足的。

于是可见,应力分量(9-33)能满足所有一切条件,因而是正确的解答。但是,必须指出,如果杆端的面力虽然合成为弯矩 M,而分布方式却与表达式(9-33)中的 σ_x 不相同,那么,对于靠近杆端的部分,应力分量(9-33)将有显著的误差。

现在来求出位移分量。将式(9-33)代入物理方程(8-17),得应变分量

$$\varepsilon_x = \frac{M}{EI}y, \qquad \varepsilon_y = -\frac{\mu M}{EI}y, \qquad \varepsilon_z = -\frac{\mu M}{EI}y,$$

$$\gamma_{yz} = 0, \qquad \gamma_{zx} = 0, \qquad \gamma_{xy} = 0。$$

再将这些表达式代入几何方程(8-9),得

$$\left.\begin{array}{lll} \dfrac{\partial u}{\partial x} = \dfrac{M}{EI}y, & \dfrac{\partial v}{\partial y} = -\dfrac{\mu M}{EI}y, & \dfrac{\partial w}{\partial z} = -\dfrac{\mu M}{EI}y, \\[3mm] \dfrac{\partial w}{\partial y} + \dfrac{\partial v}{\partial z} = 0, & \dfrac{\partial u}{\partial z} + \dfrac{\partial w}{\partial x} = 0, & \dfrac{\partial v}{\partial x} + \dfrac{\partial u}{\partial y} = 0。 \end{array}\right\} \quad (\mathrm{d})$$

进行与§8-5中相同的运算,即得位移分量

$$\left.\begin{array}{l} u = \dfrac{M}{EI}xy + \omega_y z - \omega_z y + u_0, \\[3mm] v = -\dfrac{M}{2EI}(x^2 + \mu y^2 - \mu z^2) + \omega_z x - \omega_x z + v_0, \\[3mm] w = -\dfrac{\mu M}{EI}yz + \omega_x y - \omega_y x + w_0, \end{array}\right\} \quad (\mathrm{e})$$

其中的积分常数 u_0、v_0、w_0 及 ω_x、ω_y、ω_z 决定于约束条件,即支承情况。

不论约束条件如何,如果在变形之前取任一横截面 $x=a$,则按照式(e)中的第一式,在变形之后,该截面上各点沿 x 方向的位移为

$$u = \frac{Ma}{EI}y + \omega_y z - \omega_z y + u_0,$$

由此可见,$\dfrac{\partial u}{\partial y}$ 及 $\dfrac{\partial u}{\partial z}$ 都是常量。这就表示,在变形之后,该截面内沿 y 方向的各线段具有相同的斜率,沿 z 方向的各线段也具有相同的斜率。这也就表示,该截面保持为平面。

又由式(e)中的第二式可见,不论约束条件如何,在变形以后,杆的纵向纤维将具有曲率

$$\frac{1}{\rho_x} = -\frac{\partial^2 v}{\partial x^2} = \frac{M}{EI}。 \tag{f}$$

这是材料力学中求位移时所用的基本公式。同时,横截面上的水平直线将具有曲率

$$\frac{1}{\rho_z} = -\frac{\partial^2 v}{\partial z^2} = -\frac{\mu M}{EI}。 \tag{g}$$

式(f)及式(g)所示的两个曲率,它们的方向相反而比值为 $1:\mu$。

现在,假定左端截面的形心 O 不移动,经过 O 点的、x 方向的线段不转动,经过 O 点的、沿 y 方向的线段在 yz 面内也不转动。这样,约束条件将为

$$(u)_{x=y=z=0} = 0, \qquad \left(\frac{\partial v}{\partial x}\right)_{x=y=z=0} = 0,$$

$$(v)_{x=y=z=0} = 0, \qquad \left(\frac{\partial w}{\partial x}\right)_{x=y=z=0} = 0,$$

$$(w)_{x=y=z=0} = 0, \qquad \left(\frac{\partial w}{\partial y}\right)_{x=y=z=0} = 0。$$

取 $u_0=v_0=w_0=\omega_x=\omega_y=\omega_z=0$,这些条件就可以满足。于是得位移分量为

$$u = \frac{M}{EI}xy, \qquad v = -\frac{M}{2EI}(x^2+\mu y^2-\mu z^2), \qquad w = -\frac{\mu M}{EI}yz。$$

在 v 的表达式中取 $y=z=0$,即得杆轴的挠度

$$(v)_{\substack{y=0 \\ z=0}} = -\frac{M}{2EI}x^2, \tag{h}$$

与材料力学中所得的结果相同。

习　题

9-1　内半径为 a、外半径为 b 的空心圆球,外面被固定而在内面受均布压力 q。试求最大的径向位移和最大的切向拉应力。

答案:　$\dfrac{(1-2\mu)(1+\mu)qa\left(\dfrac{b^3}{a^3}-1\right)}{E\left[2(1-2\mu)\dfrac{b^3}{a^3}+(1+\mu)\right]}$,　　$\dfrac{(1-2\mu)\dfrac{b^3}{a^3}-(1+\mu)}{2(1-2\mu)\dfrac{b^3}{a^3}+(1+\mu)}q$。

9-2　半空间体在边界平面的一个圆面积上受均布压力 q。设圆面积的半径为 a,试求圆心下方距边界为 h 处的位移。

答案:　$\dfrac{(1+\mu)q}{E}\left[\dfrac{2(1-\mu)a^2+(1-2\mu)h^2}{(a^2+h^2)^{\frac{1}{2}}}-(1-2\mu)h\right]$。

9-3　半空间体在边界平面的一个矩形面积上受均布压力 q。设矩形面积的边长为 a 及 b,试求矩形中心及四角处的沉陷。

答案:　$\dfrac{2(1-\mu^2)q}{\pi E}\left(b\operatorname{arsh}\dfrac{a}{b}+a\operatorname{arsh}\dfrac{b}{a}\right)$,　　$\dfrac{(1-\mu^2)q}{\pi E}\left(b\operatorname{arsh}\dfrac{a}{b}+a\operatorname{arsh}\dfrac{b}{a}\right)$。

9-4　试用位移势函数 $\psi=A_1\ln\rho+A_2\rho^2$ 导出解答(4-13)(在轴对称位移的条件下)。

9-5　设有无限大弹性体(空间体),在体内的小洞中受集中荷载 F,如图9-10所示,试用勒夫位移函数 $\zeta=A_1R$ 求解应力分量。

答案:　$\sigma_z=-\dfrac{F}{8\pi(1-\mu)}\left[\dfrac{(1-2\mu)z}{R^3}+\dfrac{3z^3}{R^5}\right]$。

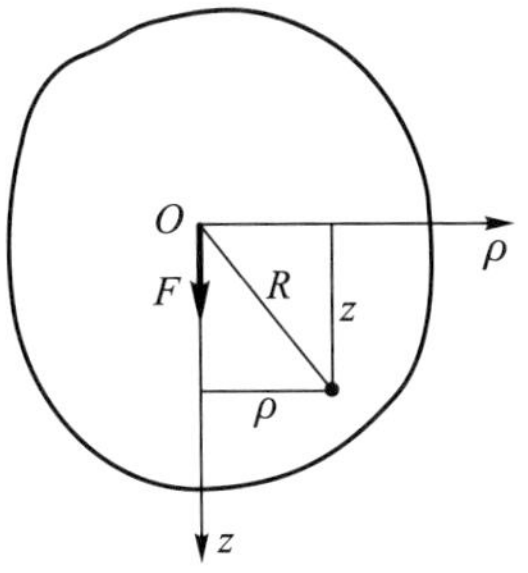

9-6　设有任意形状的弹性体,在全部边界上(包括在孔洞上)受有均匀压力 q,试证

$$\sigma_x=\sigma_y=\sigma_z=-q,\qquad \tau_{yz}=\tau_{zx}=\tau_{xy}=0$$

能满足一切条件,因而就是正确解答。

图 9-10

9-7　两个圆柱体,半径均为 R,弹性常数也相同,在相互垂直的位置以力 F 相压,试求最大压力 q_0。

9-8　厚壁圆筒,内半径为 a,外半径为 b,受内压 p_a 和外压 p_b 作用,圆筒的端部可自由移动,试用勒夫位移函数

$$\psi=c\ln\dfrac{r}{k}$$

求圆筒的位移和应力。式中 c,k 是待定常数。

9-9　试分析以下应变状态是否存在。

(1) $\varepsilon_x=k(x^2+y^2)z$,　　$\varepsilon_y=ky^2z$,　　$\varepsilon_z=0$,　　$\gamma_{xy}=2kxyz$,　　$\gamma_{yz}=\gamma_{zx}=0$;

(2) $\varepsilon_x = k(x^2+y^2)z$, $\quad \varepsilon_y = ky^2$, $\quad \varepsilon_z = 0$, $\quad \gamma_{xy} = 2kxy$, $\quad \gamma_{yz} = \gamma_{zx} = 0$;

(3) $\varepsilon_x = zxy^2$, $\quad \varepsilon_y = zx^2y$, $\quad \varepsilon_z = zxy$, $\quad \gamma_{xy} = 0$, $\quad \gamma_{yz} = az^2+by$, $\quad \gamma_{zx} = ax^2+by^2$,

其中, k, a, b 为远小于 1 的常数。

9-10 下列应力场是否为无体力时弹性体中可能存在的应力场? 如果是,它们在什么条件下存在?

(1) $\sigma_x = ax+by$, $\quad \sigma_y = cx+dy$, $\quad \sigma_z = 0$, $\quad \tau_{xy} = fx+gy$, $\quad \tau_{yz} = \tau_{zx} = 0$;

(2) $\sigma_x = ax^2y^2+bx$, $\quad \sigma_y = cy^2$, $\quad \sigma_z = 0$, $\quad \tau_{xy} = dxy$, $\quad \tau_{yz} = \tau_{zx} = 0$,

其中, a, b, c, d, f, g 均为常数。

9-11 在不考虑体力时,试证明体积应力 Θ 是调和函数,即 $\nabla^2\Theta = 0$。

9-12 在不考虑体力时,试证明位移分量和应力分量均为双调和函数。

参 考 教 材

[1] 钱伟长,叶开沅.弹性力学[M].北京:科学出版社,1956:第十章.

[2] 铁木辛柯,古迪尔.弹性理论[M].徐芝纶,译.北京:高等教育出版社,1990:第九章及第十二章.

[3] Westergaard H M.Theory of Elasticity and Plasticity[M].New York:Harvard University Press,1952:Chapter Ⅵ.

第十章 等截面直杆的扭转

§10-1 扭转问题中的应力和位移

设有等截面直杆,体力可以不计,在两端平面内受有大小相等而转向相反的扭矩 M,如图 10-1a 所示。取杆的一端平面为 xy 面,z 轴沿着杆的纵向。

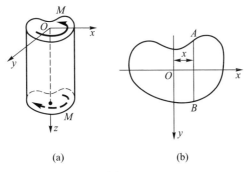

(a)   (b)

图 10-1

采用半逆解法进行求解。参照材料力学中对于圆截面杆的解答,这里也假设:除了横截面上的切应力 τ_{zx} 和 τ_{zy}(即扭应力)以外,其余的应力分量都等于零,即

$$\sigma_x = \sigma_y = \sigma_z = \tau_{xy} = 0 \text{。} \tag{10-1}$$

将上式代入平衡微分方程(8-1),并注意在这里有 $f_x = f_y = f_z = 0$,即得

$$\frac{\partial \tau_{zx}}{\partial z} = 0, \qquad \frac{\partial \tau_{zy}}{\partial z} = 0, \qquad \frac{\partial \tau_{xz}}{\partial x} + \frac{\partial \tau_{yz}}{\partial y} = 0 \text{。} \tag{a}$$

由前两个方程可见,τ_{zx} 和 τ_{zy} 应当只是 x 和 y 的函数,不随 z 变化。第三个方程可以改写为

$$\frac{\partial}{\partial x}\tau_{xz} = \frac{\partial}{\partial y}(-\tau_{yz}) \text{。}$$

根据微分方程理论,一定存在一个函数 $\Phi(x,y)$,使得

$$\tau_{xz} = \frac{\partial \Phi}{\partial y}, \qquad -\tau_{yz} = \frac{\partial \Phi}{\partial x} \text{。}$$

于是,可以将应力分量用函数 Φ 表示成为

$$\tau_{zx} = \tau_{xz} = \frac{\partial \Phi}{\partial y}, \qquad \tau_{zy} = \tau_{yz} = -\frac{\partial \Phi}{\partial x}。 \tag{10-2}$$

这里的函数 $\Phi(x, y)$ 称为扭转问题的应力函数,是普朗特提出的。

再将表达式(10-1)及(10-2)代入相容方程(9-32),可见其中的前三式及最后一式总能满足,而其余二式要求

$$\nabla^2 \tau_{yz} = 0, \qquad \nabla^2 \tau_{zx} = 0。$$

将式(10-2)代入,得

$$\frac{\partial}{\partial x} \nabla^2 \Phi = 0, \qquad \frac{\partial}{\partial y} \nabla^2 \Phi = 0。$$

这就是说,$\nabla^2 \Phi$ 应当是常量,即

$$\nabla^2 \Phi = C。 \tag{10-3}$$

现在来考虑边界条件。在杆的侧面上,有 $n = 0$ 及 $\overline{f}_x = \overline{f}_y = \overline{f}_z = 0$,可见应力边界条件(8-5)中的前二式总能满足,而第三式要求

$$l(\tau_{xz})_s + m(\tau_{yz})_s = 0。$$

将表达式(10-2)代入,得

$$l\left(\frac{\partial \Phi}{\partial y}\right)_s - m\left(\frac{\partial \Phi}{\partial x}\right)_s = 0。$$

因为在边界上有

$$l = \frac{\mathrm{d}y}{\mathrm{d}s}, \qquad m = -\frac{\mathrm{d}x}{\mathrm{d}s},$$

所以边界条件要求

$$\left(\frac{\partial \Phi}{\partial y}\right)_s \frac{\mathrm{d}y}{\mathrm{d}s} + \left(\frac{\partial \Phi}{\partial x}\right)_s \frac{\mathrm{d}x}{\mathrm{d}s} = \frac{\mathrm{d}\Phi}{\mathrm{d}s} = 0。$$

这就是说,在杆的侧面上(在横截面的边界曲线上),应力函数 Φ 的边界值应当是常量。

由式(10-2)可见,当应力函数 Φ 增加或减少一个常数时,应力分量并不受影响。因此,在截面为单连通域的情况下,即实心杆的情况下,为了简便,应力函数 Φ 的边界值可以取为零

$$\Phi_s = 0。 \tag{10-4}$$

在截面为多连通域的情况下,虽然应力函数 Φ 在每一边界上都是常数,但各个常数一般并不相同。因此,只能把其中某一个边界上的 Φ_s 取为零。其他边界上的 Φ_s,则须根据位移单值条件来确定。

在杆的任一端,如上端,$l = m = 0$ 而 $n = -1$,应力边界条件(8-5)中的第三式

总能满足,而前二式成为

$$-\tau_{zx} = \bar{f}_x, \qquad -\tau_{zy} = \bar{f}_y \circ \qquad\qquad (b)$$

因为面力 $\bar{f}_x$ 及 $\bar{f}_y$ 必须合成为力偶,而力偶的矩就等于扭矩 M,所以要求

$$\iint \bar{f}_x \mathrm{d}x\mathrm{d}y = 0, \qquad\qquad (c)$$

$$\iint \bar{f}_y \mathrm{d}x\mathrm{d}y = 0, \qquad\qquad (d)$$

$$\iint (y\,\bar{f}_x - x\,\bar{f}_y)\,\mathrm{d}x\mathrm{d}y = M \circ \qquad\qquad (e)$$

根据式(b)中的第一式及式(10-2),式(c)左边的积分式可以写成

$$\iint \bar{f}_x \mathrm{d}x\mathrm{d}y = -\iint \tau_{zx}\mathrm{d}x\mathrm{d}y = -\iint \frac{\partial \Phi}{\partial y}\mathrm{d}x\mathrm{d}y$$

$$= -\int \mathrm{d}x \int \frac{\partial \Phi}{\partial y}\mathrm{d}y = -\int (\Phi_B - \Phi_A)\,\mathrm{d}x,$$

其中 Φ_B 及 Φ_A 是横截面边界上 B 点及 A 点的 Φ 值,如图 10-1b 所示,应当等于零,可见式(c)是满足的。同样可见式(d)也是满足的。

根据式(b)及式(10-2),式(e)左边的积分式可以写成

$$\iint (y\,\bar{f}_x - x\,\bar{f}_y)\,\mathrm{d}x\mathrm{d}y$$

$$= -\iint (y\tau_{zx} - x\tau_{zy})\,\mathrm{d}x\mathrm{d}y$$

$$= -\iint \left(y\frac{\partial \Phi}{\partial y} + x\frac{\partial \Phi}{\partial x}\right)\mathrm{d}x\mathrm{d}y$$

$$= -\int \mathrm{d}x \int y\frac{\partial \Phi}{\partial y}\mathrm{d}y - \int \mathrm{d}y \int x\frac{\partial \Phi}{\partial x}\mathrm{d}x \circ$$

进行分部积分,并注意 $\Phi_A = \Phi_B = 0$,可见

$$-\int \mathrm{d}x \int y\frac{\partial \Phi}{\partial y}\mathrm{d}y = -\int \mathrm{d}x \left[(y_B\Phi_B - y_A\Phi_A) - \int \Phi \mathrm{d}y \right] = \iint \Phi \mathrm{d}x\mathrm{d}y \circ$$

同样可见

$$-\int \mathrm{d}y \int x\frac{\partial \Phi}{\partial x}\mathrm{d}x = \iint \Phi \mathrm{d}x\mathrm{d}y \circ$$

于是式(e)成为

$$2\iint \Phi \mathrm{d}x\mathrm{d}y = M \text{。} \tag{10-5}$$

总结起来,为了求得扭应力,只须求出应力函数 Φ,使它能满足微分方程 (10-3),侧面边界条件(10-4)和端面的边界条件(10-5),然后由式(10-2)求出应力分量。

现在来导出有关位移的公式。将应力分量的表达式(10-1)及(10-2)代入物理方程(8-17),得

$$\varepsilon_x = 0, \qquad \varepsilon_y = 0, \qquad \varepsilon_z = 0,$$

$$\gamma_{yz} = -\frac{1}{G}\frac{\partial \Phi}{\partial x}, \qquad \gamma_{zx} = \frac{1}{G}\frac{\partial \Phi}{\partial y}, \qquad \gamma_{xy} = 0\text{。}$$

再将这些表达式代入几何方程(8-9),得

$$\left.\begin{array}{ll}
\dfrac{\partial u}{\partial x} = 0, & \dfrac{\partial v}{\partial y} = 0, \qquad \dfrac{\partial w}{\partial z} = 0, \\[2mm]
\dfrac{\partial w}{\partial y} + \dfrac{\partial v}{\partial z} = -\dfrac{1}{G}\dfrac{\partial \Phi}{\partial x}, & \dfrac{\partial u}{\partial z} + \dfrac{\partial w}{\partial x} = \dfrac{1}{G}\dfrac{\partial \Phi}{\partial y}, \qquad \dfrac{\partial v}{\partial x} + \dfrac{\partial u}{\partial y} = 0\text{。}
\end{array}\right\} \tag{f}$$

通过积分运算,可求得位移分量

$$u = u_0 + \omega_y z - \omega_z y - Kyz, \qquad v = v_0 + \omega_z x - \omega_x z + Kxz,$$

其中的积分常数 u_0、v_0、ω_x、ω_y、ω_z 和以前一样代表刚体位移,K 也是积分常数。如果不计刚体位移,只保留与变形有关的位移,则

$$u = -Kyz, \qquad v = Kxz, \tag{10-6}$$

用圆柱坐标表示,就是

$$u_\rho = 0, \qquad u_\varphi = K\rho z\text{。}$$

可见,每个横截面在 xy 面上的投影不改变形状,而只是转动一个角度 $\alpha = Kz$。由此又可见,杆的单位长度内的扭角是 $\dfrac{\mathrm{d}\alpha}{\mathrm{d}z} = K$。

将式(10-6)代入方程(f)中第五式及第四式,得

$$\frac{\partial w}{\partial x} = \frac{1}{G}\frac{\partial \Phi}{\partial y} + Ky, \qquad \frac{\partial w}{\partial y} = -\frac{1}{G}\frac{\partial \Phi}{\partial x} - Kx, \tag{10-7}$$

可以用来求出位移分量 w。将上列二式分别对 y 及 x 求导,然后相减,即得

$$\nabla^2 \Phi = -2GK\text{。} \tag{10-8}$$

与方程(10-3)进行比较后可见,方程(10-3)中的常数 C 具有物理意义,应为

$$C = -2GK\text{。} \tag{10-9}$$

§ 10-2 扭转问题的薄膜比拟

普朗特指出:薄膜在均匀压力下的垂度,与等截面直杆扭转问题中的应力函数,在数学上是相似的。用薄膜来比拟扭杆,有助于求得扭转问题的解答,说明如下。

设有一块均匀薄膜,张在一个水平边界上,如图 10-2 所示,这水平边界与某一扭杆的横截面边界具有同样的形状和大小。当薄膜承受微小的均匀压力时,薄膜的各点将发生微小的垂度。以边界所在的水平面为 xy 面,则垂度为 z。由于薄膜的柔顺性,可以假定它不承受弯矩、扭矩、剪力和压力,而只承受均匀的拉力 F_T(类似液膜的表面张力)。

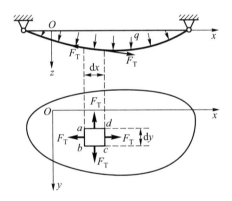

图 10-2

取薄膜的一个微小部分 $abcd$,如图 10-2 所示,它在 xy 面上的投影是一个矩形,而矩形的边长是 dx 及 dy。在 ab 边上的拉力是 $F_T dy$(F_T 是薄膜每单位宽度上的拉力),它在 z 轴上的投影是 $-F_T dy \dfrac{\partial z}{\partial x}$;在 cd 边上的拉力也是 $F_T dy$,但它在 z 轴上的投影是 $F_T dy \dfrac{\partial}{\partial x}\left(z+\dfrac{\partial z}{\partial x}dx\right)$。在 ad 边上的拉力是 $F_T dx$,它在 z 轴上的投影是 $-F_T dx \dfrac{\partial z}{\partial y}$;在 bc 边上的拉力也是 $F_T dx$,但它在 z 轴上的投影是 $F_T dx \dfrac{\partial}{\partial y}\left(z+\dfrac{\partial z}{\partial y}dy\right)$。注意,$abcd$ 部分所受的总压力在 z 轴上的投影是 $q dx dy$。于是,由平衡条件

$\sum F_z = 0$ 得

$$-F_T \mathrm{d}y \frac{\partial z}{\partial x} + F_T \mathrm{d}y \frac{\partial}{\partial x}\left(z + \frac{\partial z}{\partial x}\mathrm{d}x\right) - F_T \mathrm{d}x \frac{\partial z}{\partial y} +$$

$$F_T \mathrm{d}x \frac{\partial}{\partial y}\left(z + \frac{\partial z}{\partial y}\mathrm{d}y\right) + q\mathrm{d}x\mathrm{d}y = 0。$$

简化以后,除以 $\mathrm{d}x\mathrm{d}y$,得

$$F_T\left(\frac{\partial^2 z}{\partial x^2} + \frac{\partial^2 z}{\partial y^2}\right) + q = 0,$$

即

$$\nabla^2 z = -\frac{q}{F_T}。 \qquad (10\text{-}10)$$

此外,薄膜在边界上的垂度显然等于零,即

$$z_s = 0。 \qquad (10\text{-}11)$$

因为 q/F_T 是常量,所以微分方程(10-10)和边界条件(10-11)可以改写为

$$\nabla^2\left(\frac{F_T}{q}z\right) + 1 = 0, \qquad \left(\frac{F_T}{q}z\right)_s = 0。 \qquad (\text{a})$$

另一方面,因为扭转问题中的 GK 也是常量,所以应力函数 Φ 的微分方程(10-8)和边界条件(10-4)也可以改写为

$$\nabla^2\left(\frac{\Phi}{2GK}\right) + 1 = 0, \qquad \left(\frac{\Phi}{2GK}\right)_s = 0。 \qquad (\text{b})$$

将式(b)与式(a)对比,并注意薄膜和扭杆横截面具有同样的边界,可见 $\dfrac{\Phi}{2GK}$ 与 $\dfrac{F_T}{q}z$ 决定于同样的微分方程和边界条件,因而必然具有相同的解答。于是有关系式 $\Phi/(2GK) = F_T z/q$,即

$$\frac{\Phi}{z} = \frac{2GK}{q/F_T}。 \qquad (\text{c})$$

命薄膜与其边界平面之间的体积为 V,则有

$$V = \iint z\mathrm{d}x\mathrm{d}y。$$

应用式(c),然后再应用式(10-5),可由上式得出

$$V = \iint \frac{q}{2GKF_T}\Phi\mathrm{d}x\mathrm{d}y = \frac{qM}{4GKF_T},$$

从而有

$$\frac{M}{2V} = \frac{2GK}{q/F_T}。 \qquad (\text{d})$$

此外,根据式(10-2),利用式(c),又可得

$$\tau_{zx} = \frac{\partial \Phi}{\partial y} = \frac{\partial}{\partial y}\left(\frac{2GKF_{\mathrm{T}}}{q}z\right) = \frac{2GK}{q/F_{\mathrm{T}}}\frac{\partial z}{\partial y},$$

其中的 $\dfrac{\partial z}{\partial y}$ 显然就是薄膜沿 y 方向的斜率。上式也可以改写为

$$\frac{\tau_{zx}}{\dfrac{\partial z}{\partial y}} = \frac{2GK}{q/F_{\mathrm{T}}}。 \tag{e}$$

现在,假想调整该薄膜所受的压力 q,使得薄膜的 q/F_{T} 值等于扭杆的 $2GK$ 值,就可以由(c)、(d)、(e)三式得出如下的三个结论:

(1)该扭杆的应力函数 Φ,等于该薄膜的垂度 z。

(2)该扭杆所受的扭矩 M,等于该薄膜及其边界平面之间的体积的 2 倍,即 $2V$。

(3)该扭杆横截面上某一点处的切应力 τ_{zx}(沿 x 方向),等于该薄膜上对应点处的斜率 $\dfrac{\partial z}{\partial y}$(沿 y 方向)。

因为 x 轴和 y 轴可以取在扭杆横截面上任意两个互相垂直的方向,所以上述第(3)个结论可以推广如下:在扭杆横截面上某一点处的、沿任一方向的切应力,就等于该薄膜在对应点处的、沿垂直方向的斜率。由此又可见,扭杆横截面上的最大切应力,等于该薄膜的最大斜率。但须注意,最大切应力的方向和最大斜率的方向是互相垂直的。

§10-3 椭圆截面杆的扭转

设有等截面直杆,它的横截面具有一个椭圆边界,椭圆的半轴是 a 和 b,如图 10-3 所示。

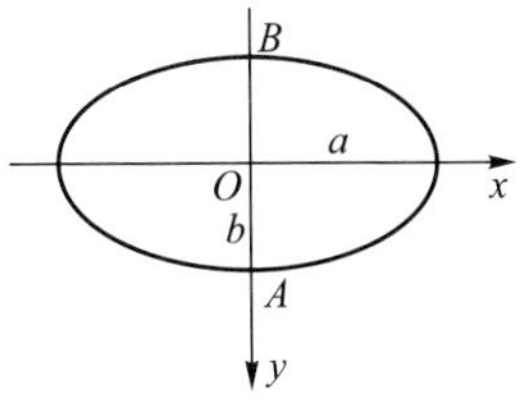

因为椭圆的方程可以写成

$$\frac{x^2}{a^2} + \frac{y^2}{b^2} - 1 = 0, \tag{a}$$

而应力函数 Φ 在横截面的边界上应当等于零,所以,假定应力函数为

图 10-3

$$\varPhi = m\left(\frac{x^2}{a^2}+\frac{y^2}{b^2}-1\right),\tag{b}$$

其中 m 是一个常数。式(b)可以满足椭圆截面杆侧面的边界条件(10-4),然后来考察,是否可以满足微分方程(10-3)和端面的边界条件(10-5)。

将式(b)代入微分方程(10-3),得

$$\frac{2m}{a^2}+\frac{2m}{b^2}=C。$$

可见,取

$$m=\frac{C}{\dfrac{2}{a^2}+\dfrac{2}{b^2}}=\frac{a^2 b^2}{2(a^2+b^2)}C,$$

即可满足基本微分方程(10-3),而应力函数应取为

$$\varPhi=\frac{a^2 b^2}{2(a^2+b^2)}C\left(\frac{x^2}{a^2}+\frac{y^2}{b^2}-1\right)。\tag{c}$$

现在由端面的边界条件(10-5)来求出常数 C。将式(c)代入式(10-5),得

$$\frac{a^2 b^2}{a^2+b^2}C\left(\frac{1}{a^2}\iint x^2 \mathrm{d}x\mathrm{d}y+\frac{1}{b^2}\iint y^2 \mathrm{d}x\mathrm{d}y-\iint \mathrm{d}x\mathrm{d}y\right)=M。\tag{d}$$

由材料力学已知

$$\iint x^2 \mathrm{d}x\mathrm{d}y=I_y=\frac{\pi a^3 b}{4},$$

$$\iint y^2 \mathrm{d}x\mathrm{d}y=I_x=\frac{\pi a b^3}{4},$$

$$\iint \mathrm{d}x\mathrm{d}y=A=\pi ab。$$

代入式(d),即得

$$C=-\frac{2(a^2+b^2)M}{\pi a^3 b^3}。\tag{e}$$

再代回式(c),得确定的应力函数

$$\varPhi=-\frac{M}{\pi ab}\left(\frac{x^2}{a^2}+\frac{y^2}{b^2}-1\right)。\tag{f}$$

这个应力函数已经满足了所有一切条件。

将应力函数的表达式(f)代入式(10-2),得应力分量

$$\tau_{zx}=-\frac{2M}{\pi ab^3}y,\qquad \tau_{zy}=\frac{2M}{\pi a^3 b}x。\tag{10-12}$$

横截面上任意一点的合切应力是

$$\tau = (\tau_{zx}^2 + \tau_{zy}^2)^{\frac{1}{2}} = \frac{2M}{\pi ab}\left(\frac{x^2}{a^4} + \frac{y^2}{b^4}\right)^{\frac{1}{2}} \text{。} \tag{10-13}$$

假想有一块薄膜,张在如图 10-3 所示的椭圆边界上,受有均匀压力。若 $a>b$,则显然可见,薄膜的最大斜率将发生在 A 点和 B 点,而方向垂直于边界。根据薄膜比拟,扭杆横截面上最大的切应力也将发生在 A 点和 B 点,但方向平行于边界。将 A 点或 B 点的坐标 $(0, \pm b)$ 代入式(10-13),得出这个最大切应力

$$\tau_{max} = \tau_A = \tau_B = \frac{2M}{\pi ab^2} \text{。} \tag{10-14}$$

当 $a=b$ 时(扭杆的横截面为圆形时),解答与材料力学中相同。

现在来求出相应的位移。由式(10-9)及式(e)得单位长度内的扭角

$$K = -\frac{C}{2G} = \frac{(a^2+b^2)M}{\pi a^3 b^3 G}, \tag{10-15}$$

于是,由式(10-6)得出

$$\left. \begin{array}{l} u = -\dfrac{(a^2+b^2)M}{\pi a^3 b^3 G} yz, \\[3mm] v = \dfrac{(a^2+b^2)M}{\pi a^3 b^3 G} xz \text{。} \end{array} \right\} \tag{10-16}$$

另一方面,将式(f)及式(10-15)代入式(10-7),得

$$\frac{\partial w}{\partial x} = -\frac{(a^2-b^2)M}{\pi a^3 b^3 G} y,$$

$$\frac{\partial w}{\partial y} = -\frac{(a^2-b^2)M}{\pi a^3 b^3 G} x \text{。}$$

进行积分,得到

$$w = -\frac{(a^2-b^2)M}{\pi a^3 b^3 G} xy + f_1(y),$$

$$w = -\frac{(a^2-b^2)M}{\pi a^3 b^3 G} xy + f_2(x) \text{。}$$

由此可见,$f_1(y)$ 及 $f_2(x)$ 应当等于同一常数 w_0,而 w_0 就是 z 方向的刚体位移。不计这个刚体位移,即得

$$w = -\frac{(a^2-b^2)M}{\pi a^3 b^3 G} xy \text{。} \tag{10-17}$$

这个公式表明:扭杆的横截面并不保持为平面,而将翘成曲面。曲面的等高线在 xy 面上的投影是双曲线,而这些双曲线的渐近线是 x 轴和 y 轴。只有当 $a=b$ 时(圆截面杆)才有 $w=0$,横截面才保持为平面。

§10-4 矩形截面杆的扭转

现在来分析矩形截面杆的扭转问题,设矩形的边长为 a 及 b,如图 10-4 所示。

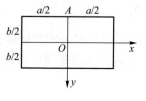

图 10-4

首先,假定矩形是狭长的,即 $a \gg b$。在这一情况下,由薄膜比拟可以推断,应力函数 Φ 在绝大部分横截面上几乎不随 x 变化,因为对应的薄膜几乎不受短边约束的影响,近似于柱面。于是,可以近似地取 $\dfrac{\partial \Phi}{\partial x} = 0, \dfrac{\partial \Phi}{\partial y} = \dfrac{\mathrm{d}\Phi}{\mathrm{d}y}$,而微分方程(10-3)成为

$$\frac{\mathrm{d}^2 \Phi}{\mathrm{d}y^2} = C \text{。}$$

进行积分,并注意有边界条件 $(\Phi)_{y = \pm \frac{b}{2}} = 0$,即得

$$\Phi = \frac{C}{2}\left(y^2 - \frac{b^2}{4} \right) \text{。} \tag{a}$$

为了求出常数 C,将式(a)代入端面的边界条件(10-5),得

$$2\int_{-\frac{a}{2}}^{\frac{a}{2}} \int_{-\frac{b}{2}}^{\frac{b}{2}} \frac{C}{2}\left(y^2 - \frac{b^2}{4} \right) \mathrm{d}x\mathrm{d}y = M \text{。}$$

积分以后,得 $-\dfrac{ab^3}{6}C = M$,从而得到

$$C = -\frac{6M}{ab^3} \text{。} \tag{b}$$

于是,由式(a)得确定的应力函数

$$\Phi = \frac{3M}{ab^3}\left(\frac{b^2}{4} - y^2 \right) \text{。} \tag{c}$$

将式(c)代入式(10-2),得应力分量

$$\left. \begin{aligned} \tau_{zx} &= \frac{\partial \Phi}{\partial y} = -\frac{6M}{ab^3}y, \\ \tau_{zy} &= -\frac{\partial \Phi}{\partial x} = 0 \text{。} \end{aligned} \right\} \tag{10-18}$$

由薄膜比拟可以推断,最大切应力发生在矩形截面的长边上,其大小为

$$\tau_{\max} = (\tau_{zx})_{y=-\frac{b}{2}} = \frac{3M}{ab^2}。 \tag{10-19}$$

将式(b)代入式(10-9),得扭角

$$K = -\frac{C}{2G} = \frac{3M}{ab^3G}。 \tag{10-20}$$

因为由此可得$\frac{3M}{ab^3} = GK$,所以应力函数的表达式(c)也可以写成

$$\Phi = GK\left(\frac{b^2}{4} - y^2\right)。 \tag{d}$$

现在来分析任意矩形杆(横截面的边长比值 a/b 为任意数值)的扭转问题。在这里,应力函数 Φ 应当满足微分方程(10-8),即

$$\nabla^2 \Phi = -2GK, \tag{e}$$

并满足边界条件

$$(\Phi)_{x=\pm\frac{a}{2}} = 0, \qquad (\Phi)_{y=\pm\frac{b}{2}} = 0。 \tag{f}$$

此外,根据对称条件(薄膜应当对称于 xz 面及 yz 面),应力函数应当是 x 及 y 的偶函数。

试以狭长矩形截面扭杆的应力函数(d)为基础,加上一个修正函数 $F(x,y)$,也就是,取应力函数 Φ 为

$$\Phi = GK\left(\frac{b^2}{4} - y^2\right) + F(x,y)。 \tag{g}$$

代入式(e),可见 $F(x,y)$ 应当是调和函数,即

$$\nabla^2 F = 0, \tag{h}$$

根据边界条件(f),修正函数 $F(x,y)$ 应满足边界条件

$$(F)_{x=\pm\frac{a}{2}} = GK\left(y^2 - \frac{b^2}{4}\right), \qquad (F)_{y=\pm\frac{b}{2}} = 0。 \tag{i}$$

此外,根据对称条件,F 也应当是 x 和 y 的偶函数。

在常用到的调和函数中间,有 $\cosh \alpha x$ 或 $\sinh \alpha x$ 乘以 $\cos \alpha y$ 或 $\sin \alpha y$,以及 $\cosh \alpha y$ 或 $\sinh \alpha y$ 乘以 $\cos \alpha x$ 或 $\sin \alpha x$,其中 α 是量纲为 L^{-1} 的常数。现在需要的调和函数是 x 和 y 的偶函数,所以只能选取 $\cosh \alpha x \cos \alpha y$ 或 $\cosh \alpha y \cos \alpha x$。为了能够满足(i)中的第二式,只好选取 $\cosh \alpha x \cos \alpha y$ 而命 $\alpha = m\pi/b$,其中 m 为奇整数。为了也能满足式(i)中的第一式,不能只取这样的一项,但可以取无数多这种项的叠加,也就是取

$$F(x,y) = \sum_{m=1,3,5,\cdots}^{\infty} A_m \cosh\frac{m\pi x}{b}\cos\frac{m\pi y}{b}。 \tag{j}$$

代入式(i)中的第一式,得到

$$\sum_{m=1,3,5,\cdots}^{\infty} A_m \cosh \frac{m\pi a}{2b} \cos \frac{m\pi y}{b} = GK\left(y^2 - \frac{b^2}{4}\right) \text{。}$$

将上式右边在 $y = -b/2$ 至 $y = b/2$ 的区间展为 $\cos \dfrac{m\pi y}{b}$ 的级数,然后比较两边的系数,得到

$$A_m \cosh \frac{m\pi a}{2b} = \frac{2}{b} \int_{-\frac{b}{2}}^{\frac{b}{2}} GK\left(y^2 - \frac{b^2}{4}\right) \cos \frac{m\pi y}{b} \mathrm{d}y = -\frac{8GKb^2}{\pi^3 m^3}(-1)^{\frac{m-1}{2}} \text{。}$$

由此求出 A_m,然后代入式(j),得出满足一切条件的修正函数

$$F(x,y) = -\frac{8GKb^2}{\pi^3} \sum_{m=1,3,5,\cdots}^{\infty} \frac{(-1)^{\frac{m-1}{2}} \cosh \dfrac{m\pi x}{b} \cos \dfrac{m\pi y}{b}}{m^3 \cosh \dfrac{m\pi a}{2b}} \text{。}$$

代入式(g),得确定的应力函数

$$\Phi = GK\left[\frac{b^2}{4} - y^2 - \frac{8b^2}{\pi^3} \sum_{m=1,3,5,\cdots}^{\infty} \frac{(-1)^{\frac{m-1}{2}} \cosh \dfrac{m\pi x}{b} \cos \dfrac{m\pi y}{b}}{m^3 \cosh \dfrac{m\pi a}{2b}}\right] \text{。} \tag{k}$$

由薄膜比拟可以断定,最大切应力发生在矩形横截面长边的中点,如 A 点 $\left(x=0, y=-\dfrac{b}{2}\right)$,它的大小是

$$\tau_{\max} = (\tau_{zx})_{x=0, y=-\frac{b}{2}} = \left(\frac{\partial \Phi}{\partial y}\right)_{x=0, y=-\frac{b}{2}}$$

$$= GKb\left(1 - \frac{8}{\pi^2} \sum_{m=1,3,5,\cdots}^{\infty} \frac{1}{m^2 \cosh \dfrac{m\pi a}{2b}}\right) \text{。} \tag{l}$$

为了得出扭矩 M 与扭角 K 的关系,应用式(10-5)及式(k),得

$$M = 2\iint \Phi \mathrm{d}x\mathrm{d}y = 2\int_{-\frac{a}{2}}^{\frac{a}{2}} \int_{-\frac{b}{2}}^{\frac{b}{2}} \Phi \mathrm{d}x\mathrm{d}y$$

$$= GKab^3\left(\frac{1}{3} - \frac{64}{\pi^5} \frac{b}{a} \sum_{m=1,3,5\cdots}^{\infty} \frac{\tanh \dfrac{m\pi a}{2b}}{m^5}\right) \text{。}$$

由此得扭角的公式

$$K = \frac{M}{ab^3 G\left(\dfrac{1}{3} - \dfrac{64}{\pi^5} \dfrac{b}{a} \sum_{m=1,3,5,\cdots}^{\infty} \dfrac{\tanh \dfrac{m\pi a}{2b}}{m^5} \right)} \text{。} \tag{m}$$

代入式(1),得最大切应力的公式

$$\tau_{\max} = \frac{M\left(1 - \dfrac{8}{\pi^2} \sum_{m=1,3,5,\cdots}^{\infty} \dfrac{1}{m^2 \cosh \dfrac{m\pi a}{2b}} \right)}{ab^2 \left(\dfrac{1}{3} - \dfrac{64}{\pi^5} \dfrac{b}{a} \sum_{m=1,3,5,\cdots}^{\infty} \dfrac{\tanh \dfrac{m\pi a}{2b}}{m^5} \right)} \text{。} \tag{n}$$

将上列两个公式分别写成

$$K = \frac{M}{ab^3 G\beta}, \tag{10-21}$$

$$\tau_{\max} = \frac{M}{ab^2 \beta_1}, \tag{10-22}$$

则因子 β 及 β_1 只与比值 a/b 有关。两个因子的数值如下表所示。

a/b	β	β_1	a/b	β	β_1
1.0	0.141	0.208	3.0	0.263	0.267
1.2	0.166	0.219	4.0	0.281	0.282
1.5	0.196	0.230	5.0	0.291	0.291
2.0	0.229	0.246	10.0	0.312	0.312
2.5	0.249	0.258	很大	0.333	0.333

由上表可见,对于具有狭长矩形横截面的扭杆(a/b 很大), β 及 β_1 都趋于1/3,式(10-21)及式(10-22)分别简化为式(10-20)及式(10-19)。

§ 10-5　薄壁杆的扭转

工程上通常使用的薄壁杆,它们的横截面大都是由等宽度的狭长矩形组成的。这些狭长矩形可能是直的或是曲的,如图10-5所示。从薄膜可以想见,如果一个直的狭长矩形和另一个曲的狭长矩形具有相同的长度 a 和宽度 b,则当张在这两个狭长矩形边界上的薄膜具有相同的张力 F_T 并受有相同的压力 q 时(这时它们的 q/F_T 相同),两个薄膜和各自的边界平面之间的体积,以及两个薄膜的斜率,都将没有多大的差别。由此可以推断,如果有两个狭长矩形截面的扭杆,它们的扭角 K 相同,切变模量 G 也相同(因而它们的 $2GK$ 相同),则两个扭杆的扭矩 M 及切应力 τ 也就没有多大的差别。因此,一个曲的狭长矩形截面,可以用一个同宽同长的直的狭长矩形截面来代替,而不致引起多大的误差。

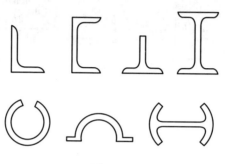

图 10-5

用 a_i 及 b_i 分别代表扭杆横截面的第 i 个狭长矩形的长度及宽度,M_i 代表该矩形面积上承受的扭矩(是整个横截面上的扭矩 M 的一部分),τ_i 代表该矩形长边中点附近的切应力,K 代表该扭杆的扭角。根据式(10-19)及式(10-20),有

$$\tau_i = \frac{3M_i}{a_i b_i^2}, \tag{a}$$

$$K = \frac{3M_i}{a_i b_i^3 G}。 \tag{b}$$

由式(b)得

$$M_i = \frac{GKa_i b_i^3}{3}, \tag{c}$$

所以扭杆的整个横截面上的扭矩为

$$M = \sum M_i = \frac{GK}{3} \sum a_i b_i^3。 \tag{d}$$

由式(c)及式(d)消去 K,得到 $M_i = \dfrac{a_i b_i^3}{\sum a_i b_i^3} M$。代回式(a)及式(b),即得

$$\tau_i = \frac{3Mb_i}{\sum a_i b_i^3}, \tag{10-23}$$

$$K = \frac{3M}{G \sum a_i b_i^3}。 \tag{10-24}$$

对于狭长矩形长边中点处的切应力 τ_i，式（10-23）给出相当精确的数值。但是，在两个狭长矩形的连接处，可能发生远大于此的局部切应力。按照胡斯用差分法计算的结果，比值 τ_{max}/τ_i 与比值 ρ/b_i 的关系大致如图 10-6 所示。在这里，τ_{max} 是内圆角处的最大切应力，τ_i 是按式（10-23）算出的切应力，ρ 是内圆角处的曲率半径，b_i 是狭长矩形的宽度。

分析闭合薄壁杆的扭转问题时，最好是应用薄膜比拟，以避免应用位移单值条件的麻烦。假想在薄壁杆的横截面边界上张一块薄膜，如图 10-7 所示。薄膜在外边界 AB 处的垂度取为零。命内边界 CD 处的垂度为 h（为了薄膜在内边界处的垂度为常量，可以假想 CD 是一块不变形的无重平板）。由于杆壁的厚度 δ 很小，薄膜的斜率沿着厚度方向的变化可以不计。于是，在杆壁厚度为 δ 之处，切应力的大小（等于薄膜的斜率）是

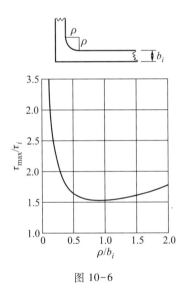

图 10-6

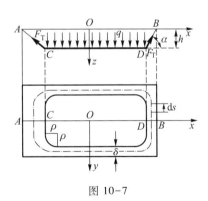

图 10-7

$$\tau = \frac{h}{\delta}。 \tag{e}$$

扭矩 M 应当等于体积 ABDC 的 2 倍，即

$$M = 2Ah， \tag{f}$$

其中的 A 可以取为内外两边界所包围的面积的平均值，也可以取为杆壁的中线所包围的面积。由式（e）及式（f）消去 h，得

$$\tau = \frac{M}{2A\delta}。 \tag{10-25}$$

可见,最大切应力发生在杆壁最薄之处。

为了确定扭角 K,我们来考虑平板 CD 的平衡。在杆壁中线的微小长度 ds 上,薄膜对平板所施的拉力是 $F_T ds$。这个拉力在 z 轴上的投影是 $F_T ds\sin \alpha$,可以近似地取为 $F_T ds\tan \alpha$,即 $F_T dsh/\delta$(因为假定薄膜的垂度是微小的)。注意平板所受的压力是 qA,可以由平板的平衡条件 $\sum F_z = 0$ 得

$$\int F_T ds \frac{h}{\delta} = qA。$$

这里的线积分应当包括杆壁中线的全长。注意 F_T 和 h 都是常量,则上式可以写成

$$\frac{h}{A} \int \frac{ds}{\delta} = \frac{q}{F_T}。$$

将由式(f)得来的 $h = M/2A$ 代入,并注意薄膜的 q/F_T 就等于薄壁扭杆的 $2GK$,即由上式得出 $\frac{M}{2A^2} \int \frac{ds}{\delta} = 2GK$,从而得到

$$K = \frac{M}{4A^2 G} \int \frac{ds}{\delta}。 \tag{10-26}$$

对于均匀厚度的闭口薄壁杆,δ 是常量,上式将简化为

$$K = \frac{Ms}{4A^2 G\delta}, \tag{10-27}$$

其中 s 是杆壁中线的全长。

在截面有凹角之处,局部的最大切应力 τ_{max} 可能远大于式(10-25)给出的 τ 值。根据胡斯用差分法计算的结果,比值 τ_{max}/τ 与比值 ρ/δ 的关系大致如图 10-8 所示。

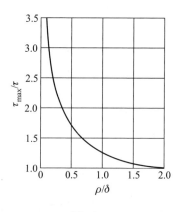

图 10-8

§10-6　扭转问题的差分解

对于等截面直杆的扭转问题,如果杆的横截面是单连通域,则用差分法求解是比较方便的。

假定在杆的横截面上织成网格,如图 7-1 所示。按照差分公式(7-2)及

（7-4），在任一内结点 0，有

$$\left(\frac{\partial^2 \Phi}{\partial x^2}\right)_0 = \frac{\Phi_1 + \Phi_3 - 2\Phi_0}{h^2}, \qquad \left(\frac{\partial^2 \Phi}{\partial y^2}\right)_0 = \frac{\Phi_2 + \Phi_4 - 2\Phi_0}{h^2}。 \qquad (a)$$

另一方面，按照 Φ 的微分方程（10-8），在该结点 0，有

$$\left(\frac{\partial^2 \Phi}{\partial x^2}\right)_0 + \left(\frac{\partial^2 \Phi}{\partial y^2}\right)_0 = -2GK。 \qquad (b)$$

将式（a）代入式（b），即得内结点 0 处的差分方程如下：

$$4\Phi_0 - (\Phi_1 + \Phi_2 + \Phi_3 + \Phi_4) = 2GKh^2, \qquad (10\text{-}28)$$

其中的 GKh^2 是常量，对每个内结点都相同。

按照 §10-1 中所述，对于截面为单连通域的情况，可以把边界上各结点处的 Φ 值取为零。这样，式（10-28）所示的差分方程中，未知值就只是内结点处的 Φ 值，而这种差分方程的数目又恰好等于内结点的数目，因此可以由这些方程求得内结点处的 Φ 值（用 GKh^2 表示）。

用应力函数表示应力分量的表达式是式（10-2），它可以写成

$$\tau_{zx} = \frac{\partial \Phi}{\partial y}, \qquad \tau_{zy} = -\frac{\partial \Phi}{\partial x}。 \qquad (10\text{-}29)$$

对于内结点，导数 $\dfrac{\partial \Phi}{\partial x}$ 及 $\dfrac{\partial \Phi}{\partial y}$ 可用中点导数公式（7-1）或（7-3）求得；对于边界结点，则须用端点导数公式（7-7）至（7-10）求得。

如上求出的应力分量，是用 GKh 表示的。为了能把应力分量用扭矩 M 来表示，还必须把 K 值用 M 值来表示。为此，可以利用应力函数 Φ 与扭矩 M 的关系式（10-5），即

$$2\iint \Phi \mathrm{d}x \mathrm{d}y = M。 \qquad (c)$$

设图 7-1 中结点 0 到结点 8 这九个结点处的 Φ 值已经求出（用 GKh^2 表示的），即可应用二维辛普森公式，计算这个以结点 0 为中心的 $2h \times 2h$ 正方形范围内的积分值

$$\int_{x_0-h}^{x_0+h} \int_{y_0-h}^{y_0+h} \Phi \mathrm{d}x \mathrm{d}y = \frac{h^2}{9}\big[16\Phi_0 + 4(\Phi_1 + \Phi_2 + \Phi_3 + \Phi_4) +$$
$$(\Phi_5 + \Phi_6 + \Phi_7 + \Phi_8)\big]。 \qquad (10\text{-}30)$$

把这些积分值相叠加，就得出整个横截面上的 $\iint \Phi \mathrm{d}x \mathrm{d}y$，用 GKh^4 表示。再将这个结果代入式（c），即可将 K 值用 M 值来表示，从而将如上求出的应力分量用扭矩 M 的值来表示。

作为例题，试考虑横截面为正方形 $a \times a$ 的扭杆，采用 $h = a/4$ 的 4×4 网格，如

图 10-9 所示。由于对称,只须算出 b、c、d 三种结点处的 Φ 值(边界上的 Φ 值取为零)。按照式(10-28),该三种结点处的差分方程为

$$4\Phi_b - 4\Phi_c = 2GKh^2,$$
$$4\Phi_c - \Phi_b - 2\Phi_d = 2GKh^2,$$
$$4\Phi_d - 2\Phi_c = 2GKh^2。$$

联立求解,得

$$\Phi_b = \frac{9}{4}GKh^2, \qquad \Phi_c = \frac{7}{4}GKh^2, \qquad \Phi_d = \frac{11}{8}GKh^2。$$

(d)　　　　图 10-9

按照式(10-30),如图 10-9 所示,在以结点 d 为中心的 $2h \times 2h$ 正方形范围内,积分值是

$$\int_{x_d-h}^{x_d+h}\int_{y_d-h}^{y_d+h}\Phi\,\mathrm{d}x\mathrm{d}y = \frac{h^2}{9}\left[16\Phi_d + 4(2\Phi_c) + \Phi_b\right]$$

$$= \frac{h^2}{9}\left(16 \times \frac{11}{8}GKh^2 + 4 \times 2 \times \frac{7}{4}GKh^2 + \frac{9}{4}GKh^2\right)$$

$$= \frac{17}{4}GKh^4。$$

在整个横截面上,积分值是

$$\iint\Phi\,\mathrm{d}x\mathrm{d}y = 4 \times \frac{17}{4}GKh^4 = 17GKh^4。$$

代入式(c),得

$$K = \frac{M}{34Gh^4} = \frac{M}{0.133Ga^4}。 \qquad\qquad (e)$$

按照 §10-4 中的式(10-21)及附表中的数值,得精确值

$$K = \frac{M}{a^4G\beta} = \frac{M}{0.141Ga^4}。$$

可见,差分法给出的 K 值比精确值大出约 6%。

由薄膜比拟可以想见,最大切应力将发生在截面四边的中点,如在结点 e。利用式(10-29)及端点导数公式(7-7),得到

$$\tau_{\max} = (\tau_{zy})_e = -\left(\frac{\partial\Phi}{\partial x}\right)_e = -\frac{3\Phi_e - 4\Phi_c + \Phi_b}{2h}$$

$$= \frac{4\Phi_c - \Phi_b}{2h} = \frac{19}{8}GKh = \frac{19}{32}GKa。$$

将式(e)代入,即得

$$\tau_{\max} = \frac{19}{32}\frac{M}{0.133a^3} = \frac{M}{0.224a^3}\circ$$

按照 §10-4 中的式(10-22)及附表给出的 β_1 值,得精确值

$$\tau_{\max} = \frac{M}{a^3\beta_1} = \frac{M}{0.208a^3}\circ$$

可见,差分法给出的数值比精确值小了约 8%。

习　　题

10-1　扭杆的横截面为等边三角形 OAB,其高度为 a(图 10-10)。取坐标轴如图所示,则 AB、OA、OB 三边的方程分别为 $x-a=0$,$x-\sqrt{3}\,y=0$,$x+\sqrt{3}\,y=0$。试证应力函数

$$\varPhi = m(x-a)(x-\sqrt{3}\,y)(x+\sqrt{3}\,y)$$

能满足一切条件,并求出最大切应力及扭角。

答案：　$|\tau_{\max}| = \dfrac{15\sqrt{3}\,M}{2a^3}$,　　　$K = \dfrac{15\sqrt{3}\,M}{Ga^4}\circ$

10-2　半径为 a 的圆截面扭杆,有半径为 b 的圆弧槽(图 10-11)。取坐标轴如图所示,则圆截面边界的方程为 $x^2+y^2-2ax=0$,圆弧槽的方程为 $x^2+y^2-b^2=0$。试证应力函数

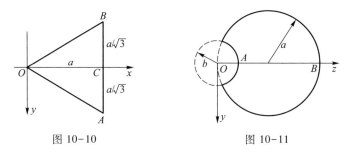

图 10-10　　　　　　　　　图 10-11

$$\varPhi = -GK\frac{(x^2+y^2-b^2)(x^2+y^2-2ax)}{2(x^2+y^2)} = -\frac{GK}{2}\left[x^2+y^2-b^2-\frac{2ax(x^2+y^2-b^2)}{x^2+y^2}\right]$$

能满足方程(10-4)及(10-8)。试求最大切应力和边界上离圆弧槽较远处(如 B 点)的应力。设圆弧槽很小(b 远小于 a),试求槽边的应力集中因子 f。

答案：　$|\tau_{\max}| = GK(2a-b)$,　　　$\tau_B = GK\left(a-\dfrac{b^2}{4a}\right)$,　　　$f=2\circ$

10-3　设有闭合薄壁杆,杆壁具有均匀厚度 δ,杆壁中线的长度为 s,而中线所包围的面积为 A。另有一开口薄壁杆,系由上述薄壁杆沿纵向切开而成。设两杆受有同样大小的扭矩,试求两杆的最大切应力之比,并求两杆的扭角之比。

答案：　$\dfrac{s\delta}{6A}$,　　　$\dfrac{s^2\delta^2}{12A^2}\circ$

10-4　闭合薄壁杆的横截面如图 10-12 所示,均匀厚度为 δ,受扭矩 M,试求最大切应力及扭角。

答案：　$M/8a^2\delta$,　　$M/8Ga^3\delta$。

10-5　扭杆的横截面如图 10-13 所示,试用差分法求出扭角。取 $h=a/2$。

答案：　$0.9M/Ga^4$。

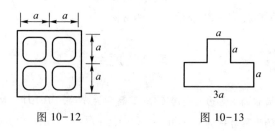

图 10-12　　　　　　　　　　图 10-13

10-6　设有边长为 a 的正方形截面杆和面积相同(为 a^2)的圆形截面杆,受有相同的扭矩 M,试比较两者的最大切应力和单位长度的扭角。

参　考　教　材

[1]　铁木辛柯,古迪尔.弹性理论[M].徐芝纶,译.北京:高等教育出版社,1990:第十章.

[2]　钱伟长,叶开沅.弹性力学[M].北京:科学出版社,1956:第七章.

[3]　徐芝纶.弹性力学中的差分方法[M].北京:高等教育出版社,1989:第二章.

第十一章　能量原理与变分法

一般来说,对于弹性力学问题,当边界条件比较复杂时,要求得精确解答是十分困难的,甚至是不可能的。因此,寻求弹性力学问题的近似解法便具有重要的意义。变分法就是弹性力学近似解法中最有效的方法之一。

变分法的基本思想是把求解微分方程的定解问题转化为求解与之等价的泛函极值(或驻值)问题。而在求问题的近似解时,泛函的极值(或驻值)问题又可以转变成函数的极值(或驻值)问题,最后将问题归结为求解线性代数方程组。20世纪60年代兴起的有限元法等数值计算方法和半解析法,其理论基础就是变分法。

变分法中涉及的泛函,是以函数为自变量的一类函数,通俗地说,泛函就是函数的函数。弹性力学变分法中所研究的泛函,就是弹性体的能量。因此,弹性力学中的变分法又称为能量法。

§11-1　弹性体的应变能和应变余能

对于弹性静力学问题,假定弹性体在受力作用的过程中始终保持静力平衡,因而没有动能的改变,而且弹性体的非机械能也没有变化。于是,根据热力学第一定律,外力所做的功就完全转变为弹性体因变形而储存于弹性体内部的能量。这个能量,就称之为应变能(也称为形变势能,或内能)。应变能可以用应力在其相应的应变上所做的功(等于外力所做的功)来计算。设弹性体只在某一个方向,例如 x 方向,受有均匀的正应力 σ_x,相应的正应变为 ε_x,则其每单位体积内具有的应变能,即应变能密度为

$$v_\varepsilon = \int_0^{\varepsilon_x} \sigma_x \mathrm{d}\varepsilon_x \, . \tag{a}$$

应变能密度是以应变分量为自变量的泛函,在图11-1中表示为应力-应变曲线右下方的一部分面积。

在图11-1中的应力-应变曲线左上方的一部分面积,记为

$$v_c = \int_0^{\sigma_x} \varepsilon_x \mathrm{d}\sigma_x, \tag{b}$$

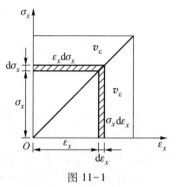

图 11-1

v_c 表示单位体积内的应变余能，又称为应变余能密度。它是以应力分量为自变量的泛函，在图 11-1 中即为矩形面积 $\sigma_x \varepsilon_x$ 除去 v_ε 的余下部分。

当弹性体的应力-应变关系为线性时，由于 $\sigma_x = E\varepsilon_x$，或从图 11-1 可见，有

$$v_\varepsilon = \int_0^{\varepsilon_x} \sigma_x \mathrm{d}\varepsilon_x = \frac{1}{2}\sigma_x \varepsilon_x, \tag{c}$$

$$v_c = \int_0^{\sigma_x} \varepsilon_x \mathrm{d}\sigma_x = \frac{1}{2}\varepsilon_x \sigma_x。 \tag{d}$$

在这种状态下，虽然应变能密度和应变余能密度的数值相等，但应注意它们的自变量是不同的。

同样，设弹性体只在某两个互相垂直的方向，例如 x 和 y 方向，受有均匀的切应力 τ_{xy}，相应的切应变为 γ_{xy}，则其应变能密度为 $\tau_{xy}\gamma_{xy}/2$。

设弹性体受有全部六个应力分量 σ_x、σ_y、σ_z、τ_{yz}、τ_{zx}、τ_{xy}，则应变能的计算似乎很复杂，因为这时每一个应力分量会引起与另一个应力分量相应的应变分量（例如 σ_x 会引起 ε_y，等等），好像应变能将随着弹性体受力的次序不同而不同。但是，根据能量守恒定理，应变能的多少与弹性体受力的次序无关，而完全确定于应力及应变的最终大小（要不然，按某一种次序对弹性体加载，而按另一种次序卸载，就将在一个循环中使弹性体增加或减少一定的能量，而这是不可能的）。因此，假定六个应力分量和六个应变分量全都同时按同样的比例增加到最后的大小，这样就可以很简单地算出相应于每一个应力分量的应变能密度，然后把它们相叠加，从而得出全部应变能密度：

$$v_\varepsilon = \frac{1}{2}(\sigma_x \varepsilon_x + \sigma_y \varepsilon_y + \sigma_z \varepsilon_z + \tau_{yz}\gamma_{yz} + \tau_{zx}\gamma_{zx} + \tau_{xy}\gamma_{xy})。 \tag{e}$$

在一般的情况下，弹性体受力并不均匀，各个应力分量和应变分量一般都是位置坐标的函数，因而应变能密度 v_ε 一般也是位置坐标的函数。为了得出整个弹性体的应变能 V_ε，必须把应变能密度 v_ε 在整个弹性体的体积内进行积分，设弹性体的体积为 V，则有

$$V_\varepsilon = \int_V v_\varepsilon \mathrm{d}V。 \tag{f}$$

将式（e）代入，即得

$$V_\varepsilon = \frac{1}{2}\int_V (\sigma_x \varepsilon_x + \sigma_y \varepsilon_y + \sigma_z \varepsilon_z + \tau_{yz}\gamma_{yz} + \tau_{zx}\gamma_{zx} + \tau_{xy}\gamma_{xy})\mathrm{d}V。 \tag{g}$$

应变能也是以应变分量为自变量的泛函,为了将应变能密度和应变能用应变分量来表示,须利用物理方程(8-19),即

$$
\begin{aligned}
\sigma_x &= \frac{E}{1+\mu}\left(\frac{\mu}{1-2\mu}\theta+\varepsilon_x\right), \\
\sigma_y &= \frac{E}{1+\mu}\left(\frac{\mu}{1-2\mu}\theta+\varepsilon_y\right), \\
\sigma_z &= \frac{E}{1+\mu}\left(\frac{\mu}{1-2\mu}\theta+\varepsilon_z\right), \\
\tau_{yz} &= \frac{E}{2(1+\mu)}\gamma_{yz}, \\
\tau_{zx} &= \frac{E}{2(1+\mu)}\gamma_{zx}, \\
\tau_{xy} &= \frac{E}{2(1+\mu)}\gamma_{xy}。
\end{aligned}
\right\} \qquad (h)
$$

其中 $\theta=\varepsilon_x+\varepsilon_y+\varepsilon_z$。将式(h)代入式(e),简化以后,得

$$
v_\varepsilon = \frac{E}{2(1+\mu)}\left[\frac{\mu}{1-2\mu}\theta^2+(\varepsilon_x^2+\varepsilon_y^2+\varepsilon_z^2)+\frac{1}{2}(\gamma_{yz}^2+\gamma_{zx}^2+\gamma_{xy}^2)\right]。 \qquad (i)
$$

并由式(f)得弹性体的应变能表达式

$$
V_\varepsilon = \frac{E}{2(1+\mu)}\int_V\left[\frac{\mu}{1-2\mu}\theta^2+(\varepsilon_x^2+\varepsilon_y^2+\varepsilon_z^2)+\frac{1}{2}(\gamma_{yz}^2+\gamma_{zx}^2+\gamma_{xy}^2)\right]\mathrm{d}V。 \qquad (11-1)
$$

由于 $0<\mu<1/2$,故由上式可见:不论变形如何,弹性体的应变能总不会是负的。在所有的应变分量都等于零的情况下,应变能才等于零。

试将式(i)分别对六个应变分量求导,再参阅式(h),有

$$
\left.\begin{aligned}
\frac{\partial v_\varepsilon}{\partial \varepsilon_x} &= \sigma_x, & \frac{\partial v_\varepsilon}{\partial \varepsilon_y} &= \sigma_y, & \frac{\partial v_\varepsilon}{\partial \varepsilon_z} &= \sigma_z, \\
\frac{\partial v_\varepsilon}{\partial \gamma_{yz}} &= \tau_{yz}, & \frac{\partial v_\varepsilon}{\partial \gamma_{zx}} &= \tau_{zx}, & \frac{\partial v_\varepsilon}{\partial \gamma_{xy}} &= \tau_{xy}。
\end{aligned}\right\} \qquad (11-2)
$$

它们表示:弹性体的应变能密度对于任一应变分量的改变率,就等于相应的应力分量。

应变能还可以用位移分量来表示。为此,只须将几何方程(8-9)代入式(11-1)。这样就得出

$$V_\varepsilon = \frac{E}{2(1+\mu)} \int_V \left[\frac{\mu}{1-2\mu} \left(\frac{\partial u}{\partial x} + \frac{\partial v}{\partial y} + \frac{\partial w}{\partial z} \right)^2 + \right.$$

$$\left(\frac{\partial u}{\partial x} \right)^2 + \left(\frac{\partial v}{\partial y} \right)^2 + \left(\frac{\partial w}{\partial z} \right)^2 + \frac{1}{2} \left(\frac{\partial w}{\partial y} + \frac{\partial v}{\partial z} \right)^2 +$$

$$\left. \frac{1}{2} \left(\frac{\partial u}{\partial z} + \frac{\partial w}{\partial x} \right)^2 + \frac{1}{2} \left(\frac{\partial v}{\partial x} + \frac{\partial u}{\partial y} \right)^2 \right] \mathrm{d}V_\circ \qquad (11-3)$$

整个弹性体的应变余能可以类似地得出

$$V_c = \int_V v_c \mathrm{d}V \qquad (\mathrm{j})$$

其中的应变余能密度 v_c 在应力-应变关系为线性时同样是

$$v_c = \frac{1}{2} (\varepsilon_x \sigma_x + \varepsilon_y \sigma_y + \varepsilon_z \sigma_z + \gamma_{yz} \tau_{yz} + \gamma_{zx} \tau_{zx} + \gamma_{xy} \tau_{xy})_\circ \qquad (\mathrm{k})$$

注意应变余能是以应力分量为自变量的泛函,为了将应变余能密度和应变余能用应力分量来表示,须利用物理方程(8-17),即

$$\left. \begin{aligned} \varepsilon_x &= \frac{1}{E} [\sigma_x - \mu(\sigma_y + \sigma_z)], \\ \varepsilon_y &= \frac{1}{E} [\sigma_y - \mu(\sigma_z + \sigma_x)], \\ \varepsilon_z &= \frac{1}{E} [\sigma_z - \mu(\sigma_x + \sigma_y)], \\ \gamma_{yz} &= \frac{2(1+\mu)}{E} \tau_{yz}, \\ \gamma_{zx} &= \frac{2(1+\mu)}{E} \tau_{zx}, \\ \gamma_{xy} &= \frac{2(1+\mu)}{E} \tau_{xy}, \end{aligned} \right\} \qquad (\mathrm{l})$$

代入式(k),简化以后,得应变余能密度的表达式

$$v_c = \frac{1}{2E} [(\sigma_x^2 + \sigma_y^2 + \sigma_z^2) - 2\mu(\sigma_y \sigma_z + \sigma_z \sigma_x + \sigma_x \sigma_y) +$$

$$2(1+\mu)(\tau_{yz}^2 + \tau_{zx}^2 + \tau_{xy}^2)], \qquad (\mathrm{m})$$

并由式(j)得整个弹性体的应变余能表达式

$$V_c = \frac{1}{2E} \int_V [(\sigma_x^2 + \sigma_y^2 + \sigma_z^2) - 2\mu(\sigma_y \sigma_z + \sigma_z \sigma_x + \sigma_x \sigma_y) +$$

$$2(1+\mu)(\tau_{yz}^2 + \tau_{zx}^2 + \tau_{xy}^2)] \mathrm{d}V_\circ \qquad (11-4)$$

试将式(m)分别对六个应力分量求导,再参阅式(l),有

$$\left.\begin{aligned}\frac{\partial v_{c}}{\partial \sigma_{x}}=\varepsilon_{x}, \qquad \frac{\partial v_{c}}{\partial \sigma_{y}}=\varepsilon_{y}, \qquad \frac{\partial v_{c}}{\partial \sigma_{z}}=\varepsilon_{z}, \\ \frac{\partial v_{c}}{\partial \tau_{yz}}=\gamma_{yz}, \qquad \frac{\partial v_{c}}{\partial \tau_{zx}}=\gamma_{zx}, \qquad \frac{\partial v_{c}}{\partial \tau_{xy}}=\gamma_{xy}\circ\end{aligned}\right\} \qquad (11-5)$$

它们表示：弹性体的应变余能密度对于任一应力分量的改变率，就等于相应的应变分量。

§11-2 位移变分方程 虚位移原理 最小势能原理

设有任一弹性体，在一定的外力作用下处于平衡状态。命 u、v、w 为该弹性体中实际存在的位移分量，它们满足用位移分量表示的平衡微分方程，并满足位移边界条件以及用位移分量表示的应力边界条件。现在，假想这些位移分量发生了位移边界条件所容许的微小改变，即所谓虚位移或位移变分 δu、δv、δw，成为

$$u'=u+\delta u, \qquad v'=v+\delta v, \qquad w'=w+\delta w$$

然后来考察，能量方面将发生什么样的改变。

假定弹性体在虚位移过程中并没有温度的改变，也没有速度的改变，因而也就没有热能或动能的改变。这样，按照能量守恒定理，应变能的增加应当等于外力所做的功，即所谓虚功。注意，外力包括分量为 f_{x}、f_{y}、f_{z} 的体力，以及分量为 $\bar{f}_{x}$、$\bar{f}_{y}$、$\bar{f}_{z}$ 的面力，并且，由于虚位移是微小的，在虚位移的过程中，外力的大小和方向可以认为不变。这样，应变能的增加为

$$\delta V_{\varepsilon}=\int_{V}(f_{x}\mathrm{d}V\delta u+f_{y}\mathrm{d}V\delta v+f_{z}\mathrm{d}V\delta w)+$$
$$\int_{S}(\bar{f}_{x}\mathrm{d}S\delta u+\bar{f}_{y}\mathrm{d}S\delta v+\bar{f}_{z}\mathrm{d}S\delta w),$$

其中的 S 是弹性体的边界。由于虚位移或位移变分 δu、δv、δw 是在位移边界条件所容许下发生的，因此，在位移边界 S_{u} 上，$\delta u=\delta v=\delta w=0$，上式的面积分只须包括全部受已知面力的边界 S_{σ}。将上式进行归项以后，得到

$$\delta V_{\varepsilon}=\int_{V}(f_{x}\delta u+f_{y}\delta v+f_{z}\delta w)\mathrm{d}V+$$
$$\int_{S_{\sigma}}(\bar{f}_{x}\delta u+\bar{f}_{y}\delta v+\bar{f}_{z}\delta w)\mathrm{d}S\circ \qquad (11-6)$$

这个方程就是所谓的位移变分方程，有的文献把它称为拉格朗日变分方程。

应用位移变分方程，可以得出重要的虚位移原理，推导如下。

按照变分法,变分的运算与定积分的运算可以交换次序,于是有

$$\delta V_\varepsilon = \delta \int_V v_\varepsilon \mathrm{d}V = \int_V \delta v_\varepsilon \mathrm{d}V \, 。$$

把应变能密度 v_ε 看做应变分量的函数,并应用式(11-2),可由上式得到

$$\delta V_\varepsilon = \int_V \left(\frac{\partial v_\varepsilon}{\partial \varepsilon_x}\delta \varepsilon_x + \frac{\partial v_\varepsilon}{\partial \varepsilon_y}\delta \varepsilon_y + \frac{\partial v_\varepsilon}{\partial \varepsilon_z}\delta \varepsilon_z + \frac{\partial v_\varepsilon}{\partial \gamma_{yz}}\delta \gamma_{yz} + \frac{\partial v_\varepsilon}{\partial \gamma_{zx}}\delta \gamma_{zx} + \frac{\partial v_\varepsilon}{\partial \gamma_{xy}}\delta \gamma_{xy} \right) \mathrm{d}V$$

$$= \int_V (\sigma_x \delta \varepsilon_x + \sigma_y \delta \varepsilon_y + \sigma_z \delta \varepsilon_z + \tau_{yz}\delta \gamma_{yz} + \tau_{zx}\delta \gamma_{zx} + \tau_{xy}\delta \gamma_{xy}) \mathrm{d}V \, 。$$

代入位移变分方程(11-6),即得

$$\int_V (f_x \delta u + f_y \delta v + f_z \delta w) \mathrm{d}V + \int_{S_\sigma} (\bar{f}_x \delta u + \bar{f}_y \delta v + \bar{f}_z \delta w) \mathrm{d}S$$

$$= \int_V (\sigma_x \delta \varepsilon_x + \sigma_y \delta \varepsilon_y + \sigma_z \delta \varepsilon_z + \tau_{yz}\delta \gamma_{yz} + \tau_{zx}\delta \gamma_{zx} + \tau_{xy}\delta \gamma_{xy}) \mathrm{d}V \, 。 \qquad (11-7)$$

这就是虚位移原理(也称虚功原理,或虚功方程)。把该方程右边的各项称为应力在虚应变上所做的虚功,则虚位移原理表示:如果在虚位移发生之前,弹性体是处于平衡状态,那么,在虚位移过程中,外力在虚位移上所做的虚功就等于应力在与该虚位移相应的虚应变上所做的虚功。

从位移变分方程(11-6)出发,还可以推出弹性力学中的一个原理,即最小势能原理。由于在虚位移过程中,外力的大小和方向可以当做保持不变,只是作用点有了改变。于是,可以把方程(11-6)改写为

$$\delta V_\varepsilon = \int_V \left[\delta(f_x u) + \delta(f_y v) + \delta(f_z w) \right] \mathrm{d}V +$$

$$\int_{S_\sigma} \left[\delta(\bar{f}_x u) + \delta(\bar{f}_y v) + \delta(\bar{f}_z w) \right] \mathrm{d}S \, 。$$

将变分与定积分交换次序,并进行移项,即得

$$\delta \left[V_\varepsilon - \int_V (f_x u + f_y v + f_z w) \mathrm{d}V - \int_{S_\sigma} (\bar{f}_x u + \bar{f}_y v + \bar{f}_z w) \mathrm{d}S \right] = 0 \, 。 \qquad (\mathrm{a})$$

现在,用 V_p 代表外力势能(以 $u=v=w=0$ 时的自然状态下的势能为零),它等于外力在实际位移上所做的功冠以负号,即

$$V_\mathrm{p} = -\int_V (f_x u + f_y v + f_z w) \mathrm{d}V - \int_{S_\sigma} (\bar{f}_x u + \bar{f}_y v + \bar{f}_z w) \mathrm{d}S \, 。 \qquad (\mathrm{b})$$

代入式(a),即得

$$\delta(V_\varepsilon + V_\mathrm{p}) = 0 \, 。 \qquad (11-8)$$

因为 $V_\varepsilon + V_\mathrm{p}$ 是应变能(内能)与外力势能的总和,也称为弹性体的总势能,所以由此可见,在给定的外力作用下,实际存在的位移应使总势能的变分成为零。这就推出这样一个原理:在给定的外力作用下,在满足位移边界条件的所有各组位移中间,实际

存在的一组位移应使总势能成为极值。如果考虑二阶变分,则得到 $\delta^2(V_\varepsilon+V_p)>0$,由此就可以证明:对于稳定平衡状态,这个极值是极小值。又由于弹性力学的解具有唯一性,总势能的极小值就是最小值。因此,上述原理称为最小势能原理。

从以上分析过程可知,位移变分方程(11-6)、虚位移原理(11-7)和最小势能原理(11-8)这三者的本质是完全相同的,它们都是弹性体在实际平衡状态发生虚位移时,能量守恒定理的不同表现形式。

以前已经看到,实际存在的位移,除了满足位移边界条件以外,还应当满足用位移表示的平衡微分方程和应力边界条件;现在又看到,实际存在的位移,除了满足位移边界条件以外,还要满足位移变分方程(或虚位移原理,或最小势能原理)。而且,通过运算,还可以从位移变分方程导出平衡微分方程和应力边界条件。于是可见,位移变分方程等价于平衡微分方程和应力边界条件。

现在来进一步考察,如果位移分量除了满足位移边界条件以外,还满足应力边界条件,那么,从能量观点来看,弹性体的位移变分又应当满足什么条件。

由于位移分量的变分,应变分量也将有相应的变分。按照几何方程,应变分量的变分为

$$\left.\begin{aligned}\delta\varepsilon_x=\delta\frac{\partial u}{\partial x}=\frac{\partial}{\partial x}\delta u,\ \cdots,\\ \delta\gamma_{yz}=\delta\left(\frac{\partial w}{\partial y}+\frac{\partial v}{\partial z}\right)=\frac{\partial}{\partial y}\delta w+\frac{\partial}{\partial z}\delta v,\ \cdots。\end{aligned}\right\}\tag{c}$$

由于应变分量的变分,应变能也将有相应的变分

$$\delta V_\varepsilon=\int_V\delta v_\varepsilon\,\mathrm{d}V。$$

把应变能密度 v_ε 看做应变分量的函数,则上式成为

$$\delta V_\varepsilon=\int_V\left(\frac{\partial v_\varepsilon}{\partial\varepsilon_x}\delta\varepsilon_x+\cdots+\frac{\partial v_\varepsilon}{\partial\gamma_{yz}}\delta\gamma_{yz}+\cdots\right)\mathrm{d}V。$$

将式(11-2)及式(c)代入,得

$$\delta V_\varepsilon=\int_V\left[\sigma_x\frac{\partial}{\partial x}\delta u+\cdots+\tau_{yz}\left(\frac{\partial}{\partial y}\delta w+\frac{\partial}{\partial z}\delta v\right)+\cdots\right]\mathrm{d}V。\tag{d}$$

式(d)的右边共有9项,现在来对每一项进行分部积分,并应用高斯积分公式将体积分转换为面积分。例如,对于其中的第一项,有

$$\int_V\sigma_x\frac{\partial}{\partial x}\delta u\,\mathrm{d}V$$

$$=\int_V\frac{\partial}{\partial x}(\sigma_x\delta u)\,\mathrm{d}V-\int_V\frac{\partial\sigma_x}{\partial x}\delta u\,\mathrm{d}V$$

$$=\int_S l\sigma_x \delta u \mathrm{d}S - \int_V \frac{\partial \sigma_x}{\partial x}\delta u \mathrm{d}V。$$

对于其余各项也都进行同样的处理,则式(d)成为

$$\delta V_\varepsilon = \int_S \Big[(l\sigma_x + m\tau_{xy} + n\tau_{zx})\delta u + (m\sigma_y + n\tau_{yz} + l\tau_{xy})\delta v +$$

$$(n\sigma_z + l\tau_{zx} + m\tau_{yz})\delta w \Big]\mathrm{d}S - \int_V \Bigg[\left(\frac{\partial \sigma_x}{\partial x} + \frac{\partial \tau_{xy}}{\partial y} + \frac{\partial \tau_{zx}}{\partial z} \right)\delta u +$$

$$\left(\frac{\partial \sigma_y}{\partial y} + \frac{\partial \tau_{yz}}{\partial z} + \frac{\partial \tau_{xy}}{\partial x} \right)\delta v + \left(\frac{\partial \sigma_z}{\partial z} + \frac{\partial \tau_{zx}}{\partial x} + \frac{\partial \tau_{yz}}{\partial y} \right)\delta w \Bigg]\mathrm{d}V。$$

代入位移变分方程(11-6),由于在位移边界 S_u 上,位移变分 $\delta u = \delta v = \delta w = 0$,进行整理以后,可得

$$\int_V \Bigg[\left(\frac{\partial \sigma_x}{\partial x} + \frac{\partial \tau_{xy}}{\partial y} + \frac{\partial \tau_{zx}}{\partial z} + f_x \right)\delta u + \left(\frac{\partial \sigma_y}{\partial y} + \frac{\partial \tau_{yz}}{\partial z} + \frac{\partial \tau_{xy}}{\partial x} + f_y \right)\delta v +$$

$$\left(\frac{\partial \sigma_z}{\partial z} + \frac{\partial \tau_{zx}}{\partial x} + \frac{\partial \tau_{yz}}{\partial y} + f_z \right)\delta w \Bigg]\mathrm{d}V - \int_{S_\sigma} \Big[(l\sigma_x + m\tau_{xy} + n\tau_{zx} - \overline{f}_x)\delta u +$$

$$(m\sigma_y + n\tau_{yz} + l\tau_{xy} - \overline{f}_y)\delta v + (n\sigma_z + l\tau_{zx} + m\tau_{yz} - \overline{f}_z)\delta w \Big]\mathrm{d}S = 0。$$

其中的面积分仍然只包括全部受已知面力的边界 S_σ。如果应力边界条件也得到满足,利用式(8-5),则上式简化为

$$\int_V \Bigg[\left(\frac{\partial \sigma_x}{\partial x} + \frac{\partial \tau_{xy}}{\partial y} + \frac{\partial \tau_{zx}}{\partial z} + f_x \right)\delta u + \left(\frac{\partial \sigma_y}{\partial y} + \frac{\partial \tau_{yz}}{\partial z} + \frac{\partial \tau_{xy}}{\partial x} + f_y \right)\delta v +$$

$$\left(\frac{\partial \sigma_z}{\partial z} + \frac{\partial \tau_{zx}}{\partial x} + \frac{\partial \tau_{yz}}{\partial y} + f_z \right)\delta w \Bigg]\mathrm{d}V = 0。 \tag{11-9}$$

这就是当位移分量满足位移边界条件及应力边界条件时,位移变分所应满足的方程。有些文献把它称为伽辽金变分方程。

§11-3　位移变分法

上一节中导出的位移变分方程,给弹性力学问题提供这样一个近似解法:设定一组包含若干待定系数的位移分量的表达式,使其满足位移边界条件,然后再令其满足位移变分方程(等价于平衡微分方程和应力边界条件),从中求出待定系数,从而得出问题的位移解答。

试取位移分量的表达式如下:

$$u = u_0 + \sum_m A_m u_m, \quad v = v_0 + \sum_m B_m v_m, \quad w = w_0 + \sum_m C_m w_m, \quad (11\text{-}10)$$

其中 A_m、B_m、C_m 为互不依赖的 $3m$ 个系数；u_0、v_0、w_0 为设定的函数，在给定位移的边界上，它们的边界值等于边界上的已知位移；u_m、v_m、w_m 为在该边界上等于零的设定函数。这样，不论系数 A_m、B_m、C_m 如何取值，u、v、w 总能满足位移边界条件。注意：位移的变分只是由系数 A_m、B_m、C_m 的变分来实现，至于各个设定函数，则仅随坐标而变，与位移的变分完全无关。

按照表达式(11-10)，位移分量的变分是

$$\delta u = \sum_m u_m \delta A_m, \qquad \delta v = \sum_m v_m \delta B_m, \qquad \delta w = \sum_m w_m \delta C_m, \qquad (\text{a})$$

而应变能的变分是

$$\delta V_\varepsilon = \sum_m \left(\frac{\partial V_\varepsilon}{\partial A_m} \delta A_m + \frac{\partial V_\varepsilon}{\partial B_m} \delta B_m + \frac{\partial V_\varepsilon}{\partial C_m} \delta C_m \right) \text{。} \qquad (\text{b})$$

将式(b)及式(a)代入位移变分方程(11-6)，得

$$\sum_m \left(\frac{\partial V_\varepsilon}{\partial A_m} \delta A_m + \frac{\partial V_\varepsilon}{\partial B_m} \delta B_m + \frac{\partial V_\varepsilon}{\partial C_m} \delta C_m \right)$$

$$= \sum_m \int_V (f_x u_m \delta A_m + f_y v_m \delta B_m + f_z w_m \delta C_m) \, \mathrm{d}V +$$

$$\sum_m \int_{S_\sigma} (\overline{f}_x u_m \delta A_m + \overline{f}_y v_m \delta B_m + \overline{f}_z w_m \delta C_m) \, \mathrm{d}S \text{。}$$

进行移项，将每个系数的变分归并，得到

$$\sum_m \left[\frac{\partial V_\varepsilon}{\partial A_m} - \int_V f_x u_m \, \mathrm{d}V - \int_{S_\sigma} \overline{f}_x u_m \, \mathrm{d}S \right] \delta A_m +$$

$$\sum_m \left[\frac{\partial V_\varepsilon}{\partial B_m} - \int_V f_y v_m \, \mathrm{d}V - \int_{S_\sigma} \overline{f}_y v_m \, \mathrm{d}S \right] \delta B_m +$$

$$\sum_m \left[\frac{\partial V_\varepsilon}{\partial C_m} - \int_V f_z w_m \, \mathrm{d}V - \int_{S_\sigma} \overline{f}_z w_m \, \mathrm{d}S \right] \delta C_m = 0 \text{。}$$

因为变分 δA_m、δB_m、δC_m 是完全任意的，而且是互不依赖的，所以它们在上式中的系数必须等于零。于是得

$$\left. \begin{aligned} \frac{\partial V_\varepsilon}{\partial A_m} &= \int_V f_x u_m \, \mathrm{d}V + \int_{S_\sigma} \overline{f}_x u_m \, \mathrm{d}S, \\ \frac{\partial V_\varepsilon}{\partial B_m} &= \int_V f_y v_m \, \mathrm{d}V + \int_{S_\sigma} \overline{f}_y v_m \, \mathrm{d}S, \\ \frac{\partial V_\varepsilon}{\partial C_m} &= \int_V f_z w_m \, \mathrm{d}V + \int_{S_\sigma} \overline{f}_z w_m \, \mathrm{d}S \text{。} \\ (m &= 1, 2, \cdots) \end{aligned} \right\} \qquad (11\text{-}11)$$

由应变能的表达式(11-3)及位移分量的表达式(11-10)可见,应变能 V_ε 是系数 A_m、B_m、C_m 的二次函数,因而方程(11-11)将是各个系数的一次方程。既然各个系数是互不依赖的,就总可以由这些方程求得各个系数,从而由表达式(11-10)求得位移分量。很多文献上把这个方法称为里茨法。

如果选择表达式(11-10)中的函数,使得位移边界条件和应力边界条件都能得到满足,那么,将式(a)代入式(11-9),就得到

$$\sum_m \int_V \delta A_m \left(\frac{\partial \sigma_x}{\partial x} + \frac{\partial \tau_{xy}}{\partial y} + \frac{\partial \tau_{zx}}{\partial z} + f_x \right) u_m \mathrm{d}V +$$

$$\sum_m \int_V \delta B_m \left(\frac{\partial \sigma_y}{\partial y} + \frac{\partial \tau_{yz}}{\partial z} + \frac{\partial \tau_{xy}}{\partial x} + f_y \right) v_m \mathrm{d}V +$$

$$\sum_m \int_V \delta C_m \left(\frac{\partial \sigma_z}{\partial z} + \frac{\partial \tau_{zx}}{\partial x} + \frac{\partial \tau_{yz}}{\partial y} + f_z \right) w_m \mathrm{d}V = 0。$$
$$(m = 1, 2, \cdots)$$

根据 δA_m、δB_m、δC_m 的任意性,它们的系数应当分别等于零,于是得

$$\int_V \left(\frac{\partial \sigma_x}{\partial x} + \frac{\partial \tau_{xy}}{\partial y} + \frac{\partial \tau_{zx}}{\partial z} + f_x \right) u_m \mathrm{d}V = 0,$$

$$\int_V \left(\frac{\partial \sigma_y}{\partial y} + \frac{\partial \tau_{yz}}{\partial z} + \frac{\partial \tau_{xy}}{\partial x} + f_y \right) v_m \mathrm{d}V = 0,$$

$$\int_V \left(\frac{\partial \sigma_z}{\partial z} + \frac{\partial \tau_{zx}}{\partial x} + \frac{\partial \tau_{yz}}{\partial y} + f_z \right) w_m \mathrm{d}V = 0。$$
$$(m = 1, 2, \cdots)$$

将上述三方程中的应力分量通过物理方程(8-20)用应变分量表示,再通过几何方程(8-9)用位移分量表示,简化以后,即得

$$\left. \begin{aligned} \int_V \left[\frac{E}{2(1+\mu)} \left(\frac{1}{1-2\mu} \frac{\partial \theta}{\partial x} + \nabla^2 u \right) + f_x \right] u_m \mathrm{d}V = 0, \\ \int_V \left[\frac{E}{2(1+\mu)} \left(\frac{1}{1-2\mu} \frac{\partial \theta}{\partial y} + \nabla^2 v \right) + f_y \right] v_m \mathrm{d}V = 0, \\ \int_V \left[\frac{E}{2(1+\mu)} \left(\frac{1}{1-2\mu} \frac{\partial \theta}{\partial z} + \nabla^2 w \right) + f_z \right] w_m \mathrm{d}V = 0。 \end{aligned} \right\} \quad (11\text{-}12)$$
$$(m = 1, 2, \cdots)$$

由式(11-10)可见,位移分量 u、v、w 是系数 A_m、B_m、C_m 的一次式,所以方程(11-12)将是这些系数的一次方程。既然各个系数是互不依赖的,就总可以由这些方程求得系数 A_m、B_m、C_m,从而由式(11-10)求得位移分量。这个方法就是所谓伽辽金法。

用位移变分法求得位移分量以后,不难通过弹性方程(9-1)求得应力分量,但往

往出现这样的情况,取少量系数 A_m、B_m、C_m,就可以求得较精确的位移,而由此求出的应力却很不精确。为了求得的应力充分精确,必须取更多的系数。

§11-4　位移变分法应用于平面问题

在平面应变问题中,有 $w=0$,而且 u 和 v 都不随坐标 z 而变。在 z 方向取一个单位长度,则用位移分量表示的应变能表达式(11-3)简化为

$$V_\varepsilon = \frac{E}{2(1+\mu)} \iint_A \left[\frac{\mu}{1-2\mu} \left(\frac{\partial u}{\partial x} + \frac{\partial v}{\partial y} \right)^2 + \left(\frac{\partial u}{\partial x} \right)^2 + \right.$$
$$\left. \left(\frac{\partial v}{\partial y} \right)^2 + \frac{1}{2} \left(\frac{\partial v}{\partial x} + \frac{\partial u}{\partial y} \right)^2 \right] \mathrm{d}x\mathrm{d}y。 \tag{11-13}$$

其中的 A 为弹性体 xy 面的面积。对于平面应力问题,按照 §2-6 中所述,须将上式中的 E 换为 $\dfrac{E(1+2\mu)}{(1+\mu)^2}$,$\mu$ 换为 $\dfrac{\mu}{1+\mu}$,这样就得到

$$V_\varepsilon = \frac{E}{2(1-\mu^2)} \iint_A \left[\left(\frac{\partial u}{\partial x} \right)^2 + \left(\frac{\partial v}{\partial y} \right)^2 + 2\mu \frac{\partial u}{\partial x} \frac{\partial v}{\partial y} + \frac{(1-\mu)}{2} \left(\frac{\partial v}{\partial x} + \frac{\partial u}{\partial y} \right)^2 \right] \mathrm{d}x\mathrm{d}y。$$
$$\tag{11-14}$$

因为在两种平面问题中都不必考虑 w,所以在位移分量的表达式(11-10)中只须保留其前二式,即

$$u = u_0 + \sum_m A_m u_m, \qquad v = v_0 + \sum_m B_m v_m。 \tag{11-15}$$

在采用里茨法时,为了决定系数 A_m 及 B_m,只须应用式(11-11)中的前二式。在 z 方向取一个单位长度,并注意所有各量都不随 z 而变,该二式成为

$$\left. \begin{aligned} \frac{\partial V_\varepsilon}{\partial A_m} &= \iint_A f_x u_m \mathrm{d}x\mathrm{d}y + \int_{S_\sigma} \overline{f}_x u_m \mathrm{d}s, \\ \frac{\partial V_\varepsilon}{\partial B_m} &= \iint_A f_y v_m \mathrm{d}x\mathrm{d}y + \int_{S_\sigma} \overline{f}_y v_m \mathrm{d}s, \end{aligned} \right\} \tag{11-16}$$

其中的线积分系沿受已知面力的边界 S_σ 进行。与此相应,在采用伽辽金法时,只须应用式(11-12)中前二式的简化形式。对于平面应变问题,该二式成为

$$\left. \begin{aligned} \iint_A \left[\frac{E}{2(1+\mu)} \left(\frac{1}{1-2\mu} \frac{\partial \theta}{\partial x} + \nabla^2 u \right) + f_x \right] u_m \mathrm{d}x\mathrm{d}y &= 0, \\ \iint_A \left[\frac{E}{2(1+\mu)} \left(\frac{1}{1-2\mu} \frac{\partial \theta}{\partial y} + \nabla^2 v \right) + f_y \right] v_m \mathrm{d}x\mathrm{d}y &= 0, \end{aligned} \right\} \tag{11-17}$$

其中 $\theta = \dfrac{\partial u}{\partial x} + \dfrac{\partial v}{\partial y}$。对于平面应力问题,须将上式中的 E 换为 $\dfrac{E(1+2\mu)}{(1+\mu)^2}$,$\mu$ 换为

$\dfrac{\mu}{1+\mu}$,这样就得到

$$\left.\begin{array}{l} \displaystyle\iint_A\left[\frac{E}{1-\mu^2}\left(\frac{\partial^2 u}{\partial x^2} + \frac{1-\mu}{2}\frac{\partial^2 u}{\partial y^2} + \frac{1+\mu}{2}\frac{\partial^2 v}{\partial x\partial y}\right) + f_x\right]u_m\,\mathrm{d}x\mathrm{d}y = 0, \\[4mm] \displaystyle\iint_A\left[\frac{E}{1-\mu^2}\left(\frac{\partial^2 v}{\partial y^2} + \frac{1-\mu}{2}\frac{\partial^2 v}{\partial x^2} + \frac{1+\mu}{2}\frac{\partial^2 u}{\partial x\partial y}\right) + f_y\right]v_m\,\mathrm{d}x\mathrm{d}y = 0。 \end{array}\right\} \tag{11-18}$$

作为例题,设有宽度为 a 而高度为 b 的薄板,如图 11-2 所示,左边及下边受连杆支承,右边及上边分别受有均布压力 q_1 及 q_2,不计体力,试求薄板的位移。

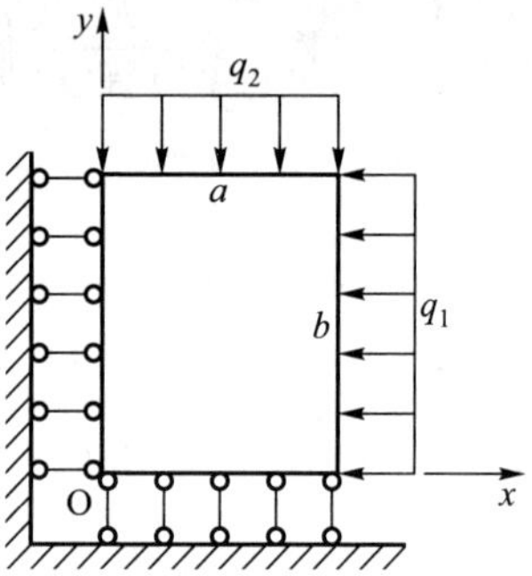

取坐标轴如图所示。按照表达式(11-15)的形式,把位移分量设定为

$$\left.\begin{array}{l} u = x(A_1 + A_2 x + A_3 y + \cdots), \\ v = y(B_1 + B_2 x + B_3 y + \cdots)。 \end{array}\right\} \tag{a}$$

不论各个系数如何取值,都可以满足左边及下边的位移边界条件,即

$$(u)_{x=0} = 0, \qquad (v)_{y=0} = 0。$$

在这里,因为边界上并没有不等于零的已知位移,所以在式(11-15)中取 $u_0 = 0, v_0 = 0$。

图 11-2

当式(a)中的系数取任意数值时,应力边界条件不一定能满足,因此,只能用里茨法求解,而不能用伽辽金法求解。现在,试在式(a)中只取 A_1 及 B_1 两个待定系数,也就是取

$$u = A_1 u_1 = A_1 x, \qquad v = B_1 v_1 = B_1 y。 \tag{b}$$

代入式(11-14),得到

$$V_\varepsilon = \frac{E}{2(1-\mu^2)}\int_0^a\int_0^b[A_1^2 + B_1^2 + 2\mu A_1 B_1]\,\mathrm{d}x\mathrm{d}y。$$

进行积分以后,得到

$$V_\varepsilon = \frac{Eab}{2(1-\mu^2)}(A_1^2 + B_1^2 + 2\mu A_1 B_1)。 \tag{c}$$

因为在这里 $f_x = f_y = 0$,而 $m = 1$,所以式(11-16)简化为

$$\frac{\partial V_\varepsilon}{\partial A_1} = \int_{S_\sigma}\bar{f}_x u_1\,\mathrm{d}s, \qquad \frac{\partial V_\varepsilon}{\partial B_1} = \int_{S_\sigma}\bar{f}_y v_1\,\mathrm{d}s。 \tag{d}$$

现在计算上式第一个方程的右端积分项。在薄板的右边界有

$$\bar{f}_x = -q_1, \qquad u_1 = x = a, \qquad \mathrm{d}s = \mathrm{d}y,$$

在其余的三个边界上,均有 $\int_{S_\sigma} \bar{f}_x u_1 \mathrm{d}s = 0$,从而得

$$\int \bar{f}_x u_1 \mathrm{d}s = \int_0^b (-q_1) a \mathrm{d}y = -q_1 ab;$$

下面计算式(d)中第二个方程的右端积分项。在薄板的上边界有

$$\bar{f}_y = -q_2, \qquad v_1 = y = b, \qquad \mathrm{d}s = \mathrm{d}x,$$

在其余的三个边界上,均有 $\int_{S_\sigma} \bar{f}_y v_1 \mathrm{d}s = 0$,从而得

$$\int \bar{f}_y v_1 \mathrm{d}s = \int_0^a (-q_2) b \mathrm{d}x = -q_2 ab \text{。}$$

于是由式(d)得

$$\frac{\partial V_\varepsilon}{\partial A_1} = -q_1 ab, \qquad \frac{\partial V_\varepsilon}{\partial B_1} = -q_2 ab \text{。} \qquad (\text{e})$$

将式(c)代入式(e),得出决定 A_1 及 B_1 的方程

$$\frac{Eab}{2(1-\mu^2)}(2A_1 + 2\mu B_1) = -q_1 ab,$$

$$\frac{Eab}{2(1-\mu^2)}(2B_1 + 2\mu A_1) = -q_2 ab \text{。}$$

求解 A_1 及 B_1,得到

$$A_1 = -\frac{q_1 - \mu q_2}{E}, \qquad B_1 = -\frac{q_2 - \mu q_1}{E}, \qquad (\text{f})$$

从而由式(b)得到位移分量的解答

$$u = -\frac{q_1 - \mu q_2}{E} x, \qquad v = -\frac{q_2 - \mu q_1}{E} y \text{。} \qquad (\text{g})$$

如果在式(a)中除了 A_1 及 B_1 以外再取一些其他的待定系数,例如 A_2 及 B_2 等,进行与上相似的计算,这些系数都将等于零,而 A_1 及 B_1 仍然如式(f)表示,从而可见,位移分量的解答仍然如式(g)所示。

读者试证:按照几何方程及物理方程由位移分量(g)求出的应力分量,可以满足平衡微分方程和应力边界条件。这就是说,式(g)所示的位移分量就是精确解答。当然,这只是一个非常特殊的情况。在一般的情况下,如果在设定的位移分量表达式中只取少数几个待定系数,是不可能求得精确解答的。

作为另一个例题,设有宽度为 $2a$ 而高度为 b 的矩形薄板,如图 11-3 所示,左右两边及下边均被固定,而上边的位移给定为

$$u = 0, \qquad v = -\eta \left(1 - \frac{x^2}{a^2} \right)。 \tag{h}$$

不计体力,试求薄板的位移和应力。

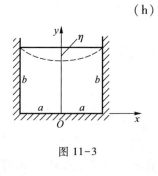

图 11-3

取坐标轴如图所示。按照式(11-15),取 $m = 1$,把位移分量设定为

$$\left. \begin{aligned} u &= A_1 \left(1 - \frac{x^2}{a^2} \right) \frac{x}{a} \frac{y}{b} \left(1 - \frac{y}{b} \right), \\ v &= -\eta \left(1 - \frac{x^2}{a^2} \right) \frac{y}{b} + B_1 \left(1 - \frac{x^2}{a^2} \right) \frac{y}{b} \left(1 - \frac{y}{b} \right)。 \end{aligned} \right\} \tag{i}$$

可以满足全部的位移边界条件,即

$$(u)_{x = \pm a} = 0, \qquad (v)_{x = \pm a} = 0,$$

$$(u)_{y = 0} = 0, \qquad (v)_{y = 0} = 0,$$

$$(u)_{y = b} = 0, \qquad (v)_{y = b} = -\eta \left(1 - \frac{x^2}{a^2} \right)。$$

此外,由于 u 是 x 的奇函数而 v 是 x 的偶函数,对称条件也是满足的(这也是在 u 的表达式中放置因子 x/a 的理由)。

在这一问题中,并没有应力边界条件,因此可以认为,式(i)所示的位移既然满足了位移边界条件,也就满足了全部边界条件。这就可以应用伽辽金法求解,使数学运算比较简单一些。

注意 $f_x = f_y = 0$ 而 $m = 1$,可见方程(11-18)在这里成为

$$\left. \begin{aligned} \int_{-a}^{a} \int_{0}^{b} \left(\frac{\partial^2 u}{\partial x^2} + \frac{1 - \mu}{2} \frac{\partial^2 u}{\partial y^2} + \frac{1 + \mu}{2} \frac{\partial^2 v}{\partial x \partial y} \right) u_1 \, \mathrm{d}x \mathrm{d}y = 0, \\ \int_{-a}^{a} \int_{0}^{b} \left(\frac{\partial^2 v}{\partial y^2} + \frac{1 - \mu}{2} \frac{\partial^2 v}{\partial x^2} + \frac{1 + \mu}{2} \frac{\partial^2 u}{\partial x \partial y} \right) v_1 \, \mathrm{d}x \mathrm{d}y = 0。 \end{aligned} \right\} \tag{j}$$

现在,按照式(i),求出位移分量的各个二阶导数:

$$\frac{\partial^2 u}{\partial x^2} = -\frac{6A_1}{a^2} \frac{x}{a} \left(\frac{y}{b} - \frac{y^2}{b^2} \right),$$

$$\frac{\partial^2 u}{\partial y^2} = -\frac{2A_1}{b^2} \left(\frac{x}{a} - \frac{x^3}{a^3} \right),$$

$$\frac{\partial^2 u}{\partial x \partial y} = \frac{A_1}{ab} \left(1 - 3 \frac{x^2}{a^2} \right) \left(1 - 2 \frac{y}{b} \right),$$

$$\frac{\partial^2 v}{\partial x^2} = \frac{2\eta}{a^2} \frac{y}{b} - \frac{2B_1}{a^2} \left(\frac{y}{b} - \frac{y^2}{b^2} \right),$$

$$\frac{\partial^2 v}{\partial y^2} = -\frac{2B_1}{b^2}\left(1-\frac{x^2}{a^2}\right),$$

$$\frac{\partial^2 v}{\partial x \partial y} = \frac{2\eta}{ab}\frac{x}{a} - \frac{2B_1}{ab}\frac{x}{a}\left(1-2\frac{y}{b}\right).$$

另一方面,由式(i)有

$$u_1 = \left(\frac{x}{a}-\frac{x^3}{a^3}\right)\left(\frac{y}{b}-\frac{y^2}{b^2}\right),$$

$$v_1 = \left(1-\frac{x^2}{a^2}\right)\left(\frac{y}{b}-\frac{y^2}{b^2}\right).$$

将上述各个二阶导数以及 u_1 和 v_1 的表达式代入式(j),进行积分以后,得到 A_1 及 B_1 的两个线性方程,从而求得

$$A_1 = \frac{35(1+\mu)\eta}{42\dfrac{b}{a}+20(1-\mu)\dfrac{a}{b}},$$

$$B_1 = \frac{5(1-\mu)\eta}{16\dfrac{a^2}{b^2}+2(1-\mu)}. \tag{k}$$

代入式(i),即得位移分量的解答

$$u = \frac{35(1+\mu)\eta}{42\dfrac{b}{a}+20(1-\mu)\dfrac{a}{b}}\left(1-\frac{x^2}{a^2}\right)\frac{x}{a}\frac{y}{b}\left(1-\frac{y}{b}\right),$$

$$v = -\eta\left(1-\frac{x^2}{a^2}\right)\frac{y}{b} + \frac{5(1-\mu)\eta}{16\dfrac{a^2}{b^2}+2(1-\mu)}\left(1-\frac{x^2}{a^2}\right)\frac{y}{b}\left(1-\frac{y}{b}\right).$$

当 $b=a$ 而 $\mu=0.2$ 时,上列解答成为

$$u = 0.724\eta\left(\frac{x}{a}-\frac{x^3}{a^3}\right)\left(\frac{y}{a}-\frac{y^2}{a^2}\right),$$

$$v = -\eta\left(1-\frac{x^2}{a^2}\right)\left(0.773\frac{y}{a}+0.227\frac{y^2}{a^2}\right).$$

应用几何方程及物理方程,可由得到的位移分量求得应力分量

$$\sigma_x = \frac{E}{1-\mu^2}\left(\frac{\partial u}{\partial x}+\mu\frac{\partial v}{\partial y}\right)$$

$$= -\frac{E\eta}{a}\left[\left(1-\frac{x^2}{a^2}\right)\left(0.161-0.095\frac{y}{a}\right)-0.754\left(1-3\frac{x^2}{a^2}\right)\left(\frac{y}{a}-\frac{y^2}{a^2}\right)\right],$$

$$\sigma_y = \frac{E}{1-\mu^2}\left(\frac{\partial v}{\partial y}+\mu\,\frac{\partial u}{\partial x}\right)$$

$$= -\frac{E\eta}{a}\left[\left(1-\frac{x^2}{a^2}\right)\left(0.805+0.473\,\frac{y}{a}\right)-0.302\left(1-3\,\frac{x^2}{a^2}\right)\left(\frac{y}{a}-\frac{y^2}{a^2}\right)\right],$$

$$\tau_{xy} = \frac{E}{2(1+\mu)}\left(\frac{\partial v}{\partial x}+\frac{\partial u}{\partial y}\right)$$

$$= \frac{E\eta}{a}\left[\frac{x}{a}\left(0.644\,\frac{y}{a}+0.189\,\frac{y^2}{a^2}\right)+0.302\left(\frac{x}{a}-\frac{x^3}{a^3}\right)\left(1-2\,\frac{y}{a}\right)\right].$$

在 $y=b=a$ 处，相应的面力为

$$\bar{f}_y = (\sigma_y)_{y=a} = -1.278\,\frac{E\eta}{a}\left(1-\frac{x^2}{a^2}\right),$$

$$\bar{f}_x = (\tau_{xy})_{y=a} = \frac{E\eta}{a}\left(0.531\,\frac{x}{a}+0.302\,\frac{x^3}{a^3}\right).$$

这就是为了维持薄板边界 $y=b$ 的给定位移而需要在该边界上施加的面力。

顺便指出，本例也可以用里茨法进行求解。由于不计体力，也没有应力边界，式(11-16)简化为

$$\frac{\partial V_\varepsilon}{\partial A_1}=0,\qquad \frac{\partial V_\varepsilon}{\partial B_1}=0。\tag{1}$$

读者可以验证，按照式(i)求出位移分量的导数，代入式(11-14)求出应变能，再通过式(1)，得到 A_1 和 B_1 的两个线性代数方程，求出 A_1 和 B_1，这个解答与用伽辽金法得到的解(k)是相同的。

§11-5　应力变分方程　虚应力原理　最小余能原理

设有任一弹性体，在外力的作用下处于平衡状态。命 σ_x、σ_y、σ_z、τ_{yz}、τ_{zx}、τ_{xy} 为实际存在的应力分量，它们满足平衡微分方程和应力边界条件，也满足相容方程，其相应的位移还满足位移边界条件。现在，设体力和应力边界条件上给定的面力不变，而应力分量发生了微小的改变 $\delta\sigma_x$、$\cdots$、$\delta\tau_{yz}$、$\cdots$，即所谓虚应力或应力的变分，使应力分量成为

$$\sigma_x' = \sigma_x + \delta\sigma_x,\cdots,\qquad \tau_{yz}' = \tau_{yz} + \delta\tau_{yz},\cdots。$$

假定 σ_x'、$\cdots$、τ_{yz}'、$\cdots$ 只满足平衡微分方程和应力边界条件,试考察能量方面将发生什么改变。

既然两组应力分量都满足同样体力和面力作用下的平衡微分方程和应力边界条件,应力分量的变分必然满足无体力时的平衡微分方程,即

$$\left.\begin{array}{l} \dfrac{\partial}{\partial x}\delta\sigma_x + \dfrac{\partial}{\partial y}\delta\tau_{xy} + \dfrac{\partial}{\partial z}\delta\tau_{zx} = 0, \\[2mm] \dfrac{\partial}{\partial y}\delta\sigma_y + \dfrac{\partial}{\partial z}\delta\tau_{yz} + \dfrac{\partial}{\partial x}\delta\tau_{xy} = 0, \\[2mm] \dfrac{\partial}{\partial z}\delta\sigma_z + \dfrac{\partial}{\partial x}\delta\tau_{zx} + \dfrac{\partial}{\partial y}\delta\tau_{yz} = 0。 \end{array}\right\} \quad (a)$$

并满足无面力时的应力边界条件,即

$$\left.\begin{array}{l} l(\delta\sigma_x)_s + m(\delta\tau_{xy})_s + n(\delta\tau_{zx})_s = 0, \\[2mm] m(\delta\sigma_y)_s + n(\delta\tau_{yz})_s + l(\delta\tau_{xy})_s = 0, \\[2mm] n(\delta\sigma_z)_s + l(\delta\tau_{zx})_s + m(\delta\tau_{yz})_s = 0。 \end{array}\right\} \quad (b)$$

同时,在位移给定的边界上(面力不可能给定),应力分量的变分必然会引起该位移边界上应力矢量的分量的变分 δp_x、δp_y、δp_z,称之为虚面力。根据边界上应力矢量的分量与应力分量的关系,应力分量的变分和虚面力在边界上必须满足

$$\left.\begin{array}{l} l\delta\sigma_x + m\delta\tau_{xy} + n\delta\tau_{zx} = \delta p_x, \\[2mm] m\delta\sigma_y + n\delta\tau_{yz} + l\delta\tau_{xy} = \delta p_y, \\[2mm] n\delta\sigma_z + l\delta\tau_{zx} + m\delta\tau_{yz} = \delta p_z。 \end{array}\right\} \quad (c)$$

由于应力分量的变分,应变余能必有相应的变分。把应变余能看做应力分量的函数,则应变余能的变分应为

$$\delta V_c = \int_V \delta v_c \, \mathrm{d}V = \int_V \left(\frac{\partial v_c}{\partial \sigma_x}\delta\sigma_x + \cdots + \frac{\partial v_c}{\partial \tau_{yz}}\delta\tau_{yz} + \cdots \right) \mathrm{d}V。$$

将式(11-5)代入,得

$$\delta V_c = \int_V \left(\varepsilon_x \delta\sigma_x + \cdots + \gamma_{yz}\delta\tau_{yz} + \cdots \right) \mathrm{d}V。$$

再将几何方程(8-9)代入,得

$$\delta V_c = \int_V \left[\frac{\partial u}{\partial x}\delta\sigma_x + \cdots + \left(\frac{\partial w}{\partial y} + \frac{\partial v}{\partial z} \right)\delta\tau_{yz} + \cdots \right] \mathrm{d}V。$$

对上式右边的各项进行和 §11-2 中同样的处理,例如

$$\int_V \frac{\partial u}{\partial x}\delta\sigma_x \mathrm{d}V = \int_S lu\delta\sigma_x \mathrm{d}S - \int_V u\frac{\partial}{\partial x}(\delta\sigma_x)\mathrm{d}V,$$

最后可得

$$\delta V_c = \int_S \left[u(l\delta\sigma_x + m\delta\tau_{xy} + n\delta\tau_{zx}) + \cdots \right]\mathrm{d}S -$$

$$\int_V \left[u\left(\frac{\partial}{\partial x}\delta\sigma_x + \frac{\partial}{\partial y}\delta\tau_{xy} + \frac{\partial}{\partial z}\delta\tau_{zx}\right) + \cdots \right]\mathrm{d}V_。$$

再将式(a)、(b)及(c)代入,并注意到上式中面积分项在应力边界上为零,即得

$$\delta V_c = \int_{S_u} (\bar{u}\delta p_x + \bar{v}\delta p_y + \bar{w}\delta p_z)\mathrm{d}S_。 \tag{11-19}$$

这就是所谓的应力变分方程,有的文献把它叫做卡斯蒂利亚诺变分方程。这方程的右边的积分在给定位移的边界上进行,它代表虚面力在实际给定的位移上所做的功。由此可见,由于应力的变分,应变余能的变分等于虚面力在实际位移上所做的功。

如上所述,如果在某一部分边界上,面力是给定的,则该部分边界上的面力不能有变分,于是 $\delta p_x = \delta p_y = \delta p_z = 0$,而式(11-19)右边的相应积分项成为零;如果在某一部分边界上,给定的位移等于零,则式(11-19)右边的相应积分项也成为零。因此,应力变分方程(11-19)右边的积分,只须在这样的边界上进行:面力没有给定,而给定的位移又不等于零。

应用应力变分方程,可以得出相应的虚应力原理,推导如下。

依据变分法,变分的运算与定积分的运算可以交换次序,于是有

$$\delta V_c = \delta\int_V v_c \mathrm{d}V = \int_V \delta v_c \mathrm{d}V_。$$

把应变余能密度 v_c 看作应力分量的函数,并应用式(11-5),可由上式得到

$$\delta V_c = \int_V \left(\frac{\partial v_c}{\partial \sigma_x}\delta\sigma_x + \frac{\partial v_c}{\partial \sigma_y}\delta\sigma_y + \frac{\partial v_c}{\partial \sigma_z}\delta\sigma_z + \frac{\partial v_c}{\partial \tau_{yz}}\delta\tau_{yz} + \frac{\partial v_c}{\partial \tau_{zx}}\delta\tau_{zx} + \frac{\partial v_c}{\partial \tau_{xy}}\delta\tau_{xy} \right)\mathrm{d}V_。$$

$$= \int_V (\varepsilon_x\delta\sigma_x + \varepsilon_y\delta\sigma_y + \varepsilon_z\delta\sigma_z + \gamma_{yz}\delta\tau_{yz} + \gamma_{zx}\delta\tau_{zx} + \gamma_{xy}\delta\tau_{xy})\mathrm{d}V$$

代入应力变分方程(11-19),即得

$$\int_{S_u} (\bar{u}\delta p_x + \bar{v}\delta p_y + \bar{w}\delta p_z)\mathrm{d}S$$

$$= \int_V (\varepsilon_x\delta\sigma_x + \varepsilon_y\delta\sigma_y + \varepsilon_z\delta\sigma_z + \gamma_{yz}\delta\tau_{yz} + \gamma_{zx}\delta\tau_{zx} + \gamma_{xy}\delta\tau_{xy})\mathrm{d}x\mathrm{d}y\mathrm{d}z_。$$

$$\tag{11-20}$$

这就是虚应力原理。它表示:如果在虚应力发生之前,弹性体是处于平衡状态,那么,在虚应力过程中,虚面力在给定位移边界上所做的功就等于虚应力在弹性体内的应变上所做的功。

从应力变分方程(11-19)出发,还可以推出弹性力学中的另一个原理,即最小余能原理。将方程(11-19)改写为

$$\delta V_c - \int_{S_u} (\bar{u} \delta p_x + \bar{v} \delta p_y + \bar{w} \delta p_z) \, \mathrm{d}S = 0。 \tag{d}$$

注意,在需要积分的边界上,位移是给定的,在变分过程中保持不变,所以上式可以改写为

$$\delta \left[V_c - \int_{S_u} (\bar{u} p_x + \bar{v} p_y + \bar{w} p_z) \, \mathrm{d}S \right] = 0。 \tag{11-21}$$

式(11-21)中方括号内的表达式代表弹性体的总余能。于是可见,在满足平衡微分方程和应力边界条件的所有各组应力中,实际存在的一组应力应使弹性体的总余能成为极值。如果考虑二阶变分,则得到 $\delta^2 \left[V_c - \int_{S_u} (\bar{u} p_x + \bar{v} p_y + \bar{w} p_z) \, \mathrm{d}S \right] > 0$,就可以证明这个极值是极小值,再考虑到弹性力学解的唯一性,总余能的极小值就是最小值。所以上述结论称为最小余能原理。

以前看到,实际存在的应力,除了满足平衡微分方程和应力边界条件以外,其相应的位移还应当满足几何方程和位移边界条件。现在又看到,实际存在的应力,除了满足平衡微分方程和应力边界条件以外,还满足应力变分方程(或虚应力原理,或最小余能原理)。而且,通过运算,还可以从应力变分方程导出几何方程和位移边界条件。于是可见,应力变分方程可以代替几何方程和位移边界条件。

当然,以上所述只限于单连体。在变分法中考虑多连体的位移单值条件,是非常复杂的问题。

§11-6 应力变分法

上一节中导出的应力变分方程,给弹性力学问题提供这样一个近似解法:设定应力分量的表达式,使其满足平衡微分方程和应力边界条件,但其中包含若干个待定系数,然后利用应力变分方程(等价于几何方程和位移边界条件)决定这些系数。

巴博考维奇建议,取应力分量的表达式如下:

$$
\left.
\begin{aligned}
\sigma_x &= (\sigma_x)_0 + \sum_m A_m (\sigma_x)_m, \\[2mm]
\sigma_y &= (\sigma_y)_0 + \sum_m A_m (\sigma_y)_m, \\[2mm]
\sigma_z &= (\sigma_z)_0 + \sum_m A_m (\sigma_z)_m, \\[2mm]
\tau_{yz} &= (\tau_{yz})_0 + \sum_m A_m (\tau_{yz})_m, \\[2mm]
\tau_{zx} &= (\tau_{zx})_0 + \sum_m A_m (\tau_{zx})_m, \\[2mm]
\tau_{xy} &= (\tau_{xy})_0 + \sum_m A_m (\tau_{xy})_m,
\end{aligned}
\right\}
\tag{11-22}
$$

其中 A_m 是互不依赖的 m 个系数，$(\sigma_x)_0$、$\cdots$、$(\tau_{yz})_0$、$\cdots$ 是满足平衡微分方程和应力边界条件的设定函数，$(\sigma_x)_m$、$\cdots$、$(\tau_{yz})_m$、$\cdots$ 是满足"没有体力和面力作用时的平衡微分方程和应力边界条件"的设定函数。这样，不论系数 A_m 如何取值，σ_x、$\cdots$、τ_{yz}、$\cdots$ 总能满足平衡微分方程和应力边界条件。注意：应力的变分只是由系数 A_m 的变分来实现，至于各个设定函数，则仅随坐标而变，与应力的变分完全无关。

如果在弹性体的每一部分边界上，不是面力被给定，便是位移等于零，则由应力变分方程(11-19)得 $\delta V_c = 0$，即

$$
\frac{\partial V_c}{\partial A_m} = 0 。
\tag{11-23}
$$

由式(11-4)及表达式(11-22)可见，应变余能 V_c 是 A_m 的二次函数，因而方程(11-23)将是 A_m 的一次方程。这样的方程共有 m 个，恰好可以用来求解系数 A_m，从而由表达式(11-22)求得应力分量。

如果在某一部分边界上，位移是给定的，但并不等于零，则在这一部分边界上须直接应用变分方程(11-19)，即

$$
\delta V_c = \int_{S_u} (\bar{u}\,\delta p_x + \bar{v}\,\delta p_y + \bar{w}\,\delta p_z)\,\mathrm{d}S 。
\tag{a}
$$

在这里，$\bar{u}$、$\bar{v}$、$\bar{w}$ 是已知的，积分只包括该已知位移边界 S_u，而在该已知位移边界上，虚面力 δp_x、δp_y 和 δp_z 与应力的变分两者之间的关系如前一节中的式(c)所示，即

$$
\left.
\begin{aligned}
\delta p_x &= l\,\delta\sigma_x + m\,\delta\tau_{xy} + n\,\delta\tau_{zx}, \\[2mm]
\delta p_y &= m\,\delta\sigma_y + n\,\delta\tau_{yz} + l\,\delta\tau_{xy}, \\[2mm]
\delta p_z &= n\,\delta\sigma_z + l\,\delta\tau_{zx} + m\,\delta\tau_{yz} 。
\end{aligned}
\right\}
\tag{b}
$$

将表达式(11-22)代入,用来计算式(a)右边的积分,将得出如下的结果:

$$\int_{S_u} (\bar{u}\delta p_x + \bar{v}\delta p_y + \bar{w}\delta p_z)\,\mathrm{d}S = \sum_m B_m \delta A_m, \qquad (\mathrm{c})$$

其中 B_m 是常数。另一方面,有

$$\delta V_c = \sum_m \frac{\partial V_c}{\partial A_m}\delta A_m。 \qquad (\mathrm{d})$$

将式(c)及式(d)代入式(a),注意各个 A_m 是互不相关的,就得出如下的方程:

$$\frac{\partial V_c}{\partial A_m} = B_m。 \qquad (m = 1, 2, \cdots) \qquad (\mathrm{e})$$

这将仍然是 A_m 的一次方程,而且总共有 m 个,仍然可以用来求解系数 A_m,从而由表达式(11-22)求得应力。

当然,如果没有位移被给定而又不等于零的边界,则所有的 B_m 都等于零,而式(e)简化为式(11-23)。

在应用应力变分法时,要使设定的应力分量既满足应力边界条件,又满足平衡微分方程,这往往是很困难的。但是,在某些类型的问题中存在着应力函数,而且用应力函数表示的应力分量又能满足平衡微分方程。这时,就只须设定应力函数的表达式,使它给出的应力分量能满足应力边界条件,困难就大大减少了。

§11-7　应力变分法应用于平面问题

在第二章中已经证明:在平面问题中,如果体力分量 f_x 和 f_y 是常量,就存在着应力函数。现在,按照式(2-26),把应力分量 σ_x、σ_y、τ_{xy} 用应力函数 Φ 表示成为

$$\sigma_x = \frac{\partial^2 \Phi}{\partial y^2} - f_x x, \qquad \sigma_y = \frac{\partial^2 \Phi}{\partial x^2} - f_y y, \qquad \tau_{xy} = -\frac{\partial^2 \Phi}{\partial x \partial y}。 \qquad (\mathrm{a})$$

在应用应力变分法时,可以把应力函数 Φ 设定为

$$\Phi = \Phi_0 + \sum_m A_m \Phi_m, \qquad (11\text{-}24)$$

其中 A_m 为互不依赖的 m 个系数。这样就只须使 Φ_0 给出的应力分量满足实际的应力边界条件,并使 Φ_m 给出的应力分量满足无面力时的应力边界条件。

在平面应力问题中,有 $\sigma_z = \tau_{yz} = \tau_{zx} = 0$,而且 σ_x、σ_y、τ_{xy} 不随坐标 z 而变。在 z 方向取一个单位厚度,则用应力分量表示的应变余能表达式(11-4)简化为

$$V_c = \frac{1}{2E} \iint_A \left[\sigma_x^2 + \sigma_y^2 - 2\mu\sigma_x\sigma_y + 2(1+\mu)\tau_{xy}^2 \right] \mathrm{d}x\mathrm{d}y。 \tag{11-25}$$

其中的 A 是弹性体 xy 面的面积。对于平面应变问题，按照 §2-6 中所述，须将

上式中的 E 换为 $\dfrac{E}{1-\mu^2}$，μ 换为 $\dfrac{\mu}{1-\mu}$，这样就得到

$$V_c = \frac{1+\mu}{2E} \iint_A \left[(1-\mu)(\sigma_x^2 + \sigma_y^2) - 2\mu\sigma_x\sigma_y + 2\tau_{xy}^2 \right] \mathrm{d}x\mathrm{d}y。 \tag{11-26}$$

如果所考虑的弹性体是单连体，体力为常量，而且问题是应力边界问题，则按照 §2-11 中所述，应力分量 σ_x、σ_y、τ_{xy} 应当与 μ 无关。这时，为了计算方便，可以取 $\mu=0$，于是，平面应力情况下的表达式（11-25）和平面应变情况下的表达式（11-26）都简化为

$$V_c = \frac{1}{2E} \iint_A (\sigma_x^2 + \sigma_y^2 + 2\tau_{xy}^2) \mathrm{d}x\mathrm{d}y。$$

将式（a）代入，即得用应力函数表示应变余能的表达式

$$V_c = \frac{1}{2E} \iint_A \left[\left(\frac{\partial^2 \Phi}{\partial y^2} - f_x x \right)^2 + \left(\frac{\partial^2 \Phi}{\partial x^2} - f_y y \right)^2 + 2\left(\frac{\partial^2 \Phi}{\partial x \partial y} \right)^2 \right] \mathrm{d}x\mathrm{d}y。 \tag{11-27}$$

在应力边界问题中，因为面力不能有变分，所以方程（11-19）简化为

$$\delta V_c = 0。$$

另一方面，因为应力分量以及应变余能的变分是通过系数 A_m 的变分来实现的，所以上式归结为

$$\frac{\partial V_c}{\partial A_m} = 0。$$

将式（11-27）代入，即得

$$\iint_A \left[\left(\frac{\partial^2 \Phi}{\partial y^2} - f_x x \right) \frac{\partial}{\partial A_m}\left(\frac{\partial^2 \Phi}{\partial y^2} \right) + \left(\frac{\partial^2 \Phi}{\partial x^2} - f_y y \right) \frac{\partial}{\partial A_m}\left(\frac{\partial^2 \Phi}{\partial x^2} \right) + \right.$$
$$\left. 2\frac{\partial^2 \Phi}{\partial x \partial y} \frac{\partial}{\partial A_m}\left(\frac{\partial^2 \Phi}{\partial x \partial y} \right) \right] \mathrm{d}x\mathrm{d}y = 0, \tag{11-28}$$
$$(m = 1, 2, \cdots)$$

可以用来决定系数 A_m。

作为例题，设有矩形薄板或长柱，体力不计，在两对边上受有按抛物线分布的拉力，其最大集度为 q，如图 11-4 所示。在这里，边界条件是

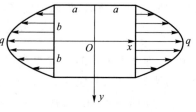

图 11-4

$$\left(\sigma_x\right)_{x=\pm a}=q\left(1-\frac{y^2}{b^2}\right), \qquad \left(\tau_{xy}\right)_{x=\pm a}=0,$$

$$\left(\sigma_y\right)_{y=\pm b}=0, \qquad \left(\tau_{xy}\right)_{y=\pm b}=0。$$

取表达式(11-24)中的 Φ_0 为

$$\Phi_0=\frac{q}{2}y^2\left(1-\frac{y^2}{6b^2}\right),$$

则

$$\left(\sigma_x\right)_0=\frac{\partial^2\Phi_0}{\partial y^2}=q\left(1-\frac{y^2}{b^2}\right),$$

$$\left(\sigma_y\right)_0=\frac{\partial^2\Phi_0}{\partial x^2}=0, \qquad \left(\tau_{xy}\right)_0=-\frac{\partial^2\Phi_0}{\partial x\partial y}=0,$$

可以满足边界条件。

为了使得 Φ_m 所对应的应力能满足无面力时的边界条件,取 Φ_m 具有因子 $(x^2-a^2)^2(y^2-b^2)^2$,或 $\left(1-\dfrac{x^2}{a^2}\right)^2\left(1-\dfrac{y^2}{b^2}\right)^2$,以使 Φ_m 对 y 的二阶导数在 $x=\pm a$ 的两对边上成为零,Φ_m 对 x 的二阶导数在 $y=\pm b$ 的两对边上成为零,Φ_m 对 x 及 y 各一阶的混合二阶导数在所有四边上成为零。因此,取

$$\Phi=\Phi_0+\sum_m A_m\Phi_m=\frac{q}{2}y^2\left(1-\frac{y^2}{6b^2}\right)+$$

$$qb^2\left(1-\frac{x^2}{a^2}\right)^2\left(1-\frac{y^2}{b^2}\right)^2\left[A_1+A_2\frac{x^2}{a^2}+A_3\frac{y^2}{b^2}+\right.$$

$$\left.A_4\frac{x^4}{a^4}+A_5\frac{x^2y^2}{a^2b^2}+A_6\frac{y^4}{b^4}+\cdots\right]。 \tag{b}$$

在这里,因为应力分布应当对称于 x 轴及 y 轴,所以在级数中只取 x 和 y 的偶次幂。为了使得 A_1、A_2 等系数成为无因次的,所以布置了因子 $qb^2,\dfrac{1}{a^2},\dfrac{1}{b^2}$,等等。

首先,只在式(b)中取一个待定系数 A_1,也就是取

$$\Phi=\frac{q}{2}y^2\left(1-\frac{y^2}{6b^2}\right)+A_1qb^2\left(1-\frac{x^2}{a^2}\right)^2\left(1-\frac{y^2}{b^2}\right)^2。 \tag{c}$$

注意 Φ 是 x 及 y 的偶函数,式(11-25)成为

$$4\int_0^a\int_0^b\left[\frac{\partial^2\Phi}{\partial y^2}\frac{\partial}{\partial A_1}\left(\frac{\partial^2\Phi}{\partial y^2}\right)+\frac{\partial^2\Phi}{\partial x^2}\frac{\partial}{\partial A_1}\left(\frac{\partial^2\Phi}{\partial x^2}\right)+2\frac{\partial^2\Phi}{\partial x\partial y}\frac{\partial}{\partial A_1}\left(\frac{\partial^2\Phi}{\partial x\partial y}\right)\right]\mathrm{d}x\mathrm{d}y=0。$$

将式(c)代入,进行积分,简化以后,得

$$\left(\frac{64}{7}+\frac{256}{49}\frac{b^2}{a^2}+\frac{64}{7}\frac{b^4}{a^4}\right)A_1=1。$$

对于正方形的薄板或正方形截面的长柱,命$\frac{b}{a}=1$,得

$$A_1=0.042\ 5。$$

代入式(c),命$b=a$,再求应力分量,得

$$\sigma_x=\frac{\partial^2\Phi}{\partial y^2}=q\left(1-\frac{y^2}{a^2}\right)-0.170q\left(1-\frac{x^2}{a^2}\right)^2\left(1-\frac{3y^2}{a^2}\right),$$

$$\sigma_y=\frac{\partial^2\Phi}{\partial x^2}=-0.170q\left(1-\frac{3x^2}{a^2}\right)\left(1-\frac{y^2}{a^2}\right)^2,$$

$$\tau_{xy}=-\frac{\partial^2\Phi}{\partial x\partial y}=-0.681q\left(1-\frac{x^2}{a^2}\right)\left(1-\frac{y^2}{a^2}\right)\frac{xy}{a^2}。$$

在薄板或长柱的中心,$x=y=0$,得到$\sigma_x=0.830q$。

为了求得较精确的应力数值,现在,在式(b)中取三个系数A_1、A_2、A_3,也就是取

$$\Phi=\frac{q}{2}y^2\left(1-\frac{y^2}{6b^2}\right)+qb^2\left(1-\frac{x^2}{a^2}\right)^2\left(1-\frac{y^2}{b^2}\right)^2\left(A_1+A_2\frac{x^2}{a^2}+A_3\frac{y^2}{b^2}\right)。 \tag{d}$$

进行与上相同的运算,得

$$\left.\begin{array}{l}\left(\dfrac{64}{7}+\dfrac{256}{49}\dfrac{b^2}{a^2}+\dfrac{64}{7}\dfrac{b^4}{a^4}\right)A_1+\left(\dfrac{64}{77}+\dfrac{64}{49}\dfrac{b^4}{a^4}\right)A_2+\left(\dfrac{64}{49}+\dfrac{64}{77}\dfrac{b^4}{a^4}\right)A_3=1,\\[3mm]\left(\dfrac{64}{11}+\dfrac{64}{7}\dfrac{b^4}{a^4}\right)A_1+\left(\dfrac{192}{143}+\dfrac{256}{77}\dfrac{b^2}{a^2}+\dfrac{192}{7}\dfrac{b^4}{a^4}\right)A_2+\left(\dfrac{64}{77}+\dfrac{64}{77}\dfrac{b^4}{a^4}\right)A_3=1,\\[3mm]\left(\dfrac{64}{7}+\dfrac{64}{11}\dfrac{b^4}{a^4}\right)A_1+\left(\dfrac{64}{77}+\dfrac{64}{77}\dfrac{b^4}{a^4}\right)A_2+\left(\dfrac{192}{7}+\dfrac{256}{77}\dfrac{b^2}{a^2}+\dfrac{192}{143}\dfrac{b^4}{a^4}\right)A_3=1。\end{array}\right\} \tag{e}$$

对于正方形薄板或正方形截面的长柱,$\frac{b}{a}=1$,由方程(e)得

$$A_1=0.040\ 405,\qquad A_2=A_3=0.011\ 716。$$

由此得$x=0$的截面上的σ_x为

$$(\sigma_x)_{x=0}=q\left(0.862-0.796\frac{y^2}{a^2}+0.352\frac{y^4}{a^4}\right)。$$

在薄板或长柱的中心,$y=0$,得到$\sigma_x=0.862q$。

当式(b)中不取待定系数、取一个待定系数及取三个待定系数时,在薄板或长柱中心的σ_x分别为$1.000q$、$0.830q$及$0.862q$。可见,计算收敛较快。估计精确数值约在$0.860q$左右。

当比值 $\dfrac{b}{a}$ 逐渐减小时，$x=0$ 的截面上的正应力逐渐趋于均匀。例如，命 $\dfrac{b}{a}=0.5$，则由联立方程（e）得

$$A_1=0.079\ 8,\qquad A_2=0.125\ 0,\qquad A_3=0.018\ 3。$$

在 $x=0$ 的截面上，正应力分布如下：

y	0	$0.2b$	$0.4b$	$0.6b$	$0.8b$	$1.0b$
σ_x	$0.690q$	$0.684q$	$0.669q$	$0.653q$	$0.649q$	$0.675q$

可见，σ_x 的各个数值都很接近平均应力 $2q/3$，这可以作为圣维南原理的一个验证。

§ 11-8 应力变分法应用于扭转问题

在等截面直杆的扭转问题中，也存在着应力函数。按照 § 10-1 中所述，横截上的切应力（扭应力）可以表示成为

$$\tau_{zx}=\frac{\partial \Phi}{\partial y},\qquad \tau_{zy}=-\frac{\partial \Phi}{\partial x},$$

其中的 $\Phi=\Phi(x,y)$ 是普朗特应力函数，而其他的应力分量都等于零。于是，用应力分量表示的应变余能表达式（11-4）成为

$$V_c=\frac{1+\mu}{E}\int_V\left[\left(\frac{\partial \Phi}{\partial x}\right)^2+\left(\frac{\partial \Phi}{\partial y}\right)^2\right]\mathrm{d}V。$$

用 $\dfrac{1}{2G}$ 代替 $\dfrac{1+\mu}{E}$，并注意 Φ 只是 x 和 y 的函数，不随 z 变化，则由上式得到

$$V_c=\frac{L}{2G}\iint_A\left[\left(\frac{\partial \Phi}{\partial x}\right)^2+\left(\frac{\partial \Phi}{\partial y}\right)^2\right]\mathrm{d}x\mathrm{d}y，$$

其中 L 为扭杆的长度，A 为横截面的面积而积分只须在横截面上进行。于是，应变余能的变分成为

$$\delta V_c=\frac{L}{2G}\delta\iint_A\left[\left(\frac{\partial \Phi}{\partial x}\right)^2+\left(\frac{\partial \Phi}{\partial y}\right)^2\right]\mathrm{d}x\mathrm{d}y。\tag{a}$$

为了建立扭转问题的变分方程，需要计算面力在位移上的功。在扭杆的侧面上，没有面力作用，因而没有什么面力的功。在扭杆的两端，面力合成为方向相反的两个扭矩 M，而两端的相对转角为 KL，其中 K 为扭杆单位长度的扭角，并将扭杆的两

端面作为已知位移的边界。因此,面力在位移上的功就等于 MKL,并由式(10-5)可见其等于 $2KL\iint_A \varPhi \mathrm{d}x\mathrm{d}y$。于是有

$$\int_{S_u}(\bar{u}p_x+\bar{v}p_y+\bar{w}p_z)\mathrm{d}S=2KL\iint_A \varPhi \mathrm{d}x\mathrm{d}y,$$

从而有

$$\int_{S_u}(\bar{u}\delta p_x+\bar{v}\delta p_y+\bar{w}\delta p_z)\mathrm{d}S=2KL\delta\iint_A \varPhi \mathrm{d}x\mathrm{d}y。 \tag{b}$$

将式(a)及式(b)代入应力变分方程(11-19),得到

$$\frac{L}{2G}\delta\iint_A\left[\left(\frac{\partial \varPhi}{\partial x}\right)^2+\left(\frac{\partial \varPhi}{\partial y}\right)^2\right]\mathrm{d}x\mathrm{d}y=2KL\delta\iint_A \varPhi \mathrm{d}x\mathrm{d}y,$$

或

$$\delta\iint_A\left\{\frac{1}{2}\left[\left(\frac{\partial \varPhi}{\partial x}\right)^2+\left(\frac{\partial \varPhi}{\partial y}\right)^2\right]-2GK\varPhi\right\}\mathrm{d}x\mathrm{d}y=0。 \tag{c}$$

这就是扭转问题中适用的变分方程。

在计算实际问题时,可将应力函数 $\varPhi$ 设定为

$$\varPhi=\sum_m A_m\varPhi_m,$$

其中 A_m 为互不依赖的 m 个系数。为了使得应力函数 $\varPhi$ 满足边界条件,即,$\varPhi$ 在横截面的边界上等于零,只须使设定的函数 $\varPhi_m$ 都在横截面的边界上等于零。现在,因为应力分量以及应变余能的变分是通过系数 A_m 的变分来实现的,所以式(c)归结为

$$\frac{\partial}{\partial A_m}\iint_A\left\{\frac{1}{2}\left[\left(\frac{\partial \varPhi}{\partial x}\right)^2+\left(\frac{\partial \varPhi}{\partial y}\right)^2\right]-2GK\varPhi\right\}\mathrm{d}x\mathrm{d}y=0。$$

求导以后,即得

$$\iint_A\left[\frac{\partial \varPhi}{\partial x}\frac{\partial}{\partial A_m}\left(\frac{\partial \varPhi}{\partial x}\right)+\frac{\partial \varPhi}{\partial y}\frac{\partial}{\partial A_m}\left(\frac{\partial \varPhi}{\partial y}\right)-2GK\frac{\partial \varPhi}{\partial A_m}\right]\mathrm{d}x\mathrm{d}y=0,$$

$$(m=1,2,\cdots) \tag{11-29}$$

可以用来决定系数 A_m。

试以矩形截面的扭杆为例,如图 10-4 所示。四根边界直线的方程是

$$x+\frac{a}{2}=0, \qquad x-\frac{a}{2}=0, \qquad y+\frac{b}{2}=0, \qquad y-\frac{b}{2}=0。$$

因此,为了满足边界条件,可以取

$$\varPhi=\left(x+\frac{a}{2}\right)\left(x-\frac{a}{2}\right)\left(y+\frac{b}{2}\right)\left(y-\frac{b}{2}\right)\sum A_{mn}x^m y^n$$

$$= \left(x^2 - \frac{a^2}{4} \right) \left(y^2 - \frac{b^2}{4} \right) \sum A_{mn} x^m y^n \text{。} \tag{d}$$

根据薄膜比拟,应力函数 Φ 应为 x 及 y 的偶函数,所以上式中的 m 及 n 都只须取为偶数。

对于正方形截面的扭杆 $(b=a)$,如果在式(d)中只取一项 $(m=n=0)$ 则有

$$\Phi = A_{00} \left(x^2 - \frac{a^2}{4} \right) \left(y^2 - \frac{a^2}{4} \right) \text{。}$$

代入式(11-29),得到

$$\int_{-\frac{a}{2}}^{\frac{a}{2}} \int_{-\frac{a}{2}}^{\frac{a}{2}} \left[A_{00} 2x \left(y^2 - \frac{a^2}{4} \right) 2x \left(y^2 - \frac{a^2}{4} \right) + A_{00} 2y \left(x^2 - \frac{a^2}{4} \right) 2y \left(x^2 - \frac{a^2}{4} \right) - \right.$$

$$\left. 2GK \left(x^2 - \frac{a^2}{4} \right) \left(y^2 - \frac{a^2}{4} \right) \right] \mathrm{d}x \mathrm{d}y = 0 \text{。}$$

运算以后,得到 $A_{00} = \dfrac{5GK}{2a^2}$,从而得到

$$\Phi = \frac{5GK}{2a^2} \left(x^2 - \frac{a^2}{4} \right) \left(y^2 - \frac{a^2}{4} \right) \text{。} \tag{e}$$

式(10-5)给出

$$M = 2 \int_{-\frac{a}{2}}^{\frac{a}{2}} \int_{-\frac{a}{2}}^{\frac{a}{2}} \Phi \mathrm{d}x \mathrm{d}y = \frac{5}{36} GKa^4 ,$$

由此得

$$K = \frac{36M}{5Ga^4} \text{。}$$

按照式(10-21),系数 $\beta = \dfrac{5}{36} = 0.139$,比精确值 0.141 小了 1.4%。将求出的 K 代入式(e),然后求出应力分量,可见最大切应力为

$$\tau_{\max} = \frac{9M}{2a^3}$$

按照式(10-22),系数 $\beta_1 = \dfrac{2}{9} = 0.222$,比精确值 0.208 大出 6.8%。

如果在式(d)中取三项,则有

$$\Phi = \left(x^2 - \frac{a^2}{4} \right) \left(y^2 - \frac{a^2}{4} \right) (A_{00} + A_{20} x^2 + A_{02} y^2) \text{。}$$

进行与上相同的运算,得到

$$A_{00} = \frac{1\ 295GK}{554a^2} , \qquad A_{20} = A_{02} = \frac{525GK}{277a^4} \text{。}$$

由此算出的扭角 K 比精确值只小了 0.14%，最大切应力 $\tau_{\max}$ 比精确值只大出 4%。

§11-9　功的互等定理

设同一弹性体在某一状态中所受的体力为 f'_x、f'_y、f'_z，应力边界上所受的面力为 $\overline{f}'_x$、$\overline{f}'_y$、$\overline{f}'_z$，位移边界上所受的已知位移为 $\overline{u}'$、$\overline{v}'$、$\overline{w}'$，引起的应力、应变、位移为 σ'_x、$\cdots$、ε'_x、$\cdots$、u'、v'、w'；它在另一状态中所受的体力为 f''_x、f''_y、f''_z，应力边界上所受的面力为 $\overline{f}''_x$、$\overline{f}''_y$、$\overline{f}''_z$，位移边界上所受的已知位移为 $\overline{u}''$、$\overline{v}''$、$\overline{w}''$，引起的应力、应变、位移为 σ''_x、$\cdots$、ε''_x、$\cdots$、u''、v''、w''。

于是，第一状态中的外力在第二状态中的位移上所做的功为

$$W_{12} = \int_V (f'_x u'' + f'_y v'' + f'_z w'') \, \mathrm{d}V + \int_S (p'_x u'' + p'_y v'' + p'_z w'') \, \mathrm{d}S \tag{a}$$

式中的 p'_x、p'_y 和 p'_z 为第一状态弹性体边界上应力矢量的分量，在应力边界上等于已知的面力，在位移边界上是约束的面力，但在位移边界上 u''、v'' 和 w'' 是已知值。

应用式（8-2）并利用高斯积分公式，可得

$$\int_S (p'_x u'' + p'_y v'' + p'_z w'') \, \mathrm{d}S$$

$$= \int_S \left[(l\sigma'_x + m\tau'_{yx} + n\tau'_{zx}) u'' + (m\sigma'_y + n\tau'_{zy} + l\tau'_{xy}) v'' + \right.$$

$$\left. (n\sigma'_z + l\tau'_{xz} + m\tau'_{yz}) w'' \right] \mathrm{d}S$$

$$= \int_V \left[\left(\frac{\partial}{\partial x}\sigma'_x + \frac{\partial}{\partial y}\tau'_{yx} + \frac{\partial}{\partial z}\tau'_{zx} \right) u'' + \left(\frac{\partial}{\partial y}\sigma'_y + \frac{\partial}{\partial z}\tau'_{zy} + \frac{\partial}{\partial x}\tau'_{xy} \right) v'' + \right.$$

$$\left. \left(\frac{\partial}{\partial z}\sigma'_z + \frac{\partial}{\partial x}\tau'_{xz} + \frac{\partial}{\partial y}\tau'_{yz} \right) w'' \right] \mathrm{d}V + \int_V \left[\sigma'_x \frac{\partial u''}{\partial x} + \sigma'_y \frac{\partial v''}{\partial y} + \sigma'_z \frac{\partial w''}{\partial z} + \right.$$

$$\left. \tau'_{yz} \left(\frac{\partial w''}{\partial y} + \frac{\partial v''}{\partial z} \right) + \tau'_{zx} \left(\frac{\partial u''}{\partial z} + \frac{\partial w''}{\partial x} \right) + \tau'_{xy} \left(\frac{\partial v''}{\partial x} + \frac{\partial u''}{\partial y} \right) \right] \mathrm{d}V。 \tag{b}$$

代入式（a），并应用几何方程（8-9），得

$$W_{12} = \int_V \left[\left(\frac{\partial}{\partial x}\sigma'_x + \frac{\partial}{\partial y}\tau'_{yx} + \frac{\partial}{\partial z}\tau'_{zx} + f'_x \right) u'' + \left(\frac{\partial}{\partial y}\sigma'_y + \frac{\partial}{\partial z}\tau'_{zy} + \frac{\partial}{\partial x}\tau'_{xy} + f'_y \right) v'' + \right.$$

$$\left. \left(\frac{\partial}{\partial z}\sigma'_z + \frac{\partial}{\partial x}\tau'_{xz} + \frac{\partial}{\partial y}\tau'_{yz} + f'_z \right) w'' + \sigma'_x \varepsilon''_x + \sigma'_y \varepsilon''_y + \sigma'_z \varepsilon''_z + \tau'_{yz}\gamma''_{yz} + \right.$$

$$\tau'_{zx}\gamma''_{zx}+\tau'_{xy}\gamma''_{xy}\Big]\mathrm{d}V_{\circ}$$

再应用平衡微分方程(8-1),可将上式简化为

$$W_{12}=\int_V(\sigma'_x\varepsilon''_x+\sigma'_y\varepsilon''_y+\sigma'_z\varepsilon''_z+\tau'_{yz}\gamma''_{yz}+\tau'_{zx}\gamma''_{zx}+\tau'_{xy}\gamma''_{xy})\,\mathrm{d}V_{\circ}\qquad(\text{c})$$

同样可得第二状态中的外力在第一状态中的位移上所做的功为

$$W_{21}=\int_V(\sigma''_x\varepsilon'_x+\sigma''_y\varepsilon'_y+\sigma''_z\varepsilon'_z+\tau''_{yz}\gamma'_{yz}+\tau''_{zx}\gamma'_{zx}+\tau''_{xy}\gamma'_{xy})\,\mathrm{d}V_{\circ}\qquad(\text{d})$$

利用物理方程(8-20),将式(c)及式(d)中的应力分量都用应变分量表示,即得

$$W_{12}=W_{21}=\iiint\{\lambda\theta'\theta''+G[2(\varepsilon'_x\varepsilon''_x+\varepsilon'_y\varepsilon''_y+\varepsilon'_z\varepsilon''_z)+$$
$$(\gamma'_{yz}\gamma''_{yz}+\gamma'_{zx}\gamma''_{zx}+\gamma'_{xy}\gamma''_{xy})]\}\,\mathrm{d}x\mathrm{d}y\mathrm{d}z,$$

其中 $\theta'=\varepsilon'_x+\varepsilon'_y+\varepsilon'_z,\theta''=\varepsilon''_x+\varepsilon''_y+\varepsilon''_z$。于是可见,第一状态中的外力在第二状态中的位移上所做的功,就等于第二状态中的外力在第一状态中的位移上所做的功。这就是功的互等定理。

应用上述定理,有时可以非常简便地求得弹性体的某种整体变形。例如,设有等截面的直杆,受有两个大小相等而方向相反的横向压力 F_1,图 11-5a 所示。如要求出杆中各点的应力或变形,那是比较复杂的。但如所求的只是杆的总伸长,则可应用功的互等定理而很简便地得到解答。为此,把给出的状态当作第一状态,所求的总伸长为 δ_1;把该杆受轴向拉力 F_2 当作第二状态,

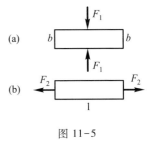

图 11-5

如图 11-5b 所示,算出杆的横向收缩为 $\delta_2=\mu\dfrac{F_2b}{AE}$,

其中 A 为杆的横截面面积。根据功的互等定理,有 $F_1\delta_2=F_2\delta_1$,即

$$F_1\mu\frac{F_2b}{AE}=F_2\delta_1,$$

从而得出 $\delta_1=\dfrac{\mu F_1b}{AE}$。有趣的是,杆的伸长与杆的截面形状无关,与杆的长度 l 也无关。

习　　题

11-1　试根据弹性力学中应变能的表达式,导出材料力学中拉伸和弯曲问题用位移表示的应变能表达式。

11-2　试说明里茨法和伽辽金法的近似性是如何表现的。

11-3　试证明最小势能原理等价于弹性体的平衡微分方程和应力边界条件。

11-4　铅直平面内的正方形薄板,边长为 $2a$,四边固定,如图 11-6 所示,只受重力的作用。设 $\mu=0$,试取位移分量的表达式为

$$u=\left(1-\frac{x^2}{a^2}\right)\left(1-\frac{y^2}{a^2}\right)\frac{x}{a}\frac{y}{a}\left(A_1+A_2\frac{x^2}{a^2}+A_3\frac{y^2}{a^2}+\cdots\right),$$

$$v=\left(1-\frac{x^2}{a^2}\right)\left(1-\frac{y^2}{a^2}\right)\left(B_1+B_2\frac{x^2}{a^2}+B_3\frac{y^2}{a^2}+\cdots\right),$$

用里茨法或伽辽金法求解(在 u 的表达式中,布置了因子 x 和 y,因为按照问题的对称条件,u 应为 x 和 y 的奇函数)。

答案：　当只取 A_1 项及 B_1 项时,得

$$\sigma_y=-\frac{450}{533}\left(1-\frac{x^2}{a^2}\right)\rho gy。$$

11-5　正方形薄板,边长为 $2a$,如图 11-7 所示,在左右两边受有按抛物线分布的拉力,即

$$(\sigma_x)_{x=\pm a}=q\left(\frac{y}{a}\right)^2。$$

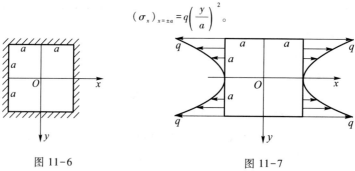

图 11-6　　　　　　　　　　　　图 11-7

试用应力变分法按如下的应力函数求解：

$$\Phi=\frac{qy^4}{12a^2}+qa^2\left(1-\frac{x^2}{a^2}\right)^2\left(1-\frac{y^2}{a^2}\right)^2\left(A_1+A_2\frac{x^2}{a^2}+A_3\frac{y^2}{a^2}+\cdots\right)。$$

答案：　当只取 A_1 一项时,得到

$$(\sigma_x)_{x=0}=q\left(0.170+0.490\frac{y^2}{a^2}\right);$$

当只取 A_1、A_2、A_3 三项时,得到

$$(\sigma_x)_{x=0}=q\left(0.138+0.796\frac{y^2}{a^2}-0.352\frac{y^4}{a^4}\right)。$$

11-6　矩形薄板,三边固定,一边受有均布压力 q,如图 11-8 所示,试用应力变分法按如下的应力函数求解(取 $\mu=0$)：

$$\Phi=-\frac{qx^2}{2}+\frac{qa^2}{2}\left(A_1\frac{x^2y^2}{a^2b^2}+A_2\frac{y^3}{b^3}\right)。$$

答案：　$A_1=-6A_2=\dfrac{60}{36+160\dfrac{a^2}{b^2}+21\dfrac{a^4}{b^4}}。$

11-7 扭杆的横截面为一个象限圆,如图 11-9 所示。试取

$$\Phi = Axy(a^2 - x^2 - y^2),$$

用变分法求出扭杆每单位长度内的扭角。

答案: $K = \dfrac{9\pi}{2}\dfrac{M}{Ga^4}$。

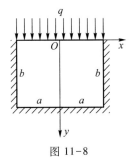

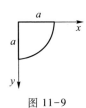

图 11-8   图 11-9

11-8 超静定梁受集中力 P 作用,如图 11-10 所示。已知梁的抗弯刚度为 EI,试用最小势能原理求梁的最大挠度。

提示: 设 $w = \alpha\left(1 - \cos\dfrac{2\pi x}{l}\right)$。

11-9 试用功的互等定理求出图 11-5a 中所示直杆的体积改变。

答案: 减小 $F_1 b(1 - 2\mu)/E$。

11-10 任意形状的弹性体,两边作用共线集中力 P,如图 11-11 所示,不计体力,试利用功的互等定理,求该弹性体的体积变化 ΔV。

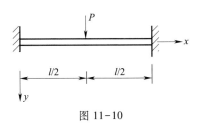

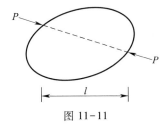

图 11-10   图 11-11

参 考 教 材

[1] 列宾逊 Л C.弹性力学问题的变分解法[M].叶开沅,卢文达,译.北京:科学出版社,1958:第一章,第二章,第三章.

[2] 徐芝纶.弹性力学中的差分方法[M].北京:高等教育出版社,1989:第二章.

第十二章　弹性波的传播

§12-1　弹性体的运动微分方程

在以上的各章中,只讨论了弹性力学的静力问题——假定弹性体的任一微小部分都始终处于静力平衡状态,因而位移、应变、应力都只是位置坐标的函数,不随时间变化。在弹性力学的动力问题中,弹性体的位移、应变、应力一般都随时间变化,因而不仅是位置坐标的函数,而且也是时间的函数。

很明显,只要在动力问题中仍然采用理想弹性体的假定和微小位移的假定,那么,以前针对静力问题而建立的物理方程和几何方程,以及把应力分量用位移分量表示的弹性方程,都将适用于动力问题中的任一瞬时,无须加以任何改变。但是,静力问题中的平衡微分方程却须用运动微分方程来代替。

在建立运动微分方程时,除了考虑应力和体力以外,还须考虑弹性体由于具有加速度而应当施加的惯性力。把弹性体中任一点的位移分量仍然用 u、v、w 代表,则该点的加速度分量为 $\dfrac{\partial^2 u}{\partial t^2}$、$\dfrac{\partial^2 v}{\partial t^2}$、$\dfrac{\partial^2 w}{\partial t^2}$。按照达朗贝尔原理,在弹性体的每单位体积上,应当施加的惯性力分量为

$$-\rho\,\frac{\partial^2 u}{\partial t^2}, \qquad -\rho\,\frac{\partial^2 v}{\partial t^2}, \qquad -\rho\,\frac{\partial^2 w}{\partial t^2},$$

其中的 ρ 为弹性体的密度。将上述惯性力分量分别叠加于体力分量 f_x、f_y、f_z,则平衡微分方程(8-1)成为如下的运动微分方程:

$$\left.\begin{array}{l}
\dfrac{\partial \sigma_x}{\partial x}+\dfrac{\partial \tau_{yx}}{\partial y}+\dfrac{\partial \tau_{zx}}{\partial z}+f_x-\rho\,\dfrac{\partial^2 u}{\partial t^2}=0,\\[3mm]
\dfrac{\partial \sigma_y}{\partial y}+\dfrac{\partial \tau_{zy}}{\partial z}+\dfrac{\partial \tau_{xy}}{\partial x}+f_y-\rho\,\dfrac{\partial^2 v}{\partial t^2}=0,\\[3mm]
\dfrac{\partial \sigma_z}{\partial z}+\dfrac{\partial \tau_{xz}}{\partial x}+\dfrac{\partial \tau_{yz}}{\partial y}+f_z-\rho\,\dfrac{\partial^2 w}{\partial t^2}=0。
\end{array}\right\} \qquad (a)$$

这一组运动微分方程,与几何方程及物理方程联立,就是弹性力学动力问题的基本方程。

因为运动微分方程中含有位移分量,而位移分量一般都不可能用应力及其导数来表示,所以弹性力学动力问题一般都不宜按应力求解,而宜按位移求解。为了消去式(a)中的应力分量,只须将弹性方程(9-1)代入该式。这样就得到

$$
\left.
\begin{aligned}
\frac{E}{2(1+\mu)}\left(\frac{1}{1-2\mu}\frac{\partial\theta}{\partial x}+\nabla^2 u\right)+f_x-\rho\frac{\partial^2 u}{\partial t^2}=0,\\
\frac{E}{2(1+\mu)}\left(\frac{1}{1-2\mu}\frac{\partial\theta}{\partial y}+\nabla^2 v\right)+f_y-\rho\frac{\partial^2 v}{\partial t^2}=0,\\
\frac{E}{2(1+\mu)}\left(\frac{1}{1-2\mu}\frac{\partial\theta}{\partial z}+\nabla^2 w\right)+f_z-\rho\frac{\partial^2 w}{\partial t^2}=0,
\end{aligned}
\right\} \tag{12-1}
$$

方程(12-1)就是按位移求解动力问题时所需用的基本微分方程,在有些文献中称为拉梅方程,其中的 E、μ、ρ 是已知的常量,体力分量 f_x、f_y、f_z 是 x、y、z、t 的已知函数,位移分量 u、v、w 是 x、y、z、t 的未知函数。按照动力问题的初始条件和边界条件由这些方程求出位移分量以后,就可以利用弹性方程(9-1)求得应力分量。

所谓初始条件,就是弹性体的位移分量 u、v、w 以及速度分量 $\dfrac{\partial u}{\partial t}$、$\dfrac{\partial v}{\partial t}$、$\dfrac{\partial w}{\partial t}$ 在 $t=0$ 时的已知条件。至于边界条件,则和几何方程或物理方程一样,静力问题中的位移边界条件及应力边界条件都适用于动力问题中的任一瞬时。

在动力问题中,为了避免数学上的很大困难,通常都不计体力。因此,在方程(12-1)中删去体力分量 f_x、f_y、f_z,移项以后,得出如下形式的运动微分方程:

$$
\left.
\begin{aligned}
\frac{\partial^2 u}{\partial t^2}=\frac{E}{2(1+\mu)\rho}\left(\frac{1}{1-2\mu}\frac{\partial\theta}{\partial x}+\nabla^2 u\right),\\
\frac{\partial^2 v}{\partial t^2}=\frac{E}{2(1+\mu)\rho}\left(\frac{1}{1-2\mu}\frac{\partial\theta}{\partial y}+\nabla^2 v\right),\\
\frac{\partial^2 w}{\partial t^2}=\frac{E}{2(1+\mu)\rho}\left(\frac{1}{1-2\mu}\frac{\partial\theta}{\partial z}+\nabla^2 w\right),
\end{aligned}
\right\} \tag{12-2}
$$

其中

$$
\theta=\frac{\partial u}{\partial x}+\frac{\partial v}{\partial y}+\frac{\partial w}{\partial z}。
$$

§12-2 弹性体中的无旋波与等容波

当静力平衡状态下的弹性体受到荷载的作用时,并不是在弹性体的所有各部分都立即引起位移、应变和应力。在作用开始时,距荷载作用处较远的部分都保持不受干扰。在作用开始后,荷载所引起的位移、应变和应力,就以波动的形式用有限大的速度向别处传播。这种波动就是所谓弹性波。在本节中,将介绍无限大弹性体中弹性波的两种基本形式:无旋波与等容波。

首先,假定弹性体中发生的位移 u、v、w 可以表示成为

$$u = \frac{\partial \psi}{\partial x}, \qquad v = \frac{\partial \psi}{\partial y}, \qquad w = \frac{\partial \psi}{\partial z}, \tag{a}$$

其中 $\psi = \psi(x,y,z,t)$ 是位移的势函数。这种位移称为无旋位移。为了说明"无旋"的意义,试考察表达式

$$\theta_z = \frac{1}{2}\left(\frac{\partial v}{\partial x} - \frac{\partial u}{\partial y}\right)。 \tag{b}$$

在弹性体的任意一点,$\dfrac{\partial v}{\partial x}$ 是 x 方向的线段绕 z 轴的旋转角,而 $-\dfrac{\partial u}{\partial y}$ 是 y 方向的线段绕 z 轴的旋转角,所以 θ_z 是这两个旋转角的平均值,可以表征弹性体在该点绕 z 轴的旋转量。同样,

$$\theta_x = \frac{1}{2}\left(\frac{\partial w}{\partial y} - \frac{\partial v}{\partial z}\right), \qquad \theta_y = \frac{1}{2}\left(\frac{\partial u}{\partial z} - \frac{\partial w}{\partial x}\right), \tag{c}$$

两者可以分别表征弹性体在该点绕 x 轴及 y 轴的旋转量。现在,将式(a)代入式(b)及式(c),可见旋转量 θ_x、θ_y、θ_z 都等于零。因此,式(a)所示的位移称为无旋位移,而相应于这种位移状态的弹性波就称为无旋波。

在式(a)所示的无旋位移状态之下,有

$$\theta = \frac{\partial u}{\partial x} + \frac{\partial v}{\partial y} + \frac{\partial w}{\partial z} = \nabla^2 \psi,$$

从而有

$$\frac{\partial \theta}{\partial x} = \frac{\partial}{\partial x}\nabla^2 \psi = \nabla^2 \frac{\partial \psi}{\partial x} = \nabla^2 u,$$

$$\frac{\partial \theta}{\partial y} = \nabla^2 v, \qquad \frac{\partial \theta}{\partial z} = \nabla^2 w。$$

一并代入运动微分方程(12-2),简化以后,即得无旋波的波动方程如下:

$$\frac{\partial^2 u}{\partial t^2} = c_1^2 \nabla^2 u, \qquad \frac{\partial^2 v}{\partial t^2} = c_1^2 \nabla^2 v, \qquad \frac{\partial^2 w}{\partial t^2} = c_1^2 \nabla^2 w, \qquad (12-3)$$

其中

$$c_1 = \sqrt{\frac{E(1-\mu)}{(1+\mu)(1-2\mu)\rho}}\, 。 \qquad (12-4)$$

其次,假定弹性体中发生的位移 u、v、w 满足体积应变为零的条件,即

$$\theta = \frac{\partial u}{\partial x} + \frac{\partial v}{\partial y} + \frac{\partial w}{\partial z} = 0\, 。 \qquad (d)$$

这种位移称为等容位移,因为弹性体中任一部分的容积(即体积)保持不变。相应于这种位移状态的弹性波就称为等容波。将式(d)代入运动微分方程(12-2),即得等容波的波动方程如下:

$$\frac{\partial^2 u}{\partial t^2} = c_2^2 \nabla^2 u, \qquad \frac{\partial^2 v}{\partial t^2} = c_2^2 \nabla^2 v, \qquad \frac{\partial^2 w}{\partial t^2} = c_2^2 \nabla^2 w, \qquad (12-5)$$

其中

$$c_2 = \sqrt{\frac{E}{2(1+\mu)\rho}} = \sqrt{\frac{G}{\rho}}\, 。 \qquad (12-6)$$

无旋波和等容波是弹性波的两种基本形式,它们的波动方程(12-3)和(12-5)具有同样的形式

$$\frac{\partial^2 f}{\partial t^2} = c^2 \nabla^2 f\, 。 \qquad (12-7)$$

对于无旋波,式中的 c 等于 c_1,如式(12-4)所示;对于等容波,式中的 c 等于 c_2,如式(12-6)所示。以后将要证明,波动方程(12-7)中的 c 就是弹性波的传播速度(c_1 就是无旋波的传播速度,c_2 就是等容波的传播速度)。

波动方程(12-7)具有一个很重要的特性,那就是,如果该方程有任意一个特解

$$f = f_0(x, y, z, t),$$

则 f_0 对于 x、y、z、t 等任一变数的偏导数也是该方程的特解,证明如下。

用 ξ 代表 x、y、z、t 等变数之一,则总可以有关系式

$$\left. \begin{array}{l} \dfrac{\partial}{\partial \xi}\left(\dfrac{\partial^2 f_0}{\partial t^2}\right) = \dfrac{\partial^2}{\partial t^2}\left(\dfrac{\partial f_0}{\partial \xi}\right), \\[3mm] \dfrac{\partial}{\partial \xi}(\nabla^2 f_0) = \nabla^2\left(\dfrac{\partial f_0}{\partial \xi}\right)。 \end{array} \right\} \qquad (e)$$

既然 f_0 是波动方程(12-7)的特解,则由该方程有

$$\frac{\partial^2 f_0}{\partial t^2} = c^2 \nabla^2 f_0 \, .$$

将上式的两边对 ξ 求导,得到

$$\frac{\partial}{\partial \xi} \left(\frac{\partial^2 f_0}{\partial t^2} \right) = c^2 \frac{\partial}{\partial \xi} (\nabla^2 f_0) \, .$$

再将式(e)代入,即得

$$\frac{\partial^2}{\partial t^2} \left(\frac{\partial f_0}{\partial \xi} \right) = c^2 \nabla^2 \left(\frac{\partial f_0}{\partial \xi} \right) ,$$

可见,$\dfrac{\partial f_0}{\partial \xi}$ 确是波动方程(12-7)的特解。

　　因为弹性体中的应变分量和应力分量,以及质点的速度分量,都可以用位移分量对于坐标或时间的偏导数来表示,所以由波动方程的上述特性可见,如果弹性体的位移分量满足某一波动方程,而相应的传播速度为 c,则其应变分量、应力分量和质点速度分量也将满足这一波动方程,而且传播的速度也是 c。这就表明,在弹性体中,应变、应力及质点速度,都将和位移以相同的方式与速度进行传播。

§12-3　平面波的传播

　　如果弹性体在其内部的某一点受到荷载的作用,则荷载所引起的位移、应变和应力,就将以弹性波的形式从该点传播开来。在离开作用点较远之处,弹性波可以当做是平面波。当弹性体的质点运动方向平行于弹性波传播的方向时,该弹性波就称为纵向平面波,简称为纵波;当弹性体的质点运动方向垂直于弹性波的传播方向时,该弹性波就称为横向平面波,简称为横波。

　　首先来讨论纵波。将 x 轴取在波的传播方向,则弹性体的位移分量可以表示成为

$$u = u(x,t), \qquad v = 0, \qquad w = 0 \, . \tag{12-8}$$

由此可以得出

$$\theta = \frac{\partial u}{\partial x}, \qquad \frac{\partial \theta}{\partial x} = \frac{\partial^2 u}{\partial x^2}, \qquad \frac{\partial \theta}{\partial y} = 0, \qquad \frac{\partial \theta}{\partial z} = 0,$$

$$\nabla^2 u = \frac{\partial^2 u}{\partial x^2}, \qquad \nabla^2 v = 0, \qquad \nabla^2 w = 0 \, .$$

代入运动微分方程(12-2),可见其中的后二式成为恒等式,而第一式成为

$$\frac{\partial^2 u}{\partial t^2} = c_1^2 \frac{\partial^2 u}{\partial x^2},\tag{12-9}$$

其中的 c_1 如式(12-4)所示。微分方程(12-9)的通解是

$$u = u_1 + u_2 = f_1(x - c_1 t) + f_2(x + c_1 t),\tag{12-10}$$

其中的 f_1 和 f_2 是任意函数。下面来说明这个通解的物理意义。

试考察通解(12-10)的第一部分,即

$$u_1 = f_1(x - c_1 t)。\tag{a}$$

对于任一瞬时 t,u_1 只是 x 的函数,可以用图 12-1 中的曲线 ABC 来表示,而该曲线的形状取决于函数 f_1。在 Δt 时间以后,$x - c_1 t$ 将成为 $x - c_1(t + \Delta t)$,u_1 将随着改变数值。但是,如果把坐标 x 也增大 $\Delta x = c_1 \Delta t$,则 f_1 的数值保持不变,因而 u_1 保持不变。这就是说,为瞬时 t 所作的曲线 ABC,只要把它沿 x 方向移动一个距离 $\Delta x = c_1 \Delta t$,如图中的虚线 $A'B'C'$,就适用于

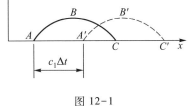

图 12-1

瞬时 $t + \Delta t$。于是可见,通解(12-10)的第一部分 $f_1(x - c_1 t)$ 就表示一个纵波,它沿着 x 方向传播,而它的传播速度等于常量 c_1。

用几何方程(8-9)求出与位移(a)相对应的应变分量,可见 x 方向的正应变为

$$\varepsilon_x = \frac{\partial u_1}{\partial x} = \frac{\mathrm{d}f_1(x - c_1 t)}{\mathrm{d}(x - c_1 t)} \frac{\partial(x - c_1 t)}{\partial x} = \frac{\mathrm{d}}{\mathrm{d}\xi} f_1(\xi),\tag{b}$$

其中 $\xi = x - c_1 t$,而其余的应变分量都等于零。这就是说,弹性体的每一点都始终处于 x 方向的简单拉压状态。应用物理方程(8-20),注意在这里有 $\theta = \varepsilon_x$,求得正应力分量为

$$\sigma_x = \frac{E(1 - \mu)}{(1 + \mu)(1 - 2\mu)} \varepsilon_x,\tag{c}$$

$$\sigma_y = \sigma_z = \frac{E\mu}{(1 + \mu)(1 - 2\mu)} \varepsilon_x,$$

而切应力分量都等于零。各个正应力分量之间有关系式

$$\frac{\sigma_y}{\sigma_x} = \frac{\sigma_z}{\sigma_x} = \frac{\mu}{1 - \mu}。$$

与位移(a)相对应,弹性体的质点沿 x 方向的速度分量是

$$\dot{u}_1 = \frac{\partial u_1}{\partial t} = \frac{\mathrm{d} f_1(x-c_1 t)}{\mathrm{d}(x-c_1 t)} \frac{\partial (x-c_1 t)}{\partial t}$$

$$= -c_1 \frac{\mathrm{d}}{\mathrm{d}\xi} f_1(\xi), \tag{d}$$

而沿 y 方向及 z 方向的速度分量都等于零。将式（b）代入式（d），得到

$$\frac{\dot{u}_1}{c_1} = -\varepsilon_x。$$

因为 ε_x 总是很小的数值，所以质点的运动速度 $\dot{u}_1$ 总是远远小于弹性波的传播速度 c_1。以钢材为例，传播速度 c_1 为几千米每秒，而在钢结构中，质点速度 $\dot{u}_1$ 最大也不过是几米每秒。

与上相似，解答（12-10）中的第二部分，即

$$u_2 = f_2(x+c_1 t),$$

也表示一个纵波，它沿着负 x 方向传播，但它的传播速度也等于常量 c_1。于是可见，通解（12-10）表示分别沿 x 方向和负 x 方向的两个纵波，它们的传播速度都等于式（12-4）所示的 c_1。读者试证，纵波是一种无旋波。

现在来讨论横波。仍然将 x 轴放在波的传播方向，y 轴放在位移的方向，即横向，则位移分量可以表示成为

$$u=0, \qquad v=v(x,t), \qquad w=0。 \tag{12-11}$$

由此可以得出

$$\theta=0, \qquad \nabla^2 u=0, \qquad \nabla^2 v=\frac{\partial^2 v}{\partial x^2}, \qquad \nabla^2 w=0。$$

代入运动微分方程（12-2），可见其中的第一式及第三式成为恒等式，而第二式成为

$$\frac{\partial^2 v}{\partial t^2} = c_2^2 \frac{\partial^2 v}{\partial x^2}, \tag{12-12}$$

其中的 c_2 如式（12-6）所示。微分方程（12-12）的通解是

$$v=v_1+v_2=f_1(x-c_2 t)+f_2(x+c_2 t), \tag{12-13}$$

其中 f_1 和 f_2 是任意函数。

对通解（12-13）中的第一部分

$$v_1=f_1(x-c_2 t) \tag{e}$$

进行与上相似的分析，可见 v_1 表示一个横波，它的位移沿着 y 方向，它的传播方向是沿着 x 方向，而传播的速度等于常量 c_2。

用几何方程（8-9）求出与位移（e）相应的应变分量，可见

$$\gamma_{xy} = \frac{\partial v_1}{\partial x} = \frac{\mathrm{d}}{\mathrm{d}\xi} f_1(\xi), \tag{f}$$

其中 $\xi = x - c_2 t$，而其余的应变分量都等于零。这就是说，弹性体的每一点都始终处于 x 及 y 方向的简单剪切状态。应用物理方程(8-20)，求得切应力分量 τ_{xy} 为

$$\tau_{xy} = \frac{E}{2(1+\mu)} \frac{\mathrm{d}}{\mathrm{d}\xi} f_1(\xi), \tag{g}$$

而其余的应力分量都等于零。

与位移(e)相对应，弹性体的质点沿 y 方向的速度分量为

$$\dot{v}_1 = \frac{\partial v_1}{\partial t} = -c_2 \frac{\mathrm{d}}{\mathrm{d}\xi} f_1(\xi), \tag{h}$$

而沿 x 方向及 z 方向的速度分量都等于零。将式(f)代入式(h)，得到

$$\frac{\dot{v}_1}{c_2} = -\gamma_{xy} \,。$$

因为 γ_{xy} 总是很小的数值，所以质点的运动速度 $\dot{v}_1$ 总是远远小于弹性波的传播速度 c_2。

同样可见，解答(12-13)中的第二项

$$v_2 = f_2(x + c_2 t)$$

也表示一个横波，它沿着负 x 方向传播，但它的传播速度也等于常量 c_2。于是可见，通解(12-13)中的 f_1 及 f_2 分别表示沿 x 方向及负 x 方向的两个横波，它们的传播速度都等于式(12-6)所示的 c_2。显然，横波是一种等容波，因为相应的体应变 θ 等于零。

横波的传播速度 c_2 总是小于纵波的传播速度 c_1。根据式(12-4)及式(12-6)，两者的比值为

$$\frac{c_2}{c_1} = \sqrt{\frac{1-2\mu}{2(1-\mu)}} \,。 \tag{12-14}$$

当 $\mu = \frac{1}{3}$ 时，$\frac{c_2}{c_1} = \frac{1}{2}$，可见在一般的金属材料中，横波的传播速度大致只是纵波传播速度的一半。在地震时，地震波中的纵波总是比横波先到，根据测出的纵波与横波到达时间的间隔，可以约略算出震源至测站的距离。

§12-4 表层波的传播

如果弹性体的一部分边界是自由边界，则在该弹性体的距自由边界较近之

处,可能发生所谓表层波(类似于投石入水而在水面上发生的波)。这种表层波具有如下的特性:(1) 随着距自由边界的法向距离增大而迅速减弱。(2) 由于这种波主要在弹性体表层传播,并不深入内部,其振幅等衰减较慢,因而随着距波源的距离增大而增加其相对于其他各种波的优势。因此,下面所要着重讨论的,是表层波在距自由边界较近而距波源较远处的传播。

在距波源较远之处,弹性体中与表层波相应的位移可以当做是平面位移。为简单起见,把自由边界当做是平面。取边界面为 xz 面($y=0$),y 轴指向弹性体的内部,x 轴平行于表层波的传播方向。这样,与表层波相应的位移将是平行于 xy 面的平面位移。

把位移取为无旋位移与等容位移的叠加。取无旋位移的表达式为

$$\left.\begin{aligned} u_1 &= Ase^{-ay}\sin(pt-sx), \\ v_1 &= -Aae^{-ay}\cos(pt-sx), \\ w_1 &= 0, \end{aligned}\right\} \tag{a}$$

其中的 A、a、p、s 均为常数。常数 p 的量纲应为 T^{-1},a 和 s 的量纲应为 L^{-1},A 的量纲应为 L^2。当常数 a 为正实数时,式(a)可以反映表层波的特性,即,位移分量 u_1 及 v_1 随着 y 的增大而迅速减小。三角函数的幅角 $pt-sx$ 可以改写为 $-s(x-c_3t)$,其中

$$c_3 = p/s。 \tag{b}$$

按照类似于 §12-3 的分析可见,式(a)所示的位移是以速度 c_3 沿着 x 方向传播。将式(a)中的 u_1、v_1、w_1 作为 u、v、w 代入运动微分方程(12-2),可见该方程要求

$$a^2 = s^2 - \frac{(1+\mu)(1-2\mu)\rho}{E(1-\mu)}p^2,$$

或通过式(b)及式(12-6)改写为

$$a^2 = s^2\left[1 - \frac{1-2\mu}{2(1-\mu)}\frac{c_3^2}{c_2^2}\right]。 \tag{c}$$

另一方面,取等容位移的表达式为

$$\left.\begin{aligned} u_2 &= Bbe^{-by}\sin(pt-sx), \\ v_2 &= -Bse^{-by}\cos(pt-sx), \\ w_2 &= 0, \end{aligned}\right\} \tag{d}$$

其中的 B 和 b 是常数。常数 b 的量纲应为 L^{-1},B 的量纲应为 L^2。当常数 b 为正实数时,u_2 及 v_2 随着 y 的增大而迅速减小,反映表层波的特性。常数 p 及 s 与上相同,因而位移传播的速度仍然是 c_3,如式(b)所示。将式(d)中的 u_2、v_2、w_2 作

为 u、v、w 代入运动微分方程(12-2),可见该方程要求

$$b^2 = s^2 - \frac{2(1+\mu)\rho}{E}p^2,$$

或通过式(b)及式(12-6)改写为

$$b^2 = s^2\left(1 - \frac{c_3^2}{c_2^2}\right)。 \qquad (e)$$

现在,将无旋位移(a)与等容位移(d)相叠加,也就是取

$$u = u_1 + u_2, \qquad v = v_1 + v_2。 \qquad (f)$$

边界条件要求

$$(\sigma_y)_{y=0} = 0, \qquad (\tau_{yx})_{y=0} = 0。$$

利用弹性方程(9-1),可以将它们改用位移分量表示成为

$$\left(\frac{\mu}{1-\mu}\frac{\partial u}{\partial x} + \frac{\partial v}{\partial y}\right)_{y=0} = 0, \qquad \left(\frac{\partial v}{\partial x} + \frac{\partial u}{\partial y}\right)_{y=0} = 0。$$

将式(f)代入,然后将式(a)及式(d)代入,简化以后,得到

$$\left(a^2 - \frac{\mu}{1-\mu}s^2\right)A + \frac{1-2\mu}{1-\mu}bsB = 0,$$

$$2asA + (b^2 + s^2)B = 0。$$

这是 A 和 B 的齐次线性方程。为了表层波的存在,A 和 B 不能都等于零,因此,上述二方程的系数行列式应当等于零,即

$$\begin{vmatrix} a^2 - \dfrac{\mu}{1-\mu}s^2 & \dfrac{1-2\mu}{1-\mu}bs \\[2ex] 2as & b^2 + s^2 \end{vmatrix} = 0。$$

展开以后,得到

$$2(1-2\mu)abs^2 = (b^2 + s^2)\left[(1-\mu)a^2 - \mu s^2\right]。$$

两边平方以后,得到

$$4(1-2\mu)^2 a^2 b^2 s^4 = (b^2 + s^2)^2\left[(1-\mu)a^2 - \mu s^2\right]^2。$$

将式(c)及式(e)代入,简化以后,可见 s 被消去而得出比值 c_3/c_2 的六次方程如下:

$$\left(\frac{c_3}{c_2}\right)^6 - 8\left(\frac{c_3}{c_2}\right)^4 + 8\left(\frac{2-\mu}{1-\mu}\right)\left(\frac{c_3}{c_2}\right)^2 - \frac{8}{1-\mu} = 0。 \qquad (12-15)$$

于是,对于给定数值的 μ,总可以由方程(12-15)求得比值 c_3/c_2。但 a 和 b 都必须是正实数,如上所述,因此,式(c)所示的 a^2 和式(e)所示的 b^2 都必须是正数,可见,比值 c_3/c_2 必须满足如下的两个条件:

$$1-\frac{1-2\mu}{2(1-\mu)}\left(\frac{c_3}{c_2}\right)^2 \geqslant 0, \qquad 1-\left(\frac{c_3}{c_2}\right)^2 \geqslant 0。$$

又因 $1-2\mu<2(1-\mu)$，后一式的成立能保证前一式的成立，可见，比值 c_3/c_2 只须满足 $1-(c_3/c_2)^2 \geqslant 0$，即

$$\left(\frac{c_3}{c_2}\right)^2 \leqslant 1。 \qquad (12-16)$$

选用满足这一条件的比值 c_3/c_2，即可根据式(12-6)给出的 c_2 求得 c_3。

例如，设 $\mu=1/4$，则方程(12-15)成为

$$\left(\frac{c_3}{c_2}\right)^6 -8\left(\frac{c_3}{c_2}\right)^4 +\frac{56}{3}\left(\frac{c_3}{c_2}\right)^2 -\frac{32}{3}=0。$$

由此求得

$$\left(\frac{c_3}{c_2}\right)^2=4, \qquad 2+\frac{2\sqrt{3}}{3}, \qquad 2-\frac{2\sqrt{3}}{3}。$$

满足条件(12-16)的只是

$$\left(\frac{c_3}{c_2}\right)^2=2-\frac{2\sqrt{3}}{3}=0.845。$$

由此求得

$$c_3=\sqrt{0.845}\,c_2=0.919c_2。 \qquad (g)$$

于是由式(12-4)、(12-6)及式(g)求得

$$c_1=1.095\sqrt{\frac{E}{\rho}}, \qquad c_2=0.633\sqrt{\frac{E}{\rho}}, \qquad c_3=0.582\sqrt{\frac{E}{\rho}}。$$

最早研究表层波，并得出一些成果的，是瑞利。这些成果对后来发展起来的地震理论起了一定的促进作用。因此，在很多文献中，表层波被称为瑞利波。

§12-5　球面波的传播

如果弹性体具有圆球形的孔洞，而在孔洞内受到球对称的动力作用，或者，如果具有圆球形外表面的弹性体在其外表面上受到球对称的动力作用，则由于对称，只可能发生径向位移 u_r，不可能发生切向位移，而且径向位移 u_r 将只是径向坐标 r 和时间 t 的函数。这样，由孔洞向外传播或由外表面向内传播的弹性波将是球对称的，即所谓球面波。

在球对称问题的基本微分方程(9-6)中,注意现在 u_r 是 r 和 t 两个变数的函数,并且不计径向体力 f_r,而用径向惯性力 $-\rho\dfrac{\partial^2 u_r}{\partial t^2}$ 代替 f_r,即得

$$\frac{E(1-\mu)}{(1+\mu)(1-2\mu)}\left(\frac{\partial^2 u_r}{\partial r^2}+\frac{2}{r}\frac{\partial u_r}{\partial r}-\frac{2u_r}{r^2}\right)-\rho\frac{\partial^2 u_r}{\partial t^2}=0_\circ$$

引用式(12-4)所示的 c_1,则上式可以简写为

$$\frac{\partial^2 u_r}{\partial r^2}+\frac{2}{r}\frac{\partial u_r}{\partial r}-\frac{2u_r}{r^2}-\frac{1}{c_1^2}\frac{\partial^2 u_r}{\partial t^2}=0_\circ \tag{a}$$

注意到球面波的特性,其运动是无旋的,因此,与§12-2中相似,把径向位移 u_r 取为

$$u_r=\frac{\partial\psi}{\partial r}, \tag{b}$$

其中 $\psi=\psi(r,t)$ 是位移势函数,则式(a)成为

$$\frac{\partial^3\psi}{\partial r^3}+\frac{2}{r}\frac{\partial^2\psi}{\partial r^2}-\frac{2}{r^2}\frac{\partial\psi}{\partial r}-\frac{1}{c_1^2}\frac{\partial^2}{\partial t^2}\left(\frac{\partial\psi}{\partial r}\right)=0_\circ \tag{c}$$

注意

$$\frac{\partial}{\partial r}\left[\frac{1}{r}\frac{\partial^2}{\partial r^2}(r\psi)\right]=\frac{\partial^3\psi}{\partial r^3}+\frac{2}{r}\frac{\partial^2\psi}{\partial r^2}-\frac{2}{r^2}\frac{\partial\psi}{\partial r},$$

$$\frac{\partial^2}{\partial t^2}\left(\frac{\partial\psi}{\partial r}\right)=\frac{\partial}{\partial r}\left(\frac{\partial^2\psi}{\partial t^2}\right),$$

则式(c)又可以改写为

$$\frac{\partial}{\partial r}\left[\frac{1}{r}\frac{\partial^2}{\partial r^2}(r\psi)\right]-\frac{1}{c_1^2}\frac{\partial}{\partial r}\left(\frac{\partial^2\psi}{\partial t^2}\right)=0_\circ$$

对 r 积分一次,得

$$\frac{1}{r}\frac{\partial^2}{\partial r^2}(r\psi)-\frac{1}{c_1^2}\frac{\partial^2\psi}{\partial t^2}=F(t), \tag{d}$$

其中 $F(t)$ 为 t 的任意函数,在一般情况下,$F(t)$ 不等于零。

方程(d)是线性非齐次的微分方程,其解为齐次微分方程的通解与任意一个非齐次微分方程的特解之和。于是,总可以求出方程(d)的任意一个特解 $\psi_1(t)$,它只是 t 的函数,而由式(b)可见,这个特解并不会影响位移 u_r。因此,式(d)中的 $F(t)$ 可以取为等于零。这样,式(d)就可以简写为

$$\frac{\partial^2}{\partial t^2}(r\psi)=c_1^2\frac{\partial^2}{\partial r^2}(r\psi),$$

而它的通解是

$$r\psi = f_1(r-c_1t) + f_2(r+c_1t) , \qquad\qquad (12-17)$$

其中的 f_1 及 f_2 为任意函数。

　　通解(12-17)中的 f_1 及 f_2 都表示沿径向传播的球面波,它们的传播速度都等于式(12-4)所示的 c_1(由于对称,弹性体的径向线段及环向线段都不会有转动,所以球面波当然是无旋波)。函数 f_1 表示由内向外传播的球面波,适用于圆球形孔洞内受球对称动力作用时的情况;函数 f_2 表示由外向内传播的球面波,适用于空心或实心圆球在外表面受球对称动力作用时的情况。

习　　题

12-1　试分别证明纵波和横波为无旋波和等容波。

12-2　试证:当纵波或横波在弹性体中传播时,该弹性体的动能与应变能保持相等。

12-3　试导出方程(12-15)。

12-4　试求 $\mu=0$ 及 $\mu=1/3$ 时的 c_1、c_2、c_3。

　　答案:　当 $\mu=0$ 时,$c_1=\sqrt{\dfrac{E}{\rho}}$,$c_2=0.707\sqrt{\dfrac{E}{\rho}}$,$c_3=0.618\sqrt{\dfrac{E}{\rho}}$;当 $\mu=1/3$ 时,$c_1=1.225\sqrt{\dfrac{E}{\rho}}$,

$c_2=0.612\sqrt{\dfrac{E}{\rho}}$,$c_3=0.570\sqrt{\dfrac{E}{\rho}}$。

参 考 教 材

[1]　铁木辛柯,古迪尔.弹性理论[M].徐芝纶,译.北京:高等教育出版社,1990:第十五章.

[2]　钱伟长,叶开沅.弹性力学[M].北京:科学出版社,1956:第十三章.

附录 A　变分法初步

　　工程和科学中的很多问题都可以归结为在给定的边界条件下求解偏微分方程(组)的问题,当边界条件比较复杂时,要求得精确解答是非常困难的,甚至是不可能的。因此,近似解法就具有极为重要的意义,变分法就是近似解法中最有成效的方法之一。

　　变分法就其本质而言,是将偏微分方程的边值问题等价变换为求泛函的极值(或驻值)问题。对于泛函的极值(或驻值)问题,若求其近似解,又可以变成求函数的极值(或驻值)问题,最后可归结为求解线性代数方程组,给问题的解决带来了很大的方便。

§ A-1　函数的变分

　　对于自变量 x 在某一域上的每个值,就有一个因变量 y 的值与之对应,这种自变量与因变量的对应关系称为函数,记为

$$y = y(x)。$$

或者说,函数是实数空间到实数空间的映射。

　　如果由于自变量 x 有微小增量 dx,函数 $y(x)$ 也有对应的微小增量 dy,则增量 dy 称为函数 y 的微分。而

$$dy = y'(x)dx,$$

其中,$y'(x)$ 为 y 对于 x 的导数。图 A-1 中的曲线 AB 示出 y 与 x 的函数关系及其微分 dy。

　　现在,假想函数 $y(x)$ 的形式发生改变而成为新函数 $\bar{y}(x)$。如果对应于 x 的一个定值,y 具有微小的增量

$$\delta y = \bar{y}(x) - y(x), \quad x \in [a,b], \quad \text{(A-1)}$$

则增量 δy 称为函数 $y(x)$ 的变分。显然,

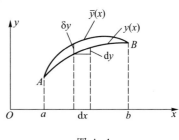

图 A-1

δy 一般也是 x 的函数。图 A-1 中给出了新函数 $\overline{y}(x)$ 及变分 δy 的几何示意。

　　函数 $y(x)$ 通常要满足一定的边界条件,例如,$y(a)=y_a$,$y(b)=y_b$。因此,函数的变分 δy 应满足齐次边界条件,即

$$\delta y(a)=0,\quad \delta y(b)=0。$$

　　当 y 发生变分 δy 时,导数 $y'(x)$ 也将产生变分 $\delta(y')$,它等于新函数的导数与原函数的导数之差,即

$$\delta(y')=\overline{y}'(x)-y'(x)。$$

由式(A-1)得

$$(\delta y)'=\overline{y}'(x)-y'(x)。$$

于是,可见有关系式 $\delta(y')=(\delta y)'$,或

$$\delta\left(\frac{\mathrm{d}y}{\mathrm{d}x}\right)=\frac{\mathrm{d}}{\mathrm{d}x}(\delta y)。$$

这就是说,导数的变分等于变分的导数,亦即:微分的运算和变分的运算可以交换次序。

§A-2　泛函及其变分

　　如果对于某一类函数中的每一个函数 $y(x)$,就有一个变量 I 的值与之对应,则称 I 为依赖于函数 $y(x)$ 的泛函,记为

$$I=I[y(x)]。 \tag{A-2}$$

或者说,泛函是函数空间到实数空间的映射。简而言之,泛函就是函数的函数。

　　例如,设 xy 面内有给定的两点 A 和 B,如图 A-1 所示,则连接这两点的任一曲线的长度为

$$L=\int_a^b\sqrt{1+\left(\frac{\mathrm{d}y}{\mathrm{d}x}\right)^2}\,\mathrm{d}x,$$

显然,长度 L 依赖于曲线的形状,也就是依赖于函数 $y(x)$ 的形式。因此,长度 L 就是函数 $y(x)$ 的泛函。

　　在较一般的情况下,泛函具有如下的形式

$$I[y(x)]=\int_a^b f\left(x,y,\frac{\mathrm{d}y}{\mathrm{d}x}\right)\mathrm{d}x,$$

或者简写为

$$I = \int_a^b f(x,y,y')\,\mathrm{d}x, \tag{A-3}$$

即,被积函数一般情况是自变量 x、函数 $y(x)$ 及其导数 $y'(x)$ 的复合函数。

首先考察式(A–3)中的被积函数 $f(x,y,y')$。当函数 $y(x)$ 具有变分 δy 时,导数 y' 也将随着具有变分 $\delta y'$。这时,按照泰勒级数展开法则,被积函数 f 的增量可以写成

$$f(x,y+\delta y,y'+\delta y')-f(x,y,y')=\frac{\partial f}{\partial y}\delta y+\frac{\partial f}{\partial y'}\delta y'+(\delta y\ 及\ \delta y'\ 的高阶项),$$

上式等号右边的前两项(关于 δy 和 $\delta y'$ 的线性项)是 f 的增量的主部,定义为 f 的变分(一阶变分),表示为

$$\delta f=\frac{\partial f}{\partial y}\delta y+\frac{\partial f}{\partial y'}\delta y'。 \tag{A-4}$$

现在进一步考察式(A–3)所示的泛函 I。当函数 $y(x)$ 及导函数 $y'(x)$ 分别具有变分 δy 和 $\delta y'$ 时,泛函 I 的增量为

$$\int_a^b f(x,y+\delta y,y'+\delta y')\,\mathrm{d}x - \int_a^b f(x,y,y')\,\mathrm{d}x$$

$$= \int_a^b [f(x,y+\delta y,y'+\delta y') - f(x,y,y')]\,\mathrm{d}x$$

$$= \int_a^b [\delta f + (\delta y\ 及\ \delta y'\ 的高阶项)]\,\mathrm{d}x。$$

泛函 I 的一阶变分 δI 定义为

$$\delta I = \int_a^b \delta f\,\mathrm{d}x。 \tag{A-5}$$

将式(A–4)代入式(A–5),得泛函一阶变分的表达式

$$\delta I = \int_a^b \left(\frac{\partial f}{\partial y}\delta y + \frac{\partial f}{\partial y'}\delta y'\right)\,\mathrm{d}x, \tag{A-6}$$

由式(A–3)及式(A–5),可见关系式

$$\delta \int_a^b f\,\mathrm{d}x = \int_a^b \delta f\,\mathrm{d}x。$$

这就是说,变分的运算与积分的运算可以交换次序。

类似地,还可以定义泛函 $I[y(x)]$ 的二阶变分 $\delta^2 I$ 为

$$\delta^2 I = \frac{1}{2}\int_a^b \left[\left(\delta y\,\frac{\partial}{\partial y} + \delta y'\,\frac{\partial}{\partial y'}\right)^2 f\right]\,\mathrm{d}x。 \tag{A-7}$$

§A-3 泛函的极值问题

如果函数 $y(x)$ 在 $x=x_0$ 的邻近任一点上的值都不大于或都不小于 $y(x_0)$，即

$$\mathrm{d}y = y(x) - y(x_0) \leqslant 0,$$

或

$$\mathrm{d}y = y(x) - y(x_0) \geqslant 0,$$

则称函数 $y(x)$ 在 $x=x_0$ 处达到极大值或极小值，x_0 也称为函数 $y(x)$ 的极值点，即函数 $y(x)$ 取极值的必要条件为 $\dfrac{\mathrm{d}y}{\mathrm{d}x}=0$ 或 $\mathrm{d}y=0$。

如果函数 $y(x)$ 在 $x=x_0$ 的一阶导数 $\dfrac{\mathrm{d}y}{\mathrm{d}x}=0$，则称函数 $y(x)$ 在 $x=x_0$ 取驻值，x_0 也称为函数 $y(x)$ 的驻值点。显然，函数的极值点一定是驻值点，但驻值点未必是极值点。

为了判别函数 $y(x)$ 在 $x=x_0$ 处是否具有极值，除满足取极值的必要条件外，还需要考虑函数 $y(x)$ 在 $x=x_0$ 处的二阶导数，即：如果在 $x=x_0$ 处，$\dfrac{\mathrm{d}^2 y}{\mathrm{d}x^2}>0$，则函数 $y(x)$ 在 $x=x_0$ 处取极小值；如果在 $x=x_0$ 处，$\dfrac{\mathrm{d}^2 y}{\mathrm{d}x^2}<0$，则函数 $y(x)$ 在 $x=x_0$ 处取极大值。

对于式（A-3）所示形式的泛函 $I[y(x)]$，也可以通过分析得出相似的结论：如果泛函 $I[y(x)]$ 在 $y=y_0(x)$ 的邻近任意一个函数 $y(x)=y_0(x)+\delta y$ 的值都不大于或都不小于 $I[y_0(x)]$，也就是

$$\delta I = I[y(x)] - I[y_0(x)] \leqslant 0,$$

或

$$\delta I = I[y(x)] - I[y_0(x)] \geqslant 0,$$

则称 $y_0(x)$ 使泛函 $I[y(x)]$ 取极大值或极小值，而泛函 $I[y(x)]$ 取极值的必要条件为一阶变分

$$\delta I = 0, \tag{A-8}$$

相应的曲线 $y=y_0(x)$ 称为泛函 $I[y(x)]$ 的极值曲线。

与函数的极值问题类似，如果泛函 $I[y(x)]$ 在 $y=y_0(x)$ 的一阶变分 $\delta I=0$，则称泛函 $I[y(x)]$ 在 $y=y_0(x)$ 上取驻值，$y=y_0(x)$ 也称为泛函 $I[y(x)]$ 的驻值函

数,$\delta I = 0$ 又称为泛函 $I[y(x)]$ 的驻值条件。

为了判别泛函是否具有极值,除满足取极值的必要条件(A-8)以外,还需要考虑充分条件。泛函 $I[y(x)]$ 取极值的充分条件是:如果在曲线 $y = y_0(x)$ 上,二阶变分 $\delta^2 I > 0$,则 $I[y_0(x)]$ 为极小值;若在曲线 $y = y_0(x)$ 上,$\delta^2 I < 0$,则 $I[y_0(x)]$ 为极大值。

凡是有关泛函极值的问题,都称为变分问题,而变分法主要就是研究如何求泛函极值的方法。

对于有些问题,根据问题本身的性质,就可知道所求得的驻值函数(满足驻值条件 $\delta I = 0$ 的函数)就是极值函数,甚至就知道所取得的极值是最小值或最大值,这时就可不必利用充分条件再作判断。

§A-4 欧拉方程与自然边界条件

现在讨论一个典型的变分问题:设图 A-1 中 $y = y(x)$ 所示的曲线被指定通过 A、B 两点,也就是 $y(x)$ 具有边界条件

$$y(a) = y_a, \quad y(b) = y_b;$$
$$\delta y(a) = 0, \quad \delta y(b) = 0。$$

试由泛函 $I = \int_a^b f(x, y, y') \mathrm{d}x$ 的驻值条件求出函数 $y(x)$ 所应满足的方程。

根据式(A-6)的表达式,得到

$$\delta I = \int_a^b \left(\frac{\partial f}{\partial y} \delta y + \frac{\partial f}{\partial y'} \delta y' \right) \mathrm{d}x$$

$$= \int_a^b \left(\frac{\partial f}{\partial y} \delta y \right) \mathrm{d}x + \left(\frac{\partial f}{\partial y'} \delta y \right) \Big|_a^b - \int_a^b \frac{\mathrm{d}}{\mathrm{d}x} \left(\frac{\partial f}{\partial y'} \right) \delta y \mathrm{d}x。$$

利用 A、B 两点的边界条件,有

$$\delta I = \int_a^b \left[\frac{\partial f}{\partial y} - \frac{\mathrm{d}}{\mathrm{d}x} \left(\frac{\partial f}{\partial y'} \right) \right] \delta y \mathrm{d}x,$$

由于 δy 是任意的,根据泛函的驻值条件 $\delta I = 0$,得到

$$\frac{\partial f}{\partial y} - \frac{\mathrm{d}}{\mathrm{d}x} \left(\frac{\partial f}{\partial y'} \right) = 0。 \tag{A-9}$$

式(A-9)称为泛函 $I = \int_a^b f(x, y, y') \mathrm{d}x$ 变分问题的欧拉微分方程。

如果上述问题自变函数 $y = y(x)$ 的边界条件没有给出,即 $y(x)$ 没有对应的

边界条件,则根据前面的推导,除得到式(A-9)外,还可得到

$$\left.\frac{\partial f}{\partial y'}\right|_{x=a} = 0, \quad \left.\frac{\partial f}{\partial y'}\right|_{x=b} = 0。 \tag{A-10}$$

式(A-10)称为泛函 $I = \int_a^b f(x,y,y')\,\mathrm{d}x$ 变分问题的自然边界条件。

一般情况下,由泛函的驻值条件所推出的自变函数所应满足的方程和边界条件,分别称为欧拉方程和自然边界条件,而自变函数事先必须满足的边界条件称为本质边界条件(或称基本边界条件)。

作为简例,试求图 A-1 中 AB 曲线最短时的函数 $y(x)$。在这里

$$I = L = \int_a^b \sqrt{1 + (y')^2}\,\mathrm{d}x。$$

由欧拉方程(A-9)得

$$0 - \frac{\mathrm{d}}{\mathrm{d}x}\left[\frac{y'}{\sqrt{1+(y')^2}}\right] = 0, \quad 即 \quad \frac{y'}{\sqrt{1+(y')^2}} = C,$$

其中,C 是积分常数。求解该方程,得

$$y = C_1 x + C_2。$$

可见,连接 A、B 两点最短的曲线函数为一直线,其中的常数 C_1 和 C_2 由问题的本质边界条件 $y(a) = y_a$,$y(b) = y_b$ 求得。

附录 B 笛卡儿张量简介

§B-1 指 标 符 号

对于一组 n 个数 $a_1, a_2, \cdots, a_n$，或 n 个变量 $x_1, x_2, \cdots, x_n$，可以记为 a_i 或 $x_i, i = 1, 2, \cdots, n$。当 a_i 或 x_i 单独出现时，可代表 $a_1, a_2, \cdots, a_n$，或 $x_1, x_2, \cdots, x_n$ 中的任意一个。这里的符号 i 叫做指标，i 的取值范围为小于或等于 n 的所有正整数，n 给出了指标取值范围的大小，也称为问题的维数。

在一般情况下，必须标明指标的取值范围，如 $i = 1, 2, \cdots, n$，在三维空间，$n = 3$。如果没有特别声明，均认为指标是从 1 到 3，并且可以省略指标范围不写。指标可写在变量的右上角或右下角，分别称为上指标或下指标，在本书中只涉及下指标。

定义这类指标表示的符号系统为指标符号。例如，对于三维空间任意一点 P，在笛卡儿坐标系中的三个坐标 x_1, x_2, x_3（即 x, y, z），可以用指标符号表示为 x_i。

一、相关约定和哑指标

考虑和式

$$S = a_1 x_1 + a_2 x_2 + \cdots + a_n x_n = \sum_{i=1}^{n} a_i x_i。 \tag{a}$$

引入求和约定：在表达式的某一项里，某一指标重复出现一次且仅一次，则将该项对该指标遍历其整个集合（从 1 到 n）求和，这种出现两次的指标在求和以后不再出现，称为哑指标，简称为哑标。根据求和约定，式（a）中的求和记号可以省略掉，写成

$$S = a_i x_i \quad (i = 1, 2, \cdots, n)， \tag{b}$$

式（a）与式（b）是完全等价的。

求和约定要注意：

（1）哑标与所用的字母无关，如 $a_i x_i$ 与 $a_j x_j$ 是相同的。

（2）指标重复只能一次。如在 $a_i b_i x_i$ 中，指标 i 重复了两次，所以不能按约

定求和,若要对它求和,可以采用原来的求和符号,即 $\sum\limits_{i=1}^{3} a_i b_i x_i$ 。

（3）对于双重求和以至更多重的求和,求和约定同样适用。例如,双重求和 $\sum\limits_{i=1}^{3} \sum\limits_{j=1}^{3} A_{ij} x_i y_j$ 可以写为

$$\sum_{i=1}^{3} \sum_{j=1}^{3} A_{ij} x_i y_j = A_{ij} x_i y_j, \tag{c}$$

将其展开,得到 9 项的和式,即

$$A_{ij} x_i y_j = A_{11} x_1 y_1 + A_{12} x_1 y_2 + A_{13} x_1 y_3 +$$
$$A_{21} x_2 y_1 + A_{22} x_2 y_2 + A_{23} x_2 y_3 +$$
$$A_{31} x_3 y_1 + A_{32} x_3 y_2 + A_{33} x_3 y_3 。$$

三重求和 $A_{ijk} x_i y_j z_k$ 则代表 27 项的和式。

多重求和的哑指标必须用不同的字符,如 $A_{ij} x_i y_j$ 不能写成 $A_{ii} x_i y_i$。

在弹性力学中,常常涉及位移分量、应变分量和应力分量等未知函数对坐标的偏导数,这些偏导数也可以采用指标符号记法,如

$$u_{i,j} = \frac{\partial u_i}{\partial x_j}, \quad u_{k,ij} = \frac{\partial^2 u_k}{\partial x_i \partial x_j}$$

类似地,还有 $\nabla^2 \Phi = \Phi_{,ii}$ 等,这种记法也称为求导记号的缩写约定。

二、自由指标

考察下列方程组

$$A_{11} x_1 + A_{12} x_2 + A_{13} x_3 = b_1,$$
$$A_{21} x_1 + A_{22} x_2 + A_{23} x_3 = b_2,$$
$$A_{31} x_1 + A_{32} x_2 + A_{33} x_3 = b_3 。$$

按求和约定,上列方程可简写为

$$A_{ij} x_j = b_i, \tag{d}$$

在上式中,j 是哑标,而 i 在每一项中只出现一次,称这样的指标为自由指标,简称为自由标。一个自由指标每次可任取 1,2,3 中之一,因此也就代表指标取值范围内的全体。如式(d)就代表了 3 个方程式。

应该注意:在一个公式中,各项的自由指标必须相同。例如,下列各式是有意义的:

$$a_i + b_i = c_i,$$
$$a_i + b_i c_j d_j = 0,$$
$$D_{ik} = B_{ij} C_{jk} 。$$

但下列各式是非法的：

$$a_i + b_j = c_i,$$
$$T_{ij} = T_{ik},$$
$$D_{ik} = B_{ij}C_{jm}。$$

另外，尽管不能改变公式中某一项的自由标，但公式中所有项的自由标同时改变是可以的。例如，可以将式(d)中各项的自由标 i 同时改为 k，得到 $A_{kj}x_j = b_k$，此式与式(d)是等价的。

三、克罗内克符号 δ_{ij} 和置换符号 ε_{ijk}

引入符号

$$\delta_{ij} = \begin{cases} 1 & (i=j) \\ 0 & (i \neq j) \end{cases}, \tag{B-1}$$

称这个符号为克罗内克(Kronecker)符号。

由定义可知，克罗内克符号有 9 个分量，合在一起组成单位矩阵 $\boldsymbol{\delta} = \begin{pmatrix} 1 & 0 & 0 \\ 0 & 1 & 0 \\ 0 & 0 & 1 \end{pmatrix}$，

并具有下列性质：

（1）

$$|\boldsymbol{\delta}| = \begin{vmatrix} \delta_{11} & \delta_{12} & \delta_{13} \\ \delta_{21} & \delta_{22} & \delta_{23} \\ \delta_{31} & \delta_{32} & \delta_{33} \end{vmatrix} = \begin{vmatrix} 1 & 0 & 0 \\ 0 & 1 & 0 \\ 0 & 0 & 1 \end{vmatrix} = 1;$$

（2）$\delta_{ii} = \delta_{11} + \delta_{22} + \delta_{33} = 3$；

（3）$\delta_{ij}a_j = \delta_{i1}a_1 + \delta_{i2}a_2 + \delta_{i3}a_3 = a_i$；

（4）$\delta_{im}A_{mj} = A_{ij}$；

（5）$\delta_{im}\delta_{mj} = \delta_{ij}$，$\quad \delta_{im}\delta_{mj}\delta_{jk} = \delta_{ik}$。

再引入记号 ε_{ijk}，它的定义如下：

$$\varepsilon_{ijk} = \begin{cases} +1 & \text{当 } i,j,k = 1,2,3; 2,3,1; 3,1,2 \text{ 顺序排列时} \\ -1 & \text{当 } i,j,k = 3,2,1; 2,1,3; 1,3,2 \text{ 逆序排列时}, \\ 0 & \text{当 } i,j,k \text{ 有 2 个或 3 个相同时} \end{cases} \tag{B-2}$$

这里的 ε_{ijk} 称为置换符号，也称为 Levi-Civita 符号或 Ricci 符号。

由定义可知，ε_{ijk} 有 27 个分量，但非零的分量只有 6 个，其余的 21 个分量均为零，即

$$\varepsilon_{123} = \varepsilon_{231} = \varepsilon_{312} = 1,$$
$$\varepsilon_{213} = \varepsilon_{132} = \varepsilon_{321} = -1,$$
$$\varepsilon_{111} = \varepsilon_{112} = \varepsilon_{113} = \cdots = 0。$$

由此，还可以得到

$$\varepsilon_{ijk} = \varepsilon_{jki} = \varepsilon_{kij} = -\varepsilon_{ikj} = -\varepsilon_{kji} = -\varepsilon_{jik}。$$

根据 ε_{ijk} 的性质，矩阵的行列式可以写成

$$|A| = \begin{vmatrix} a_{11} & a_{12} & a_{13} \\ a_{21} & a_{22} & a_{23} \\ a_{31} & a_{32} & a_{33} \end{vmatrix} = a_{11}a_{22}a_{33} + a_{12}a_{23}a_{31} + a_{13}a_{21}a_{32} - a_{13}a_{22}a_{31} - a_{12}a_{21}a_{33} - a_{11}a_{23}a_{32}$$

$$= \varepsilon_{ijk}a_{1i}a_{2j}a_{3k} = \varepsilon_{ijk}a_{i1}a_{j2}a_{k3}。 \tag{B-3}$$

§B-2　矢量的基本运算

为了给出张量的定义，我们先重提一下矢量。

在三维空间中，任意矢量都可以表示为三个基矢量的线性组合。基矢量不是唯一的，在笛卡儿坐标系中，可取三个坐标方向的单位矢量作为基矢量，记其为 e_1, e_2, e_3。任意一个矢量 a 在笛卡儿坐标系中可以表示为

$$a = a_1 e_1 + a_2 e_2 + a_3 e_3 = a_i e_i, \tag{B-4}$$

a_i 为矢量 a 在基矢量 e_i 下的分解系数，也称矢量的分量。

一、矢量点积

根据矢量点积的定义和基矢量的特征，基矢量的点积为

$$e_i \cdot e_j = \delta_{ij}。 \tag{B-5}$$

将矢量用基矢量表征，得到任意两矢量 a 和 b 的点积

$$a \cdot b = a_i e_i \cdot b_j e_j = a_i b_j \delta_{ij} = a_i b_i = a_j b_j。 \tag{B-6}$$

由此可见，两矢量的点积为标量。

二、矢量叉积

基矢量 e_i 和 e_j 可分别表示为

$$e_i = \delta_{ik} e_k, \quad e_j = \delta_{jk} e_k,$$

上式表明，基矢量 e_i 和 e_j 在坐标轴上的投影（分量）分别为 δ_{ik} 和 δ_{jk}。根据两矢量叉积的定义，并注意到式（B-3），得

$$e_i \times e_j = \begin{vmatrix} \delta_{i1} & \delta_{i2} & \delta_{i3} \\ \delta_{j1} & \delta_{j2} & \delta_{j3} \\ e_1 & e_2 & e_3 \end{vmatrix} = \varepsilon_{rst}\delta_{ir}\delta_{js}e_t = \varepsilon_{ijt}e_t = \varepsilon_{ijk}e_k。 \tag{B-7}$$

将矢量用基矢量表征，得到任意两矢量 a 和 b 的叉积

$$\boldsymbol{a} \times \boldsymbol{b} = a_i \boldsymbol{e}_i \times b_j \boldsymbol{e}_j = a_i b_j \boldsymbol{e}_i \times \boldsymbol{e}_j$$

$$= a_i b_j \varepsilon_{ijk} \boldsymbol{e}_k = \varepsilon_{ijk} a_i b_j \boldsymbol{e}_k = \boldsymbol{c} \text{。} \tag{B-8}$$

由此可见,两矢量的叉积得到一个新的矢量 $\boldsymbol{c}$。

三、矢量混合积

基矢量的混合积为

$$\boldsymbol{e}_i \times \boldsymbol{e}_j \cdot \boldsymbol{e}_k = \varepsilon_{ijr} \boldsymbol{e}_r \cdot \boldsymbol{e}_k$$

$$= \varepsilon_{ijr} \delta_{rk} = \varepsilon_{ijk} \text{。} \tag{B-9}$$

可见,Ricci 符号 ε_{ijk} 就是基矢量的混合积。

将矢量用基矢量表征,得到任意三个矢量的混合积

$$\boldsymbol{a} \times \boldsymbol{b} \cdot \boldsymbol{c} = \varepsilon_{ijk} a_i b_j \boldsymbol{e}_k \cdot c_r \boldsymbol{e}_r$$

$$= \varepsilon_{ijk} a_i b_j c_r \delta_{kr} = \varepsilon_{ijk} a_i b_j c_k , \tag{B-10}$$

得到的是一标量,其含义是以 $\boldsymbol{a}$、$\boldsymbol{b}$、$\boldsymbol{c}$ 的大小为边长的平行六面体的体积。

四、矢量并乘(并矢)

考虑任意两个矢量

$$\boldsymbol{a} = a_i \boldsymbol{e}_i , \quad \boldsymbol{b} = b_j \boldsymbol{e}_j ,$$

它们的并乘定义为

$$\boldsymbol{a}\boldsymbol{b} = a_i \boldsymbol{e}_i b_j \boldsymbol{e}_j = a_i b_j \boldsymbol{e}_i \boldsymbol{e}_j \text{。} \tag{B-11}$$

与矢量的表达式比较,矢量并乘表达式中的 $a_i b_j$ 可以理解为并矢的分解系数,$\boldsymbol{e}_i \boldsymbol{e}_j$ 可以理解为并矢的基。如果将其展开,则成为 9 项和

$$\boldsymbol{a}\boldsymbol{b} = a_1 b_1 \boldsymbol{e}_1 \boldsymbol{e}_1 + a_1 b_2 \boldsymbol{e}_1 \boldsymbol{e}_2 + a_1 b_3 \boldsymbol{e}_1 \boldsymbol{e}_3 +$$

$$a_2 b_1 \boldsymbol{e}_2 \boldsymbol{e}_1 + a_2 b_2 \boldsymbol{e}_2 \boldsymbol{e}_2 + a_2 b_3 \boldsymbol{e}_2 \boldsymbol{e}_3 +$$

$$a_3 b_1 \boldsymbol{e}_3 \boldsymbol{e}_1 + a_3 b_2 \boldsymbol{e}_3 \boldsymbol{e}_2 + a_3 b_3 \boldsymbol{e}_3 \boldsymbol{e}_3 \text{。}$$

§ B-3 坐标变换与张量的定义

坐标变换包括平移和转动,这里,先讨论平面笛卡儿坐标系的转动。考虑平面内两个笛卡儿坐标系 Oxy 和 $Ox'y'$,新坐标系 $Ox'y'$ 是绕 O 点逆时针旋转 θ 角实现的,如图 B-1 所示。

平面上的任意一点 P 的位置可以用老坐标表示,也可以用新坐标表示。如果用 x_1, x_2 表示老坐标 $x, y, x_{1'}, x_{2'}$ 表示新坐标

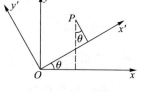

x', y',则从图 B-1 可以看出

$$\left.\begin{array}{l} x_{1'} = x_1 \cos\theta + x_2 \sin\theta, \\ x_{2'} = -x_1 \sin\theta + x_2 \cos\theta; \end{array}\right\}$$

$$\left.\begin{array}{l} x_1 = x_{1'} \cos\theta - x_{2'} \sin\theta, \\ x_2 = x_{1'} \sin\theta + x_{2'} \cos\theta。 \end{array}\right\}$$

图 B-1

一般地,设新坐标系 $x_{i'}$ 轴上的基矢量为 $\boldsymbol{e}_{i'}$,老坐标系 x_j 轴上的基矢量为 $\boldsymbol{e}_j$,则 $x_{i'}$ 轴与 x_j 轴的夹角余弦就是基矢量 $\boldsymbol{e}_{i'}$ 和 $\boldsymbol{e}_j$ 的夹角余弦,记为 $\alpha_{i'j}$。根据定义,$\alpha_{i'j} = \cos(\boldsymbol{e}_{i'}, \boldsymbol{e}_j)$,称 $\alpha_{i'j}$ 为坐标变换系数,并有

$$\boldsymbol{\alpha} = \begin{pmatrix} \alpha_{1'1} & \alpha_{1'2} \\ \alpha_{2'1} & \alpha_{2'2} \end{pmatrix} = \begin{pmatrix} \cos\theta & \sin\theta \\ -\sin\theta & \cos\theta \end{pmatrix}。$$

引用指标符号,则上面的坐标变换式可以写成

$$x_{i'} = \alpha_{i'j} x_j, \tag{B-12}$$

$$x_j = \alpha_{ji'} x_{i'}。 \tag{B-13}$$

不难证明

$$\boldsymbol{\alpha}^{\mathrm{T}} = \boldsymbol{\alpha}^{-1},$$

即 $\boldsymbol{\alpha}$ 为正交矩阵。

除坐标分量外,基矢量在坐标旋转变换时也具有类似的变换规律,说明如下。

设在老坐标系的基矢量为 $\boldsymbol{e}_i$,在新坐标系的基矢量为 $\boldsymbol{e}_{j'}$,将 $\boldsymbol{e}_1$ 和 $\boldsymbol{e}_2$ 分别在 $\boldsymbol{e}_{j'}$ 上分解,得到

$$\boldsymbol{e}_1 = \cos\theta\, \boldsymbol{e}_{1'} - \sin\theta\, \boldsymbol{e}_{2'} = \alpha_{11'} \boldsymbol{e}_{1'} + \alpha_{12'} \boldsymbol{e}_{2'},$$

$$\boldsymbol{e}_2 = \sin\theta\, \boldsymbol{e}_{1'} + \cos\theta\, \boldsymbol{e}_{2'} = \alpha_{21'} \boldsymbol{e}_{1'} + \alpha_{22'} \boldsymbol{e}_{2'},$$

合并写成

$$\boldsymbol{e}_i = \alpha_{ij'} \boldsymbol{e}_{j'}。 \tag{B-14}$$

同理可得

$$\boldsymbol{e}_{i'} = \alpha_{i'j} \boldsymbol{e}_j。 \tag{B-15}$$

可见,基矢量与坐标分量具有相同的变换规律。

现在讨论平面内任意一个矢量 $\boldsymbol{v}$ 的变换规律。矢量 $\boldsymbol{v}$ 可以在老基 $\boldsymbol{e}_i$ 上分解,也可以在新基 $\boldsymbol{e}_{j'}$ 上分解,即

$$\boldsymbol{v} = v_i \boldsymbol{e}_i, \tag{B-16}$$

$$\boldsymbol{v} = v_{j'} \boldsymbol{e}_{j'}, \tag{B-17}$$

将式(B-14)代入式(B-16),得

$$\boldsymbol{v} = v_i \alpha_{i'j'} \boldsymbol{e}_{j'}。$$

与式（B-17）比较，得到

$$v_{j'} = \alpha_{i'j'} v_i = \alpha_{j'i} v_i。 \tag{B-18}$$

可见，矢量的分量在坐标旋转变换时也具有与坐标分量相同的变换规律。

式（B-12）和式（B-13）也可以采用更一般的形式推出。记位置矢量为 $\boldsymbol{x}$，将 $\boldsymbol{x}$ 分别在老基 $\boldsymbol{e}_j$ 和新基 $\boldsymbol{e}_{j'}$ 上分解，有

$$\boldsymbol{x} = x_j \boldsymbol{e}_j = x_{j'} \boldsymbol{e}_{j'}。$$

在上式第二个等号的两边分别点乘 $\boldsymbol{e}_{i'}$，得到

$$x_j \boldsymbol{e}_j \cdot \boldsymbol{e}_{i'} = x_{j'} \boldsymbol{e}_{j'} \cdot \boldsymbol{e}_{i'},$$

亦即

$$x_j \cos(\boldsymbol{e}_j, \boldsymbol{e}_{i'}) = x_{j'} \delta_{j'i'}。$$

根据坐标变换系数的定义和克罗内克符号的性质，得到

$$x_{i'} = \alpha_{ji'} x_j = \alpha_{i'j} x_j。$$

同理，还可以得到 $x_j = \alpha_{ji'} x_{i'}$，与式（B-12）和式（B-13）具有相同的形式。换言之，式（B-12）和式（B-13）对于三维情况同样成立，式（B-14）、（B-15）和式（B-18）等也是如此。

另一方面，根据 $x_i = \alpha_{ij'} x_{j'}$，可以得到

$$x_i = \alpha_{ij'} x_{j'} = \alpha_{ij'} \alpha_{j'k} x_k,$$

比较 $x_i = \delta_{ik} x_k$，有

$$\alpha_{ij'} \alpha_{j'k} = \delta_{ik}。 \tag{B-19}$$

读者可自行验证，当 $i = k$ 时，上式表示基矢量 $\boldsymbol{e}_i$ 长度为 1，当 $i \neq k$ 时，上式表示基矢量 $\boldsymbol{e}_i$ 和 $\boldsymbol{e}_k$ 相互正交，坐标变换系数 $\alpha_{ij'}$ 构成一个正交矩阵。

将上述变换规律进行推广，可以给出张量的定义。在坐标系变换时，满足如下变换关系的量称为张量

$$\varphi_{i'j'k'\cdots l'} = \alpha_{i'i} \alpha_{j'j} \alpha_{k'k} \cdots \alpha_{l'l} \varphi_{ijk\cdots l}。 \tag{B-20}$$

式（B-20）中，自由指标的数目称为张量的阶，记为 n；对于三维情况，上述变换式共有 3^n 个；张量是指全体分量的有序整体，张量的分量个数也是 3^n 个。

根据上述定义，标量和矢量可以看成是张量的特殊情况。对于标量，$n = 0$，称为零阶张量；对于矢量，$n = 1$，有 3 个变换式和 3 个分量，称为一阶张量。

张量还可以采用并矢记号（也称为不变性记法，或抽象记法）进行表示

$$\boldsymbol{\varphi} = \varphi_{ijk\cdots l} \boldsymbol{e}_i \boldsymbol{e}_j \boldsymbol{e}_k \cdots \boldsymbol{e}_l, \tag{B-21}$$

其中，$\varphi_{ijk\cdots l}$ 称为张量 $\boldsymbol{\varphi}$ 的分量，基矢量的数目就是张量的阶数。事实上，也可以用式（B-21）代替式（B-20）作为张量的定义，它们是等价的，也就是说，凡能够在任何坐标系里写成如式（B-21）不变性形式的量即称为张量，即可以用式

（B-21）或式（B-20）来鉴别一组数的张量性。

§B-4　张量代数与张量分析初步

有了张量的定义，便可以进行张量的代数运算和张量分析。

首先讨论张量相等的含义，对于两个同阶的张量，如果它们对应的分量相等，则称这两个张量相等。

对于同阶张量，还可以定义张量的加（减）运算，其结果是一个新的同阶张量，新张量的分量是原来两个张量对应分量加（减）运算的结果。张量的加（减）运算满足交换律和结合律。

同样，还可以进一步研究张量的若干性质，鉴于弹性力学中一点的应力和应变状态都可以用二阶张量表示，我们以二阶张量为例加以说明。

对于二阶张量 $\boldsymbol{B}$，如果 $B_{ij} = B_{ji}$，则称 $\boldsymbol{B}$ 为对称张量。将它排成 3×3 的矩阵形式，则矩阵对角线两侧的元素是对称的，即

$$\boldsymbol{B} = \begin{pmatrix} B_{11} & B_{12} & B_{13} \\ B_{12} & B_{22} & B_{23} \\ B_{13} & B_{23} & B_{33} \end{pmatrix}。$$

显然，对称的二阶张量只有 6 个独立的分量。

如果二阶张量 $\boldsymbol{B}$ 的分量 $B_{ij} = -B_{ji}$，则称 $\boldsymbol{B}$ 为反对称张量。将它排成 3×3 的矩阵，其形式是

$$\boldsymbol{B} = \begin{pmatrix} 0 & B_{12} & B_{13} \\ -B_{12} & 0 & B_{23} \\ -B_{13} & -B_{23} & 0 \end{pmatrix}。$$

显然，反对称的二阶张量只有 3 个独立的分量。

对于一个既非对称又非反对称的二阶张量 $\boldsymbol{A}$，总可以唯一地表示为一个对称的二阶张量与一个反对称的二阶张量之和。事实上，设二阶张量 $\boldsymbol{A}$ 的分量为 A_{ij}，则有

$$A_{ij} = \frac{1}{2}(A_{ij} + A_{ji}) + \frac{1}{2}(A_{ij} - A_{ji}),$$

令

$$B_{ij} = \frac{1}{2}(A_{ij} + A_{ji}),$$

$$C_{ij} = \frac{1}{2}(A_{ij} - A_{ji}) ,$$

容易看出，$B_{ij} = B_{ji}$，$C_{ij} = -C_{ji}$。表明分量为 B_{ij} 的张量 $\boldsymbol{B}$ 是对称的二阶张量，而分量为 C_{ij} 的张量 $\boldsymbol{C}$ 是反对称的二阶张量，这也就证明了上述命题。上述过程也称为张量的对称化和反对称化。

将张量用并矢记号表示，还可以定义矢量与张量的点积运算。如矢量 $\boldsymbol{a}$ 与二阶张量 $\boldsymbol{T}$ 的左点积为

$$\boldsymbol{a} \cdot \boldsymbol{T} = (a_i \boldsymbol{e}_i) \cdot (T_{jk} \boldsymbol{e}_j \boldsymbol{e}_k) = a_i T_{jk} \delta_{ij} \boldsymbol{e}_k = a_i T_{ik} \boldsymbol{e}_k = \boldsymbol{b} , \tag{B-22}$$

而右点积为

$$\boldsymbol{T} \cdot \boldsymbol{a} = (T_{ij} \boldsymbol{e}_i \boldsymbol{e}_j) \cdot (a_k \boldsymbol{e}_k) = T_{ij} a_k \boldsymbol{e}_i \delta_{jk} = T_{ij} a_j \boldsymbol{e}_i = \boldsymbol{c} 。 \tag{B-23}$$

由上述两式可见，矢量与张量点积的结果仍为张量，但新张量比原张量 $\boldsymbol{T}$ 的阶数降低一阶。并且，在一般情况下，$\boldsymbol{a} \cdot \boldsymbol{T} \neq \boldsymbol{T} \cdot \boldsymbol{a}$，只有 $\boldsymbol{T}$ 是对称张量时，两者才相等。

类似地，还可以定义矢量与张量的叉积、两个张量的点积、两个张量的双点积和两个张量双叉积以及张量的缩并运算等，限于篇幅，在这里就不具体介绍了，有兴趣的读者可以参考相关文献。

下面简单介绍笛卡儿坐标系中的张量分析。

在空间域内，每点定义的同阶张量，构成了张量场。在张量场中，被考察的张量一般随位置而变化，研究张量场因位置而变化的情况使我们从张量代数的领域进入张量分析的领域。

张量分析与哈密顿算子 ∇ 有关，∇ 亦称梯度算子，其含义为

$$\nabla = \boldsymbol{e}_i \partial_i , \tag{B-24}$$

∇ 是矢量算子，具有张量的属性，相当于一个特殊的矢量。

有了哈密顿算子的概念，弹性力学研究中涉及的梯度、散度和旋度等就可以用哈密顿算子表示，分述如下。

（1）梯度

对于标量场 φ 的梯度，有

$$\mathrm{grad}\ \varphi = \frac{\partial \varphi}{\partial x} \boldsymbol{e}_1 + \frac{\partial \varphi}{\partial y} \boldsymbol{e}_2 + \frac{\partial \varphi}{\partial z} \boldsymbol{e}_3 = \nabla \varphi 。 \tag{B-25}$$

可以将标量场的梯度推广至一般的张量场，以二阶张量 $\boldsymbol{A}$ 为例，其左梯度定义为

$$\begin{aligned} \nabla \boldsymbol{A} &= \boldsymbol{e}_i \partial_i A_{jk} \boldsymbol{e}_j \boldsymbol{e}_k \\ &= A_{jk,i} \boldsymbol{e}_i \boldsymbol{e}_j \boldsymbol{e}_k , \end{aligned} \tag{B-26}$$

右梯度为

$$\boldsymbol{A}\boldsymbol{\nabla} = \partial_i A_{jk}\boldsymbol{e}_j\boldsymbol{e}_k\boldsymbol{e}_i$$
$$= A_{jk,i}\boldsymbol{e}_j\boldsymbol{e}_k\boldsymbol{e}_i。 \tag{B-27}$$

从式(B-26)和式(B-27)可见,张量的梯度为比原张量高一阶的新张量,一般地,$\boldsymbol{\nabla}\boldsymbol{A} \neq \boldsymbol{A}\boldsymbol{\nabla}$。

（2）散度

对于矢量场 $\boldsymbol{u}$ 的散度,有

$$\operatorname{div}\boldsymbol{u} = \frac{\partial u_x}{\partial x} + \frac{\partial u_y}{\partial y} + \frac{\partial u_z}{\partial z}$$
$$= u_{j,j} = \boldsymbol{e}_i\partial_i \cdot u_j\boldsymbol{e}_j = \boldsymbol{\nabla}\cdot\boldsymbol{u}, \tag{B-28}$$

表明,矢量的散度为哈密顿算子$\boldsymbol{\nabla}$与该矢量的点积。

进一步,也可以将矢量场的散度推广至一般的张量场,对于二阶张量 $\boldsymbol{A}$,其左散度为

$$\boldsymbol{\nabla}\cdot\boldsymbol{A} = \boldsymbol{e}_i\partial_i \cdot A_{jk}\boldsymbol{e}_j\boldsymbol{e}_k$$
$$= A_{jk,i}\delta_{ij}\boldsymbol{e}_k = A_{jk,j}\boldsymbol{e}_k, \tag{B-29}$$

右散度为

$$\boldsymbol{A}\cdot\boldsymbol{\nabla} = \partial_i A_{jk}\boldsymbol{e}_j\boldsymbol{e}_k \cdot \boldsymbol{e}_i = A_{jk,i}\boldsymbol{e}_j\delta_{ki}$$
$$= A_{jk,k}\boldsymbol{e}_j = A_{kj,j}\boldsymbol{e}_k。 \tag{B-30}$$

由式(B-29)和式(B-30)可见,张量的散度为比原张量低一阶的新张量,一般地,$\boldsymbol{\nabla}\cdot\boldsymbol{A} \neq \boldsymbol{A}\cdot\boldsymbol{\nabla}$。

（3）旋度

对于矢量场 $\boldsymbol{u}$ 的旋度,有

$$\operatorname{curl}\boldsymbol{u} = \begin{vmatrix} \boldsymbol{e}_1 & \boldsymbol{e}_2 & \boldsymbol{e}_3 \\ \dfrac{\partial}{\partial x} & \dfrac{\partial}{\partial y} & \dfrac{\partial}{\partial z} \\ u_1 & u_2 & u_3 \end{vmatrix} = \varepsilon_{ijk}\partial_i u_j\boldsymbol{e}_k$$
$$= \boldsymbol{e}_i\times\boldsymbol{e}_j\partial_i u_j = \boldsymbol{e}_i\partial_i\times u_j\boldsymbol{e}_j = \boldsymbol{\nabla}\times\boldsymbol{u}, \tag{B-31}$$

表明,矢量的旋度为哈密顿算子$\boldsymbol{\nabla}$与该矢量的叉积。

同样,可以将矢量场的旋度推广至一般的张量场,对于二阶张量 $\boldsymbol{A}$,其左旋度为

$$\boldsymbol{\nabla}\times\boldsymbol{A} = \boldsymbol{e}_i\partial_i\times A_{jk}\boldsymbol{e}_j\boldsymbol{e}_k = A_{jk,i}\varepsilon_{ijr}\boldsymbol{e}_r\boldsymbol{e}_k$$
$$= \varepsilon_{ijr}A_{jk,i}\boldsymbol{e}_r\boldsymbol{e}_k = \varepsilon_{rki}A_{kj,r}\boldsymbol{e}_i\boldsymbol{e}_j, \tag{B-32}$$

而右旋度为

$$\boldsymbol{A}\times\boldsymbol{\nabla} = \partial_i A_{jk}\boldsymbol{e}_j\boldsymbol{e}_k\times\boldsymbol{e}_i = A_{jk,i}\boldsymbol{e}_j\varepsilon_{kir}\boldsymbol{e}_r$$
$$= \varepsilon_{kir}A_{jk,i}\boldsymbol{e}_j\boldsymbol{e}_r = \varepsilon_{krj}A_{ik,r}\boldsymbol{e}_i\boldsymbol{e}_j。 \tag{B-33}$$

从式(B-32)和式(B-33)可见,张量的旋度为与原张量同阶的新张量,一般来

说,$\nabla \times \boldsymbol{A} \neq \boldsymbol{A} \times \nabla$。

另外指出,标量场、矢量场和张量场更复杂的运算都是在上述基本运算的基础上进行组合的,有兴趣的读者可以参考相关的文献。

下面,我们不加证明地给出在弹性力学中有重要应用的一个公式。

对于一个连续可微的 m 阶张量 $\boldsymbol{A}$,有

$$\int_V A_{jk\dots p,i}\,\mathrm{d}V = \oint_S A_{jk\dots p}n_i\,\mathrm{d}S, \tag{B-34}$$

式中,$A_{jk\dots p}$ 是张量 $\boldsymbol{A}$ 的分量,S 是空间体积 V 的封闭边界面,n_i 为边界面 S 的外法向方向余弦。

式(B-34)的不变性记法为

$$\int_V \boldsymbol{A} \cdot \nabla\,\mathrm{d}V = \oint_S \boldsymbol{A} \cdot \boldsymbol{n}\,\mathrm{d}S, \tag{B-35}$$

或

$$\int_V \nabla \cdot \boldsymbol{A}\,\mathrm{d}V = \oint_S \boldsymbol{n} \cdot \boldsymbol{A}\,\mathrm{d}S。 \tag{B-36}$$

上述公式称为广义高斯公式,或称散度定理。散度定理给出了空间域中体积分与面积分的关系。

如果 $\boldsymbol{A}$ 是一阶张量,即矢量,式(B-34)变为

$$\int_V A_{j,i}\,\mathrm{d}V = \oint_S A_j n_i\,\mathrm{d}S。 \tag{B-37}$$

若取上式中的指标 j 和 i 相同(其含义为将上式中指标 j 和 i 相等的三个方程相加),得到

$$\int_V A_{j,j}\,\mathrm{d}V = \oint_S A_j n_j\,\mathrm{d}S。 \tag{B-38}$$

如用不变性记法表示,上式也可写为 $\int_V \nabla \cdot \boldsymbol{A}\,\mathrm{d}V = \oint_S \boldsymbol{n} \cdot \boldsymbol{A}\,\mathrm{d}S$,与式(B-36)具有相同的形式。

若是平面问题,式(B-38)即成为格林公式,表示平面域中的面积分与曲线积分的关系。在这种情形下,式中的 S 是平面域 V 的封闭曲线。

如果 $\boldsymbol{A}$ 是零阶张量,即标量,不妨记为 φ,则式(B-34)变为

$$\int_V \varphi_{,i}\,\mathrm{d}V = \oint_S \varphi n_i\,\mathrm{d}S, \tag{B-39}$$

上式也可用不变性记法表示为

$$\int_V \nabla \varphi\,\mathrm{d}V = \oint_S \boldsymbol{n} \varphi\,\mathrm{d}S。 \tag{B-40}$$

前面所讨论问题都是在笛卡儿坐标系下进行的,至于曲线坐标下的张量分析要更加复杂,有兴趣的读者可以参考相关的书籍。

§B-5 弹性力学相关公式的张量记法

有了张量的概念,就可以将弹性力学的相关公式用不变性记法和下标记法写成如下的形式。

用不变性记法表示的平衡微分方程为

$$\nabla \cdot \boldsymbol{\sigma} + \boldsymbol{f} = \boldsymbol{0}。 \tag{B-41a}$$

在直角坐标系可写成

$$\sigma_{ij,j} + f_i = 0。 \tag{B-41b}$$

用不变性记法表示的几何方程为

$$\boldsymbol{\varepsilon} = \frac{1}{2}(\nabla \boldsymbol{u} + \boldsymbol{u} \nabla)。 \tag{B-42a}$$

在直角坐标系可写成

$$\varepsilon_{ij} = \frac{1}{2}(u_{i,j} + u_{j,i})。 \tag{B-42b}$$

用不变性记法表示的物理方程为

$$\boldsymbol{\varepsilon} = \frac{1}{2G}\boldsymbol{\sigma} - \frac{\mu}{E}\Theta\boldsymbol{I}, \tag{B-43a}$$

或

$$\boldsymbol{\sigma} = \lambda\theta\boldsymbol{I} + 2G\boldsymbol{\varepsilon}。 \tag{B-44a}$$

在直角坐标系可写成

或

$$\varepsilon_{ij} = \frac{1}{2G}\sigma_{ij} - \frac{\mu}{E}\sigma_{kk}\delta_{ij}, \tag{B-43b}$$

$$\sigma_{ij} = \lambda\theta\delta_{ij} + 2G\varepsilon_{ij}。 \tag{B-44b}$$

用不变性记法表示的位移边界条件为

$$\boldsymbol{u} = \overline{\boldsymbol{u}}。 \tag{B-45a}$$

在直角坐标系可写成

$$u_i = \overline{u}_i。 \tag{B-45b}$$

用不变性记法表示的应力边界条件为

$$\boldsymbol{\sigma} \cdot \boldsymbol{n} = \overline{\boldsymbol{f}}。 \tag{B-46a}$$

在直角坐标系可写成

$$\sigma_{ij} n_j = \overline{f_i} \text{。} \qquad (\text{B-46b})$$

按位移求解时,用不变性记法表示的拉梅方程为

$$(\lambda + G) \nabla \nabla \cdot \boldsymbol{u} + G \nabla^2 \boldsymbol{u} + \boldsymbol{f} = \boldsymbol{0} \text{。} \qquad (\text{B-47a})$$

在直角坐标系可写成

$$(\lambda + G) \theta_{,i} + G u_{i,jj} + f_i = 0 \text{。} \qquad (\text{B-47b})$$

位移边界条件同式(B-44),而式(B-45)给出的应力边界条件用位移表示则为

$$\boldsymbol{n} \cdot [\lambda (\nabla \cdot \boldsymbol{u}) \boldsymbol{I} + G(\nabla \boldsymbol{u} + \boldsymbol{u} \nabla)] = \overline{\boldsymbol{f}} \text{。} \qquad (\text{B-48a})$$

在直角坐标系可写成

$$\lambda u_{k,k} n_i + G(u_{i,j} + u_{j,i}) n_j = \overline{f_i} \text{。} \qquad (\text{B-48b})$$

按应力求解时,需要补充用应力表示的相容方程,采用不变性记法,为

$$\nabla^2 \boldsymbol{\sigma} + \frac{1}{1+\mu} \nabla \nabla \Theta + \nabla \boldsymbol{f} + \boldsymbol{f} \nabla + \frac{\mu}{1-\mu} (\nabla \cdot \boldsymbol{f}) \boldsymbol{I} = \boldsymbol{0} \text{,} \qquad (\text{B-49})$$

此式称为米歇尔方程。在体力为常量的情况下,方程(B-48)简化为如下的贝尔特拉米方程

$$(1+\mu) \nabla^2 \boldsymbol{\sigma} + \nabla \nabla \Theta = \boldsymbol{0} \text{。} \qquad (\text{B-50a})$$

在直角坐标系可以写成

$$(1+\mu) \nabla^2 \sigma_{ij} + \Theta_{,ij} = 0 \text{。} \qquad (\text{B-50b})$$

下面给出变分法中弹性力学相关公式的张量表示。

对于线弹性问题,应变能密度与应变余能密度在数值上相等,即

$$v_c = v_\varepsilon = \frac{1}{2} \boldsymbol{\sigma} : \boldsymbol{\varepsilon} = \frac{1}{2} \sigma_{ij} \varepsilon_{ij} \text{。} \qquad (\text{B-51})$$

但应变能密度是应变分量的状态函数,可表示为

$$v_\varepsilon = \frac{1}{2} (\lambda \theta \boldsymbol{I} + 2G \boldsymbol{\varepsilon}) : \boldsymbol{\varepsilon} = \frac{1}{2} \left[\frac{\mu E}{(1+\mu)(1-2\mu)} \theta^2 + \frac{E}{1+\mu} \varepsilon_{ij} \varepsilon_{ij} \right] \text{,} \qquad (\text{B-52})$$

而应变余能密度是应力分量的状态函数,可表示为

$$v_c = \frac{1}{2} \boldsymbol{\sigma} : \left[\frac{1+\mu}{E} \left(\boldsymbol{\sigma} - \frac{\mu}{1+\mu} \Theta \boldsymbol{I} \right) \right] = \frac{1}{2E} [(1+\mu) \sigma_{ij} \sigma_{ij} - \mu \Theta^2] \text{。} \qquad (\text{B-53})$$

弹性体的变形势能(应变能)为

$$V_\varepsilon = \int_V v_\varepsilon \mathrm{d}V \text{。} \qquad (\text{B-54})$$

弹性体的应变余能为

$$V_c = \int_V v_c \mathrm{d}V \text{。} \qquad (\text{B-55})$$

位移变分方程可表示为

$$\delta V_\varepsilon = \int_V f_i \delta u_i \mathrm{d}V + \int_{S_\sigma} \overline{f}_i \delta u_i \mathrm{d}S \text{。}$$ （B-56）

虚功方程（虚位移原理）为

$$\int_V \sigma_{ij} \delta \varepsilon_{ij} \mathrm{d}V = \int_V f_i \delta u_i \mathrm{d}V + \int_{S_\sigma} \overline{f}_i \delta u_i \mathrm{d}S \text{。}$$ （B-57）

弹性体的总势能 E 等于应变能与外力势能之和，即

$$E(u_i) = V_\varepsilon + V_\mathrm{p} ,$$

其中的外力势能 V_p 为

$$V_\mathrm{p} = -\int_V f_i u_i \mathrm{d}V - \int_{S_\sigma} \overline{f}_i u_i \mathrm{d}S \text{。}$$ （B-58）

最小势能原理为

$$\delta E(u_i) = 0 \text{。}$$ （B-59）

应力变分方程可表示为

$$\delta V_\mathrm{c} = \int_{S_u} \overline{u}_i \delta \overline{f}_i \mathrm{d}S \text{。}$$ （B-60）

虚应力原理为

$$\int_{S_u} \delta \overline{f}_i \, \overline{u}_i \mathrm{d}S = \int_V \delta \sigma_{ij} \varepsilon_{ij} \mathrm{d}V \text{。}$$ （B-61）

弹性体的总余能为

$$E_\mathrm{c} = V_\mathrm{c} - \int_{S_u} \overline{f}_i \, \overline{u}_i \mathrm{d}S \text{。}$$ （B-62）

最小余能原理为

$$\delta E_\mathrm{c}(\sigma_{ij}) = 0 \text{。}$$ （B-63）

内 容 索 引

（按照汉语拼音字母次序排列）

A

B

C

H

J

W

Z

人名对照表

（按照译名的汉语拼音字母次序排列）

A

艾里　G.B.Airy

B

巴博考维奇　И.Ф.Папкович
贝蒂　E.Betti
贝尔特拉米　E.Beltrami
贝塞尔　F.W.Bessel
毕奥　M.D.Biot
别茹霍夫　Н.И.Безухов
泊松　S.D.Poisson
伯努利　D.Bernoulli
伯努利　J.Bernoulli
布西内斯克　J.Boussinesq

D

达朗贝尔　J.R.d′Alembert

F

菲列波夫　А.П.Филиппов
符拉芒　A.Flamant
符拉索夫　В.З.Власов
傅里叶　J.B.J.Fourier

G

盖开勒　J.W.Geckeler
盖莱　J.M.Gere

高斯　C.F.Gauss
格林　G.Green
古迪尔　J.N.Goodier
古尔萨　E.Goursat
郭洛文　Х.С.Головин

H

哈密顿　W.R.Hamilton
赫林格　E.Hellinger
赫兹　H.Hertz
胡拜尔　M.T.Huber
胡海昌
胡克　R.Hooke
胡斯　J.H.Huth

J

基尔斯　G.Kirsch
基尔霍夫　G.R.Kirchhoff
季柯维奇　В.В.Дикович
伽辽金　Б.Г.Галёркин
鹫津久一郎　Washizu

K

卡门　T.von Kármán
卡斯蒂利亚诺　A.Castigliano
开尔文　W.Kelvin
科达齐　D.Codazzi
科尔库诺夫　Н.В.Колкунов

柯西　A.L.Cauchy

克罗内克　L.Kronecker

克洛索夫　Г.В.Колосов

L

拉格朗日　J.L.Lagrange

拉梅　G.Lamé

拉普拉斯　P.S.Laplace

莱维　M.Lévy

赖斯纳　E.Reissner

里茨　W.Ritz

里奇　G.Ricci

勒夫　A.E.H.Love

列宾逊　Л.С.Лейбензон

列赫尼茨基　С.Г.Лехницкий

M

马略特　E.Mariotte

马斯洛夫　Г.Н.Маслов

迈可斯　H.Marcus

米歇尔　J.H.Michell

明德林　R.D.Mindlin

莫尔　Q.Mohr

莫纳汉　F.D.Murnaghan

穆斯赫利什维利　Н.И.Мусхелишвили

N

纳维　L.M.H.Navier

牛顿　I.Newton

诺沃日洛夫　В.В.Новожилов

O

欧拉　L.Euler

P

帕尔姆　A.L.Parme

普厄希尔　T.Pöschl

普朗特　L.Prandtl

Q

钱学森

R

日莫契金　Б.Н.Жемочкин

瑞利　D.C.L.Rayleigh

S

萨文　Г.Н.Савин

赛代尔　E.Seydel

塞路蒂　V.Cerruti

圣维南　B.de Saint-Venant

施塔耶尔芒　И.Я.Штаерман

T

汤姆孙　W.Thomson

铁木辛柯　S.Timoshenko

W

外斯特噶德　H.M.Westergaard

文克勒　E.Winkler

沃诺斯基　S.Woinowsky-Krieger

Y

英格里斯　C.E.Inglis

郑重声明

高等教育出版社依法对本书享有专有出版权。任何未经许可的复制、销售行为均违反《中华人民共和国著作权法》，其行为人将承担相应的民事责任和行政责任；构成犯罪的，将被依法追究刑事责任。为了维护市场秩序，保护读者的合法权益，避免读者误用盗版书造成不良后果，我社将配合行政执法部门和司法机关对违法犯罪的单位和个人进行严厉打击。社会各界人士如发现上述侵权行为，希望及时举报，我社将奖励举报有功人员。

反盗版举报电话　　（010）58581999　58582371

反盗版举报邮箱　　dd@hep.com.cn

通信地址　　北京市西城区德外大街4号　高等教育出版社法律事务部

邮政编码　　100120